高等学校应用型特色规划教材

C++面向对象程序设计——基于 Visual C++ 2010

吴克力　编著

清华大学出版社
北　京

内 容 简 介

本书以面向对象技术为核心，重点介绍了标准 C++的语法规则和编程技术。为便于深入理解 C++的基本概念和实现技术，书中利用程序调试工具深入浅出地剖析了重要的语法现象和程序运行机理，使初学者能知其然，更知其所以然。书中用两章的篇幅分别介绍了 C++/CLI 应用程序和 WinForm 窗体应用程序的设计方法，以便拓展学习者用 C++开发应用项目的能力。全书通过丰富的例程、案例和练习培养并锻炼读者的编程能力，使读者能尽快掌握面向对象编程思想和提高编程的技能。

本书既注意对基本概念、基础知识的讲解和剖析，更注重实际编程能力的培养，适合作为普通高等院校应用型本科各相关专业的 C++程序设计课程的教材，也适合作为编程开发人员的培训或自学用书。

图书在版编目(CIP)数据

C++面向对象程序设计——基于 Visual C++2010/吴克力编著. —北京：清华大学出版社，2013(2021.1 重印)

(高等学校应用型特色规划教材)

ISBN 978-7-302-31791-3

Ⅰ. ①C… Ⅱ. ①吴… Ⅲ. ①C 语言—程序设计—高等学校—教材 Ⅳ. ①TP312

中国版本图书馆 CIP 数据核字(2013)第 059865 号

责任编辑：章忆文　杨作梅
封面设计：杨玉兰
责任校对：周剑云
责任印制：刘海龙
出版发行：清华大学出版社
　网　　址：http://www.tup.com.cn, http://www.wqbook.com
　地　　址：北京清华大学学研大厦 A 座　　**邮　　编**：100084
　社 总 机：010-62770175　　**邮　　购**：010-62786544
　投稿与读者服务：010-62776969, c-service@tup.tsinghua.edu.cn
　质量反馈：010-62772015, zhiliang@tup.tsinghua.edu.cn
　课件下载：http://www.tup.com.cn, 010-62791865
印 装 者：北京国马印刷厂
经　　销：全国新华书店
开　　本：185mm×260mm　　**印　　张**：25.5　　**字　　数**：616 千字
版　　次：2013 年 4 月第 1 版　　**印　　次**：2021 年 1 月第 7 次印刷
定　　价：59.80 元

产品编号：051845-02

丛 书 序

二十一世纪人类已迈入“知识经济”时代，科学技术正发生着深刻的变革，社会对德才兼备的高素质应用型人才的需求更加迫切。如何培养出符合时代要求的优秀人才，是全社会尤其是高等院校面临的一项急迫而现实的任务。

为了培养高素质应用型人才，必须建立高水平的教学计划和课程体系。在教育部有关精神的指导下，我们组织全国高校计算机专业的专家教授组成《高等学校应用型特色规划教材》学术编审委员会，全面研讨计算机和信息技术专业的应用型人才培养方案，并结合我国当前的实际情况，编审了这套《高等学校应用型特色规划教材》丛书。

编写目的

配合教育部提出要有相当一部分高校致力于培养应用型人才的要求，以及市场对应用型人才需求量的不断增加，本套丛书以“理论与能力并重，应用与应试兼顾”为原则，注重理论的严谨性、完整性，案例丰富、实用性强。我们努力建设一套全新的、有实用价值的应用型人才培养系列教材，并希望能够通过这套教材的出版和使用，促进应用型人才培养的发展，为我国建立新的人才培养模式做出贡献。

已出书目

本丛书陆续推出，滚动更新。现已出版如下书目：

- Visual Basic 程序设计与应用开发
- Visual FoxPro 程序设计与应用开发
- 中文 Visual FoxPro 应用系统开发教程(第二版)
- 中文 Visual FoxPro 应用系统开发上机实验指导(第二版)
- Delphi 程序设计与应用开发
- 局域网组建、管理与维护
- Access 2003 数据库教程
- 计算机组装与维护
- 多媒体技术及应用
- 计算机网络技术
- Java 程序设计与应用开发
- Visual C++程序设计与应用开发
- Visual C# .NET 程序设计与应用开发
- C 语言程序设计与应用开发
- 计算机网络技术与应用
- 微机原理与接口技术
- 微机与操作系统贯通教程
- Windows XP+Office 2003 实用教程
- C++程序设计与应用开发

- ASP.NET 程序设计与应用开发
- Windows Vista + Office 2007 + Internet 应用教程
- 计算机应用基础(等级考试版·Windows XP 平台)
- Java 程序设计与应用开发(第 2 版)
- Internet 实用简明教程
- 大学生计算机科学基础(上、下册)

丛书特色

- 理论严谨，知识完整。本丛书内容翔实、系统性强，对基本理论进行了全面、准确的剖析，便于读者形成完备的知识体系。
- 入门快速，易教易学。突出"上手快、易教学"的特点，用任务来驱动，以教与学的实际需要取材谋篇。
- 学以致用，注重能力。将实际开发经验融入基本理论之中，力求使读者在掌握基本理论的同时，获得实际开发的基本思想方法，并得到一定程度的项目开发实训，以培养学生独立开发较为复杂的系统的能力。
- 示例丰富，实用性强。以实际案例和部分考试真题为示例，兼顾应用与应试。
- 深入浅出，螺旋上升。内容和示例的安排难点分散、前后连贯，并采用循序渐进的编写风格，层次清晰、步骤详细，便于学生理解和学习。
- 提供教案，保障教学。本丛书绝大部分教材提供电子教案，便于老师教学使用，并提供源代码下载，便于学生上机调试。

读者定位

本系列教材主要面向普通高等院校和高等职业技术院校，适合本科和高职高专教学需要；同时也非常适合编程开发人员培训、自学使用。

关于作者

丛书编委特聘请执教多年、有较高学术造诣和实践经验的名师参与各册的编写。他们长期从事有关的教学和开发研究工作，积累了丰富的经验，对相应课程有较深的体会及独到的见解，本丛书凝聚了他们多年的教学经验和心血。

互动交流

本丛书贯穿了清华大学出版社一贯严谨、科学的图书风格，但由于我国计算机应用技术教育正在蓬勃发展，要编写出满足新形势下教学需求的教材，还需要我们不断地努力实践。因此，我们非常欢迎全国更多的高校老师积极加入到《高等学校应用型特色规划教材》学术编审委员会中来，推荐并参与编写有特色、有创新的应用型教材。同时，我们真诚希望使用本丛书的教师、学生和读者朋友提出宝贵意见或建议，使之更臻成熟。联系信箱：Book21Press@126.com。

《高等学校应用型特色规划教材》学术编审委员会

《高等学校应用型特色规划教材》
学术编审委员会

前 言

C++程序设计语言从 20 世纪 80 年代推出，至今已有近 30 年的历史，是一种灵活、高效、应用面广、面向对象的计算机编程语言。时至今日，C++依然在系统软件、游戏、网络和嵌入式等领域中广泛应用，是主流的程序设计语言之一。

目前，高等学校的计算机及相关专业普遍选 C++作为计算机编程的入门语言进行教学，此外，许多理工类专业也开设了该课程。C++是在结构化的 C 语言之上引入面向对象技术演变而来的。对于初学者，学习 C++语言是否需要先学习 C 语言呢？事实上，许多 C++程序设计教程也是先讲结构化的 C 语言部分，后讲面向对象的 C++技术。在多年的教学实践中，作者发现对于初学者来说，结构化程序设计方法的学习会对面向对象设计技术的掌握产生负面影响。例如，在学习类的概念时，受结构化程序中函数调用需要传递实参的影响，许多学生不习惯直接访问类中已封装的数据，常常试图将类中的数据传递给成员函数。结构化程序设计思想和方法学习得越好，影响就越大。实践证明，在有限的教学时间内，直接学习面向对象的 C++编程技术更有利于概念的掌握和技能的提升。面向对象是当今主流的编程技术，例如流行的 Java 和 C#均是面向对象的程序设计语言。学好 C++的面向对象编程技术，无疑能为学习 Java、C#打下扎实的基础。

本书在编写过程中，先后参阅了多部国内外 C++程序设计类书籍，从中吸收了许多新的思想、方法和知识，并结合作者多年的教学实践和软件开发经验，博采百家之长，力求有所创新，并形成特色。本书具有以下特点。

(1) 以面向对象技术为核心，循序渐进，强化编程技能的培养。本书在介绍数据类型、基本运算、程序的控制结构和函数等知识之后，即引入类的概念，并在其后的例程中强化用类设计程序，将封装的思想方法及早地传授给学习者。考虑到学习有一个由浅入深、逐步提高的过程，本书将较难的知识点尽可能早引入，并通过后继章节的反复应用，不断强化，达到能够灵活运用的目标。为避免因案例过于简单而不能很好地体现面向对象编程思想和技术的优势，书中给出了多个相对复杂的综合示例，以此演示 C++面向对象程序设计的方法。

(2) 利用调试跟踪工具剖析关键知识点，化抽象为直观，强化基本概念的掌握。C++中的许多概念和技术比较抽象、难懂，学习难度大。用调试工具分析和讲授 C++中的概念，是一种值得推荐的直观教学法。在教学中，借助这种教学方法能演示程序执行的机理，搞清语法规则的“之所以然”，具有事半功倍的效果。本书许多例程的后面撰写了“跟踪与观察”，其中包含程序在调试运行时跟踪窗口的截图，旨在通过直观的解析帮助读者理解并掌握一些重要的概念和语法规则。此外，尽快地学会调试工具的使用，还有助于初学者提高编程能力和掌握排除错误的能力。

(3) 设计基于 C++/CLI 的窗体应用程序，与时俱进，强化实际应用的能力。目前多数教材编写程序时仍基于曾经十分流行的 Visual C++ 6.0 开发平台，而微软公司的 C++开发平台经过几次升级，已推出最新的 Visual C++ 2010，早期的 Visual C++ 6.0 平台在实际应用开发中正逐渐淡出。在 Visual C++ 6.0 中开发 Windows 窗体应用程序时使用 MFC 类库，

虽然在 Visual C++ 2010 版本中依然支持用 MFC 开发窗体应用程序，但随着技术的进步，用多种语言设计运行于.NET 框架上的窗体应用程序已成为主流。为适应技术发展潮流，本书在重点介绍 C++/CLI 语言之后，通过若干个小应用程序示例学习窗体应用程序的设计方法。C++/CLI 语言中的许多新的概念是基于.NET 框架的，与 C#语言十分相似，体现了面向对象技术的发展。Visual C++ 2010 类似于 Delphi、VB 的快速应用程序设计(RAD)方法，能简化应用程序界面的设计，降低开发难度，提升初学者的学习兴趣。

(4) 内容全面，语言简练，示例丰富。书中内容涵盖了用 C++面向对象技术进行程序设计所需的基础知识和技能。在语言表述上，尽可能地简洁、准确、有条理，以便于阅读和理解。全书共有 130 多个示例程序，这些程序编写规范，可模仿性好。

本书共分 13 章，包括标准 C++和 C++/CLI 两大部分。第 1~10 章为标准 C++语言，主要内容有数据类型、基本运算、程序的控制结构、函数、类与对象、继承、多态、动态内存、模板、异常处理和流等基本概念及编程技术。第 11~12 章介绍 C++/CLI 和 WinForm 窗体应用程序的设计技术。第 13 章为项目实践。

在教学过程中，根据具体的教学课时数，下列章节可以不讲或者安排自学：5.6 节“函数指针”、8.4 节“标准模板库简介”、10.6 节“字符串流”、第 11 章“C++/CLI 程序设计基础”和第 12 章“WinForm 应用程序设计”。

由于作者水平有限，书中不足之处在所难免，敬请读者不吝批评指正。

编　者

目　　录

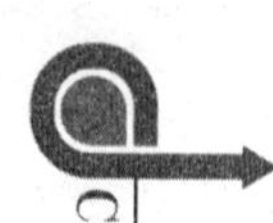

第 1 章　C++语言概述

C++语言从诞生至今已有近 30 年的历史，是流行时间长、应用面广的一门计算机程序设计语言。本章主要介绍 C++语言的发展历史、面向对象技术的基础知识、运用 Visual C++ 2010 开发平台进行程序设计和调试程序的基本方法。

1.1　C++程序设计语言简介

C++程序设计语言在发展过程中与时俱进，成为开发各种系统和应用软件的主要语言。本节首先简要介绍 C++语言的发展历程以及面向对象技术的一些基本概念，最后结合作者多年的教学经验，列出学好 C++程序设计课程的几点建议。

1.1.1　C++语言的发展历程

C++程序设计语言是从 C 语言发展而来的，C 语言起源于美国 AT&T 贝尔实验室。1969 年 Ken Thompson 为 DEC PDP-7 计算机设计了一个操作系统软件，就是最早的 Unix。之后，Ken Thompson 又根据剑桥大学 Martin Richards 设计的 BCPL 语言为 Unix 设计了一种便于编写系统软件的语言，命名为 B 语言。B 语言是一种无类型的语言，直接对机器字操作，这一点与后来的 C 语言有很大不同。作为系统软件编程语言的第一个应用，Ken Thompson 使用 B 语言重写了其自身的解释程序。1972~1973 年，Ken Thompson 与同在贝尔实验室的 Denis Ritchie 改造了 B 语言，为其添加了数据类型的概念，并将原来的解释程序改写为可以直接生成机器码的编译程序，然后将其命名为 C 语言。1973 年，Ken Thompson 小组在 PDP-11 机上用 C 语言重新改写了 Unix 内核。与此同时，C 语言的编译程序也被移植到 IBM 360/370、Honeywell 11 以及 VAX-11/780 等多种计算机上，迅速成为应用最广泛的程序设计语言。

20 世纪 80 年代初，贝尔实验室的 Bjarne Stroustrup 博士及其同事开始针对 C 语言的类型检查机制相对较弱、缺少支持代码重用的语言结构等缺陷进行改进和扩充，形成了带类的 C(C with class)，即 C++最早的版本。后来，Stroustrup 和他的同事们又为 C++引进了运算符重载、引用、虚函数等许多特性，并使之更加精炼，于 1989 后推出了 AT&T C++ 2.0 版。随后美国国家标准化协会 ANSI 和国际标准化组织 ISO 一起进行了标准化工作，并于 1998 年正式发布了 C++语言的国际标准。

1998 标准发布后的几年里，委员会处理各种缺陷报告，并于 2003 年发布了一个 C++ 标准的修正版本。此后的标准更新原定是在 2009 年，但是由于对于新特性的争论激烈，完整的新标准至今仍没有形成。

C++语言在发展过程中不断地从其他计算机程序设计语言中吸收养分，其功能越来越强大，复杂性也在不断增加，已经成为当今主流程序设计语言中最复杂的一员。

1.1.2 面向对象程序设计技术

早期的软件开发是使用机器语言或者汇编语言在特定的机器上进行设计和编写，软件规模比较小，也不需要使用系统化的软件开发方法，基本上是个人设计编码、个人操作使用的模式。

从 20 世纪 60 年代中期开始，大容量、高速的计算机问世了，计算机应用面扩大，程序设计的复杂度也随之增长，出现了软件开发费用高和进度失控、软件的可靠性差、生产出来的软件难以维护等问题。1968 年，计算机科学家在联邦德国召开国际会议，正式提出了“软件危机”的概念，以及“软件工程”一词，从此，一门新兴的工程学科——软件工程学应运而生。

1965 年，E.W.Dijikstra 提出了采用自顶向下、逐步求精的程序设计方法，指出程序设计可以使用三种基本控制结构来构造程序，任何程序都可由顺序、选择、循环三种基本控制结构进行构造。

结构化程序设计(Structured Programming)思想的提出是为解决当时程序设计中由于使用 goto 语句造成程序流程混乱、理解和调试程序困难的问题，它强调以模块功能和处理过程设计为程序设计原则。

结构化程序设计方法的基本思想是，把一个复杂问题的求解过程分阶段进行，每个阶段处理的问题都控制在人们容易理解和处理的范围内。支持结构化程序设计的高级语言在 20 世纪 70 年代初相继诞生，其典型代表有 Pascal 语言、C 语言。

结构化程序设计是一种面向过程的程序设计方法，它把数据和处理数据的操作分离为相互独立的实体。当数据结构改变时，所有相关的处理过程都要进行相应的修改，每一种相对于旧问题的新方法都要带来额外的开销，程序的可重用性差。随着图形用户界面操作系统的出现，程序运行由顺序运行演变为事件驱动，软件使用变得越来越方便，但开发起来却越来越困难，软件的功能很难用结构化方法来描述和实现，使用面向过程的方法来开发和维护程序都变得非常困难。

面向对象程序设计(Object Oriented Programming)以对象作为程序的基本单元，将数据和操作封装其中，以提高软件的重用性、灵活性和扩展性。面向对象程序设计是以一种更接近于人类认知事物的方法建立模型，以对象作为计算主体，对象拥有自己的名称、状态以及接受外界消息的接口。在对象模型中，产生新对象、销毁旧对象、发送消息、响应消息就构成 OOP 计算模型的根本。面向对象程序设计比结构化程序设计更具有创建可重用代码和更好地模拟现实世界环境的能力。

在面向对象程序设计中，对象是要研究的任何事物。现实世界的诸多有形的实体(如书、汽车、人、商店、图形等)都可看作对象。此外，一些抽象的规则、计划或事件也能表示为对象。对象由数据(描述事物的属性)和作用于数据的操作(体现事物的行为)构成一独立的整体。从程序设计者来看，对象是一个程序模块；从用户来看，对象为他们提供所希望的行为。

类是对一组有相同数据和操作的对象的抽象，一个类所包含的方法和数据描述了一组对象的共同属性和行为。对象则是类的具体化，是类的实例。在面向对象程序设计中，经常用已有的类派生新类，并形成类的层次结构。

消息是对象之间进行通信的一种规格说明。一般它由3个部分组成：接收消息的对象、消息名及实际变元。

面向对象程序的设计方法具有如下3个特点。

(1) 封装性。封装是一种信息隐蔽技术，通过类的说明实现封装，是对象的重要特性。封装使数据和加工该数据的方法(函数)组合为一个整体，以实现独立性很强的模块，使得用户只能见到对象的外特性(对象能接受哪些消息，具有哪些处理能力)，而对象的内特性(保存内部状态的私有数据和实现加工能力的算法)对用户是隐蔽的。封装的目的在于把对象的设计者和对象的使用者分开，使用者不必知晓行为实现的细节，只需用设计者提供的消息来访问该对象。

(2) 继承性。继承性体现在类的层次关系中，派生的子类拥有父类中定义的数据和方法。子类直接继承父类的全部描述，同时可修改和扩充，并且继承具有传递性。继承分为单继承(一个子类仅有一父类)和多重继承(一个子类可有多个父类)。继承不仅为软件系统的设计带来代码可重用的优势，而且还增强了系统的可扩充性。

(3) 多态性。对象根据所接收的消息而做出动作。同一消息为不同的对象接受时可产生完全不同的行动，这种现象称为多态性。利用多态性，用户可发送一个通用的信息，而将所有的实现细节都留给接受消息的对象自行决定，这样，同一消息即可调用不同的方法。

多态性的实现受到继承性的支持，利用类继承的层次关系，把具有通用功能的声明存放在类层次中尽可能高的地方，而将实现这一功能的不同方法置于较低层次，这样在这些低层次上生成的对象就能给通用消息以不同的响应。C++语言通过在派生类中重定义基类函数(定义为重载函数或虚函数)来实现多态性。

1.1.3　学习C++程序设计的注意事项

初学者学习C++程序设计语言普遍感到困难，特别是在大学一年级，由于新生学习能力不强，还不能适应大学学习，使得该课程的教与学难度均较大。C++程序设计是一门强调动手实践的课程，缺乏一定量的编程练习是导致学习效果不佳的原因之一。初学者进行编程首先遇到的问题是：一个简单的程序在运行时可能会出现一大堆错误信息，而自己又不知怎样解决。一个程序练习题在机器上调试两个小时甚至更长时间也没能完成，从而失去信心。“能听懂，但我不会做。”这是许多初学者的反馈，究其原因，还是编程训练不到位。

培养程序设计能力如同学习写作文，需要相当一段时间的学习、积累和磨练才能达到一定的水平。在本科教学阶段，C++程序设计课程的后继课程(如数据结构、操作系统、编译原理等)将继续对编程能力进行训练。程序员的编程水平都要经历从初级至中级，再到高级这样一个发展的过程。

相对于其他程序设计语言，C++语言的概念和技术不仅多，并且比较难以掌握。怎样才能用较短的时间学好C++语言，并具有一定的程序设计能力呢？下面的几个注意点对学习者会有帮助，供学习时参考。

(1) 深刻理解语法规则的内涵。学习程序设计语言少不了学语法规则，学习者应不为语法的表象所迷惑，而应追求理解语法规则后面隐藏的东西，即计算机在运行程序时所做的操作。

(2) 多读优秀的程序段，从中学习程序设计技巧。积累的编程技巧越多，程序设计能力的提高也就越快。这里应注意不要死记硬背，要活学活用。

(3) 少做纸上的程序填空类题目，多在计算机上做编程练习题。初期以输入并调通完整的例程为主，达到熟悉编程环境和练习调试方法的目的，期间可穿插完成一些简单的程序练习题。熟悉工具之后，尽可能在计算机上独立完成书中的编程练习题，坚持每天都编程，记住熟能生巧！编程能力是通过不断练习磨练出来的，正如人的肌肉需要通过一定量的体育锻炼才能发达一样。

(4) 重点学习面向对象技术，学会用面向对象思想分析和描述问题。C++语言是 C 语言的超集，其中包含了结构化和面向对象程序设计两种方法。在教学中发现，对于初学者，如果先学结构化程序设计，再学面向对象程序设计方法，由于先入为主的因素，反而会对掌握面向对象技术产生负面的影响。

(5) 注意逐渐养成良好的程序设计风格。程序的可读性、健壮性、易扩展性和易维护性非常重要，不要因追求所谓的技巧而编写难懂的程序。可读性是第一位的。要深刻地认识到：写程序不仅仅是让计算机完成某一项任务的，而且还是让人来阅读的。

(6) 根据自己的兴趣爱好，完成一个小型的应用软件项目。边学边做，边做边学。可以这样说：软件完成之日，也是你 C++语言学成之时。

1.2 Visual C++ 2010 编程工具简介

微软公司早在 1998 年推出的 Visual C++ 6.0(VC 6.0)是一款流行面广、业界使用时间长的软件开发工具，目前还有许多教材选用它作为 C++语言教学的软件平台。

随着新标准的推出和软件技术的发展，VC 6.0 对新标准和新操作系统的支持问题愈发明显，微软公司后来推出了多个 Visual C++版本，目前最新的版本是 Visual C++ 10.0，即 Visual C++ 2010。本书选用 Visual C++ 2010 为教学软件平台，旨在让初学者能够直接接触新的技术和工具，不在过时的软件平台上花费时间。

1.2.1 C++程序生成过程

C++语言是一种面向对象的高级程序设计语言，高级语言编写的程序是不能直接被计算机识别的，必须经过转换才能被执行。高级语言转换为计算机可识别的机器语言的方式主要有两种：一种是解释执行方式，它类似于英语翻译成汉语时采用的同声翻译，应用程序源代码一边由相应语言的解释器翻译成目标代码(机器语言)，一边执行，因此效率比较低，而且不能生成可独立执行的可执行文件，应用程序不能脱离其解释器，但这种方式比较灵活，可以动态地调整、修改应用程序；另一种是编译方式，编译是指在应用源程序执行之前，就将程序源代码翻译成目标代码，它类似于英语翻译成汉语时所采用的笔译方法，因此其目标程序可以脱离其语言环境独立执行，使用比较方便、效率较高，但修改应用程序很不方便。Visual C++在生成非托管代码(参见 1.2.2 小节)时采用编译方式，在生成托管代码时采用的是先编译成中间语言代码，再由.NET 框架的公共语言运行时解释执行。

下面简要介绍用 C++语言设计应用程序所经历的几个阶段。

(1) 编写程序。在文本编辑器中用 C++语言编写源代码文件，以扩展名.cpp 保存源代码程序。

(2) 程序预处理。源程序在被编译之前，先由预处理器根据源代码中的预处理指令在源代码中进行相应的插入与替换字符文本的操作。

(3) 编译程序。编译器将 C++程序翻译成目标代码(本地代码)。如果是在.NET 平台上运行的程序，编译器则将程序编译成中间语言代码(托管代码)。

(4) 连接程序。程序通常包含对标准或其他类库所定义的函数和数据的调用，连接器将被调用的相关代码组合到可执行文件中。最后生成的可执行文件的扩展名为.exe，这是一个在操作系统中或.NET 框架上可运行的程序。

(5) 运行程序。由操作系统加载可执行文件，将其先读入到计算机内存中，最后 CPU 根据程序中的指令完成各种操作。

(6) 调试程序。程序在编译、连接和运行阶段都可能出现错误，程序员需要用系统提供的调试工具帮助发现并指出错误及原因，修改源程序中的错误。

1.2.2　.NET 框架与 Visual C++ 2010

2000 年，微软执行总裁比尔·盖茨提出了.NET 战略，这是微软面向未来互联网的战略，它包含了一系列关键技术，使程序员可以更快、更方便地开发应用程序。

从技术角度看，.NET 应用是运行于.NET 框架之上的应用程序。.NET 框架是微软.NET 技术的核心，历经数年的发展，.NET 框架从 1.0 版到目前最新的 4.0 版，使得.NET 已经发展成为构建企业应用程序最重要的平台之一。.NET 框架提供了托管执行环境、简化的开发和部署以及与各种编程语言的集成，是支持生成和运行下一代应用程序和 Web 服务的内部 Windows 组件。.NET 框架的关键组件为公共语言运行时(Common Language Runtime)和.NET 框架类库，该类库包括 ADO.NET、ASP.NET、Windows 窗体和 Windows Presentation Foundation。

公共语言运行时(CLR)与 Java 的虚拟机一样，是一个运行时环境，它负责计算机内存的分配和回收等资源管理工作，并保证应用软件和底层操作系统之间必要的分离。在 CLR 上运行的程序通常称为“托管的”(Managed)代码，不在 CLR 上而是直接在计算机 CPU 上运行的程序被称为“非托管的”(Unmanaged)代码(又称本地代码)。在 CLR 上运行的程序先由编译器生成不能在 CPU 上直接运行的中间语言(Intermediate Language)代码，在代码被调用执行时，由 CLR 装载应用程序的中间语言代码至内存，再通过即时(Just-In-Time)编译技术将其编译成能在所运行的计算机上直接被 CPU 执行的本地代码。这种技术在 20 世纪 80 年代早期的商业软件 Smalltalk 上已实现，目前 Java 虚拟机的实现中使用了这一技术。

在 Visual C++ 2010 编程环境中，既可以用标准 C++语言编写在 CPU 上直接运行的被编译为本地代码的应用程序，也支持编写能在 CLR 中运行的被编译成中间语言代码的程序。微软公司还专门设计了一门与标准 C++兼容的计算机语言 C++/CLI(Common Language Infrastructure)，用于支撑在.NET 框架上采用 C++语言开发应用软件。Visual C++ 2010 并不强迫程序员编写的程序是用托管代码还是非托管代码，而且允许程序员在同一个项目中不同程序之间，甚至在同一个文件内混合使用托管代码和非托管代码。

本书在讲授标准 C++语言部分所编写的例程时，全部采用控制台应用程序方式实现，

计算机编译生成本地代码。Windows 窗体应用程序设计部分主要采用托管代码。

在使用 Visual C++编程时，通常将设计非托管代码的和托管代码的应用程序分别简称为创建本地 C++程序和 C++/CLI 程序。

就优缺点来说，非托管代码程序的目标模块非常小，对环境依赖度低，适应性强，安装部署比较容易，偏向于系统级程序的开发，有竞争力，所以多数著名软件及共享软件都是采用这一种。

而托管代码程序可以调用的现成的代码库种类丰富，简化了编程的难度，更适合团队开发，且偏向于互联网应用程序的开发，但生成的可执行文件是依赖于具体.NET 版本的，用户部署使用上存在一定的问题。幸好对于学习面向对象程序设计而言，托管还是非托管差别并不大，所以问题可以忽略。

1.2.3 Visual C++ 2010 集成开发环境简介

所谓集成开发环境(Integrated Development Environment，IDE)，是指集成了代码编写功能、分析功能、编译功能、调试等功能于一体的软件开发工具。Visual Studio 2010 产品发布了 Express、Professional、Premium、Ultimate 四个不同的版本，以满足不同程度的专业需求。其中 Express 版为学习版，可以免费下载，供初级软件开发者学习。本书采用 Visual C++ 2010 学习版为 C++语言程序设计工具。

Visual C++ 2010 支持快速应用程序开发(Rapid Application Development，RAD)。RAD 工具可以帮助程序员用直观的方式设计软件界面，通过简单的控件拖拽和属性设置，即可完成设计，从而能够把主要精力可放到功能设计上。如图 1-1 所示，Visual C++ 2010 开发工具界面由菜单栏、工具栏、工具箱窗口、属性窗口、解决方案资源管理器窗口、设计视图等部分组成。

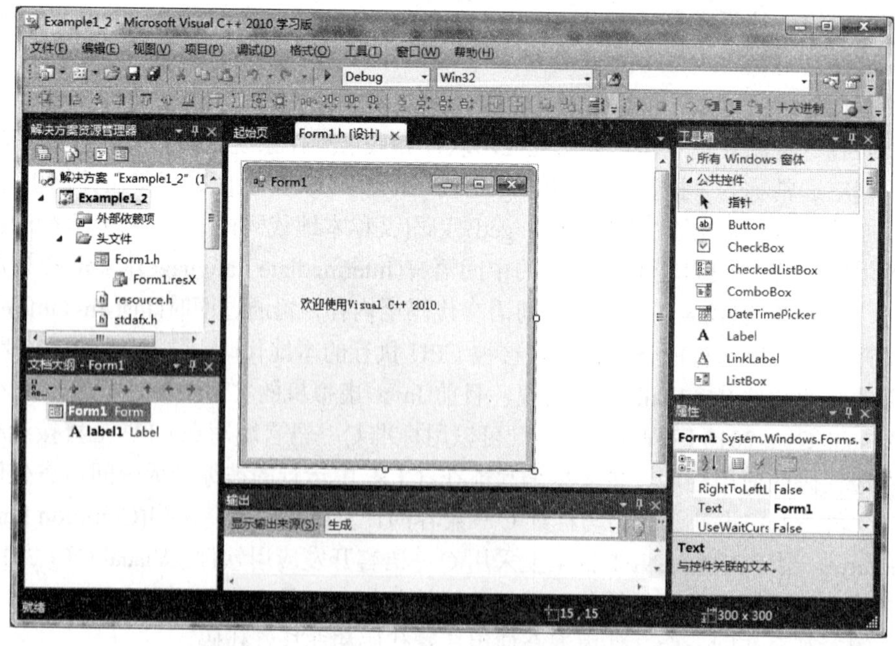

图 1-1 Visual C++ 2010 学习版的集成开发环境

菜单栏由多个菜单项组成，菜单包含了用于管理 IDE 以及开发、维护和执行程序的命令。

工具栏中包含了最常用的命令图标，如新建项目、保存文件、执行程序等。将鼠标指针停留在图标上几秒后，会显示图标的功能描述。

工具箱窗口中分类存放了各种控件，可以将控件拖拽到设计窗体上，实现可视化界面设计。如同 Word 软件，以鼠标右击工具栏，会弹出快捷菜单，通过其中的命令能设置工具栏中的项目。

属性窗口可以显示设计视图中当前所选中控件、代码文件的属性。

解决方案资源管理器窗口提供了设计方案中的所有文件的便捷访问，双击其中的文件项，将打开相应的文档。

设计视图位于整个窗体的中央，它使用一种近似所见即所得的视图来显示用户控件、HTML 页和内容页。通过设计视图，可以对文本和元素进行以下操作：添加、定位、调整大小，以及使用特殊菜单或属性窗口设置其属性。

1.2.4 简单的控制台应用程序

Visual C++ 2010 学习版提供了若干应用程序模板，其中“Win32 控制台应用程序”模板用于设计本地 Console 类型的 C++程序。下面的例子演示了设计控制台应用程序的主要步骤。

【例 1-1】编写输出“Hello,World!”字符串的控制台应用程序。

设计步骤如下。

(1) 从菜单栏中选择“文件”→“新建”→“项目”命令，或直接单击工具栏上的“新建项目”图标，弹出“新建项目”对话框，选中“Win32 控制台应用程序”选项。单击“浏览”按钮，选择项目存放的位置。在“名称”文本框中输入项目名称“Example1_1”，单击“确定”按钮，弹出“Win32 应用程序向导”对话框。

(2) 在此向导对话框中，单击“下一步”按钮。在“应用程序设置”界面中，单击选中“空项目”右侧的复选框，然后单击“完成”按钮。

(3) 在解决方案资源管理器窗口中，以鼠标右击“源文件”选项，从弹出的快捷菜单中选择“添加”→“新建项”命令，弹出“添加新项”对话框。选择“C++文件(.cpp)”选项，输入名称“mainFun”，单击“确定”按钮，出现 mainFun.cpp 文本编辑窗口。

(4) 在文本编辑窗口中，输入下面的代码(行号不要输入)：

```
//例 1-1，输出“Hello,World!”字符串
#include <iostream>
using namespace std;

int main()
{
    cout << "Hello,World!" << endl;
    return 0;
}
```

(5) 按 Ctrl+F5 组合键，输出如图 1-2 所示的运行结果。

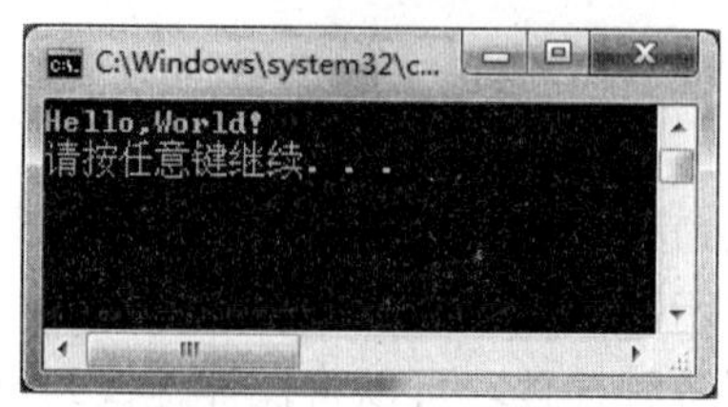

图 1-2　例 1-1 程序的运行结果

下面通过对例 1-1 的分析，初步认识 C++程序的基本结构。

第 1 行是注释语句，用于说明整个程序。C++程序有两种注释方法：一种是用“//”，其后(在同一行)的内容全都是注释；另一种是用“/*”开头，用“*/”结束，中间的内容全都是注释，这是从 C 语言传承的注释方法。

注释虽然不对程序的运行产生任何作用，但它可以给程序增添可读性，为程序添加注释是一种良好的编程风格。注释还可用于程序调试，在编写程序时，有些语句还不能确定是否需要删除，可以先用注释使其暂时不产生作用，这样可避免语句删除之后发现其有用又要重写的麻烦。

第 2 行是编译预处理指令，它告诉编译器将用于输入输出流的头文件 iostream 包含在该文件中，该文件提供了与输入输出相关的声明，否则编译器将无法识别 cout 对象。

第 3 行是使用命名空间 std。C++标准库中的类和函数是在命名空间 std 中声明的，第 2 行的#include 指令告诉编译器程序要用到标准的输入输出流，而本行的 using namespace std;语句表示从命名空间 std 中导入代码。

第 5 行的 main 是主函数名。第 6 行的左花括号和第 9 行的右花括号分别表示函数体的开头与结尾。在设计 C++应用软件的项目中，有且仅有一个 main 函数。该函数是执行程序的入口，程序都是从它开始执行的。

第 7 行是输出语句。计算机调用标准库的功能输出字符串“Hello,World!”。

第 8 行是返回语句。该语句返回 0，告诉系统程序正常结束，否则表示程序有异常。main 函数前面的 int 与该语句相呼应，表示函数需要返回一个整数。

1.2.5　简单的窗体应用程序

Visual C++ 2010 支持以 RAD 方式开发 Windows 窗体应用程序，并且有两个模板支持 Windows 窗体应用程序开发。一种是“Win32 项目”模板，该模板基于微软公司开发的传统的 MFC(Microsoft Foundation Classes)类库，该类库以 C++类的形式封装了 Windows 操作系统的应用程序编程接口 API(Application Programming Interface)函数，所生成的程序代码是本地代码。另一种是“Windows 窗体应用程序”模板，用于开发基于.NET 框架下的窗体应用程序，生成的程序代码是在 CLR 上运行的托管代码。

下面的例子演示了设计 Windows 应用程序的主要步骤。

【例 1-2】编写 Windows 窗体应用程序，要求在窗体上显示“欢迎使用 Visual C++ 2010.”。

设计步骤如下。

(1) 创建项目。方法与例 1-1 相似，不同的是使用“Windows 窗体应用程序”模板。

(2) 从工具箱中拖拽“Label 控件”到设计窗体 Form1(见图 1-1)。选中 Label 控件，在属性窗口中选择 Text 属性，输入字符串“欢迎使用 Visual C++ 2010.”。

(3) 按 F5 键或 Ctrl+F5 组合键执行程序。执行程序的另一种方式是通过工具栏中的▶按钮，或从菜单栏中选择“调试”→“启动调试”命令。运行结果如图 1-3 所示。

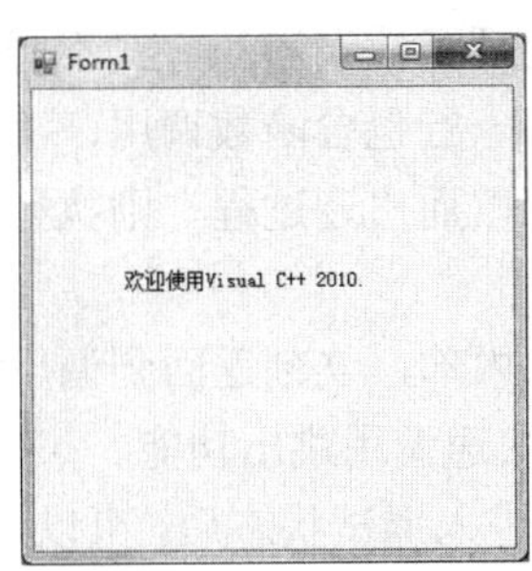

图 1-3　Windows 窗体应用程序的运行界面

1.2.6　调试程序

程序设计是一项复杂的脑力劳动，编程过程中出现语法错误和逻辑错误是十分常见的现象。排除程序中的错误是程序员最常做的工作。初学者应尽快学会调试工具的使用，这有助于理解 C++语言中的概念和计算机程序的运行机理，提高编程的能力。

借助于调试工具，能让程序在某个位置暂停运行，进而观察到程序的内部结构和内存的状况，帮助程序员找到错误产生的原因。

Visual C++ 2010 的程序调试器功能强大，可以中断(或挂起)程序的执行以检查代码，计算和编辑程序中的变量，查看寄存器，查看从源代码创建的指令，以及查看应用程序所占用的内存空间。使用编程工具的“编辑并继续”功能，可以在调试时对代码进行更改，然后继续执行。下面列出 Visual C++ 2010 编程环境中调试程序的主要方法。

(1) 设置与取消断点。如图 1-4 所示，单击程序编辑窗口左侧区域或者在光标所在行按 F9 键，出现红色圆点。关闭断点的方法是单击红色圆点或再次按 F9 键。系统允许在程序的多个位置设置断点。

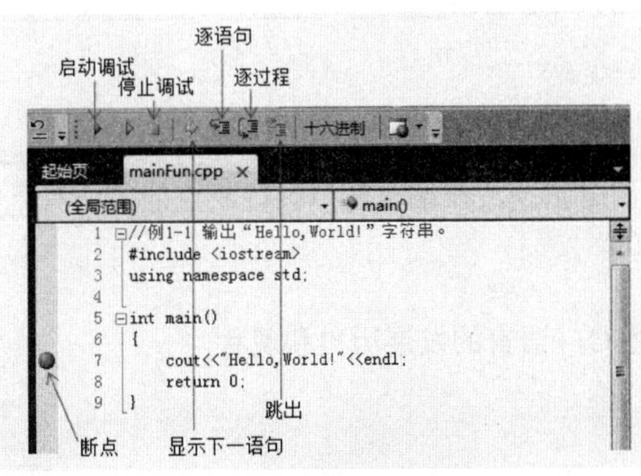

图 1-4　程序调试界面

(2) 启动与停止调试。设置过断点后，单击“启动调试”按钮，程序开始运行并在断点处停止。单击“停止调试”按钮，程序从调试状态退出。

(3) 程序跟踪运行。进入调试状态后，通过单击“逐语句”按钮(或按 F11 键)或“逐过程”按钮(或按 F10 键)使程序进入一次执行一行代码的“单步执行”状态。“逐语句”和“逐过程”的差异仅在于它们处理函数调用的方式不同。这两个命令都指示调试器执行下一行的代码，差别在于：如果某一行包含函数调用，“逐语句”仅执行调用本身，然后在函数体内的第一行代码行处停止，而“逐过程”则执行整个函数，然后在函数的下一条执行语句处停止。

如果程序调试位于函数调用的内部，立刻返回到调用函数的方法是使用编译器的“跳出”功能，按 Shift+F11 组合键可快速调用跳出功能。

(4) 观察程序内部状态。程序进入调试状态后，可以通过“自动窗口”、“局部变量”、“监视窗口”来查看程序运行到当前语句时内存中的变量、寄存器等状态。

本章小结

本章介绍了 C++语言的发展历史，面向对象技术的封装性、继承性和多态性等基本概念。高级语言编写的程序需经过解释或编译才能转换为计算机可执行的程序。

本章还介绍了.NET 框架，Visual C++ 2010 开发工具的基本用法，设计控制台应用程序和窗体应用程序的主要步骤，调试和跟踪程序的基本方法，以及学习本课程的注意点。

习　题　1

1. 填空题

(1) 面向对象的程序设计具有________、_______、_______三大特点。

(2) 开发 C++应用程序通常包括______、______、______、______、______和______等步骤。

(3) 在 Visual C++ 2010 集成开发环境中，按组合键开始________执行程序，按功能键______进入逐过程调用状态，在编辑窗口设置断点的方法有________或________。

2. 简答题

查阅文献资料，综述 C++语言的发展历史和现状。

3. 编程题

编写一个控制台应用程序，分行输出你所在的学校、学院、班级和姓名等信息。

第 2 章　数据类型与基本运算

计算机能处理整数、实数、字符、图像、声音等各种类型的数据。C++是一种强类型的语言，支持的数据类型分为基本数据类型和构造数据类型。本章介绍整型、浮点型、字符型、数组、指针、引用和枚举等数据类型。

现代高级语言用运算符描述各种运算，C++的运算符丰富，支持多种运算，常用的有算术运算、关系运算、逻辑运算、赋值运算、位运算以及取地址运算等。此外，C++允许对运算符进行重载，赋予运算符特殊的功能。

2.1　C++语言的词法及规则

如同自然语言一样，C++语言也有自己的词法及语法规则。本节重点介绍字符集、关键字、标识符、运算符和分隔符等基础知识。

2.1.1　字符集

程序设计语言要用一些特定的字符来构造其基本词法单位，以描述程序。C++语言使用的字符主要为键盘上的字符，包括如下几种。

- 26 个大字英文字母：ABCDEFGHIJKLMNOPQRSTUVWXYZ
- 26 个小写英文字母：abcdefghijklmnopqrstuvwxyz
- 10 个数字：1234567890
- 其他符号：! # % ^ & * ( ) - + _ = { } [ ] \ | " ' ~ : ; < > , . ? / 空格

2.1.2　关键字

关键字(Keyword)又称保留字，是系统预先定义的具有特别用途的英文单词，不能另做他用。表 2-1 列出了 C++语言的主要保留字。

表 2-1　C++语言保留的关键字

asm	auto	bad_cast	bad_typeid	bool	break
case	catch	char	class	const	const_cast
continue	default	delete	do	double	dynamic_cast
else	enum	except	explicit	extern	false
finally	float	for	friend	goto	if
inline	int	long	mutable	namespace	new
operator	private	protected	public	register	reinterpret_cast
return	short	signed	sizeof	static	static_cast
struct	switch	template	this	throw	true
try	type_info	typedef	typeid	typename	union
unsigned	using	virtual	void	volatile	while

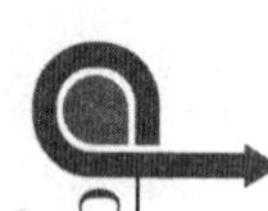

在后面的章节中，将对其中常用关键字的含义进行介绍，其余可查阅联机帮助等资料。

2.1.3 标识符与分隔符

标识符(Identifier)是由程序员定义的，用于对变量、函数及用户定义数据类型等进行命名的字符串。如同每种动物、植物都有自己的名称一样，为了能区分程序中的不同对象，科学地给函数、变量和常量命名是一种良好的编程风格。比较流行的标识符命名规则有匈牙利命名法、骆驼(Camel)命名法和帕斯卡(Pascal)命名法。

骆驼命名法是通过混合使用大小写字母来构成变量和函数的名字，例如 userName、displayInfo()等。帕斯卡命名法与骆驼命名法的区别在于第一个英文字母是否大写。进行程序设计时，应尽可能用有意义的标识符命名变量和函数，增加程序的可读性。

C++语言中的标识符应遵行下面的语法规则：

- 标识符的第一个字符必须是字母或下划线开头，其余为字母、数字、下划线的字符串。例如，birthDay、studentID、num1、my_File、_var 等都是合法的标识符；而 Fun+1、12Var、name.s 等则是非法的标识符。
- 标识符不能与关键字同名。
- 标识符中字母的大小写是敏感的，myFile 与 MyFile 是两个不同的标识符。
- 标识符不宜过长。

分隔符(Separator)是用于分隔 C++语言中的语法单位的符号。它表示前一个语法实体的结束和下一个语法实体的开始。分隔符有空格符、制表符 Tab、换行符 Enter、注释符//和/* */、逗号,、分号;、大括号{}、圆括号()、井号#、双引号”、单引号’、冒号:等。其中：

- 分号(;)表示语句结束符，也表示空语句。
- 大括号{}用于表示复合语句的开始和结束。
- 逗号(,)用作数据之间的分隔符，也可作为运算符。
- 双引号(”)表示字符串的开始与结束。

2.1.4 运算符

运算符(Operator)又称操作符，是程序中用于表示各种运算的符号。C++语言的运算符种类丰富，功能强大，部分运算符的含义不易理解，应通过上机编程练习掌握其用法。

表 2-2 列出了 C++语言的主要运算符、优先级和结合性，具体用法在后续章节中讲解。

运算符的优先级和结合性决定了表达式中各运算符的优先关系。小学数学中的“先乘除，后加减”的运算规则，体现在 C++语言上就是运算符的优先级。

运算符的优先级是指该运算符参与运算时的优先程度。表中序号越小的运算符，其优先级越高。

例如，表达式 x+y*z 的运算次序为先计算 y*z(假设值为 t)，再计算 x+t。

运算符的结合性是指在优先级相同的情况下表达式中各运算的先后次序。所谓“从左向右”是指运算按照左边优先的原则，而“从右向左”却正好相反。

例如，x+y+z 的运算次序为((x+y)+z)；x=y=z 的运算次序为(x=(y=z))；而 a*b+c−d 的运算次序为(((a*b)+c)−d)。

表 2-2 运算符及其优先级和结合性

优先级	运 算 符	功能与说明	是否可重载	结 合 性
1	::	作用域标识	否	从左向右
2	()	函数调用、括号	是	从左向右
	[]	数组下标	是	
	->	访问成员	是	
	.		否	
	++ --	后置自增、后置自减	是	
	const_cast	类型转换	否	
	dynamic_cast			
	static_cast			
	reinterpret_cast			
	typeid	求表达式或类型的类型名	否	
3	!	逻辑非	是	从右向左
	~	按位求反	是	
	++ --	前置自增、前置自减	是	
	+ -	正号、负号	是	
	* &	间接引用、取地址	是	
	sizeof	求对象或类型的大小	否	
	new delete	动态内存分配、内存释放	是	
	(type) type()	强制类型转换	是	
4	->*	间接访问指针指向的类成员	是	从左向右
	.*		否	
5	* / %	乘、除、取模	是	从左向右
6	+ -	加、减	是	从左向右
7	<< >>	按位左移、按位右移	是	从左向右
8	< <= > >=	小于、小于等于、大于、大于等于	是	从左向右
9	== !=	等于、不等于	是	从左向右
10	&	按位与	是	从左向右
11	^	按位异或	是	从左向右
12	|	按位或	是	从左向右
13	&&	逻辑与	是	从左向右
14	||	逻辑或	是	从左向右
15	? :	条件运算	否	从右向左
16	=	赋值	是	从右向左
	*= /= %= += -= <<= >>= &= |= ^=	复合赋值	是	
17	,	逗号	是	从左向右

2.2 数据类型

C++作为强类型语言，遵守“先声明，后使用”的原则。数据类型声明的是一个值的集合以及定义在这个值集上的一组运算，其中包含了数据在内存中的存储方式和所支持的运算两方面的含义。基本数据类型是系统已定义的常用的数据类型，应用十分普遍，是创建构造数据类型的基础。构造数据类型是用户根据设计需要自定义的类型，重要的构造数据类型有数组、结构体、指针、类等。

2.2.1 基本数据类型

基本数据类型又称原子数据类型，是C++语言预定义的数据类型，故又称为内置数据类型。C++的基本数据类型包括字符型、整型、实型、布尔型和无值型。

(1) 字符型：用关键字 char 表示，用于处理字符，保存的是该字符的 8 位 ASCII 码，占一个字节位置。例如字母 A 的 ASCII 编码是十六进制数 41，字节中保存的值为 01000001。

(2) 整型：用关键字 int 表示，用于处理整数。整型根据是否支持符号，分为带符号和无符号整型，依据占用内存空间的大小又分为整型、长整型和短整型。

(3) 实型：又称浮点型，用于定义数学中的实数，用关键字 float 和 double 表示。

(4) 布尔型：也称逻辑型，用关键字 bool 表示。布尔值只有两个值：true 和 false，分别表示逻辑“真”和“假”。C 语言用数字 0 表示逻辑“假”，而用非 0 值表示逻辑“真”。VC++同时支持两种方法，建议尽可能用 true 和 false。

(5) 无值型：又称空类型，用关键字 void 表示。不能用它来说明变量，主要用于说明函数形参和返回值，以及可指向任何类型的指针。

C++标准并没有规定各种数据所分配空间的大小，不同的系统中，分配的空间可以不同。表 2-3 列出了 Visual C++中基本数据类型的内存分配和取值范围。

表 2-3 基本数据类型

类 型 名	含 义	占用字节数	表示范围
(signed) char	有符号字符型	1	−128 ~ 127
unsigned char	无符号字符型	1	0 ~ 255
(signed) short	有符号短整型	2	−32768 ~ 32767
unsigned short	无符号短整型	2	0 ~ 65535
(signed) int	有符号整型	4	−2147483648 ~ 2147483647
unsigned (int)	无符号整型	4	0 ~ 4294967295
(signed) long (int)	有符号长整型	4	−2147483648 ~ 2147483647
unsigned long (int)	无符号长整型	4	0 ~ 4294967295
float	单精度浮点型	4	$-3.4\times10^{38} \sim 3.4\times10^{38}$
double	双精度浮点型	8	$-1.7\times10^{308} \sim 1.7\times10^{308}$
long double	长双精度型	8	$-1.7\times10^{308} \sim 1.7\times10^{308}$
bool	布尔型	1	true 或 false
void	无值型	0	

【例 2-1】查询 VC++中各基本数据类型所分配的字节数。

程序代码：

```
#include <iostream>
using namespace std;
int main() {
    cout << "Visual C++ 2010 各种基本数据类型所占字节数：" << endl;
    cout << typeid(char).name() << "类型：" << sizeof(char) << endl;
    cout << typeid(int).name() << "类型：" << sizeof(int) << endl;
    cout << typeid(short).name() << "类型：" << sizeof(short) << endl;
    cout << typeid(float).name() << "类型：" << sizeof(float) << endl;
    cout << typeid(double).name() << "类型：" << sizeof(double) << endl;
    cout<<typeid(longdouble).name()<<"类型："<<sizeof(longdouble)<<endl;
    cout << typeid(bool).name() << "类型：" << sizeof(bool) << endl;
    return 0;
}
```

运行结果：

```
Visual C++ 2010 各种基本数据类型所占字节数：
char 类型：1
int 类型：4
short 类型：2
float 类型：4
double 类型：8
long double 类型：8
bool 类型：1
```

程序说明：

- sizeof：是运算符，以字节为单位计算数据类型或变量所占用内存空间的大小。
- typeid：也是运算符，它返回一个表达式的数据类型信息。

2.2.2 构造数据类型

基本数据类型能单独处理一些比较简单的数据。对于一些复杂的数据，需要用构造数据类型进行描述。例如，在班级成绩管理程序的设计中，一个班级有几十个学生，每个学生又有学号、姓名、邮政编码、家庭地址、语文成绩、数学成绩、英语成绩等信息，仅用基本数据类型很难描述。

构造数据类型(又称复合数据类型)是由用户按照一定的语法规则自定义的数据类型。C++语言支持的构造数据类型有数组、指针、引用、类、结构、联合和枚举等。

对于班级成绩管理程序的数据处理，使用构造数据类型可较方便地描述学生和班级信息。例如：

- 用字符数组存储学号、姓名、邮政编码、家庭地址等文字信息，用实型数组存储各门课程的成绩。
- 用结构体描述学生的基本信息，结构体中包含学号、姓名、成绩等信息。
- 用学生结构体定义数组描述班级信息，班级数组中的一个单元存储一个学生的基本信息。

数组、类、结构、指针和引用等构造数据类型是C++语言的基石，掌握构造数据类型的定义和使用对于提高程序设计能力非常重要，需要在编程实践中不断地揣摩。

2.3 变量和常量

程序中用变量和常量来表示数据。在程序运行过程中，变量所表示的数据的值可能发生改变，而常量却一直保持不变。

2.3.1 变量

变量(Variable)是取值可以改变的量，程序利用变量保存运行过程中参与计算的值或计算结果。变量要用标识符进行标识，也就是给变量命名。一个变量有3个基本要素：变量名、数据类型和值。变量在使用前应先定义(或称“声明”)，语法格式为：

```
[<存储类型>] <数据类型> <变量名列表>;
```

其中：

- <存储类型>为可选项，C++有4个关键字，即auto、register、static和extern，用于说明数据的存储区域，默认值为auto型。存储类型的详细内容见3.6.4小节。
- <变量名列表>是用逗号分隔的多个变量名。
- 变量在定义时，可以用等号(=)为其赋初始值。
- 方括号表示该项可以省略。后继章节除非特别说明，它们的含义与此相同。

例如：

```
int i, j=10, k;          //表示定义了3个整型变量，其中变量j的值被初始化为10
float average = 0.0;     //定义了一个浮点型变量average，并初始化为0.0
static double sum;       //定义了一个静态双精度变量
int *ptr;                //声明了一个指针变量
```

用于说明变量的<数据类型>既可以是基本数据类型，也可以是构造数据类型。变量定义后，编译器将根据变量的数据类型为其分配一块内存空间，大小由所声明的数据类型决定。例如，int型分配4个字节，double型分配8个字节。

变量名在程序中的一个作用是标识所分配的内存单元，程序使用变量名访问内存空间，进行读和写操作。变量名所标记的内存空间在没有赋初始值之前，其中的值是不确定的，使用这种值是导致程序错误的一个重要原因，编译器会对此发出警告。

关于变量的赋值，既可以在变量定义时对其赋初值，也可以在其后用赋值语句赋值。

【例2-2】观察变量在内存中的状态。

程序代码：

```
#include <iostream>
using namespace std;
int main() {
    int i, j=10;
    float length;
    bool flag;
```

```
    static double sum;
    length = 0.0;
    cout << "i=" << i << "\tj=" << j << endl;
    cout << "length=" << length << "\tflag="<<flag<<"\tsum="<<sum<<endl;
    return 0;
}
```

程序在运行时将出现错误提示，请选择“忽略”。

运行结果：

```
i=-858993460    j=10
length=0    flag=204    sum=0
```

跟踪与观察：

(1) 调试程序，在“监视 1”窗口的“名称”栏输入&i、&j、sizeof(i)、&flag、&sum、sizeof(sum)等内容，如图 2-1 所示。“&”运算符是 C++的取地址运算，表示获取内存空间的地址。

监视 1

名称	值	类型
&i	0x002dfcec	int *
	-858993460	int
&j	0x002dfce0	int *
	10	int
sizeof(i)	4	unsigned int
&flag	0x002dfccb	bool *
	true	bool
&sum	0x00f99138 sum	double *
	0.0000000000000000	double
sizeof(sum)	8	unsigned int

自动窗口　局部变量　线程　模块　监视 1

图 2-1　例 2-2 程序的跟踪窗口

从图 2-2 中可以看出，变量 i 所占用内存空间的首地址是 0x002dfcec，地址值的前两位“0x”表示该值是十六进制数，后 8 位为变量在内存中的逻辑地址，其中前 4 位“002d”是段基地址，后 4 位“fcec”是偏移地址。

段基地址说明了应用程序的每个段在主存中的起始位置，它来自于段寄存器(CS、DS、ES、SS)，而偏移地址说明内存单元距离段起始位置的偏移量。应用程序的逻辑地址向物理地址的映射过程是由操作系统完成的。计算机处理内存地址的方法比较复杂，这里不做详细讨论。下面的比喻或许对理解内存地址能有所帮助：应用程序的段基地址就像学生宿舍区每一幢楼的编号，而段内偏移地址相当于每个房间号，两者合在一起，即可确定具体的宿舍位置。

(2) 变量 i、j、flag 的段基址相同，都是 0x002d，而定义时带有存储类型 static 的变量 sum 的段基址是 0x00f9。可以看出，存储类型的不同，导致系统将它们存储在不同的段中。

变量 j 的值是 10，而变量 i 的值是-858993460，变量 flag 的值是 true，但程序运行结果显示的是 204。静态变量 sum 的值是 0.0，虽然程序中与变量 i 和 flag 一样也没有对它进行初始化，但编译器自动对它赋初值 0。

程序在执行过程中两次出现错误提示，分别是由于 i 和 flag 没有初始化引起的。

从两个 sizeof 的值可知，int 型变量占用 4 个字节，double 型变量占用 8 个字节。

2.3.2 常量

常量(Constant)是指在程序执行过程中其值始终不变的量。常量又分为字面常量和有名常量两种。

1. 字面常量(Literal Constant)

字面常量又称文字常量，是指程序代码中直接给出的量。它存储在程序的代码区，而不是数据区。字面常量根据取值可分为整型常量、实型常量、逻辑常量、字符常量和字符串常量。

(1) 整型常量：即整数，有十进制、八进制、十六进制 3 种表示法。此外，还可表示长整数和无符号整数。下面的示例说明了整型常量的表示方法：

```
256          //十进制整数
-8932L       //负十进制长整数，在整数值后面加 l 或 L 表示长整数
768u         //十进制无符号整数，在整数值后面加 u 或 U 表示无符号整数
-0126        //负八进制整数，八进制数以 0 开头，由 0~7 组成
0761Ul       //八进制无符号长整数
0x34Ab       //十六进制整数，十六进制数以 0X 或 0x 开头，由 0~9、A~F 或 a~f 组成
0Xde2fcuL    //十六进制无符号长整数 de2fc
```

(2) 实型常量：即浮点型常量，由整数和小数两部分组成。包括单精度(float)、双精度(double)和长双精度(long double)三种。实型常量可采用定点形式或指数形式。下面用几个例子来说明实型常量的表示方法：

```
3.1415926    //定点形式实数
.234         //小数 0.234
1.45f        //单精度实数，占 4 个字节
-67.845L     //负长双精度浮点数
-5.4E10      //指数形式表示，等于-5.4×10^10
1e-2         //指数形式表示，等于 10^-2
```

(3) 逻辑常量：仅有 true 和 false 两个值，内部用整数 1 和 0 来表示。

(4) 字符常量：包括普通字符常量和转义字符常量，通过在字符两边加注单引号表示字符常量。例如，‘a’、‘B’、‘9’、‘#’都是一个普通字符常量。键盘上能显示的字符基本可以用标注单引号的方法表示字符常量，仅有反斜杠、单引号和双引号几个特殊字符不能直接表示，因为它们已被赋予特殊的含义。

转义字符常量是以一种特殊形式表示的字符常量，它以反斜杠“\”开头，后跟具有特定含义的字符序列组成。用转义字符可以表示键盘上不可显示的符号，如 Tab、Enter 等。表 2-4 列出了常用的转义字符及其含义。

对于任何一个 ASCII 码，均可使用其码值表示。例如，响铃可以用‘\7’表示。‘b’、‘\x62’和‘\142’三种表示法等价，均表示字符常量 b。

(5) 字符串常量：是指用双引号引起来的若干个字符串，可以包含英文字符、转义字符、中文字符等。字符串常量按字符书写顺序依次存储在内存中，并在最后存放空字符‘\0’，表示字符串常量的结束。ASCII 字符在内存中占 1 个字节，而中文字符占 2 个字节。

表 2-4　常用的转义字符及其含义

字　符	ASCII 码值	含　义	字　符	ASCII 码值	含　义
\a	0x07	响铃	\v	0x0b	纵向制表符
\b	0x08	退格 Backspace	\’	0x27	单引号
\f	0x0c	换页	\”	0x22	双引号
\n	0x0a	换行符	\\	0x5c	反斜杠
\r	0x0d	回车符	\0	0x00	空字符
\t	0x09	水平制表符 Tab	\ooo	八进制数所对应的 ASCII 码值	
			\xhh	十六进制数所对应的 ASCII 码值	

例如：

```
"Thinking in C++ 2"     //表示字符串 Thinking in C++ 2，占 17+1 个字节
"my sister\'s book"     //表示字符串 my sister's book
"程序设计语言"           //表示字符串“程序设计语言”，6 个汉字占 12+1 个字节
"A"                     //表示字符串 A，占 2 个字节
"2011-1-28"             //表示日期形式字符串
"Error!\7"              //表示字符串 Error!，同时响铃一声，占 8 个字节
```

在使用字符串常量时，应注意以下两点：

- 字符串是以空字符(ASCII 码值为 0)作为结束符。例如字符串“ABCDEF\0GHI”所表示的内容是字符串 ABCDEF，而不是 ABCDEFGHI。
- 字符串常量与字符常量是有区别的。“A”表示字符串常量，占两个字节，内容为 0x4100，而‘A’为字符常量，占 1 个字节，内容是 0x41。

2. 有名常量(Constant Values)

有名常量是指用关键字 const 修饰的变量。由于该变量只能读取，而不能被修改，所以也称为常变量。有名常量必须在定义时进行初始化，之后不再允许赋值。例如：

```
const double PI = 3.1415926;
const int Max = 1000;
```

有名常量与变量一样，存储在程序的数据区中，可以按地址进行访问。变量在初始化之后还可以对其进行修改，但对有名常量的任何修改都会引发编译器报错。

使用有名常量的好处在于：①增加程序的可读性——用具有实际含义的标识符代替具体的数值，程序的可读性大大增强；②便于程序的维护——假设程序中多处用到圆周率，如果需要提高它的精度，则只需在有名常量的定义处修改即可。对于大型软件，程序的可读性和可维护性是两个极其重要的评价指标。

2.4　运算与表达式

C++语言用运算及其表达式来表达对数据所实施的操作。编译器能根据运算符和操作数，将表达式编译成 CPU 可执行的机器指令，实现对数据的加工和处理。

2.4.1 运算类型和表达式

高级语言采用与数学类似的方法来表示各种运算，例如 y=x+100、s=sin(3.14159)。这种运算表示方法对程序员来说是相当自然的，但对 CPU 来说，并不能直接识别它们。用 C++语言编写的各种表达式之所以能在计算机上运行，是因为编译程序帮助完成了由表达式向机器指令的翻译和转换工作。

表达式(Expression)是由运算符、操作数(Operand)以及分隔符按一定规则组成的，运行时能得到一个值的字符序列。其中的操作数可以是常量或变量，也可以是表达式。用 C++编写的程序中，相当一部分代码是以表达式的形式出现的。

表达式的求值顺序依据运算符的优先级和结合性。

如同小学数学中四则运算要满足“先乘除，后加减”规则一样，C++的运算符也是有运算顺序的。关于运算符优先级和结合性的详细内容参见前面的表 2-2。

依据运算功能划分，C++语言所支持的基本运算类型有算术运算、关系运算、逻辑运算、赋值运算、位运算等。

C++语言的每个运算符都有独特的语义和功能，并且对操作数的个数、类型和取值都有一定的限制。根据参加运算的操作数的个数分类，运算符被划分为单目运算符、双目运算符和三目运算符。

C++语言对运算的概念进行了扩展，将内存分配、数组元素访问等操作都视为运算，并允许程序员对运算符进行重载，赋予运算符特定的含义，功能十分强大。

2.4.2 算术运算及算术表达式

实现加、减、乘、除等基本数学计算的运算称为算术运算。C++语言的算术运算符有：

- 单目运算符——负数(-)、正数(+)、自增(++)和自减(--)。
- 双目运算符——加法(+)、减法(-)、乘法(*)、除法(/)、求模(%)。

加法、减法、乘法运算符的功能与数学中的加法、减法和乘法相同。对于算术运算，如果两个操作数的类型不同，C++会对操作数做隐式类型转换。例如：

```
cout << typeid(4*2).name();        //显示 int
cout << typeid(4.0*2).name();      //显示 double。4.0 被当成浮点数
```

隐式类型转换的基本规则是字节占用少的数据类型向字节占用多的类型转换。基本数据类型的字节占用从小到大的顺序为：char，int，float，double。

除法运算符(/)的操作数为整数或实数。当两个操作数都是整数时，两数相除的结果也为整数，小数部分被舍去；当两个操作数都是实数时，结果也是实数；当两个数一个是整数，另一个是实数时，整数被转换为 double 型，结果是实数。例如：

```
10/3                          //结果为 3
10.0/3                        //结果为 3.33333
16/-4                         //结果为-4
```

在除法运算中，除数不能为 0。用整数除以 0，将导致严重错误而终止程序。用 0.0 除实数，将导致数据溢出，得到一个无效浮点数(1.#INF 或-1.#INF)。

求模运算(%)又称时钟运算，要求两个操作数均为整数，其运算结果是两个整数相除后的余数。如果两个整数中有负数，则结果的符号与被除数相同。例如：

```
24%12                         //结果为0
13%11                         //结果为2，13%-11的结果也是2
-13%11                        //结果为-2，-13%-11的结果也是-2
'a'%'A'                       //结果为32
```

上面'a'%'A'的结果为32，由于字符在内存中存储的是其ASCII编码，也是整数，所以运算正常。这种表示法虽能运行，但无实际意义，应尽可能避免。

求模运算的结果为小于除数的整数。例如x%11，不论x是多大的整数，其运算结果均为0~10之间的数(不考虑符号)。

求模运算的右操作数不能是0，否则将导致出错而终止程序。

自增(++)与自减(--)是具有赋值功能的单目算术运算，其操作数只能是变量，不能是常量或表达式。其功能是在变量当前值的基础上加1或减1，再将值赋给变量自己。例如：

```
x++;                 //相当于语句x=x+1;，x的值在原来的基础上加1
j--;                 //相当于语句j=j-1;，y的值在原来的基础上减1
```

自增和自减根据运算符与操作数相对位置的前后，还分为前置自增(或自减)和后置自增(或自减)。前置是先完成变量的自增(或自减)操作再参与其他运算，而后置则正好相反。

例如：

```
++a--;               //相当于a=a+1; a=a-1;，a的值不变
int x=10,m=x++;      //语句运行后，m的值为10，x的值为11。x先赋值，再自增
int x=10,m=++x;      //语句运行后，m的值为11，x的值为11。x先自增，再赋值
```

2.4.3 赋值运算及赋值表达式

赋值是指向所标识的内存存储单元保存数据的操作。赋值运算符为等号(=)，属于双目运算符。

赋值运算具有方向性，其含义是将右操作数的运算结果保存至左操作数所标识的存储空间中。左操作数常常称为左值(l-value)，右操作数称为右值(r-value)。所谓“左值”，其全称为左值表达式，是指一个表达式，它引用到内存中的某一个实体，并且这个实体是一块可以被检索和存储的内存空间，可以向实体中存储数据。“右值”(右值表达式)是指引用了一个存储在某个内存地址里的数据，但不能向它存储数据。例如：

```
x = 100 + y;         //将100和y的值相加保存到x所标识的存储单元，x中的内容被覆盖
100 + y = x;         //错误！表达式100+y不是左值，不能标识一个存储单元
(x=10) = x/2;        //先对x赋值10，再用2除以x，并保存结果5至x中
sum1 = sum2 = 0;     //因=运算为右结合，故先运行表达式sum2=0，并且该表达式的
                     //结果为0，再将0赋给变量sum1，最终sum1和sum2的值均为0
total = total + 5;   //将total的值加5，再保存至total中
```

除赋值运算符外，C++还有一类集运算和赋值功能于一身的复合赋值运算符。它们是加法赋值符(+=)、减法赋值符(-=)、乘法赋值符(*=)、除法赋值符(/=)、模运算赋值符(%=)、左移赋值符(<<=)、右移赋值符(>>=)、按位与赋值符(&=)、按位或赋值符(|=)和按位异或赋值符(^=)。

例如：

```
total += 5;                    //等价于 total = total + 5;
int m=100; m%=11;              //m 的值为 1
int value=9; value/=5;         //value 的值为 1
```

【例 2-3】算术运算与赋值运算程序应用示例。
程序代码：

```
#include <iostream>
using namespace std;
int main() {
    int value = 10;
    cout << "value 当前值为:" << value << ",运行++value 后的值是：";
    ++value;
    cout << value << endl;
    cout << "value 当前值为:" << value << ",运行 value+=9 后的值是：";
    value += 9;
    cout << value << endl;
    cout << "value 当前值为:" << value << ",运行 value=value%11 后的值是：";
    value = value%11;
    cout << value << endl;
    cout << "value 当前值为:" << value << ",运行 value/=2 后的值是：";
    value /= 2;
    cout << value << endl;
    cout << "value 当前值为:" << value << ",运行(value=10)%=7 后的值是：";
    (value=10) %= 7;
    cout << value << endl;
    return 0;
}
```

运行结果：

```
value 当前值为:10,运行++value 后的值是：11
value 当前值为:11,运行 value+=9 后的值是：20
value 当前值为:20,运行 value=value%11 后的值是：9
value 当前值为:9,运行 value/=2 后的值是：4
value 当前值为:4,运行(value=10)%=7 后的值是：3
```

2.4.4 关系运算及关系表达式

对操作数进行大小比较的运算称为关系运算。关系运算符有小于(<)、小于等于(<=)、大于(>)、大于等于(>=)、等于(==)和不等于(!=)这 6 个，它们都是双目运算符。

关系运算的结果是一个逻辑值：真(true)或假(false)。当关系成立时，运算结果为真；当关系不成立时，运算结果为假。例如：

```
23 > 56              //结果为 false
a != a+1             //无论 a 为多少，结果均为 true
```

关系运算符<、<=、>、>=的优先级高于==和!=，对于复合的关系表达式，需要注意其

运算顺序。例如：

```
int a=5, b=0, c=6;
a>c==b                    //等价于(a>c)==b，先判定 a>c 为假(0)，再计算 0==b，结果为真
a==c>b                    //等价于 a==(c>b)，结果为假
```

由于实型数在内存中存储和运算时存在误差，用关系运算符比较两个浮点数时，可能得到错误的结果。例如：

```
float x=9.99999, y=0.00001, z=10;
z == x+y                  //结果为假。若将 float 改为 double，则结果为真
```

判断两个实数是否相等的方法，是给定一个很小的精度值作为允许的误差值，再用 fabs 函数判定两数之差是否在误差范围之内。例如：

```
fabs(x-y) <= 1e-8         //表示 x 与 y 之差的绝对值小于等于 10^-8 时，结果为真
```

2.4.5　逻辑运算及逻辑表达式

逻辑运算用于进行复杂的逻辑判断。一般以关系运算或逻辑运算的结果作为操作数，逻辑运算符有逻辑非(!)——单目运算符、逻辑与(&&)和逻辑或(||)——双目运算符。

逻辑运算的结果依然是逻辑型的量，即 true 和 false。逻辑运算结果满足表 2-5，其中 1 表示逻辑“真”、0 表示逻辑“假”。

表 2-5　逻辑运算的真值表

P	Q	!P	P&&Q	P||Q
1	1	0	1	1
1	0	0	0	1
0	1	1	0	1
0	0	1	0	0

关系运算的结果与逻辑运算的结果相同，都是布尔型的值，可以把关系表达式看成是最简单的逻辑表达式。

对于书写比较复杂的逻辑表达式，最好能用圆括号进行分隔，使表达式的语义明晰，增强程序的可读性和健壮性。

C++将逻辑值保存为整数值，“真”保存为整数 1，“假”为整数 0。反过来，将数 0 视为假，非 0 当成真。C++这种转换规则使得逻辑型的值可以参与其他运算，同时也可以把非逻辑运算结果作为逻辑型的值。这种不严格的规则，能带来一定的运行效率，但程序的可读性却降低，还可能产生意想不到的错误。

下面几个逻辑表达式中，假设 x=8，y=10，z=1，i=0：

```
!(24>x)                   //结果为假
t=x>y>z                   //先计算 x>y，为假，值为 0，再比较 0>z，为假，故 t 的值为 0
x==10 && y>10 || z!=0     //相当于(x==10 && y>10) || z!=0，结果为 true
-2 && i>-1                //结果为 true
```

C++对逻辑与和逻辑或实行“短路”运算。&&和||运算从左向右顺序求值，当&&运算

的左操作数的值为假(或者||运算的左操作数的值为真)时，则右操作表达式不需要再计算，直接可判定逻辑表达式的值为假(或真)。

【例 2-4】关系运算和逻辑运算示例。

程序代码：

```
#include <iostream>
using namespace std;
int main() {
    int x=20, y=9, z=12, m=0;
    cout << std::boolalpha;  //不以 1 和 0 形式而用 true 和 false 格式输出真与假
    cout << "表达式 x>y>m" << "的值为：" << (x>y>m) << endl;
    cout << "表达式 x<=20&&y<m" << "的值为：" << (x<=20&&y<m) << endl;
    x+y>25 || z++>12;  //||运算的左操作式为 true，右操作式不再计算，结果为真
    cout << "计算表达式 x+y>25||z++>12 后 z" << "的值为：" << z << endl;
    x>y && z++>=20;   //&&运算的左操作式为 true，右操作式需要计算，结果为假
    cout << "计算表达式 x>y&&z++>=20 后 z" << "的值为：" << z << endl;
    return 0;
}
```

运行结果：

```
表达式 x>y>m 的值为：true
表达式 x<=20&&y<m 的值为：false
计算表达式 x+y>25||z++>12 后 z 的值为：12
计算表达式 x>y&&z++>=20 后 z 的值为：13
```

2.4.6 位运算及位表达式

位运算是指对字节中的二进制位进行移位操作或逻辑运算。C++从 C 语言继承并保留了汇编语言中的位运算，使得它也具有低级语言的功能。位运算的操作数只能是 bool、char、short 或 int 类型数值，不能是 float 和 double 实型数。支持的运算有按位取反(~)、左移(<<)、右移(>>)、按位与(&)、按位或(|)和按位异或(^)。其中除按位取反是单目运算符外，其余均为双目运算符。6 个位运算符分为两类：移位操作符和按位逻辑运算符。

1. 左移运算(<<)

左移运算的格式为 operand<<n，表示将操作数 operand 依次向左移动 n 个二进制位，并在右边补 0。左移运算具有下列特性：

- 操作数左边的符号被移出，因而可能会改变数的符号。
- 整数左移一位相当于该数乘以 2，左移 n 位则相当于乘以 2^n。移位乘法与一般乘法一样，也可能出现溢出。应注意所选用的类型占用内存字节的大小及数的表示范围。
- 左移操作不影响操作数本身，仅产生一个中间结果，并不保存。

左移运算示例：

```
short x=26, y=-11152, z;
z=x<<3;   //x 的二进制值为 0000 0000 0001 1010，左移 3 位的值为 0000 0000 1101 0000，
          //移位结果保存至 z，z 中的值为 208，等于 26 乘以 8
z=x<<11; //x 值为 0000  0000  0001  1010，左移 11 位的值为 1101  0000  0000  0000，
```

```
        //结果保存至 z，z 中的值为-12288，出错！
z=y<<1; //y 的二进制值为 1101 0100 0111 0000，左移 1 位的值为 1010 1000 1110 0000，
        //最后 z 的值为-22304，等于-11152 乘以 2
z=y<<2; //y 的二进制值为 1101 0100 0111 0000，左移 2 位的值为 0101 0001 1100 0000，
        //最后 z 的值为 20928，不等于-11152 乘以 4
```

2. 右移运算(>>)

右移运算的格式为 operand>>n，表示将操作数 operand 依次向右移动 n 个二进制位，并在左边补符号位。右移运算具有下列特性：

- 操作数若为正数，则在左边补 0；若为负数，则左边补 1。
- 整数右移一位相当于该数除以 2，左移 n 位则相当于除以 2^n。
- 右移操作也不影响操作数本身，仅产生一个中间结果，并不保存。

右移运算示例：

```
short a=89, b=-64, c;
c=a>>1; //a 的二进制值为 0000 0000 0101 1001，右移 1 位的值为 0000 0000 0010 1100，
        //c 中的值为 44，该表达式相当于 c=a/2
c=b>>3; //b 的二进制值为 1111 1111 1100 0000，右移 3 位的值为 1111 1111 1111 1000，
        //最终 c 中的值为-8，相当于-64 除以 8
```

3. 按位取反运算(~)

按位取反运算是对操作数逐位取反，即某位的原值是 0，取反后为 1；原值是 1，取反后为 0，得到该操作数的反码。例如：

```
cout << ~1;       //输出-2。因为 1 的 8 位二进制值为 0000  0001，按位取反后的值为
                  //1111 1110，正是数-2 的补码，所以显示-2。cout<<~~1;则显示 1
y=~x;             //y 中保存了 x 按位取反后的结果，而 x 的值不变
```

4. 按位与运算(&)

按位与运算对操作数逐位进行逻辑与运算。如果对应位均是 1，则该位的运算结果也为 1，否则为 0。例如，假设 X 为 98，其二进制值为 0110 0010，Y 的值为 0x0f，其二进制值为 0000 1111，则 X=X&Y 的结果为 0000 0010。

从上面的运算可以看出，按位与操作具有下面的性质：用 0 和某位相与，则结果中该位为 0；用 1 和某位相与，在结果中该位保持不变。利用该性质，程序中可以将变量的某位设置为 0，而其余保持不变。

在上面的示例中，X 的前 4 位全部置为 0，而后 4 位保持不变。

5. 按位或运算(|)

按位或运算对操作数逐位进行逻辑或运算。如果对应位均为 0，则该位的运算结果也为 0，否则为 1。例如，对于上面的 X 和 Y，X=X|Y 的结果为 0110 1111。

同按位与操作类似，按位或操作具有将变量中的某位设置为 1，而其余位保持不变的功能。

在上面示例中，X 的前 4 位保持不变，而后 4 位全部置为 1。

6. 按位异或运算(^)

按位异或运算对操作数逐位进行异或运算。如果对应位相同，则该位的运算结果为 0，否则为 1。异或运算有下列特性：

- 若 a^b=c，则 c^b=a(或 c^a=b)。一个量用同一个量异或两次，还原为原值。
- 两个相等的量异或，则运算结果必为 0；不相同的量异或，则运算结果不为 0。

例如：

```
150^5
```

这里无符号数 150 和 5 的二进制值分别为 1001 0110、0000 0101，异或运算结果是 1001 0011，为十进制数 147。

前面介绍过，位移运算符和赋值运算符可以组合，形成复合运算符，有下列 5 种运算符：&=、|=、^=、>>=和<<=。

例如：

```
x &= 10;      //等价于 x = x & 10;
b ^= a;       //等价于 b = b ^ a;
y >>= 3;      //等价于 y = y >> 3;
```

2.4.7 其他运算及其表达式

C++语言拓展了运算的语义，除为一些基本的运算设置了运算符，还将一些特别的操作划归为运算，并指定了专门的运算符。

下面介绍几个常用的运算符，此外，还有一些重要的运算符(如 new、delete、[]、->等)，将结合相关的章节进行讲解。

1. sizeof 运算符

sizeof 运算符用于获取数据类型或表达式返回的类型在内存中所占用的字节数，它是单目运算，语法格式为 sizeof(<类型名>或<表达式>)。例如：

```
sizeof(float);        //返回值为 4
sizeof(x*0.5);        //返回值为 8。尽管 x 是 int 型，但因 0.5 是实数，
                      //系统把它视为 double 型
sizeof(x>10&&y<0);    //返回值为 1。因为 x>10&&y<0 是逻辑表达式，值是 true 或 false
```

2. typeid 运算符

typeid 运算符用于获取数据类型或表达式运行时的类型信息，要返回名称还需要调用它的 name()函数，语法格式为 typeid(<类型名>或<表达式>).name()。例如：

```
unsigned x = 62;
typeid(x).name();            //返回值为 unsigned int
typeid(x>10&&y<0).name();    //返回值为 bool
```

3. 逗号运算符

逗号运算符用于将两个表达式连接在一起，是双目运算。整个表达式的值取自最右边

表达式。例如：

```
int t=100; z=t+10,t++,t*2; //z 的值为 110
for(int i=0; i<10; i++,p++)//这是循环语句，在 i++,p++部分完成了两个变量的自增运算
```

逗号运算符在程序中并没有任何操作，但它可以使程序更简明。

需要注意的是逗号在程序中并不都是运算符，有些仅是分隔符。例如：

```
int a, b, c;                //变量说明列表中的逗号是分隔符
fun(x, y);                  //函数说明列表中的参数列表所用的逗号也是分隔符
```

4. 条件运算符(? :)

条件运算符是 C++中唯一的三目运算符，其格式为<表达式 1>?<表达式 2>:<表达式 3>，其中，<表达式 1>通常为关系或逻辑表达式。表达式的值根据<表达式 1>的值选择，当<表达式 1>值为真时，表达式的运算结果为<表达式 2>的值，否则为<表达式 3>的值。例如：

```
a>b ? a : b;                        //结果是 a,b 中的较大值
bool sex;
sex ? "男" : "女";                  //sex 为真，表达式值为字符串“男”，否则为“女”
ch>='A'&&ch<='Z' ? ch+'a'-'A':ch;   //大写字母转换为小写字母，其他字母保持不变
```

5. 取地址运算符(&)

取地址运算是指获取某个变量的内存单元地址，它是单目运算，其格式为：

```
&变量名
```

取地址运算不能用在常量和非左值表达式前，因为它们没有内存地址。例如：

```
&x;          //表示取得变量 x 在内存中的存储地址值，通常是一个 4 字节大小的地址值
&(x+=10);    //返回 x 的地址
&fun;        //返回函数的入口地址
```

6. 圆括号运算符

C++中圆括号运算符可用于函数调用和强制类型转换。函数调用的格式为：

```
函数名(实参表);
```

强制类型转换的格式为(<类型名>)<表达式>或<类型名>(<表达式>)。

所谓强制类型转换，是指将变量或表达式从某种数据类型转换为指定的数据类型。这种转换并不改变原变量或表达式的值，仅仅通过转换得到一个所需的类型。此外，转换有可能导致精度受损。

例如：

```
Max(100, a);            //函数调用
unsigned int x = 9;
(double)x*x+2*x-16;     //数据类型转换。表达式类型从 unsigned int 转换为 double
int(3.51);              //值为 3。double 型向 int 型转换，精度受损
```

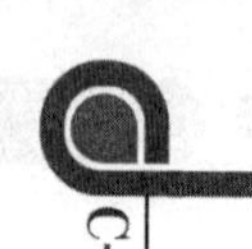

2.5 数 组

数组(Array)是一系列具有相同类型的数据的集合，它属于构造数据类型。数组在程序设计中应用极广，许多复杂的问题都可以使用数组来进行描述。本节主要介绍数组类型的基本概念及用法。

2.5.1 一维数组

一维数组是存储相同类型数据的线性序列。数组的每个存储单元可存储一个数据，这些数据称为该数组的元素(Element)。每个元素都有一个标号，称为数组的下标(Subscript)。使用数组名和下标即可访问数组中的元素。

1. 一维数组的定义

定义一维数组的语法格式为：

```
<数据类型> <数组名>[<常量表达式>][={<初值列表>}];
```

说明：

- [<常量表达式>]中的方括号不代表<常量表达式>项可以省略，它表示所定义数组的大小(也称长度)，即存储单元的个数，并且必须是无符号整数。而[={<初值表>}]中的方括号表示该项可以省略。
- <初值列表>用于在定义数组的同时给存储单元赋初始值，初值之间用逗号分隔，初值为常量表达式。

一维数组定义示例：

```
int x[10];                     //定义一个数组名为 x 的整型数组，共 10 个单元，每个单元
                               //占用 4 个字节，sizeof(x)的值为 40。单元值不确定
float y[3] = {0.1,0.2,0.3};//定义一个实型数组 y，并为每个单元赋值
int z[5] = {0};                //定义具有 5 个单元的数组 z，每个单元的值初始化为 0
char a[4] = {'A', 'B',};       //定义字符数组 a，前两个单元的值依次为字符 A 和 B
int b[] = {1,2,3,4,5};         //定义时没有指定数组大小，由初值表中数的个数确定，为 5
const int max = 10;
double c[max+10] = {0.0};      //用常量表达式定义数组大小，值为 20
int t=10, array[5];            //在同一条语句中定义变量和数组
int min = 5;
short d[min];                  //错误！不能用变量来定义数组的大小
```

用变量为数组指定大小是初学者易犯的错误。VC2010 集成开发环境具有“错误智能感知”功能，在编辑程序时就能发现这类错误，并在出错处加红色波浪线。

2. 一维数组的使用

数组是用内存中一片连续的存储空间保存数据，并规定下标从 0 开始计数，即第 1 个元素的下标为 0，第 2 个元素的下标为 1，依次类推。数组中任何一个元素都可以单独访问，访问数组元素的语法为：

```
<数组名>[<下标表达式>]
```

其中：<下标表达式>的值为整数，方括号不表示该项可省略。

一维数组的使用示例：

```
int score[4]={78,90,85,67}, i=1;
score[0] = 88;              //为 score 数组的第 1 个元素赋值，原值 78 被 88 覆盖
cout << score[i++];         //输出 90。读取第 2 个元素，访问后 i 的值自增，为 2
cout << score[-1];          //向前越界访问，程序能运行，输出无意义的数
cout << score[5];           //向后越界访问，也显示一无意义的数
```

越界访问数组可能导致程序出错，特别是用表达式计算下标时，这种下标越界还不易被发现。C++编译器对下标越界访问不做检查，程序也能运行。对于越界读取，程序可能仅出现结果异常。但是，对于越界保存，修改了不应修改的存储单元，则可能导致程序崩溃。

【例 2-5】 内存中的一维数组观察示例。

程序代码：

```
#include <iostream>
using namespace std;

int main() {
    int iArray[3];
    double dArray[2] = {89.5, 23.5};
    iArray[0] = 10;
    cout << "iArray 占用" << sizeof(iArray) << "字节，\t"
      << "dArray 占用" << sizeof(dArray) << "字节。" << endl;
    return 0;
}
```

运行结果：

```
iArray 占用 12 字节，   dArray 占用 16 字节。
```

跟踪与观察：

- 从图 2-2(a)可见，iArray 数组有 3 个元素，iArray[0]中的值为 10，而 iArray[1]和 iArray[2]由于没有赋值，其值为-858993460。dArray 数组有 2 个元素，分别保存了实数 89.5 和 23.5。
- 从图 2-2(b)可见，iArray[0]、iArray[1]、iArray[2]的地址依次为 0x0024f7f0、0x0024f7f4、0x0024f7f8，每个地址之间相差 4，这是因为 int 型数据占 4 个字节。iArray 数组长度为 3×4=12。
- iArray 数组地址与 iArray[0]地址相同，都是 0x0024f7f0，说明数组名标识为数组首地址。编译器计算 iArray[i]存储单元地址的公式为：iArray 地址+int 类型占用字节数×下标 i。
- 在跟踪窗口，通过&iArray[3]和&iArray[-1]可以越界访问到数组相邻的存储单元，并且也能修改其中的值。

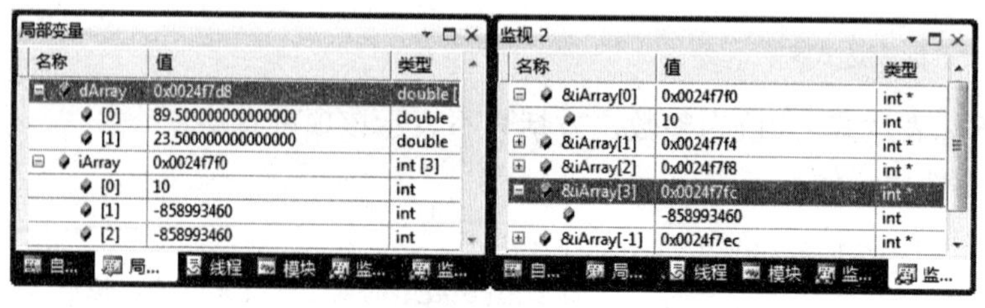

(a) (b)

图 2-2 例 2-5 程序的跟踪窗口

2.5.2 多维数组

对于像矩阵这样的二维结构的数据，C++支持用二维数组进行存储。多维数组是指维数大于 1 的数组，最常用的多维数组是二维和三维数组。

与一维数组相似，多维数组定义的语法格式为：

```
<数据类型> <数组名>[<常量表达式 1>]...[<常量表达式 n>][={<初值列表>}];
```

说明：

(1) 常量表达式左右的方括号不可省略，数组的维数与方括号的个数相同。每个<常量表达式>的值应为正整数。赋初始值项可以省略。

(2) C++能支持的多维数组的维数与数组所占用内存空间的大小有关。例如：

```
double mArray[10][10][2][3][4][5][6];  //正常！在 VC2010 中能运行
double nArray[10000000][20];           //错误！在 VC2010 中运行异常
```

多维数组的引用也是采用数组名加下标的方法，只是下标的数目应与维数相等。下面用几个例子来说明多维数组的定义与使用：

```
//定义二维数组并初始化，可用于描述 2 行 3 列的矩阵
int matrix[2][3] = {{1,3,5}, {2,4,6}};

//定义二维数组的同时又赋初值，第 1 个下标(行下标)没有数值，
//系统会根据赋值的情况自动设置行数。xArray 共 3 行 4 列，
//第 1 行的各元素的值依次为 1、2、3、4，第 2 行为 5、6、7、8，第 3 行为 9、0、0、0
int xArray[][4] = {1,2,3,4,5,6,7,8,9};

int yArray[2][2] = {0};      //定义 2*2 数组，所有元素初值均为 0
yArray[0][1] = 10;           //向 yArray[0][1]单元赋值 10
++yArray[0][1];              //yArray[0][1]自增运算，yArray[0][1]值为 11
yArray[0][1] += 10;          //yArray[0][1]的值为 21

//根据初值表，第 1 个方括号的值为 2
int tArray[][3][2] = {{{5,6},{1},{2}}, {{4,8},{3,2},{9}}};
tArray[0][1][1] = 100;       //tArray[0][1][1]原值为 0，赋值后为 100
```

二维数组用于描述二维的数据结构。计算机内存是一维的线性结构，那么，二维数组在一维的内存中又是怎样存储的呢？C++采用了行优先存储规则，即先存第 1 行，再存第 2

行，直到最后一行。

二维数组可视为是“数组中的数组”。例如 int matrix[2][3]是一个有两个元素的一维数组，而每个元素又是一个存放 int 型数据，长度为 3 的一维数组。类似地，三维数组也可视为是数据类型为二维数组的一维数组，每个存储单元中存放的是一个二维数组。图 2-3 描绘了执行 int tArray[][3][2] = {{{5,6},{1},{2}}, {{4,8},{3,2},{9}}};语句后，tArray 数组在内存中的存储与标识符所引用的范围。

内存地址	值	3 下标引用	2 下标引用	1 下标引用
0x001dfcbc	5	tArray[0][0][0]	0x001dfcbc	0x001dfcbc
0x001dfcc0	6	tArray[0][0][1]	tArray[0][0]	
0x001dfcc4	1	tArray[0][1][0]	0x001dfcc4	
0x001dfcc8	0	tArray[0][1][1]	tArray[0][1]	tArray[0]
0x001dfccc	2	tArray[0][2][0]	0x001dfccc	
0x001dfcd0	0	tArray[0][2][1]	tArray[0][2]	
0x001dfcd4	4	tArray[1][0][0]	0x001dfcd4	0x001dfcd4
0x001dfcd8	8	tArray[1][0][1]	tArray[1][0]	
0x001dfcdc	3	tArray[1][1][0]	0x001dfcdc	
0x001dfce0	2	tArray[1][1][1]	tArray[1][1]	tArray[1]
0x001dfce4	9	tArray[1][2][0]	0x001dfce4	
0x001dfce8	0	tArray[1][2][1]	tArray[1][2]	

图 2-3 tArray 三维数组的存储

下面的例程演示了数组在内存中的存储方法。

【例 2-6】多维数组存储方法示例。

程序代码：

```
#include <iostream>
using namespace std;
int main() {
    int matrix[2][3] = {{1,3,5}, {2,4,6}};
    double tArray[4][3][2] = {0};
    cout << "int matrix[2][3]所占空间为: " << sizeof(matrix)<<"字节"<<endl;
    cout<<"matrix[0]地址:"<<&matrix[0]<<",大小:"<<sizeof(matrix[0])<<endl;
    cout << "matrix[0][0]地址: " << &matrix[0][0] << ",大小: "
      << sizeof(matrix[0][0]) << endl;
    cout << "matrix[0][1]地址: " << &matrix[0][1] << ",大小: "
      << sizeof(matrix[0][1]) << endl;
    cout << "matrix[0][2]地址: " << &matrix[0][2] << ",大小: "
      << sizeof(matrix[0][2]) << endl;
    cout << "matrix[1]地址: " << &matrix[1] << endl;
    cout << "double tArray[4][3][2]所占空间为: "
      << sizeof(tArray) << "字节" << endl;
    return 0;
}
```

运行结果：

```
int matrix[2][3]所占空间为：24 字节
matrix[0]地址：0022F9AC,大小：12
matrix[0][0]地址：0022F9AC,大小：4
matrix[0][1]地址：0022F9B0,大小：4
matrix[0][2]地址：0022F9B4,大小：4
matrix[1]地址：0022F9B8
double tArray[4][3][2]所占空间为：192 字节
```

跟踪与观察：

(1) 在图 2-4(a)中，matrix[0]的“值”项为 0x0024f8dc、“类型”项是 int[3]。在图 2-4(b)中，tArray[1]的“值”项为 0x0024f844、“类型”项是 double[3][2]。显示了多维数组是“数组中的数组”。

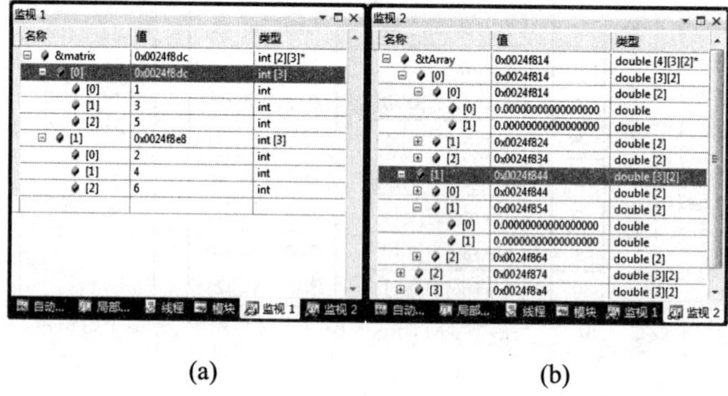

(a) (b)

图 2-4 例 2-6 程序的跟踪窗口

(2) 从“值”项可以看出，数据存放在“最里层”，即“类型”项为 int 和 double 的行是数组保存的数据。如：matrx[0][1]=3，tArray[1][1][1]=0.0000000000000000。

(3) 程序运行结果中显示的 matrix[0]的地址是 0022F9AC，而“监视 1”窗口中 matrix[0]的地址是 0x0024f8dc。这是因为“运行结果”与“跟踪窗口”中所显示的信息是例程在二次不同的运行过程中数组在内存中的存储情况。

2.5.3 字符数组

字符数组是数据类型为 char 的数组。字符数组可以是一维的，用于存储一串字符，也可以是二维的，存储多个字符串。C++中的字符串在字符数组中是以‘\0’(ASCII 值为 0 的空字符)作为结束符。字符数组的定义和使用方法与普通数组类似。例如：

```
char cArray[10] = {'A','B','C'}; //前 3 个元素为 A、B、C 的 ASCII 码，其后均为 0
char str[30] = "中华人民共和国"; //一个汉字占两个字符，前 14 个字节为汉字机内码
char studentName[][10] =
  {"张三", "李四", "王五", "赵六"}; //4 行，每行是以'\0'结束的字符串
char yArray[5] = {'a', 'b', 'c', 'd', 'e'}; //存储 5 个英文字符
char xArray[5] = "abcde";  //编译错误！字符串的最后值为'\0'，改为"abcd"才正确
```

用字符数组存储字符串时，数组的长度应为：西文字符数加 1，或中文字符数乘 2 再加 1。这是因为 1 个西方字符的编码占用 1 个字节，1 个汉字字符的编码占用两个字节，加 1 是用于存储空字符。

【例 2-7】字符数组定义和使用示例。

程序代码：

```
#include <iostream>
using namespace std;
int main() {
    char cArray[5] = {'A', 'B', 'C'};
    char str[30] = "中华人民共和国";
    char studentName[][10] = {"张三", "李四", "王五", "赵六"};
    char xArray[24] = "abcdefghijklmn";
    char yArray[5] = {'1', '2', '3', '4', '5'};
    cout << "cArray:" << cArray << endl;
    cout << "str:" << str << endl;
    cout << "studentName[0]:" << studentName[0] << endl;
    cout << "xArray:" << xArray << endl;
    xArray[6] = '\0';
    cout << "执行 xArray[6]=\'\\0\';后，xArray:" << xArray << endl;
    cout << "yArray:" << yArray << endl;
    return 0;
}
```

运行结果：

```
cArray:ABC
str:中华人民共和国
studentName[0]:张三
xArray:abcdefghijklmn
执行 xArray[6]='\0';后，xArray:abcdef
yArray:12345 烫烫烫烫烫蘁 bcdef
```

跟踪与观察：

(1) 在图 2-5(a)中，cArray 的前 3 个字符分别是‘A’、‘B’、‘C’。没有赋值的存储单元 VC++自动赋值为 0，但如果定义时没用等号赋初值，则系统不赋值，字符数组中的内容为随机值。

(2) 在图 2-5(a)中，二维字符数组 studentName 中存储了 4 个姓名字符串。中国人的姓名通常不超过 4 个汉字，至少需要用 9 个字节保存，本例中用了 10 个字节。

(3) 在图 2-5(b)中，xArray 字符数组首次输出显示为 abcdefghijklmn。在对 xArray[6] 赋值 0 后，从图中可以看出，hijklmn 字符还在数组中，但是在执行 cout<<xArray;时，只输出了 abcdef。这是因为 C++只能识别空字符为结束符，空字符之后的内容不显示。

(4) yArray[5]字符数组在定义时为每个单元分别赋值字符‘1’、‘2’、‘3’、‘4’、‘5’。由于最后一个字符不是空字符，因此输出了一个含乱码的字符串：12345 烫烫烫烫烫蘁 bcdef。

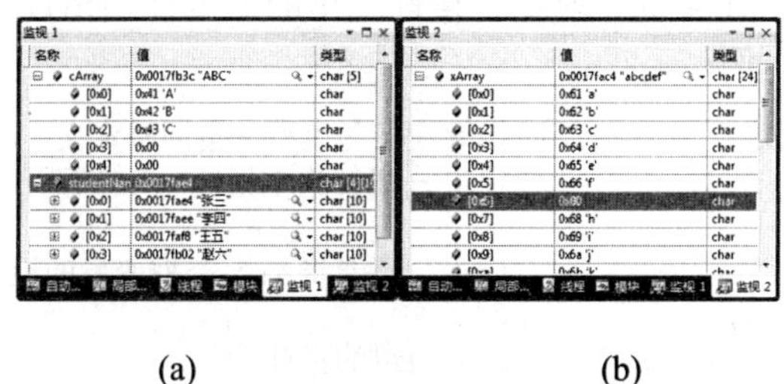

(a)　　　　　　　　(b)

图 2-5　例 2-7 程序的跟踪窗口

2.6 指针类型与引用类型

指针(Pointer)类型是 C 语言支持的数据类型，C++语言依然支持指针数据类型。引用(Reference)类型是 C++新引入的数据类型，它具有指针类型的特性，但比指针更安全，现代高级语言，如 Java、C#等都支持引用类型。

指针是 C++中较难掌握的概念，本节介绍指针和引用的基本概念与实现机理，更深入的用途和用法将在后继章节中介绍。

2.6.1 指针类型与指针变量

指针是一种特殊的数据类型，其取值为内存地址。用指针类型说明的变量称为指针变量，其中保存了内存单元的地址。计算机可以通过指针变量中所存储的地址访问另一个内存空间或进行函数调用。

内存地址是一个整型数，系统为每个内存单元分配一个唯一的地址，正如影剧院每个座位都有一个编号一样，在 32 位计算机系统中，它是一个 4 字节大小的整数。

用基本数据类型可以定义变量，变量是程序用来保存各种类型数据的手段。类似地，可以用指针类型定义变量，用于存储另一块存储单元的地址，这种变量称为指针变量(简称指针)。指针变量是存放指针类型数据的变量。

与其他变量一样，指针变量也是先声明后使用，定义指针变量的语法格式为：

```
<数据类型> *<指针变量名> [= &<变量>];
```

说明：

- [=&<变量>]部分为可选项。在定义指针变量的同时，可以把一个变量的地址值赋给指针变量，也可以不赋。
- 星号“*”是指针类型关键字。<数据类型>应与所指向变量的数据类型相同，否则编译程序将报错。例如，int 型的指针变量只能接受 int 型变量的地址，不能存储 double 型变量的地址，反之亦然。
- 指针变量的赋值可以是 NULL 或 0，其值为 0x00000000，称为空指针。没有赋值的指针变量，其值与没有赋值的普通变量一样，是不确定的，称为空悬指针。使用空悬指针将引起程序异常终止。引用空指针则是安全的，并且空指针能参与指针运算。
- 习惯上，常把指针变量、地址、指针变量的值统称为指针。

指针的定义与使用示例：

```
int x=100, *ptr=&x;          //指针变量与整型变量同时定义，ptr 中保存了 x 的地址值
double *q = NULL;            //定义 q 指针为空指针，与变量一样还可以赋值
int y = 10;
char *p = &y;                //错误！不能将 int 类型变量的地址赋给 char 类型指针 p
int aArray[5] = {1, 2, 3, 4, 5};
int *arrayPtr = aArray;      //指向数组的指针
```

【例 2-8】观察指针在内存中的情况。

程序代码：

```
#include <iostream>
using namespace std;

int main() {
    int x=100, *p=&x, *q=NULL, *ptr;
    double dValue=2.56, *dPtr=&dValue;

    //取消下面语句的注释，编译时报错！错误信息为：“=”：无法从“double*”转换为“int*”
    //ptr = &dValue;
    cout << "指针变量 p 的值为：" << p << ",\t 它的地址是：" << &p << endl;
    cout << "    变量 x 的值为：" << x << ",\t\t 它的地址是：" << &x << endl;
    cout << "指针变量 q 的值为：" << q << ",\t 它的地址是：" << &q << endl;

    //取消下面语句的注释，程序运行时报错！错误信息为：
    //The variable 'ptr' is being used without being initialized.
    //cout << ptr << endl;
    return 0;
}
```

运行结果：

```
指针变量 p 的值为：0027FD28,     它的地址是：0027FD1C
    变量 x 的值为：100,       它的地址是：0027FD28
指针变量 q 的值为：00000000,     它的地址是：0027FD10
```

跟踪与观察：

(1) 从图 2-6(a)可知，指针变量 p 的值与变量 x 的地址一样是 0x0041f8cc，并且类型均为 int*。变量 p 的地址是 0x0041f8c0，变量 q 的地址是 0x0041f8b4，变量 ptr 的地址是 0x0041f8a8，变量 dPtr 的地址是 0x0041f88c。

(2) 指针变量 q 中的值是 0x00000000，指针变量 ptr 的值是 0xcccccccc。赋空指针后，q 中的值为 0，是空指针。而没有赋值的 ptr 指针，其中的值为无效地址，是空悬指针。

(3) 从图 2-6(b)可知，p 指针变量的大小为 4 字节，dPtr 指针变量的大小也是 4 字节。dValue 变量的大小为 8 字节，变量 x 的大小为 4 字节。指针变量的大小与被指对象的大小无关，因为指针变量仅存储被指对象的首地址，地址则是一个 8 位十六进制数。

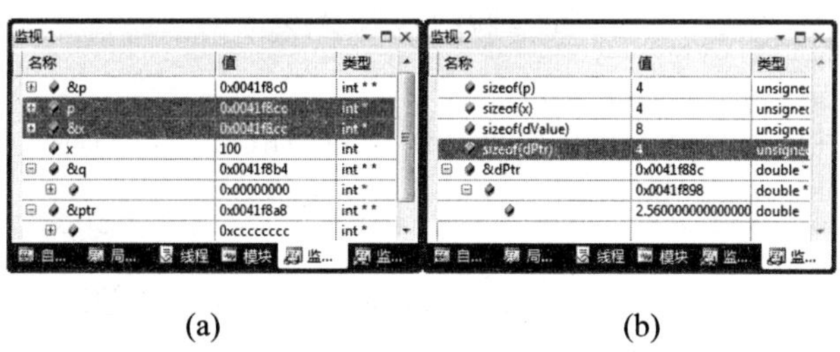

(a)　　　　　　　　(b)

图 2-6　例 2-8 程序的跟踪窗口

2.6.2　指针运算

用取地址运算符&(也是按位与运算符)可以将变量的首地址赋值给指针变量。由于指针变量中存放的是首地址，指针运算本质上就是地址运算。对指针变量能实施的运算主要有赋值运算、间接引用运算、自增与自减算术运算、指针间的关系运算等。

1. 赋值运算

指针变量的赋值也是用等号赋值运算符，用法比较简单。例如：

```
int xValue=123, *p=&xValue;     //指针变量 p 的值为变量 xValue 的地址
double yArray[5] = {0.1, 0.2, 0.9, 1.34, 2.56};
double *ptr = yArray;           //yArray 为地址常量，是数组首地址，不用取地址
char *cPtr = 0x0012fc8c;        //错误！不能用字面常量对指针变量赋值
ptr = &xValue;                  //错误！两者类型不匹配，ptr 只能指向 double 对象
```

2. 间接访问运算

一个变量被定义后，系统为其分配一块内存空间，程序可以通过变量名存取其中的值，这种访问内存的方式称为直接访问。借助于指针，C++提供了另一种非直接的内存访问方式，称为间接访问。所谓间接访问，就是通过指针变量中的地址访问指针所指的变量。

间接访问运算符(*)为单目运算符，其操作数为指针变量。变量的两个要素是地址和值，&称为取地址运算符，相应地，也常称*为取值运算符。例如：

```
int x=234, y=98, sum;
int *xPtr=&x, *yPtr=&y;
*xPtr *= 2;                     //相当于 y*=2; ，*xPtr 为左值，修改被指对象的值
sum = *xPtr + *yPtr;            //相当于 sum=x+y;，*xPtr 和*yPtr 均作为右值
(*yPtr)++;                      //相当于 y++，y 的值为 99
```

3. 算术运算

指向数组的指针可以指向数组的任何一个单元，指针从一个单元指向另一个单元是通过专门的算术运算来实现。指针支持的算术运算有自增和自减运算、与整数的加减运算。

(1) 自增、自减运算

指针的自增运算是使指针指向当前存储单元的下一个单元，自减运算的结果是指向前一个存储单元。指针移动的距离与指针定义时的数据类型相关，即以 sizeof(type)的值为单位。例如，int 类型指针每次移动 4 个字节，double 每次移动 8 个字节。例如：

```
int intArray[5] = {100, 200, 300, 400, 500};
//ptr 指向 intArray[2]单元
int *ptr = &intArray[2];
//相当于(*ptr)++，先取出 300，ptr 再后移，指向 intArray[3]的单元
cout << *ptr++ << endl;
//相当于*(++ptr)，ptr 后移，指向 intArray[4]单元，再输出 500
cout << *++ptr << endl;
//相当于(--*ptr)--，intArray[4]先自减，值为 499，ptr 再自减，
//前移，指向 intArray[3]单元
cout << --*ptr-- << endl;
```

(2) 与整数的加减运算

类似地，指针变量与整数相加或相减的结果是指针前移或后移若干个单元。例如：

```
int *ptr = &intArray[0];    //intArray 数组同前
ptr += 4;    //ptr 指针从指向 intArray[0]跳转为指向 intArray[4]
cout << *ptr << endl;       //输出 500
//访问 intArray[1]单元，指针依然指向 intArray[4]，输出 200
```

```
cout << *(ptr-3) << endl;
ptr+=3;          //错误！指针已指向数组外，程序不能正常运行！
```

4. 关系运算

指针的关系运算主要用于判别指针是否相等或是否为空指针。例如：

```
int *ptr1 = &intArray[4], *ptr2 = intArray;          //intArray 数组同前
ptr1 == ptr2                    //返回逻辑值 false
ptr1 != NULL                    //指针是否为空指针
//下面的比较能执行，但这是一种不安全的用法，因为两个地址的大小比较无实际意义。
//而*ptr1 < *ptr2 是一种常用的方式，用于比较所指对象值的大小
ptr1 < ptr2
```

此外，指向数组的指针还可以进行减法运算，结果为一整数，是两个地址值的差，例如，ptr2 - ptr1 的值为-4。

2.6.3 引用类型

引用又称为别名(Alias)，是给一个已定义的变量另命名一个名称。在程序中，用变量名可以访问变量的值，也可以用它的别名存取变量的值。正如除姓名外，有人在家有“小名”，在宿舍还有“绰号”一样，一个变量的别名可以有多个。引用类型主要用于说明函数的形参和返回值。

引用类型的定义格式如下：

```
<数据类型> &<引用变量名> = <已定义的变量名>;
```

说明：

- &符号是用于声明引用类型的关键字。
- <数据类型>必须与被引用变量的数据类型完全相同。
- 引用变量只在定义时赋初值，之后引用变量不再接受另一个变量名的赋值。

引用类型变量的定义与使用示例如下：

```
int x=200, y=600, *ptr=&y;
int &iRef = x;                  //iRef 为变量 x 的别名
iRef = y;                       //等价于 x=y，将 y 的值赋给被引用变量
int *&pRef = ptr;               //pRef 为指针 ptr 的别名。cout<<*pRef;输出 600
double &dRef = y;               //错误！类型不匹配
```

【例 2-9】观察引用类型变量在内存中的情况。

程序代码：

```
#include <iostream>
using namespace std;
int main() {
    int x=200, y=600;
    int &iRef = x;              //定义 iRef 为 x 的引用
    int *xPtr, *yPtr;
    xPtr = &iRef;               //等价于 pPtr=&x，两者地址相同
    yPtr = &y;
    int *&pRef = yPtr;          //定义指针变量 yPtr 的引用
    cout << "x=" << x << "\ty=" << y << endl;
```

```
    cout << "x 地址: " << &x << "\ty 地址: " << &y << endl;
    cout << "x 的别名 iRef 地址: " << &iRef << "\tiRef 值: " << iRef << endl;
    cout << "指针 yPtr 的地址: " << &yPtr << "\t 所指对象值: " << *yPtr<<endl;
    cout << "yPtr 的引用 pRef 地址: " << &pRef << "\tpRef 值: " << pRef
        << "\tpRef 访问所对象的值: " << *pRef << endl;
    return 0;
}
```

运行结果:

```
x=200    y=600
x 地址: 0015F8C0        y 地址: 0015F8B4
x 的别名 iRef 地址: 0015F8C0    iRef 值: 200
指针 yPtr 的地址: 0015F890 所指对象值: 600
yPtr 的引用 pRef 地址: 0015F890     pRef 值: 0015F8B4     pRef 访问所对象的值: 600
```

跟踪与观察:

(1) 从图 2-7(a)可见，变量 x 与 iRef 的地址(0x001cff04)与值均相同，指针 xPtr 的地址(0x001cfee0)与它们不同，值与它们的地址相同。

(2) 从图 2-7(b)可见，引用变量 pRef 的地址与值和其引用对象指针 yPtr 的值相同，变量 xPtr、pRef 的值和 y 的地址值相等。

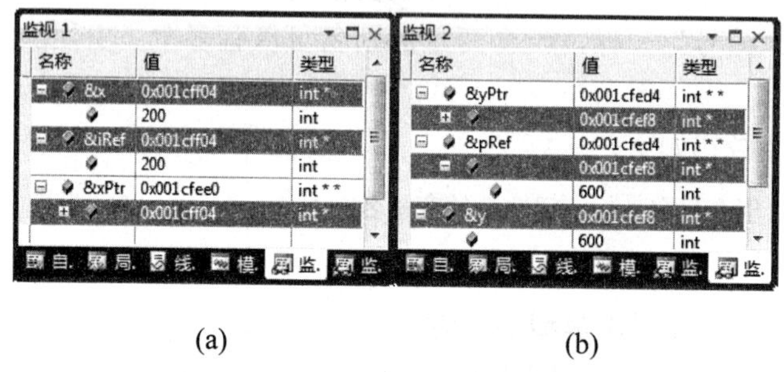

(a) (b)

图 2-7 例 2-9 程序的跟踪窗口

关于引用，读者可能会有这样的疑问：既然用变量名能直接访问到一个变量的值，为什么还要给它起个“别名”，用别名来访问它呢？其实，C++设计引用类型的目的是方便程序模块之间数据的传递。如前所述，引用类型主要用于函数的形参和返回值。

2.7 枚举类型

在软件设计时，经常会遇到一些仅有几种可能值的数据，例如，一年仅有 12 个月、一周只有 7 天、扑克牌只有 4 种花色、性别仅有男和女等。如果在程序中用整型定义扑克牌的花色，例如，假定用 1 表示黑桃、2 表示红桃、3 表示梅花、4 表示方块。尽管这种方法能定义扑克牌的花色，然而存在两个缺点：①如果程序员不注意向用于存储花色的变量中赋了 1、2、3、4 之外的其他值，程序则无法解释其含义；②程序员在使用时必须记住每个数值代表什么花色，程序的可读性差。

枚举(Enumeration)类型是从 C 语言继承来的由用户自定义的数据类型，它是由若干个语义相关的枚举常量组成的集合。

声明枚举类型的语法格式如下：

```
enum <枚举类型名> {<枚举常量列表>} [<变量列表>];
```

说明：

- enum 是枚举类型关键字，<枚举类型名>为用户定义的标识符。
- 一个枚举类型应含有多个枚举常量，枚举常量也是用户定义的标识符。枚举类型声明中，可对枚举常量指定特定数值。若省略，则其值是前一个枚举常量值加 1。第 1 个枚举常量如果不指定特定值，其默认值为 0。
- 枚举类型定义后，<枚举类型名>即成为新的数据类型名称，与 int 数据类型一样，可用其定义枚举变量。
- 枚举型变量的取值范围是整数，占用的字节数为 4。

枚举类型定义与应用示例如下：

```
enum Color {Red,Yellow,White,Blue,Black};  /* 定义 Color 枚举类型。没有指定枚举
常量的值，自动从 0 开始，即 Red=0,Yellow=1,White=2,Blue=3,Black=4 */
Color clothes = White;            //定义枚举型变量 clothes 并赋初值 White
clothes = 2;                      //错误！类型不匹配，不能用整数对枚举型变量赋值
clothes = Blue;                   //变量 clothes 值为 Blue
clothes != Red                    //关系运算，值为真
//说明 Months 枚举类型，并定义变量 currentMonth，且赋值 February
enum Months{January=1, February, March, April, May, June, July, August,
  September, October, November, December} currentMonth = February;
enum Week{Sun,Mon=10,Tue,Wed=16,Thu,Fri,Sat} today=Fri,tomorrow=Tue;
cout << "Tue=" << tomorrow<<"\tFri="<<today<<endl; //输出 Tue=11 Fri=18
```

【例 2-10】观察枚举类型变量在内存中的情况。

程序代码：

```
#include <iostream>
using namespace std;
enum WeekDay {Sun,Mon,Tue,Wed,Thu,Fri,Sat};     //声明枚举类型
int main() {
    WeekDay today=Fri, tomorrow=Sat;
    cout << std::boolalpha;
    cout << "today==Mon?" << (today==Mon) << endl; //枚举量的逻辑运算
    cout << "today is " << today << endl;  //输出整数 5，不显示字符串 Fri
    cout << "tomorrow-today="<<(tomorrow-today)<<endl; //相当于整数的算术运算
    enum Color{Red,Yellow,White,Blue,Green,Black}
        ballColor[3]={Black,Yellow,White};          //枚举类型数组
    return 0;
}
```

运行结果：

```
today==Mon?false
today is 5
tomorrow-today=1
```

跟踪与观察：

(1) 从图 2-8(a)可见，枚举变量 today 和 tomorrow 的大小为 4 字节，类型为 WeekDay，值分别为 Fri 和 Sat。

(2) &today 为 char*类型，值为 0x0021f86c，是变量的首地址。展开&today 项，跟踪窗口中仅显示了 today 变量第 1 个字节的值，并以 char 型格式显示。

在 x86 机器中，整数是以“低位字节优先”的方式存储，下面以 today 变量为例予以说明。

int 型整数在机器中用 4 个字节保存，整数 5 用 4 字节十六进制数表示为 00 00 00 05。按从左至右的顺序，左端称为高位，右端称为低位。所谓“低位字节优先”是将低位存储在内存中地址较低的字节中，图 2-8 监视 1 窗口中的 today 变量在内存中的存储情况为：

```
地址              值
0x0021f86c        05
0x0021f86d        00
0x0021f86e        00
0x0021f86f        00
```

这就是&today 项中第一个字节值为 5 的原因。

(3) 从图 2-8(b)可见，枚举类型数组 ballColor 的大小为 12 个字节，每个存储单元的类型为 Color。

(a)　　　　　　　　　　(b)

图 2-8　例 2-10 程序的跟踪窗口

2.8　控制台输入和输出

控制台输入和输出是一种简便的数据交互方式。C++语言无专门负责输入和输出的语句，而是用面向对象的流技术实现数据的输入和输出功能。

2.8.1　控制台输入

cin 是在标准流类中定义的标识符，用于在程序运行期间向变量输入数据。用 cin 与提取运算符“>>”，就能实现从键盘输入实数、整数、字符和字符串等数据。

语法格式如下：

```
cin >> 变量名 1[ >> 变量名 2 >> ... >> 变量名 n];
```

说明：

- 一条语句可实现向多个变量赋值。从键盘输入时用空格、Tab 或 Enter 键分隔数据。
- 输入数据的个数、类型和顺序应与语句中对应的变量一致，否则会引发错误。
- 字符串的输入用 getline()函数。

- 输入空格和 Tab 字符的方法是用 cin 的 get()函数。
- “>>”是右移位运算符，在流类中被重载。

从控制台(键盘)输入数据的示例：

```
int x, y;
char ch, msg[200];
cin >> x >> y >> ch;    /* 数据输入方式：200  300  A↙。这里↙表示回车键，
两个数据之间用空格或 Tab 键分隔，也可以是 200↙  300↙  A↙ */
cin.getline(msg, 199); //字符串的最大长度为 199，以 Enter 键为结束符
cin.get(ch);           //用这种方法可以输入包括空格和 Tab 键在内的字符
```

默认状态下，整数均是以十进制格式输入。C++预定义的格式控制符能方便地改变输入和输出数据的格式。在输入语句中插入 hex(十六进制)、oct(八进制)和 dec(十进制)指明输入数据认定的制式。例如：

```
cin >> hex >> x >> y; //以十六进制输入数据。
//若输入 f  11，则 x 和 y 的值分别为 15 和 17
```

在连续输入多个数据时，多余的回车键可能导致部分变量没有接收到数据。例如前面的程序中有两条输入语句：cin>>x>>y; cin.getline(msg,199);，当输入 5 6↙后，msg 中的内容为空字符串。解决方法是在两语句之间插入 cin>>ws;语句，吸收前面输入的回车。

2.8.2　控制台输出

cout 是在标准流类中定义的标识符，它与插入运算符“<<”组合，用于实现在程序运行期间向屏幕输出各种格式的数据。C++提供的输出格式控制方法是在输出数据语句中插入格式控制符。例如：

```
cout << "x+y=" << (x+y) << endl;          //输出 x 与 y 的和
cout << "请输入口令：";                     //提示信息
cout << (sex ? "男" : "女") << endl;       //若 sex 为真，输出“男”，否则显示“女”
cout << hex << 256 << endl;               //hex 为十六进制格式控制符，输出 100
//设置过 hex 后，整数均以十六进制格式输出，除非用 oct 或 dec 重新设置
cout << std::setiosflags(ios::showbase|ios::uppercase) << 1024*768
  << '\t' << 3.45198 << endl;
```

输出：

```
OXC0000  3.45198
```

std::setiosflags()用于设定流控制标记，需要在程序开头插入#include <iomanip>。设置流控制符的另一个函数是 cout.setf()。ios::showbase | ios::uppercase 是对相应控制进行设置的表达式，其中 showbase 表示数的进制基数，uppercase 表示字母大写显示：

```
cout << std::scientific << 34324e12 << endl;  //输出 3.432400E+016
cout << setw(20) << left << 4672.12 << setw(30) << right << "右对齐" << endl;
//setw()设置数据的显示宽度，left 为左对齐，right 表示右对齐
```

C++的 I/O 流类是标准 C++库的一部分，是面向对象技术的典型应用，详细内容将在第 10 章介绍。

2.9 案例实训

1. 案例说明

设计一个用于竞赛评分的程序。要求：输入评委的人数和每个评委的评分，输出选手的总分、最高分、最低分，以及去掉一个最高分和最低分后的总得分和平均分。

2. 编程思想

定义三个浮点型变量，分别记录最高分、最低分、所有评分的累加和，定义一个整型变量记录评委人数，一个浮点型变量保存输入的评分。

先输入评委人数，用人数控制循环次数，输入评分后进行累加和最高分与最低分的修改，最后输出总分、最高分、平均分等值。

3. 程序代码

程序代码如下：

```
#include <iostream>
using namespace std;
int main() {
    double maxValue = 0.0;      //保存最高分的值
    double minValue = 200.0;    //保存最低分的值
    double result = 0.0;        //保存总分
    int n;                      //保存评委人数
    double x = 0.0;
                                //人机交互输入数据
    cout << "请输入评委人数：";
    cin >> n;
    for(int i=0; i<n; i++) {
        cout << "输入第" << i+1 << "号评委的评分：";
        cin >> x;
        if(x > maxValue)        //如果大于当前最大值，赋最大值为x
            maxValue = x;
        if(x < minValue)        //如果小于当前最小值，赋最小值为x
            minValue = x;
        result += x;            //累加
    }
                                //输出结果
    cout << "总得分：" << result << endl;
    cout <<"去掉一个最高分和一个最低分后的总得分："<<result-maxValue-minValue;
    cout << "\t 平均分：" << (result-maxValue-minValue)/(n-2) << endl;
    return 0;
}
```

4. 运行结果

运行结果如下：

```
请输入评委人数：7↙
输入第 1 号评委的评分：92.5↙
```

```
输入第 2 号评委的评分：96.4↙
输入第 3 号评委的评分：93.8↙
输入第 4 号评委的评分：95.8↙
输入第 5 号评委的评分：97.1↙
输入第 6 号评委的评分：95.7↙
输入第 7 号评委的评分：94.6↙
总得分：665.9
最高分：97.1        最低分：92.5
去掉一个最高分和一个最低分后的总得分：476.3    平均分：95.26
```

本 章 小 结

本章重点介绍了 C++语言的数据类型、变量和常量、运算符和表达式、数组、指针和引用、枚举、输入和输出等重要的基础知识。

为帮助读者深刻理解这些知识的内涵，在例程中借助 Debug 工具观察程序运行时内存中数据的状况。

“寻根究底”是一种值得推荐的 C++语言学习方法，建议读者在计算机上动手编写程序，练习调试、跟踪和观察内存的方法，加深对 C++语言实现机理的掌握，提高编程能力。

C++是一种强类型语言，其支持的数据类型如图 2-9 所示。

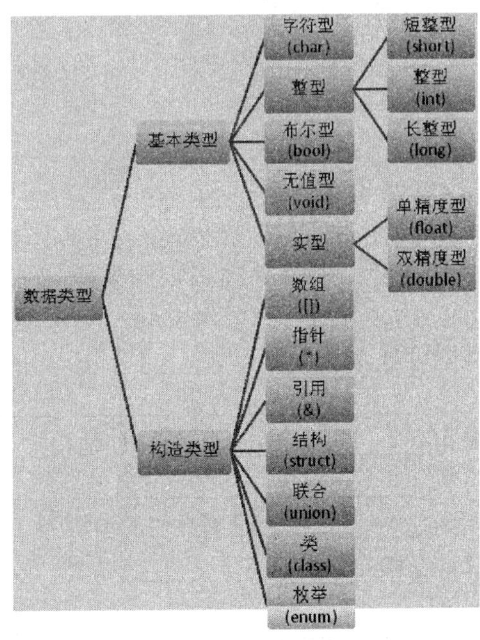

图 2-9　C++支持的数据类型

存放在内存的数据，根据程序执行时能否被修改，分为变量和常量。变量定义包含为变量指定数据类型和名称，变量名用于标识变量在内存中的位置，数据类型告知编译器变量需分配内存的大小。

指针变量是一种特殊的变量，其特别之处在于其存储的是内存地址。借助指针变量，程序可以访问到所指内存单元中的数据，被称为间接访问。指针主要用于函数参数传递、自由存储空间分配和数组访问等。

引用是 C++新增的数据类型，通俗地说，是为另一变量起个别名，其主要用途是参数传递或数据返回。

数组是一种重要的数据结构，它将大量相同类型的数据集中存储在一块连续的内存区域中供程序加工和处理。多维数组可视为是“数组中的数组”，即数据类型是数组的数组。

运算符是程序对数据进行特定操作的符号标记，每个运算符都有其能识别的操作数和功能。除针对基本数据类型的算术运算、关系运算和逻辑运算等运算符外，C++还将内存分配与释放、计算数据类型大小等重要操作也划归为运算，并指定专门的运算符。C++还允许对运算符进行重载，对其赋予特定的功能。移位运算符(>>和<<)在输入输出流类中被重载，并赋予了输入和输出数据的能力。

运算符和表达式的概念来源于数学，早期的计算机高级语言的特征之一是使用表达式进行求值。表达式是由运算符、分隔符、变量和表达式等元素，以有意义的排列方式所构成的序列，在功能上该序列能计算出一个值。

习 题 2

1. 填空题

(1) 下列字符串中，正确的 C++标识符是_______。

A. foo-1　　B. 2b　　C. new　　D. _256

(2) 下列选项中，不是 C++关键字的是_______。

A. class　　B. function　　C. friend　　D. virtual

(3) 若定义语句“int i=2, j=3;”，则表达式 i/j 的结果是_______。

A. 0　　B. 0.7　　C. 0.66667　　D. 0.6666667

(4) C++的基本数据类型可分为_______、______ 、_______、_______、_______5 大类，分别用关键字_______、_______、_______、_______、_______来声明。

(5) 运算符的优先级是指________________，结合性是指______________________。

(6) 常用的关系运算符有____。

(7) 八进制数值的前缀为_______，十六进制数值的前缀为_______。

(8) 对于位的左移运算，左移 n 位则相当于_______以 2^n。对于位的右移运行，右移 n 位则相当于_______以 2^n。

(9) C++中，除可以用 false 表示逻辑假外，还可以用_______表示假。

(10) 引用类型是一个已存在变量的_______，它与被引用的对象共用同一个内存单元。

(11) 已知枚举类型声明语句为：

```
enum COLOR{WHITE, YELLOW, GREEN=5, RED, BLACK=10};
```

则下列说法中错误的是_______。

A. 枚举常量 YELLOW 的值为 1　　B. 枚举常量 RED 的值为 6
C. 枚举常量 BLACK 的值为 10　　D. 枚举常量 WHITE 的值为 1

2. 简答题

(1) 常量和变量的区别是什么？为何要区分常量和变量？

(2) C++的构造数据类型有哪些？

(3) C++在逻辑运算中的“短路”运算是指什么？举例说明。

(4) 位运算中的异或运算有什么特点？

(5) 举例说明 C++中二维数组的存储方法。

(6) 什么是空指针？什么是空悬指针？指针可以进行哪些运算？与普通数据类型的运算有何不同？

(7) 什么是引用？引用与指针的区别是什么？引用型参数具有哪些优点？

(8) 任何一个字符数组是否都是字符串？字符'\0'在一个字符数组中所起的作用是什么？

(9) 什么是枚举类型？应用枚举类型能为程序设计带来哪些好处？

3. 编程题

(1) 定义一个整型变量，分别通过指针和引用两种方式间接访问变量，利用该变量进行算术运算并用移位进行乘、除运算，最后分别输出变量、指针和引用的地址。用调试工具跟踪并观察各个变量。

(2) 编写一个程序，当用户输入两个时刻(采用 24 小时制，精确到秒)之后，输出这两个时刻的时间差。

(3) 编写一个程序，把英寸转换为厘米(1 英寸等于 2.54 厘米)。

(4) 编写一个程序，使 short 类型的变量产生负溢出。

(5) 编程输出由用户输入的两个整数的和、差、积、商和余数。

(6) 在程序中定义一个具有 5 个元素的整型数组并赋初值，输出数组中每个单元的地址和所存储的数值。

第 3 章　基本控制结构和函数

结构化程序设计方法的理论研究和实践均证明：任何程序均可由顺序、分支、循环这 3 种基本控制结构组成。在结构化程序中，函数是程序的基本模块，也是 3 种基本控制结构的组合体。面向对象的 C++语言继承了 C 语言中的函数，函数设计依然是软件开发的主要任务之一。

本章重点介绍算法、程序控制结构、函数和参数传递，及程序运行时内存中的布局。

3.1　算法和基本控制结构

如同解数学题要寻找有效解法一样，程序设计的核心任务是设计算法。任何复杂的算法都可以用顺序、选择和循环这 3 种基本控制结构组合而成。顺序结构、选择结构和循环结构这 3 种基本控制结构是算法实现和模块化程序设计的基础。

3.1.1　算法和流程图

算法(Algorithm)是在有限步骤内求解某一问题所使用的一组定义明确的规则，是解题方法的精确描述。在这个过程中，无论是形成解题思路还是编写程序，都是在实施某种算法。前者是推理实现的算法，后者是操作实现的算法。

从广义上讲，做任何事情都要先设计好完成任务的步骤和方法，也可以视为“算法”。例如，菜谱是一个用于做菜的“算法”，厨师炒菜其实就是实现算法。类似地，乐谱、教学计划、行动方案、操作指南等都可认为是“算法”。

计算机处理的问题一般分为数值运算和非数值运算两种。

科学和工程计算的问题基本属于数值运算，如矩阵计算、方程求解等。非数值运算应用包括数据处理、知识处理，如信息系统、工厂自动化、办公室自动化、家庭自动化、专家系统、模式识别、机器翻译等。

主要研究数值运算实现方法的算法通常称为数值算法，例如，求解多项式和线性代数方程组、解矩阵和非线性方程、数字信号处理等。非数值算法则是研究数据存储和处理相关的算法，常见的有线性表、栈、队列、树、图、排序、查找和文件操作、并行计算等。

一个算法应具有以下几个基本特征。

- 有穷性：一个算法必须保证执行有限步操作之后终止，不能是无限制地执行。
- 确定性：算法的每一步骤必须有确切的定义，应当是明确无误的，不能含义模糊。
- 输入：一个算法有零个或多个输入，以刻画运算对象的初始情况，所谓零个输入，是指算法本身已确定了初始条件。
- 输出：一个算法有一个或多个输出，以反映对输入数据加工后的结果。没有输出的算法是毫无意义的。
- 有效性：算法中的每一步都应能够精确运行，算法执行后应得到确定的结果。

为描述一个算法，可以采用许多不同的方法。比较常用的有：自然语言、流程图、伪代码。

流程图使用图形来表示算法，是一种直观易懂、应用最广的方法。本章主要介绍传统流程图的表示方法。

流程图用一组几何图形框来表示各种不同类型的操作。图 3-1 列出了一些常用的流程图符号及其名称。

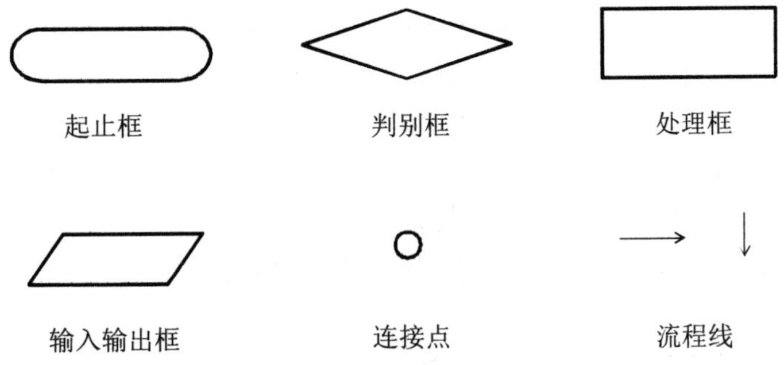

图 3-1 常用的流程图符号

【例 3-1】用流程图表示已知三角形的三边 a、b、c，求三角形面积的算法。

答：三角形的三边必须满足任何两边之和大于第三边的条件，故算法的第一步是判别能否构成三角形。如果构成三角形，则利用海伦公式求三角形的面积并输出，否则显示不能构成三角形的信息。用流程图描述，如图 3-2 所示。

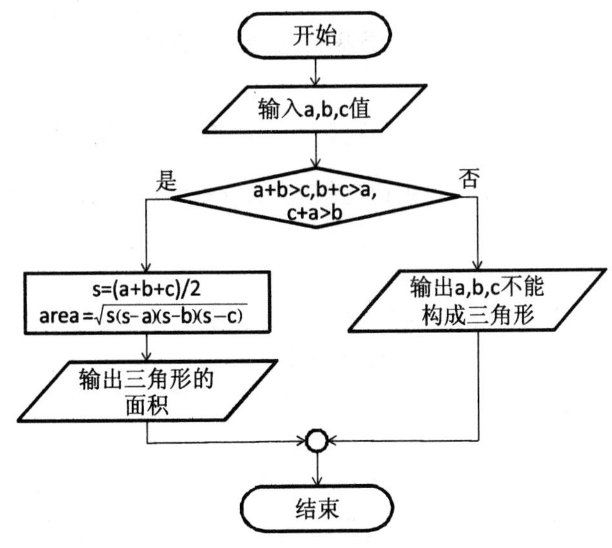

图 3-2 例 3-1 的流程图

流程图作为算法表示工具，能非常清晰地描述解题步骤。此外，参照流程图编程，能降低程序设计的难度。对于初学者，编程的思想方法还没有建立，思路不是十分清晰，“先画流程图，再编写代码”不失为是一种良好的学习方法。

3.1.2 三种基本控制结构

理论和实践证明，无论多复杂的算法，均可通过顺序、选择、循环这 3 种基本控制结构来实现。所有的结构都是单入口和单出口，程序由基本控制结构经多层嵌套组合而成。

顺序结构是一种最简单的基本结构，其执行过程是以从上到下地顺序依次执行各个模块，如图 3-3(a)所示。

程序在运行过程中，根据某个条件成立与否，改变程序的执行顺序，从一个模块跳转到另一模块，这一过程称为控制转移。选择结构和循环结构就是两种基本的控制转移结构。

选择结构的程序根据判别条件的不同结果做出不同路径的选择，从而执行不同的模块。图 3-3(b)是一种最基本的选择结构。

循环结构的程序根据判别条件成立与否，不断重复执行某个模块，参见图 3-3(c)。图 3-3 的流程图清晰地描述了 3 种不同的控制结构，具有直观、准确的优点。

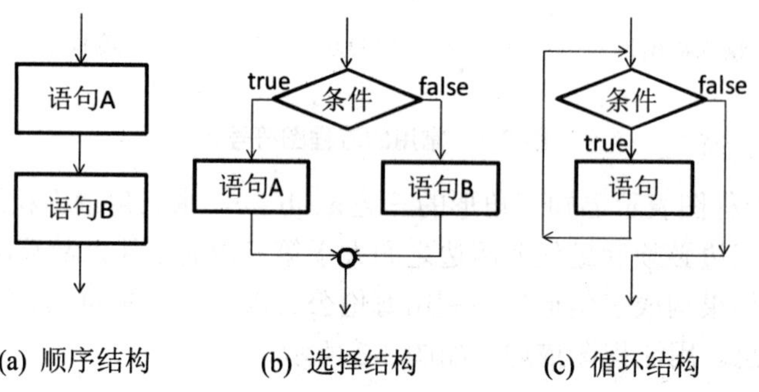

图 3-3 部分基本控制结构流程图

3.1.3 语句

与自然语言相似，C++程序也是由语句组成的。C++语言的语句通常用分号表示结束，语句主要有下列几类。

(1) 说明语句

说明语句又称声明语句，用于在程序中命名变量和常量，用户自定义枚举类型、类、结构类型和函数声明等。说明语句仅供编译器生成程序代码使用，在程序执行过程中不对数据进行任何操作。

(2) 表达式语句

在表达式后面加上分号即构成一条表达式语句。赋值语句、自增和自减语句都是表达式语句。函数调用可作为一个操作数，是表达式的一部分，故函数调用语句也是一种表达式语句。

(3) 控制语句

控制语句是用于实现程序流程控制的语句，有 if 选择语句、switch 选择语句、循环控制语句、break、continue、return 语句等。

(4) 复合语句

用一对花括号{}把若干条语句括在一起，构成一条复合语句。复合语句后面不需要加分号。复合语句内部可嵌套多条复合语句，复合语句有时也称为块语句。

(5) 异常处理语句

程序执行过程中，可能引发某些异常，程序中专门处理异常的语句称为异常处理语句。

(6) 空语句

空语句是只有一个分号的语句，它不执行任何操作，一般用于语法上要求有一条语句但实际没有任何操作的场合。例如：

```
for(int i=1; i<10000; i++) ;
```

最后一个分号表示了空语句。该空循环执行 10000 次后结束，有延时的作用。

3.2 选择型控制结构

C++中支持选择(也称分支)型控制结构的语句有两种：条件语句和多分支开关语句，即 if 语句和 switch 语句。

3.2.1 if…else 选择结构

if 语句的语法格式为：

```
if(<表达式>)
    <语句 1>
[else
    <语句 2>]
```

说明：

- <表达式>计算的值若为 0，则为逻辑假，若非 0，为逻辑真。当为真时，程序执行<语句 1>，否则执行<语句 2>。
- 如果执行语句有多条，则将它们置于花括号之中，构成复合语句。
- if 语句的流程图见图 3-3(b)。
- if 语句可以嵌套使用。在<语句 1>和<语句 2>中又可以是一条 if 语句。C++规定 else 与其前边最近未配对的 if 相匹配。
- 条件运算符的功能与 if 语句相似。在根据条件对变量进行赋值时，有时用?:运算符来实现，比用 if 语句更为简便高效。

【例 3-2】输入 3 个整数，找出其中的最大数。

程序代码：

```
#include <iostream>
using namespace std;
int main() {
    int X, Y, Z, max;  //声明变量
    cout << "请依次输入 3 个整数：";
    cin >> X >> Y >> Z;
    max = X;
    if(Y > max)
        max = Y;
    if(Z > max)
```

```
        max = Z;
    cout << "3 个数中的最大数为: " << max << endl;
    return 0;
}
```

程序说明：

(1) 本例也可以不定义变量 max，而用 if 语句嵌套方式来实现，如下所示：

```
if(X>Y && X>Z)
    cout << "3 个数中的最大数为: " << X << endl;
else
    if(Y>X && Y>Z)
        cout << "3 个数中的最大数为: " << Y << endl;
    else
        cout << "3 个数中的最大数为: " << Z << endl;
```

(2) 用条件运算符(?:)也能实现，并且更为简洁。如下所示：

```
cout << "3 个数中的最大数为: " << ((max=X>Y ? X : Y)>Z ? max : Z) << endl;
```

这里(max=X>Y?X:Y)>Z?max:Z 表达式的计算过程是：①计算 max=X>Y?X:Y 子表达式的值，将 X 与 Y 的最大值存入 max，子表达式的值与 max 相等；②计算子表达式的值是否大于 Z，若真返回 max，否则返回 Z。

【例 3-3】 判断某年是否为闰年。

分析：闰年要满足的条件是它能被 4 整除且不能被 100 整除，或者能被 400 整除。判断一个整数能否被另一个整数整除的方法是用模运算。如果模运算的值为 0，表示该数能被模数整除，否则为不能。例如，整数 x 能被 4 整除的逻辑表达式是 x % 4==0。

程序代码：

```
#include <iostream>
using namespace std;
int main() {
    int year;
    cout << "输入年份: ";
    cin >> year;
    if((year%4==0 && year%100!=0) || year%400==0)
        cout << year << "年是闰年! " << endl;
    else
        cout << year << "年不是闰年! " << endl;
    return 0;
}
```

运行结果：

```
输入年份: 2011↙
2011 年不是闰年!
```

3.2.2 switch 多分支选择结构

switch 语句又称开关语句，当指定的表达式的值与某个常量匹配时，即执行相应的一个或多个语句，其语法格式如下：

```
switch(<表达式>)
{
    case <常量表达式 1>: [语句 1][break;]
    case <常量表达式 2>: [语句 2][break;]
    ...
    case <常量表达式 n-1>: [语句 n-1][break;]
    [default: 语句 n]
}
```

说明：

- <条件表达式>的值只能取整型、字符型、枚举型等离散值，不能取实型这样的连续值。
- 每个分支的语句可以是一条语句，也可以是多条语句。
- 每个常量表达式的取值必须各不相同，否则会引起歧义。default 表示默认值，当与所有常量表达式的值都不匹配时，执行语句 n。
- case 分支仅起到一个入口标记的作用，并不具有结束 switch 语句的功能。break 语句的作用是将流程跳出 switch 语句，即右花括号之后。如果省略 break 语句，程序将继续执行其后 case 中的分支语句，直至遇到 break 语句(或者已经到最后)才结束。

switch 语句的流程图如图 3-4 所示。

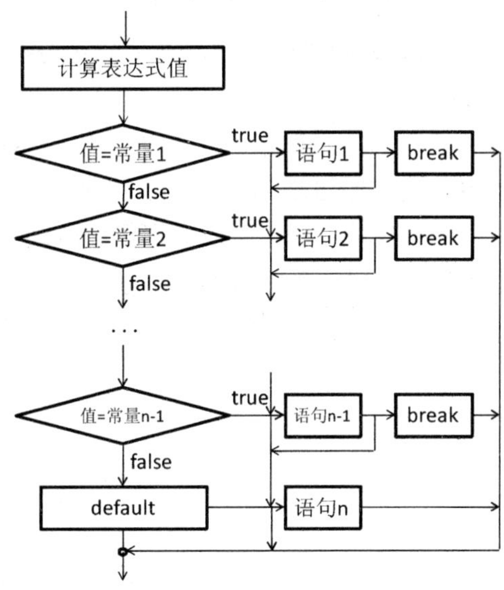

图 3-4　switch 语句的流程图

【例 3-4】输入 0~6 之间的一个整数，输出所对应的星期几字符串。

程序源码：

```
#include <iostream>
using namespace std;
int main() {
    int day;
    char str[20] = "";
    cout << "请输入数(0-6):";
    cin >> day;
```

```
    switch(day)
    {
    case 0: strcpy(str,"星期日"); break;  //函数strcpy用于向字符数组赋值
    case 1: strcpy(str,"星期一"); break;
    case 2: strcpy(str,"星期二"); break;
    case 3: strcpy(str,"星期三"); break;
    case 4: strcpy(str,"星期四"); break;
    case 5: strcpy(str,"星期五"); break;
    case 6: strcpy(str,"星期六"); break;
    default: strcpy(str,"输入错误！"); break;
    }
    cout << day << "对应" << str << endl;
    return 0;
}
```

运行结果：

```
请输入数(0-6):5↙
5 对应星期五
```

程序说明：

- 对于字符数组，不能用等号运算符对其赋值。在编辑器中，输入 str="星期日";语句后，VC2010 先进的错误智能感知功能会在 str 下添上红色波浪线，将鼠标停在其上，将显示"Error:表达式必须是可修改的左值"。
- strcpy(参数 1, 参数 2)是系统提供的函数，其功能是将参数 2 的内容复制到参数 1 所指定的字符数组中。

在上面的例子中，条件表达式的值是独立的开关量，用 switch 语句描述十分自然。如果表达式的值是一段连续的量，需要经过适当转换，才能应用 switch 语句。

【例 3-5】 输入课程的百分制成绩，输出对应的等级制成绩。90~100 为优，80~89 为良，70~79 为中，60~69 为合格，60 以下为不合格。

程序代码：

```
#include <iostream>
using namespace std;
int main() {
    int score;
    cout << "请输入百分制成绩：";
    cin >> score;
    switch(score/10)
    {
    case 10: case 9:
        cout << "优" << endl; break;
    case 8:
        cout << "良" << endl; break;
    case 7:
        cout << "中" << endl; break;
    case 6:
        cout << "合格" << endl; break;
    case 5: case 4: case 3: case 2: case 1: case 0:
        cout << "不合格" << endl; break;
    default:
        cout << "输入错误！" << endl;
```

```
    }
    return 0;
}
```

3.3 循环型控制结构

C++用于支持循环控制结构的语句有 3 种，它们分别是计数型循环语句(for 语句)、当型循环语句(while 语句)和直到型循环语句(do…while 语句)。除此之外，还有 break、continue 和 goto 这 3 个流程跳转语句。goto 语句通常不建议使用，所以本书不做介绍。

3.3.1 for 循环结构

for 语句的语法格式为：

```
for(<表达式 1>; <表达式 2>; <表达式 3>)
    <循环体语句>
```

说明：

(1) <表达式 1>、<表达式 2>、<表达式 3>可以是任意表达式。常用的模式是：<表达式 1>用于为循环变量赋初值，<表达式 2>为循环判别条件，<表达式 3>对循环变量进行修改。<循环体语句>可以是单语句，也可以是复合语句。

(2) for 语句的流程图如图 3-5 所示。语句的执行过程如下。

① 计算<表达式 1>的值，对循环变量初始化。

② 计算<表达式 2>的值，并进行判断。如果值为假，结束循环，执行循环语句后面的语句；如果值为真，则执行循环体。

③ 计算<表达式 3>的值，对循环变量进行修改，用于控制循环次数。

④ 流程转至②。

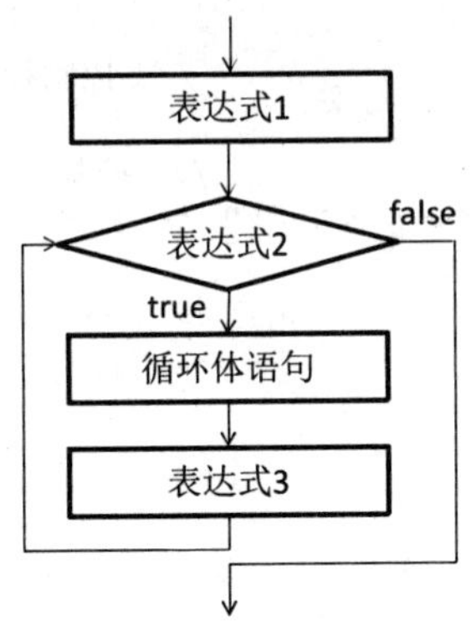

图 3-5 for 语句的流程图

for 循环是用得最多的一种循环，其中的<表达式 3>不仅能控制循环，而且还能实现循环体中的操作。

下面几段程序所完成的功能相同，都是计算 1 至 100 之间整数的和，但表示方法却相差较大，从中可以看出 for 语句的用法非常灵活：

```
//方法 1
int sum = 0;
for(int i=1; i<=100; i++)
    sum += i;
//方法 2
int sum = 0;
for(int i=1; i<=100; i++,sum+=i)     //表达式 3 用逗号分隔了两条语句
    ;                                 //空语句
//方法 3
int sum = 0;
for(int i=1; i<=100; sum+=i++)       // sum+=i++二句合一句
    ;
//方法 4
int sum=0, i=1;
for( ; i<=100; )                      //表达式 1 和表达式 3 均空
    sum += i++;
//方法 5
int sum=0, i=1;
for( ; ; )                            //3 个表达式均为空
    if(i > 100)
        break;
    else
        sum += i++;
```

【例 3-6】用循环嵌套，打印九九乘法表。

程序代码：

```
#include <iostream>
#include <iomanip>
using namespace std;
int main() {
    int i, j;
    cout << std::setiosflags(ios::left);  //设置输出格式为左对齐
    for(i=1; i<=9; i++)
        cout << "\t" << i;
    cout << endl;
    for(i=1; i<=9; i++) {              //i 控制行数
        cout << i;
        for(j=1; j<=i; j++)           //j 控制每行的列数
            cout << "\t" << j << "×" << i << "=" << j*i;
        cout << endl;
    }
    return 0;
}
```

运行结果：

```
    1       2       3       4       5       6       7       8       9
1   1×1=1
2   1×2=2   2×2=4
3   1×3=3   2×3=6   3×3=9
4   1×4=4   2×4=8   3×4=12  4×4=16
5   1×5=5   2×5=10  3×5=15  4×5=20  5×5=25
6   1×6=6   2×6=12  3×6=18  4×6=24  5×6=30  6×6=36
7   1×7=7   2×7=14  3×7=21  4×7=28  5×7=35  6×7=42  7×7=49
8   1×8=8   2×8=16  3×8=24  4×8=32  5×8=40  6×8=48  7×8=56  8×8=64
9   1×9=9   2×9=18  3×9=27  4×9=36  5×9=45  6×9=54  7×9=63  8×9=72  9×9=81
```

程序说明：

本程序所输出的乘法表是下三角矩形，建议读者修改程序，输出上三角矩形的九九乘法表。

【例 3-7】狐狸找兔子：围绕着山顶有 10 个洞，一只狐狸和一只兔子住在各自的洞里。狐狸想吃掉兔子。一天，兔子对狐狸说："你想吃我有一个条件，先把洞从 1 至 10 编上号，你从 10 号洞出发，先到 1 号洞找我；第二次隔 1 个洞找我，第三次隔 2 个洞找我，以后依次类推，次数不限，若能找到我，你就可以饱餐一顿。不过在没有找到我以前不能停下来。"狐狸满口答应，就开始找了。它从早到晚进了 1000 次洞，累得昏了过去，也没找到兔子，请问兔子躲在几号洞里？

分析：针对问题的抽象建模是解题的关键。首先要考虑的是 10 个洞在计算机里用什么方法描述，狐狸进洞信息又怎样记录。10 个洞可以通过定义有 10 个单元的整型数组表示，其中的值初始为零，表示狐狸没有到过此洞，狐狸进入洞一次则使该单元的值增 1，用模运算处理入洞间隔，1000 次进洞用循环来表示。

程序代码：

```
#include <iostream>
using namespace std;
int main() {
    int hole[10] = {0}; //表示 10 个洞，hole[0]表示 10 号洞，hole[1]代表 1 号洞，…
    int interval = 1;  //狐狸进洞的间隔，进一次洞 interval 加 1
    int location = 0;  //当前狐狸所在的洞号，0 表示在 10 号洞
    for(int i=1; i<=1000; i++) {  //i 表示进洞次数
        for(int j=1; j<=interval; j++)
            ++location %= 10;  //location 先加 1，模 10 是使取值只能是 0~9 的数
        hole[location]++;
        interval++;
    }
    for(int i=0; i<10; i++)
        if(hole[i] == 0)          //值为 0 表示狐狸没有进过该洞
            cout << "兔子可能躲在" << i << "号洞里。" << endl;
    return 0;
}
```

运行结果：

```
兔子可能躲在 2 号洞里。
兔子可能躲在 4 号洞里。
兔子可能躲在 7 号洞里。
兔子可能躲在 9 号洞里。
```

3.3.2 while 循环结构

while 语句的语法格式为：

```
while(<表达式>)
    <循环体语句>
```

说明：

(1) <表达式>为循环条件，可以是任意的合法表达式，常用的是逻辑或关系表达式。

表达式的值为非0，执行循环体，一旦为0，结束循环，执行其后的语句。如果表达式的值起初就是0，则循环体中的语句不执行。while语句的流程图参见前面的图3-3(c)。

(2) C++的条件表达式经常用简化的方式来表示，例如，表达式!x等价于x==0，表达式x等价于x!=0。下面代码段的功能是求1至100的和：

```
int i=100, sum=0;
while(i)
    sum += i--;
```

(3) 对于循环语句(包含for语句，do…while语句)，如果条件表达式的值不能为假，则程序进入“死循环”状态。

上述代码段中，如果sum+=i--;语句中对i没有自减(即sum+=i;)，则程序进入死循环。在编程环境中，可按组合键Ctrl+C或Ctrl+Break强行终止程序的运行。

【例3-8】搬砖问题：36个人搬36块砖，男搬4，女搬3，两个小孩抬一砖。要求一次全部搬完，问男、女、小孩各若干？

分析：用穷举法。所谓穷举法，是对所有可能的解进行测试，直至找到解或测试结束。根据题意，男子人数men的取值范围为0~8，女子人数women的取值范围是0~11，小孩的人数children的取值范围是0~36，并且等式men*4+women*3+children/2=36成立。

程序代码：

```
#include <iostream>
using namespace std;
int main() {
    int men=0, women=0, children=0;
    while(men++ < 9) {
        women = 0;
        while(women < 12) {
            children = 36 - men - women;
            //if(men*4+women*3+children/2==36) //用整数除，结果错误
            //用浮点数除，正确!
            if(fabs(men*4.0+women*3.0+children/2.0-36.0) < 1e-6)
                cout << "男" << men << "人，女" << women << "人，"
                    << children << "人。" << endl;
            women++;
        }
    }
    return 0;
}
```

运行结果：

```
男3人，女3人，30人。
```

程序说明：

- 如果在内循环中再用while(children<=36)语句，则测试量将大幅度增加，程序的运行速度较低。
- 用if(men*4+women*3+children/2==36)语句做判断，会多一个“男1人，女6人，29人”的错误结果。这是由于整数除的误差所致。

【例3-9】编程计算正弦函数的近似值，要求误差小于10^{-1}。计算公式如下：

$$\sin(x) = x - \frac{x^3}{3!} + \frac{x^5}{5!} - \frac{x^7}{7!} + \cdots$$

分析：

用递推法。递推法又称迭代法，是指根据已有的值推算出其他新值的解题方法。本例中，参加累加的每一项的值均可通过前一项的值推算出来。公式中奇数是正数而偶数项是负数，程序中可设置一个整型变量 sign，设其初值为 1，每计算一项就用-1 乘之，再将其与对应项相乘，实现符号项的正负交替出现。

程序代码：

```
#include <iostream>
using namespace std;
int main() {
    double x, sinx, item;
    int i=1, sign=1;                        //sign 用于产生正负号
    cout << "输入一个小数：";
    cin >> x;
    sinx=0, item=x;
    while(item > 1e-10) {                   //精度控制
        sinx += item*sign;
        item *= x*x/((2*i)*(2*i+1));        //递推产生下一项的值
        sign = -sign;
        i++;
    }
    cout << "Sin(" << x << ")=" << sinx << endl;
    return 0;
}
```

运行结果：

```
输入一个小数：0.5↙
Sin(0.5)=0.479426
```

3.3.3　do…while 循环结构

do…while 循环语句的语法格式为：

```
do
    <循环体语句>
while(<表达式>);
```

说明：

(1) <表达式>可为任意表达式，但通常是一个逻辑或关系表达式。与前两种循环不同，直到型循环的<循环体语句>至少执行一次。do…while 语句的流程图如图 3-6 所示。

(2) 循环结束的条件是<表达式>值为 0，若值为非 0，则执行循环体。例如，用 do…while 语句求 1~100 正整数和的语句如下：

```
int i=100, sum=0;
do {
   sum += i;
   i--;
} while(i);
```

(3) do…while 语句的最后必须用分号表示语句结束。

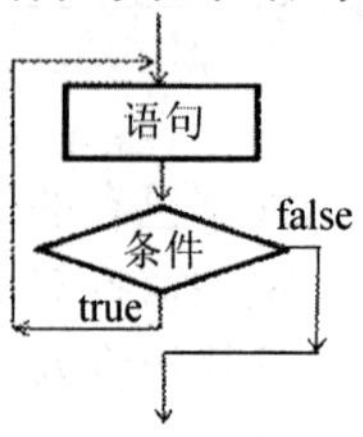

图 3-6　do…while 语句的流程图

【例 3-10】输入一个无符号型整数，分解出整数的每一位值并输出。

程序代码：

```
#include <iostream>
using namespace std;
int main() {
    unsigned int number, x, i=0;
    short digit[10] = {0};        //保存分解出的每个位上的位元
    bool isDisp = false;
    char bitString[10][5] = {"个","十","百","千","万",  //二维字符数组
        "十万","百万","千万","亿","十亿"};       //用于存储位的名称信息
    cout << "请输入 0～4294967295 之间的一个整数：";
    cin >> number;
    x = number;
    do {
        digit[i++] = number%10;    //取得 number 的个位值
        number /= 10;              //去除 number 的个位
    } while(number);
    cout << "输入的整数为" << x << "，其每个位上的位元分别是：";
    i = 9;
    do {
        if(digit[i]!=0 && !isDisp) //从数的有效位开始显示
            isDisp = true;
        if(isDisp)
            cout << bitString[i] << "位上的值为" << digit[i] << "; ";
    } while(i--);
    cout << endl;
    return 0;
}
```

运行结果：

```
请输入 0～4294967295 之间的一个整数：370926↙
输入的整数为 370926，其每个位上的位元分别是：十万位上的值为 3；万位上的值为 7；千位上的
值为 0；百位上的值为 9；十位上的值为 2；个位上的值为 6；
```

【例 3-11】用欧几里得算法求两个非负整数的最大公约数。

分析：

欧几里得算法又称辗转相除法。算法思想如下：为求 a = 481 和 b = 221 的最大公约数，

首先用 a 除以 b(481=2×221+39)得余数 r0=39；再用 b=221 除以 r0=39(221=5×39+26)得余数 r1=26；再以 r0=39 除以 r1=26(39=1×26+13)得 r2=13；最后用 r1=26 除以 r2=13 得余数 r3 =0，两数的最大公约数为 13。

程序代码：

```
#include <iostream>
using namespace std;
int main() {
    int number1, number2, a, b, r;
    cout << "请输入两个正整数：";
    cin >> number1 >> number2;
    if(number1 > number2)
        a=number1, b=number2;
    else
        a=number2, b=number1;
    do {
        r = a % b;
        a = b;
        b = r;
    } while(b != 0);
    cout << "整数" << number1 << "和" << number2<<"的最大公约数是"<<a<<endl;
    return 0;
}
```

运行结果：

```
请输入两个正整数：481  221↙
整数 481 和 221 的最大公约数是 13
```

3.3.4　跳转语句

C++的跳转语句包括 break、continue、goto、return 和 throw 语句，本节重点介绍 break 语句和 continue 语句。

1. break 语句

break 语句在 switch 语句中已出现过，功能是跳转执行 switch 语句之后的语句。在循环语句中，break 语句的作用是终止循环，流程跳转至循环语句之后。需要注意的是，对于循环嵌套语句，如果 break 语句是在内循环中，则其只能终止其所在的循环语句的执行，流程跳转至外循环。下面程序段的功能是在屏幕上显示由星号构成的直角三角形：

```
for(int i=0; i<5; i++)  //外循环
    for(int j=0; j<5; j++)  //内循环
        if(j <= i)
            cout << " * ";
        else {
            cout << endl; break; //跳到外循环
        }
```

【例 3-12】编程输出 100 以内的所有素数。

分析：

P 为素数的条件是它不能被范围中任一整数所整除，所以素数的判别方法是用这些数依次去除整数 P，如果其中有一个数能整除之，即可判定 P 不是素数，终止测试。程序采用循环语句对 2~100 内的数依次进行是否为素数的测试。

程序代码：

```
#include <iostream>
using namespace std;
int main() {
    int i, j, m, n=0;
    cout << "100 以内的素数有：\n";
    for(i=2; i<100; i++) {  //测试 100 以内的所有数
        m = sqrt(double(i));
        j = 2;
        while(j <= m) {
            if(i%j == 0)  //能被 j 整除，说明不是素数
                break;
            j++;
        }
        if(j > m) {   //2-sqrt(i)之间的数都不能整除 i，是素数！
            cout << i << ",";
            n++;   //统计素数个数。
        }
    }
    cout << "共计" << n << "个。" << endl;
    return 0;
}
```

运行结果：

```
100 以内的素数有：
2,3,5,7,11,13,17,19,23,29,31,37,41,43,47,53,59,61,67,71,73,79,83,89,97,
共计 25 个。
```

程序说明：

程序中，在 while(j<=m)循环之后，用 if(j>m)对素数测试情况进行判定，决定是否跳出循环。这是经常用到的编程技巧。

2. continue 语句

continue 语句的语法格式为：

```
continue;
```

其功能是将流程跳转至当前循环语句的条件表达式处，判断是否继续进行循环。例如，下面两段程序的功能是输出 1~100 之间的不能被 7 整除的数：

```
//代码段 1
for (int i=1; i<=100; i++) {
    if (i%7 == 0)
        continue;          //流程跳过下面的输出语句，转到 i++和 i<=100 判定
    cout << i << endl;
}
//代码段 2
int i = 1;
```

```
do {
    if (i%7 == 0)
        continue;     //流程跳过下面的输出语句，转到 i++和 i<=100 判定
    cout << i << endl;
} while(i++ <= 100);
```

continue 语句与 break 语句的区别是：continue 语句是终止本轮循环，而 break 语句是终止本层循环。此外，continue 语句只能用在循环语句中。

【例 3-13】设计模拟计算器中整数累加功能的程序。输入的正负整数个数不限，当输入 0 时，程序结束累加，并显示所有数的累加和。

程序代码：

```
#include <iostream>
using namespace std;
int main() {
    int sum = 0;
    int number;
    while(true) {
        cout << "请输入欲累加的整数(0 表示结束)：";
        cin >> number;
        if(number != 0) {
            sum += number;
            continue;
        }
        cout << "所有正负数之和为：" << sum << endl;
        break;
    }
    return 0;
}
```

运行结果：

```
请输入欲累加的整数(0 表示结束)：34↙
请输入欲累加的整数(0 表示结束)：-12↙
请输入欲累加的整数(0 表示结束)：76↙
请输入欲累加的整数(0 表示结束)：-5↙
请输入欲累加的整数(0 表示结束)：0↙
所有正负数之和为：93
```

3.4 文本文件的输入和输出

文本文件是指以 ASCII 码方式(也称文本方式)存储的文件。在文本文件中，英文、数字等字符存储的是字符的 ASCII 码，中文字符存储的是其机内码。

除文本文件外，还有一种以非文本格式存储的文件称为二进制文件，常见的图片、Word 文档等都是二进制文件。

C++标准类库中的流类是专门用于支持数据的输入与输出的类，它不仅支持键盘和显示器的输入输出，而且支持文件的输入输出。本节主要介绍用文本文件实现数据保存和读入的基本方法，更详尽的内容参见第 10 章。

3.4.1 向文本文件输出数据

程序中应用 C++标准流类库的输入输出功能，需要在源文件的开头添加#include <fstream>文件包含语句。

文本文件的输入与输出操作需要完成 3 个主要步骤：打开、操作和关闭。打开文件就是使磁盘文件与内存中的流对象相关联，文件操作就是进行数据的输入或输出，关闭文件的作用是将内存缓冲区中的数据写到磁盘文件中。

C++的文件操作最终是由计算机操作系统完成的，现代操作系统扩展了文件的概念，将显示器、键盘等外部设备也视为文件。文本文件的输入输出方法与前面学习的控制台输入输出方法十分相似。

向文本文件输出数据的操作步骤如下。

(1) ofstream outFile;——用 ofstream 类定义变量 outFile，声明一个流对象。类与对象的概念在第 4 章介绍，其实类是一种特殊的数据类型，对象就是用该数据类型定义的变量。

(2) outFile.open("e:\\appData.txt");——打开指定文件。建立磁盘文件与对象的关联。

(3) outFile<<…;——向文件写数据。方式与 cout 相似。

(4) outFile.close();——打开的文件最后一定要关闭。文件关闭时，系统把该文件在缓冲区中的信息写到磁盘文件中。不关闭文件流的后果是可能丢失数据。

【例 3-14】向显示屏和文件同时输出下列格式的杨辉三角形。

```
          1
        1   1
      1   2   1
    1   3   3   1
  1   4   6   4   1
1   5  10  10   5   1
```

分析：

打印杨辉三角形的方法有多种，本例中用二维数组存储杨辉三角形的每一行数据。数据的赋值通过编程来完成，首先在定义数组时为所有单元赋 0，再对第 0 行第 0 列单元赋值 1。杨辉三角形的特点是每个非 1 数的值都是其上一行的“左上”与“右上”元素之和，故可用循环语句对其他行进行赋值。

程序代码：

```
#include <iostream>
#include <iomanip>
#include <fstream>                          //导入文本文件流类库
using namespace std;
int main() {
    const int line = 8;                     //定义显示的行数
    short YangHui[line][line] = {0};        //定义存放杨辉三角的二维数组
    YangHui[0][0] = 1;                      //给第 1 个单元赋值 1，其他数据据此产生
    ofstream yhFile("e:\\YangHui.txt");//定义同时打开文件
    for(int i=1; i<line; i++)               //生成杨辉三角形的各行数据
        for(int j=0; j<=i; j++)
            YangHui[i][j] = (j-1<0?0:YangHui[i-1][j-1])+YangHui[i-1][j];
    for(int i=0; i<line; i++) {             //输出至屏幕和文件。
        for(int j=0; j<=20-2*i; j++) {
```

```
            cout << " ";
            yhFile << " ";
        }
        for(int j=0; j<=i; j++) {
            cout << setw(4) << YangHui[i][j];
            yhFile << setw(4) << YangHui[i][j];
        }
        cout << endl;
        yhFile << endl;
    }
    return 0;
}
```

运行结果：

```
                1
              1   1
            1   2   1
          1   3   3   1
        1   4   6   4   1
      1   5  10  10   5   1
    1   6  15  20  15   6   1
  1   7  21  35  35  21   7   1
```

程序说明：

打开 E 磁盘中的 YangHui.txt 文件，其内容与显示屏中的内容完全一致。

3.4.2　从文本文件输入数据

从文本文件中读取数据的方法与输出基本类似，其主要步骤如下。

(1)　ifstream inFile;——ifstream 类为输入流类，用其定义了对象 inFile。

(2)　inFile.open("e:\\myData.txt");——打开文本文件。

(3)　inFile>>…;——从文件中读取数据赋给内存变量。方法与 cin 相似。

(4)　inFile.close();——关闭打开的文件。

【例 3-15】从文本文件中读取学生学号、姓名和成绩信息，统计输出平均分。

程序代码：

```
#include <iostream>
#include <fstream>
using namespace std;
int main() {
    const int maxValue = 100;
    int sno[maxValue], count=0; //学号和人数
    char name[maxValue][10];     //姓名
    double sum = 0.0;            //总分
    float score[maxValue];       //成绩
    char fileName[200];          //文件名
    ifstream iFile;
    cout << "请输入数据文件名：";
    cin >> fileName;
    iFile.open(fileName);        //打开文件
    cout << "学号\t 姓名\t 成绩" << endl;
    while(1) {
        iFile >> sno[count] >> name[count] >> score[count];
```

```
        if(iFile.eof() != 0)  //判断是否读到文件尾，函数eof()返回真表示已读结束
            break;
        cout << sno[count]<<"\t"<<name[count]<<"\t"<<score[count]<<endl;
        sum += score[count];
        count++;
    }
    cout << "平均分为：" << sum/count << endl;
    iFile.close();              //关闭文件
    return 0;
}
```

运行结果：

```
请输入数据文件名：e:\stuinfo.txt
学号      姓名      成绩
1001      张三       86
1002      李四       96
1003      王五       75
1004      赵六       56
平均分为：78.25
```

程序说明：

(1) stuinfo.txt 文件中的内容是一个学生信息一行，数据之间用空格分隔。

(2) 学号、姓名和成绩用 3 个独立的数组存放，这种方法非常容易造成数据之间的不一致，比较自然的方法是用结构体或类描述学生信息，将它们封装在一起，再定义结构数组或对象数组。建议在学习过第 4 章的类之后，改写本程序。

3.5 函数基础

函数的概念源于子程序，在 C 语言中，将具有独立功能的子程序称为函数。从结构化程序设计的观点看，函数是模块划分的基本单位，是对特定功能的一种抽象，程序是一系列函数的集合。在面向对象程序设计中，对象是程序的基本单位，每一个对象均能接受数据、处理数据并将数据传递给其他对象，函数是类中用于数据处理的基本单元。

3.5.1 函数定义和函数调用

函数分为系统库函数和用户自定义函数两种，库函数是由编译系统提供的函数。库函数的原型说明在特定的头文件中，使用这些函数需要在程序前端包含相关的头文件。用户自定义函数是程序员根据功能需求而设计的函数。

1. 函数定义(Function Definition)

函数的定义由两个部分组成——函数头和函数体，其语法格式如下：

```
<返回类型> <函数名>([<形参表>])
{
    <函数体>
}
```

说明：

(1) <返回类型>是函数返回值的类型，又称为函数的类型，它可以是基本数据类型，也可以是用户已定义的一种数据类型。程序中 return 语句所返回的值的类型应与函数头中的返回类型兼容。一个函数也可以不返回任何类型，这种函数称为无类型函数，在函数定义时，其返回类型部分为 void 无值类型。

(2) <函数名>是一个有意义的标识符，用户通过函数名使用该函数。例如：

```
double min(double x, double y)
{
    return x<y ? x : y;
}
```

该函数的函数名为 min，功能为返回两个数中的小者，返回类型为 double 类型。

(3) <形参表>是由参数项构成的，有多个参数项时，之间用逗号分隔。每个参数项由一个已定义的数据类型和一个标识符组成。标识符称为函数的形式参数，简称形参。形参前面的数据类型称为该形参的类型。没有形参的函数称为无参函数，此时函数的形参表部分为空白或 void 型。相应地，形参表不空的函数称为带参函数。

函数形参描述的是执行该函数所需要传递的数据，C++容许在函数定义时为形参指定默认值(Default)。默认值的作用是：在函数调用时，如果用户不给具体的实参，则用默认值为形参赋值。默认值的指定遵守“自右向左连续定义”的规则，即默认值的定义是从形参的最右端开始，依次连续地向左赋默认值。例如：

```
//正确
double volume(double length, double width=10, double high=10){...}
//错误！不连续
double volume(double length=10, double width, double high=10){...}
//错误！自左开始
double volume(double length=10, double width, double high){...}
```

(4) C++中的函数被调用前，编译器需要预先知道程序中是否有被调函数。告知编译器有被调函数的方法有两种：一种是在函数调用之前定义被调函数，另一种是在函数调用前先声明被调函数原型。例如：

```
//在调用前先定义
int max(int x, int y){...}
void main()
{   ...
    cout << max(5, 10);
}
```

```
//在调用前先声明
int max(int x, int y);   //用分号结束
void main()
{   ...
    cout << max(5, 10);
}
int max(int x, int y){...} //后定义
```

(5) <函数体>是实现函数功能的语句序列，是算法的实现。

2. 函数调用(Function Call)

函数调用是指函数暂停自己的执行，转而执行另一个函数(或自身)的过程。在函数调用时，需要引用函数名并为形参指定相应的实参。在函数调用过程中，程序流程从调用点跳转到被调函数，执行完被调函数后再返回到断点，继续其语句的执行。函数调用的语法格式为：

<函数名>([<实参表>])

说明：

- <函数名>是一个已定义或声明的函数名。
- <实参表>是由与函数形参类型匹配或赋值兼容的表达式组成，多个实参之间用逗号分隔。对于有默认值的形参可以不提供实参，直接使用默认值。
- 对于有返回值的函数，在主调函数中一般将返回值赋给同类型的变量，保存函数运行的结果。函数执行结果不仅可以通过返回值带回，还可以通过实参传递。

程序在实现函数调用时，使用了一种重要的数据结构——栈。简单地说，栈是一种后进先出的数据结构，其结构有点像手枪的子弹夹，后压进的子弹先弹出。栈的特点是数据的压入与弹出操作只能在一端进行，不允许跳过最上面的元素操作栈中的其他元素。C++的函数调用利用了栈，其主要过程如下。

(1) 保护现场。所谓现场(又称活动记录)是指主调函数执行到函数调用时机器的运行状态和返回地址，这些信息是函数在调用返回后继续运行的依据，首先被保存到程序栈中。

(2) 保存自动变量。被调函数中的自动变量(局部变量和形参)在函数运行时“显现”，运行结束后“消失”。栈是保存自动变量的最佳位置，函数运行时，其自动变量被保存于程序的栈区。当函数返回时，自动变量从栈中弹出，其所占的空间被释放。

(3) 执行被调函数。如果被调函数在运行期间又调用了另一个函数，则这个新的被调函数的活动记录和自动变量也被压入程序栈中，程序转而去执行新的被调函数，直至运行返回。

(4) 释放自动变量。从栈中弹出自动变量，自动变量的生命期结束。

(5) 恢复现场。弹出活动记录，将运行状态恢复到函数调用时刻。

(6) 继续执行主调函数。

从程序栈的角度观察，在被调函数执行前，栈中先压入活动记录和自动变量。在函数执行结束后，从程序栈中弹出自动变量和活动记录。

【例 3-16】函数调用及其机制解析示例。

程序代码：

```
#include <iostream>
using namespace std;
int subFun(int, int);  //函数原型声明
int subAdd(int, int);
int main()
{
   int a, b, m;
   cout << "请输入两个整数：";
   cin >> a >> b;
   m = subFun(a, b);         //函数调用
   cout << "返回值是：" << m << endl;
   return 0;
}
int subFun(int x, int y)
{
   int tmp;
   if(x > 0)
      tmp = subAdd(x, y);    //函数调用
```

```
19    else
20       tmp = y;
21    return tmp;
22 }
23 int subAdd(int s, int t)
24 {
25    return s + t;
26 }
```

运行结果：

```
请输入两个整数：35  95↙
返回值是：130
```

跟踪与观察：

(1) 在 VC2010 中，按 F10 键为逐过程执行，按 F11 键为逐语句执行。为跟踪进入被调用函数，在函数调用处按 F11 键。

(2) 图 3-7(a)显示程序运行到第 10 行时程序调用堆栈的情况。main 函数在顶部，其后还有两个函数名，它们是系统启动控制台应用程序运行环境所执行的系统级函数。

(3) 图 3-7(b)显示了流程在进入 subFun 函数时调用堆栈的状况，流程已到第 15 行。

(4) 图 3-7(c)显示了 subAdd 函数被调用时调用堆栈的情况。图中清楚地显示了返回 subFun 函数的位置——行 18+0xd 字节，以及返回到 main 函数的位置——行 10+0xd 字节。

(5) 图 3-7(d)显示了流程从被调用函数返回后，继续运行至 main 函数的第 12 行时调用堆栈的情况。继续按 F10 键，将依次弹出各函数，直至结束程序的执行。

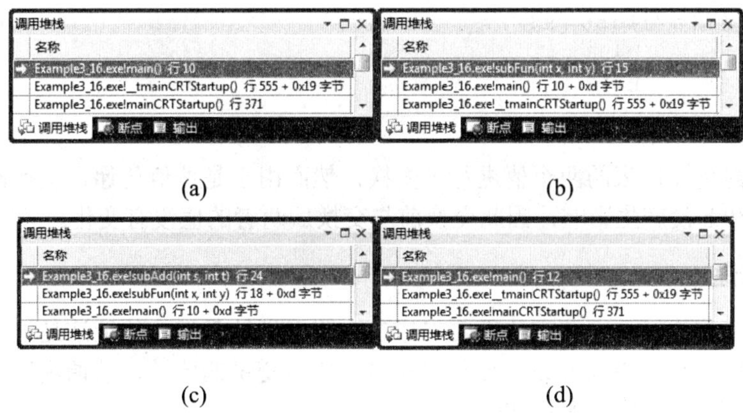

图 3-7　程序 3-16 的调用堆栈窗口

3.5.2　函数的参数传递

程序在为形参分配内存空间的同时完成实参向形参传递数据。函数的参数传递本质上就是形参与实参的结合过程。

C++中向函数传递的实参类型必须与形参相符或者兼容，实参可以是常量、变量或表达式。

C++中将实参传递给函数形参的方法主要有三种：按值传递、地址传递和引用传递。每种参数传递方法都有其特性，深刻理解它们含义和区别有助于提高程序设计的能力和水平。

1. 按值传递

按值传递简称传值法，系统将实参的值赋给函数形参，形参中保存了实参的一份复制品。对于实参变量，形参与实参变量分别占有独立的内存空间，被调函数对形参所做的任何修改不影响实参变量。

【例 3-17】按值传递法示例。

程序代码：

```
#include <iostream>
using namespace std;
void swap(int, int);
int main() {
    int a, b;
    cout << "请输入两个整数 a 与 b:";
    cin >> a >> b;
    cout << "交换前：a=" << a << "\tb=" << b << endl;
    swap(a, b);
    cout << "交换后：a=" << a << "\tb=" << b << endl;
    return 0;
}
void swap(int x, int y) {
     int tmp;
     tmp=x; x=y; y=tmp;
}
```

运行结果：

```
请输入两个整数 a 与 b:56  98↙
交换前：a=56     b=98
交换后：a=56     b=98
```

程序说明：

被调函数对传递过来的两个值进行了交换，然而由于是按值传递，交换操作对主调函数中的变量 a 和 b 没产生影响，因此交换前与交换后两者的值没有变化。

2. 地址传递

地址传递简称传址法，该方法需要将形参声明为指针类型。传址法是把实参变量的地址赋给形参，使得形参指向实参。形参中存储了实参变量的地址，被调函数对形参所指内存单元的操作等同于对实参变量的操作。

【例 3-18】地址传递法示例。

程序代码：

```
#include <iostream>
using namespace std;
void swap(int*, int*);    //形参为指向 int 型变量的指针
int main() {
    int a, b;
    int *pb = &b;             //定义指向 b 的指针
    cout << "请输入两个整数 a 与 b:";
    cin >> a >> b;
    cout << "交换前：a=" << a << "\tb=" << b << endl;
    swap(&a, pb);         //直接把 a 的地址赋给形参 x，把指针变量 pb 的值赋给形参 y
```

```
    cout << "交换后: a=" << a << "\tb=" << b << endl;
    return 0;
}
void swap(int *x, int *y) {
    int tmp;
    tmp=*x; *x=*y; *y=tmp;  //*x 为所指变量的内容
}
```

运行结果：

```
请输入两个整数 a 与 b:65  88↙
交换前: a=65     b=88
交换后: a=88     b=65
```

跟踪与观察：

(1) 图 3-8(a)中的监视 1 窗口显示了流程进入 swap 函数时形参变量 x 的值为变量 a 的地址，形参 y 中的值与指针变量 pb 的值相同，均为 0x0027fb78，是变量 b 的地址。

(2) 图 3-8(b)中的监视 1 窗口显示了流程跳出 swap 函数后，变量 a 和变量 b 值的状况：a 的值为 88，b 的值为 65。

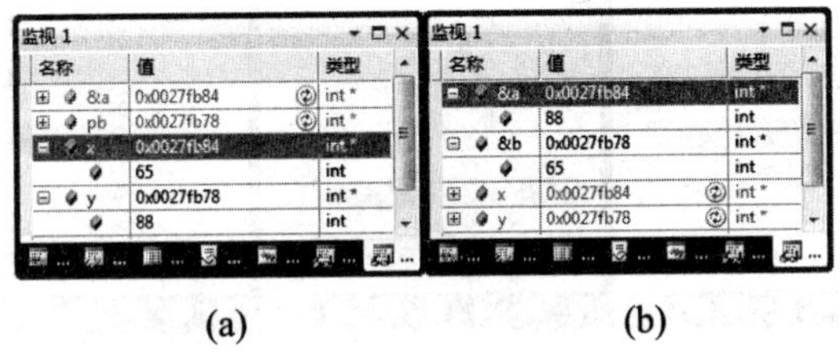

图 3-8　程序 3-18 的内存跟踪窗口

3. 引用传递

引用传递法要求被调用函数的形参以引用为参数，由于引用是另一个变量的别名，实参变量与形参变量是内存中的同一个实体，对形参变量的任何操作都影响到实参变量。

引用传递法是 C++新引入的参数传递方式，它既有按值传递法调用方式自然简便的特点，又有按址传递法的直接和效率。

【例 3-19】 引用传递法示例。

程序代码：

```
#include <iostream>
using namespace std;
void swap(int&, int&);          //形参为引用数据类型
int main() {
    int a, b;
    cout << "请输入两个整数 a 与 b:";
    cin >> a >> b;
    cout << "交换前: a=" << a << "\tb=" << b << endl;
    swap(a, b);                 //与值传递同样的调用方式
    cout << "交换后: a=" << a << "\tb=" << b << endl;
    return 0;
}
void swap(int &x, int &y) {
    int tmp;
```

```
    tmp=x; x=y; y=tmp;          //x 为变量 a 的别名, y 为 b 的别名
}
```

运行结果：

```
请输入两个整数 a 与 b:55  99↙
交换前: a=55      b=99
交换后: a=99      b=55
```

跟踪与观察：

(1) 如图 3-9(a)所示为流程进入被调函数 swap 前变量 a 和 b，形参 x 和 y 的情况。

(2) 如图 3-9(b)所示为流程进入函数 swap 后，形参 x 和 y 的情况。此时，引用形参 x 和 y 的地址分别与主函数中变量 a 和 b 的地址完全一致，因此 swap 中交换 x 和 y 的值也就等于交换 a 和 b 的值。

(3) 图 3-9(c)是流程返回到主函数后变量 a 和 b 的情况，由对比可见二者的值已交换。图 3-9(c)中还能见到形参 x 和 y 的内容，这是监视窗口没有更新所致，单击其值项右侧的小刷新图标，则显示与图 3-9(a)同样的错误提示。

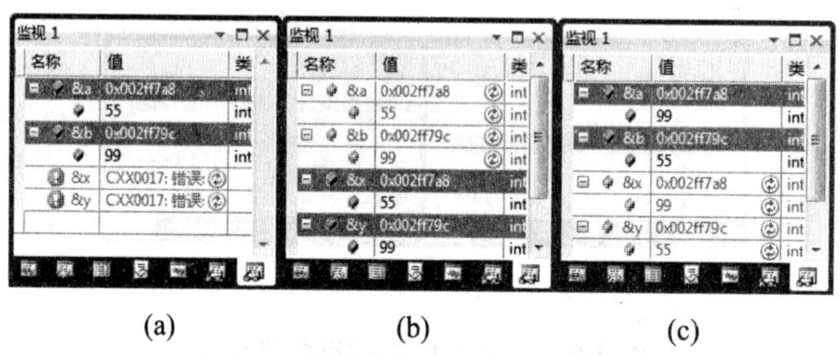

(a) (b) (c)

图 3-9 例 3-19 程序的内存跟踪窗口

4. 三种函数参数传递方法对比

C++提供的 3 种参数传递方式，能满足不同类型和格式数据的传递和应用需求。下面从几个方面对 3 种参数传递方式做简要比较。

(1) 传递效果。按值传递在传递的时候，实参值被复制了一份传递给形参。在地址传递过程中，形参得到的是实参的地址，被调用函数是通过间接寻址方式访问实参中的值。在引用传递过程中，被调用函数的形参在栈中开辟了内存空间，存放的是由主调函数放进来的实参变量的地址，被调函数对形参的任何操作都被处理成间接寻址。如果想在调用函数中修改实参的值，使用按值传递是不能达到目的的，只能使用引用或地址传递。

(2) 传递效率。对于像整型这样的基本数据类型，从主调函数复制数据至堆栈与拷贝地址到堆栈的开销相当。然而对于结构、类、数组这类用户自定义数据类型，由于其自身的尺寸比较大，按值传递方式的内存占用和执行时间开销都比较大。

(3) 执行效率。执行效率是指在被调用函数体内执行时的效率。在被调用函数执行期间，传值调用访问形参是采用直接寻址方式，而地址传递和引用传递则是间接寻址方式，所以按值传递的执行效率要高些。有些编译器会对引用传递进行优化，也采用直接寻址方式。直接寻址的效率要高于间接寻址，不过访问不是十分频繁，则它们的执行效率其实相差不大。

(4) 类型检查。按值传递与引用传递在参数传递过程中都执行强类型检查，而指针传递的类型检查较弱。利用编译器的类型检查，能减少程序的出错概率，增加代码的健壮性。

(5) 参数检查。参数检查是保证输入合法数据的有效途径。按值传递和引用传递均不允许传递一个不存在的值，而使用指针就有可能，所以使用按值传递和引用传递的代码更健壮。

(6) 灵活性。地址传递法最灵活，它不仅可以像按值传递和引用传递那样传递一个特定类型的对象，还可以传递空指针。地址传递的灵活性利用得好，能发挥其优点，使用不当会导致程序崩溃。

对于尺寸较大的实参，用地址传递和引用传递不仅能减少系统的时间和空间开销，同时还具有修改形参等同于修改实参的功能。然而，在程序设计中有时需要禁止被调用函数修改主调函数中的实参，在C++中可以用const关键字修饰指针和引用形参，达到在函数中禁止修改形参的目的。如果函数中出现修改形参变量的语句，编译器将检测出并报错。

【例3-20】三种参数传递方式对比示例。

程序代码：

```
#include <iostream>
using namespace std;
void fun1(int x) {
    cout << "函数fun1(int x)形参的地址：" << &x << "\tx的值：" << x << endl;
}
void fun2(const int *p) {
    //(*p)++;    //形参含const时，报错，禁止修改。去掉const，可执行！
    cout << "函数fun2(int *p)形参的地址：" << &p << "\tp的值：" << p
      << "\t*p的值：" << *p << endl;
}
void fun3(const int &r) {
    //r++;          // 同上！
    cout << "函数fun3(int &r)形参的地址：" << &r << "\tr的值：" << r << endl;
}
int main() {
    int value = 567;
    cout << "变量value的地址：" << &value << "\t值：" << value << endl;
    cout << "用三种参数传递方式分别传递实参value变量：" << endl;
    fun1(value);
    fun2(&value);
    fun3(value);
    cout << "传递表达式value+100：" << endl;
    fun1(value + 100);
     //访问的是value之后的100个字节的存储空间中的内容！
    fun2(&value + 100);
     //如果fun3的形参无const，报错：不能将参数1从“int”转换为“int&”
    fun3(value + 100);
    return 0;
}
```

运行结果：

```
变量value的地址：002EFC7C      值：567
用三种参数传递方式分别传递实参value变量：
函数fun1(int x)形参的地址：002EFB9C        x的值：567
函数fun2(int *p)形参的地址：002EFB9C p的值：002EFC7C       *p的值：567
```

```
函数 fun3(int &r)形参的地址：002EFC7C r 的值：567
传递表达式 value+100:
函数 fun1(int x)形参的地址：002EFB9C        x 的值：667
函数 fun2(int *p)形参的地址：002EFB9C p 的值：002EFE0C      *p 的值：0
函数 fun3(int &r)形参的地址：002EFBB0 r 的值：667
```

程序说明：

(1) 函数 fun1 和 fun2 每次调用时，其形参的地址均为 002EFB9C。这是因为本程序函数调用过程是结束 fun1 调用再开始 fun2 调用，函数调用堆栈的操作过程是在弹出 fun1 的自动变量后在相同的位置又压入 fun2 的自动变量，又因整型变量和指针变量的大小均为 4 字节，所以两个函数的形参变量的存储地址相同。

(2) fun2(&value+100);函数调用语句能正常运行，但*p 所取得的值不正确。fun2 函数的形参变量 p 中的值是 002EFE0C，而十六进制数 002EFE0C=002EFC7C+190，它正是 value 的地址 002EFC7C 加 100*4(十六进制 190)后内存单元的地址。

(3) 执行 fun3(value+100);语句的结果显示形参 r 的地址是 002EFBB0，不是 value 的地址，是系统生成的一个值为 value+100=667 的临时变量的地址。如果函数 fun3 的形参去掉 const，则程序编译时出错。错误是：不能将参数 1 从“int”转换为“int &”。

3.5.3 函数的返回值

函数调用结束时，可以回传一个值或对象给调用函数。C++中用于函数返回的语句的语法格式为：

```
return <表达式>;
```

说明：

(1) <表达式>的值即为函数的返回值，返回值的类型应与函数的返回类型相兼容。

(2) void 类型函数在函数体中可以无 return 语句，也可以写 return;语句。

主调函数在调用函数时，系统将根据函数的返回类型在程序的栈(调用堆栈)中先压入一个数据类型为返回类型的临时无名变量，之后再在无名变量之上压入自动变量。当函数返回时，自动变量被弹出，占用的空间被回收，而返回的函数值被保存在临时无名变量中，由主调函数负责将临时无名变量中的值赋给调用函数中的接收变量，再弹出调用堆栈中的临时无名变量。

下面以调用求两数中最大者函数为例来说明函数值返回的过程，如图 3-10 所示。

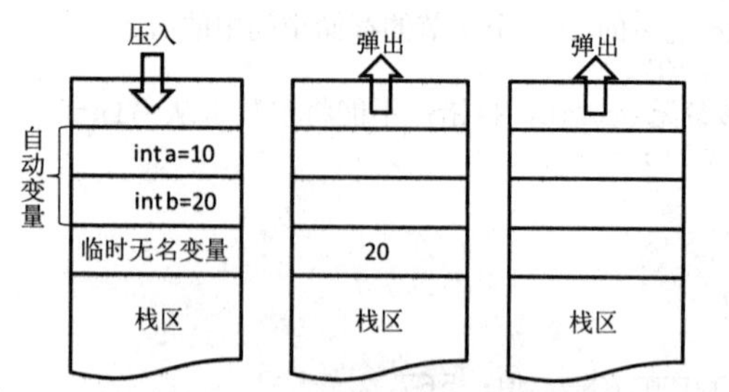

图 3-10 函数返回值传递过程示意

与图 3-10 相关的程序代码如下：

```
int max(int a, int b) { return a>b ? a : b; }
int main()
{
    ...
    m = max(10, 20);    //函数调用
    ...
}
```

图 3-10 中，“1”是程序流程进入 max 函数后函数调用堆栈状态的示意图。“2”是执行 return 语句后调用堆栈的情况，返回语句把运行结果(整数 20)存放到临时无名变量，并将流程返还给主调函数，结束函数 max 的执行。“3”表示的是主函数中的赋值语句用无名变量中的值赋给变量 m 后调用堆栈的状态。

【例 3-21】函数返回值使用示例。

程序代码：

```
#include <iostream>
using namespace std;
int add(int x, int d) {
    int tmp;
    tmp = x + d;
    return tmp;
}
int* subtract(int *x, int *d) {
    int tmp, *tp=&tmp;
    *tp = *x - *d;
    return tp;
}
int& multiply(int &x, int &d) {
    int tmp;
    tmp = x * d;
    return tmp;     // warning C4172: 返回局部变量或临时变量的地址
}
int main() {
    int a=100, b=2, result, *p, r;
    result = add(a, b);
    p = subtract(&a, &b);
    //cout<<"subtract("<<a<<","<<b<<")="<<*p<<endl;
    //能正确显示结果，因为弹出的 tmp 空间还没有被使用

    r = multiply(a, b);
    cout << "add(" << a << "," << b << ")=" << result << endl;
    cout << "subtract(" << a << "," << b << ")=" << *p << endl;//输出错误！
    cout << "multiply(" << a << "," << b << ")=" << r << endl;
    return 0;
}
```

运行结果：

```
add(100,2)=102
subtract(100,2)=1892531142
multiply(100,2)=200
```

程序说明：

- 本程序的 3 个被调函数分别实现两个整数的加、减和乘运算。从运行结果可知，subtract 函数返回的结果不正确。
- 函数 add 返回类型为 int 型，语句 result=add(a,b);把 add 函数返回后存储在无名变量中的值 102 赋给变量 result，结果正确。
- 函数 substract 返回类型为 int*型，其 return 语句返回了该函数的局部变量 tmp 的地址，指针 p 的值是 tmp 的地址，而 tmp 在函数返回时已从调用堆栈弹出，之后该存储单元的内容已存入新的信息，而程序在输出*p 内容时依然访问该单元，因而出现错误结果。
- 函数 multiply 返回类型为 int&型，return 语句返回的是局部变量 tmp，编译器对此给出了警告："warning C4172: 返回局部变量或临时变量的地址。"

由于无名变量中存放了 tmp 变量的地址，并且弹出的自动变量空间还没有被新的调用所占用，所以程序能正确地从中取值并赋给变量 r。同样的道理，如果在 p=subtract(&a, &b);执行后立即输出*p 的值，结果也正确。读者不妨试一试，去掉 p=subtract(&a, &b);语句下一行的输出语句前的注释，再执行程序。

3.5.4 函数重载

函数重载(Overload)是 C++引入的新概念。在 C 语言中，同一个程序不允许有重名的函数，针对不同的函数形参，功能相同的函数需要用不同的函数名加以区别。例如，max 函数的功能为返回两个元素中的最大者，而处理的数据可能有整型、实型或类类型，为此需要定义互不同名的函数分别实现。

C++的函数重载功能允许在同一作用域中定义几个相同名称的函数，只要这几个函数具有不同的函数签名(Signature)。函数签名是由函数的名称及它的形参类型组成的，函数重载是基于 C++中函数名可以相同、签名不能相同的语法规则，即重载函数的函数名可以相同，但它们的形参类型、个数以及顺序不能完全相同。

编译器区分重载函数的方法是通过函数签名。在具有函数重载的程序中，系统能根据函数调用时所传递实参的个数和数据类型确定应调用的重载函数。

需要说明的是，函数签名不包括函数的返回类型，函数返回类型不同不能作为区别重载函数的依据。例如 int print(int x);和 void print(int x);是错误的函数重载，VC++ 2010 编译器将报错如下：无法重载仅按返回类型区分的函数。

【例 3-22】函数重载示例。

程序代码：

```
#include <iostream>
using namespace std;
void show(int x=0) {
    cout << "输出整数：" << x << endl;
}
void show(int *x) {
    cout << "输出整数：" << *x << endl;
}
void show(double x) {
    cout << "输出浮点数：" << x << endl;
}
```

```
void show(double x, double y) {
    cout << "输出浮点数：" << x + y << endl;
}
void show(char str[]) {
    cout << "输出字符串:" << str << endl;
}
int main() {
    int value = 1000;
    show(2011);
    show(&value);
    show(3.1415926);
    show(1.2, 5.6);
    show("C++面向对象程序设计！");
    return 0;
}
```

运行结果：

```
输出整数：2011
输出整数：1000
输出浮点数：3.14159
输出浮点数：6.8
输出字符串：C++面向对象程序设计！
```

程序说明：

- show(int)与 show(int*)重载函数的形参类型不同，致使它们的函数签名互不相同。
- show(double)与 show(double, double)重载函数的形参个数不同，使得它们的函数签名互不相同。

3.5.5　内联函数

函数调用需要经历现场保护、保存自动变量、执行被调用函数、释放自动变量和恢复现场几个过程，期间会占用一定的系统时间和空间，增加程序运行时的开销。对于较大的函数，这种开销与函数在整个运行过程中所消耗的时间与空间相比较小，然而对于较小的函数，这种开销则相对较大，显得有些“得不偿失”。

内联函数技术通过采用简单的代码复制来避免函数调用。程序中被指定为内联的函数，编译器将生成一份代码副本，并将其插入到函数调用处，从而将函数调用方式变为顺序执行方式，减小运行时的开销。

由于函数代码的多份副本被插入到程序中，因此会增加程序的目标代码长度，进而增加空间开销，可见它是以目标代码的增加为代价来换取时间的节省。

在 C++中，用关键字 inline 告知编译器该函数为内联函数。对于较大的函数(如含有循环或多开关分支语句的函数)，尽管程序中已声明其为内联函数，编译器一般会忽略 inline 的限定，视其为普通函数。内联函数的定义方法是在函数前加上关键字 inline，格式如下：

```
inline <返回类型> <函数名>([<形参表>]) {
    <函数体>
}
```

通常 inline 限定符只用于那些非常小并且被频繁使用的函数，例如，用于获取或设置变量值的函数。关键字 inline 可以同时用在函数声明和定义处，也可只用在一处。如果函

数定义在调用之后，则在函数声明中必须加上 inline，否则将被视为普通函数。

下面的程序段演示了内联函数的用法：

```
inline bool isNumber(char ch) {
    return ch>='0' && ch<='9'?true:false;
}
int main() {
    char inCh;
    cout << "请从键盘输入一个字符：";
    cin >> inCh;
    cout << "\"" << inCh << "\"" << (isNumber(inCh)?"是":"不是")
      << "数字字符！" << endl;
    return 0;
}
```

3.6 内存模型、作用域和生存期

程序在运行过程中，系统分配了一定数量的内存供其运行。数据和代码在内存中被分别存放在不同的区域，它们分别是代码区、全局数据区、自由存储区和栈区。源程序中的变量由于定义的位置不同，运行期间所存储的内存区域也不尽相同。变量所存储的区域一定程度上决定了它的生存期和可见性。

3.6.1 C++程序内存模型

操作系统把 C++程序从硬盘加载至内存执行，程序运行时在内存中的布局如图 3-11 所示。数据和代码是按照一定的规则存储于不同的区域。

图 3-11　C++程序的内存布局

4 个区域的内容：

- 程序代码区。存储程序中所有函数的执行代码。
- 全局数据区。存储全局变量、静态变量等数据。该部分内存在分配空间时，如果没有赋值，则自动初始化为 0。存放在全局数据区中的变量直到程序运行结束才释放。
- 自由存储区，也称堆区。C++中有专门的运算符用于自由存储区的分配和释放。自由存储区的变量如果没有赋值，则其取值是随机的。自由存储区内存的分配与

回收被称为动态内存管理，详细内容参见 5.3 节。

- 栈区。用于存储函数的返回值、形参值和局部变量等。栈区在内存分配时也不自动赋初始值。

程序运行时，变量由于所存区域的不同，导致它们的生存期和作用域有较大的差异。变量的存储类型、可见性、作用域等一些概念都与其存储位置相关。

3.6.2　全局变量和局部变量

全局变量(Global Variable)是定义在所有的函数体之外的变量，被存储在全局数据区。它们在程序开始运行时分配存储空间，在程序结束时释放存储空间，在程序的任何函数中都可以访问全局变量。

局部变量(Local Variable)是在函数中定义的变量，由于形参相当于函数中定义的变量，所以形参也是一种局部变量。局部变量被存放在程序的栈区。局部变量在每次函数调用时分配存储空间，压入栈成为栈顶元素；在每次函数返回时释放存储空间，从堆栈中弹出。局部变量的“局部”有两层含义：一是函数中定义的局部变量不能被另一个函数使用；二是每次调用函数时局部变量都获得存储空间，结束时释放空间。

全局变量在任何函数中都可以访问，所以在程序运行过程中，全局变量被读写的顺序从源代码中是看不出来的，源代码的书写顺序并不能反映函数的调用顺序。程序对全局变量的读写顺序不正确是导致程序发生错误的原因之一，并且如果代码规模很大，这种错误很难查找。对局部变量的访问不仅局限在一个函数内部，而且局限在一次函数调用之中，从函数的源代码能看出访问的先后顺序，所以比较容易找到出现错误的原因。因此，虽然全局变量用起来很方便，但一定要慎用，能用函数参数传递代替的就不要用全局变量。

3.6.3　作用域和可见性

如果程序中全局变量和局部变量重名了会怎么样呢？这个问题与标识符的作用域和可见性相关。

作用域(Scope)就是标识符的有效范围。可见性是指标识符是否可以被引用，标识符在其作用域内是可见的。

在 C++中，作用域主要有函数原型作用域、块作用域(局部作用域)、文件作用域和类作用域。类作用域在后继章节介绍。

1. 函数原型作用域

在函数原型声明中，形参表中说明的标识符的作用域仅限于函数声明的花括号中，称为函数原型作用域。

2. 块作用域(局部作用域)

块就是用一对花括号引起来的程序段，定义在块中的标识符，其作用域始于说明处，止于块结尾处。具有块作用域的变量的可见范围是从变量声明处到块尾。具有块作用域的变量就是局部变量。

函数的形参具有块作用域，其可见范围是从说明处直到函数体结束。

for 循环语句的第一个表达式说明的循环控制变量具有块作用域，其可见范围在 for 语句之内。在标准 C++中，其作用域限于 for 语句之内。VC++ 6.0 对此有扩展，允许在块外使用循环控制变量，而 VC++ 2010 编译器执行 C++标准，其作用域被限制在块内。

3. 文件作用域

定义在所有块和类之外的标识符具有文件作用域，文件作用域的可见范围是从标识符定义处到当前源文件结束。

在文件中定义的全局变量和函数都具有文件作用域。如果一个文件被另一个文件所包含，则源文件中定义的标识符的作用域将扩展到包含文件。具有文件作用域的变量通常存储在全局数据区中。

【例 3-23】 变量及其作用域示例。

程序代码：

```
#include <iostream>
using namespace std;
int count = 10;                   //定义全局变量，具有文件作用域
double function(double, int);     //函数原型声明
int main() {
    int count;            //同名的局部变量 count 屏蔽了全局变量的可见性，具有块作用域
    count = 8;
    cout<<"实数 2.56 累加"<<count<<"次后的值为:"<<function(2.56,count)<<endl;
    cout << "实数 3.14 累加" //::是全局作用域运算符，直接访问全局变量 count
        << ::count << "次后的值为: " << function(3.14,::count) << endl;
    return 0;
}
double function(double x, int y) {
    double sum = 0;
    for(int i=0; i<y; i++) {
        sum = sum + x;
    }
    //cout << i << endl;                //编译错误，循环变量 i 已不可见
    return sum;
}
```

运行结果：

```
实数 2.56 累加 8 次后的值为: 20.48
实数 3.14 累加 10 次后的值为: 31.4
```

3.6.4 存储类型和生存期

存储类型决定了标识符的存储位置，编译器将根据指定的存储类型为标识符分配空间。生存期是指标识符从获得内存空间至释放内存空间的时间。标识符的生存期也与其所在的内存区域密切相关。决定标识符能否被访问的因素是生存期和作用域。

标识符的生存期与存储区域相关。标识符生存期分为：静态生存期、局部生存期和动态生存期 3 种。

存储在全局数据区和程序代码区的标识符从程序开始运行直到结束一直拥有存储空间，称为静态生存期(全局生存期)。函数和全局变量都具有静态生存期。

存储于栈区的变量具有局部生存期，其生存时间开始于函数或块的定义处，终止于函数或块的结束处。

动态生存期是指存放于自由存储区的变量，这些变量是在程序运行到某一处时，由程序员写的代码动态产生，之后又由程序员写的代码进行释放。

C++中用于描述存储类型的关键字有 auto、register、static 和 extern 这 4 个。auto 修饰的标识符为自动存储类型，register 修饰的标识符为寄存器存储类型，static 修饰的标识符为静态存储类型，extern 修饰的标识符为外部存储类型。

1. 自动存储类型

自动存储类型用于定义局部变量，称为自动变量，没有返回类型说明的局部变量都是自动变量。全局变量不能说明为自动存储类型。自动变量存放于栈区。未赋初值的自动变量其值是随机值。

自动变量只能定义在块内，其作用域与生存期是一致的。

2. 寄存器存储类型

用 register 修饰的局部变量称为寄存器变量。变量存于 CPU 寄存器的目的，是提高变量的访问速度，主要用于定义循环变量。由于寄存器数量很少，多数编译器都将寄存器变量当作自动变量处理。寄存器存储类型同样不能用于定义全局变量。

3. 静态存储类型

用 static 说明的变量称为静态变量。在文件作用域中定义的静态变量称为静态全局变量，在块作用域中说明的静态变量称为静态局部变量。静态存储类型的变量存于全局数据区，其生存期为整个程序的运行期，具有静态生存期。

4. 外部存储类型

用 extern 修饰的全局变量称为外部变量。全局变量的默认存储类型为外部存储类型。外部变量可以被程序工程项目中的其他文件使用，只需在使用文件中做一个引用性说明。函数原型说明都隐含为外部存储类型(除类中的成员函数)，都可以被其他文件中的函数调用，不过使用前需要在调用函数所在文件中加一个函数原型说明。

【例 3-24】存储类型和生存期示例。

程序代码：

```
//文件名 mainFun.cpp
#include <iostream>
using namespace std;
int x = 100;                        //extern 型外部变量
static int y = 5;                   //静态外部变量，仅在本文件中可见
void subFun();
int main() {
    for(int i=0; i<y; i++) {
        subFun();
        cout << "全局变量 x 的值为" << x << endl;
    }
    return 0;
}
```

```
 //文件名 subFun.cpp
#include <iostream>
using namespace std;
extern int x;                    //引用外部变量说明
//extern int y;                  //错误！在程序连接时出错
void subFun() {
    static int n;                //静态局部变量，初值自动为 0，作用域为 subFun 函数
    n++;                         //调用一次加 1
    x += 5;
    cout << "subFun 函数被调用" << n << "次！" << endl;
}
```

运行结果：

```
subFun 函数被调用 1 次!
全局变量 x 的值为 105
subFun 函数被调用 2 次!
全局变量 x 的值为 110
subFun 函数被调用 3 次!
全局变量 x 的值为 115
subFun 函数被调用 4 次!
全局变量 x 的值为 120
subFun 函数被调用 5 次!
全局变量 x 的值为 125
```

程序说明：

- sunFun 函数中的局部静态变量 n 具有静态生存期，但其作用域仅限在函数体内，函数被调用时 n 可见。本例中，n 被用于记录 subFun 函数被调用的次数，是一种能发挥静态局部变量优势的用法。
- 全局变量 y 被说明为静态的，其作用域仅限于所在文件，不能被其他文件引用。

3.7 案 例 实 训

1. 案例说明

洗扑克牌是扑克类游戏软件的一个基本操作。本案例研究用程序模拟洗扑克牌的方法。假设扑克牌共有 52 张，洗好后分发给东、南、西、北 4 个庄家。

2. 编程思想

每张扑克牌上有两个信息：花色和点数，可以声明一个结构体(struct)构造类型(其中包含花色和点数)来描述扑克上的信息。再用结构体定义一个结构体数组，该数组共有 52 个存储单元，用于存储 52 张扑克牌。洗牌是通过随机数实现。用一个有 52 个存储单元的整型数组存放 0~51 的整数，依次访问数组中的每个单元，并以随机产生的一个 0~51 之间的数为下标，对数组中的相应单元与当前访问的单元进行交换。分发扑克牌的过程是依次访问已被随机化的数组中的值，并以该值为下标复制扑克牌数组中对应单元的信息给庄家数组。庄家数组是一个 4 行 13 列的二维结构体类型数组。

3. 程序代码

程序代码如下：

```
#include <iostream>
#include <iomanip>
#include <ctime>
using namespace std;
//声明一个结构体类型 Card，用于描述每张牌的花色和点数
struct Card {
    char Color;             //花色
    int Points;             //点数
};
//洗牌函数
void Shuffle(int p[])
{
    srand((unsigned)time(NULL));            //随机数种子
    for(int i=0; i<52; i++)                 //初始化为数组下标值
        p[i] = i;

    for(int i=0; i<52; i++) {               //随机交换 p 数组中的元素
        int j = rand() % 52;
        int tmp = p[i];
        p[i] = p[j];
        p[j] = tmp;
    }
}
int main()
{
    Card Poker[52];                                     //存放 52 张牌
    Card PersonGet[4][13];                              //东、南、西、北发到的牌

    char Color[4] = {'\3', '\4', '\5', '\6'};   //花色，用 ASCII 码表示
    int Posi[52];                               //存放洗牌的结果
    char seat[4][3] = {"东", "南", "西", "北"};
    //初始化扑克牌数组 Poker
    int k = 0;
    for(int i=0; i<4; i++)
        for(int j=2; j<15; j++)
        {
            Poker[k].Color = Color[i];
            Poker[k].Points = j;
            k++;
        }
    //调用洗牌函数
    Shuffle(Posi);
    //根据 Posi 中信息分发牌
    int i = 0;
    for(int j=0; j<4; j++)
```

```
        for(int k=0; k<13; k++) {
            PersonGet[j][k].Color = Poker[Posi[i]].Color;
            PersonGet[j][k].Points = Poker[Posi[i]].Points;
            i++;
        }
    //显示洗牌结果
    for(int i=0; i<4; i++) {
        cout << seat[i] << endl;                    //输出东、南、西、北
        for(int j=0; j<13; j++)                     //输出花色
            cout << setw(4) << PersonGet[i][j].Color;
        cout << endl;
        for(int j=0; j<13; j++) {                   //输出点数
            k = PersonGet[i][j].Points;
            switch(k)
            {
            case 2: cout<<setw(4)<<'2'; break;
            case 3: cout<<setw(4)<<'3'; break;
            case 4: cout<<setw(4)<<'4'; break;
            case 5: cout<<setw(4)<<'5'; break;
            case 6: cout<<setw(4)<<'6'; break;
            case 7: cout<<setw(4)<<'7'; break;
            case 8: cout<<setw(4)<<'8'; break;
            case 9: cout<<setw(4)<<'9'; break;
            case 10: cout<<setw(4)<<"10"; break;
            case 11: cout<<setw(4)<<'J'; break;
            case 12: cout<<setw(4)<<'Q'; break;
            case 13: cout<<setw(4)<<'K'; break;
            case 14: cout<<setw(4)<<'A'; break;
            }
        }
        cout << endl;
    }
    return 0;
}
```

4. 运行结果

案例程序的运行结果如图 3-12 所示。

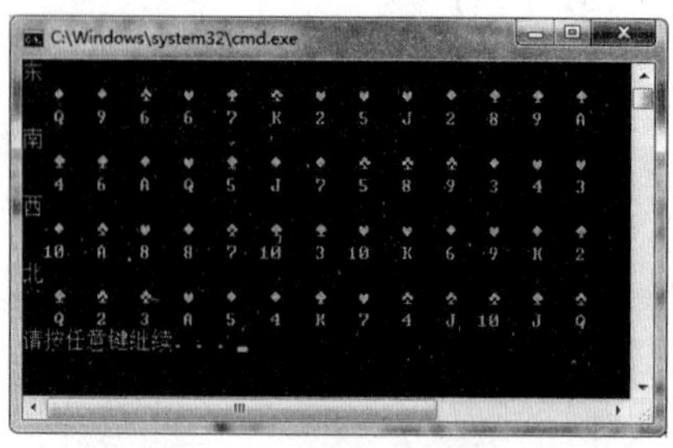

图 3-12　洗牌程序的运行结果

本 章 小 结

本章主要介绍了算法与流程图、程序的 3 种基本控制结构、函数定义与调用、程序运行时的内存模型、作用域和可见性、文本文件的输入与输出等重要的基础知识。

顺序、分支和循环 3 种结构是最基本的程序流程控制结构，复杂程序的流程是由基本结构组合而成的。

函数是 C++程序设计的基础。软件的各种功能主要是通过函数实现的。理解函数调用到函数返回的整个过程，有助于提高函数的设计能力。

作用域是指标识符的有效范围。可见性是指标识符是否可以被引用，标识符在其作用域内是可见的。C++的作用域有：函数原型作用域、块作用域(局部作用域)、文件作用域和类作用域。

C++程序在内存中运行时，系统为程序分配了一定的内存空间，这些内存被划分为 4 个区域。变量存储的位置决定了它的作用域和可见性，深入理解全局数据区、栈区和自由存储区的概念和特性，对于初学者能起到事半功倍的学习效果。

本章还简要介绍了 C++程序与文本文件进行数据输入与输出的基本方法。本书的后续章节将做进一步的应用和更深入的讲解。

习 题 3

1. 填空题

(1) 算法具有下面 5 个基本特征：_______、_______、_______、_______、_______。

(2) 算法的 3 种基本控制结构是_______、_______、_______。

(3) C++语言中的语句主要有______、______、_______、_______、_______和_______几大类。

(4) 有如下程序：

```
#include <iostream>
using namespace std;
int main() {
    int x=10, y=20, z=40, t=30, a=0;
    if(x < y)
        if(z < t) a = 1;
        else
            if(x < z)
                if(y < t) a = 2;
                else a = 3;
            else a = 4;
    cout << "a=" << a << endl;
    return 0;
}
```

程序的输出结果是_______。

(5) 有如下程序：

```
#include <iostream>
using namespace std;
int main() {
    int x=13, a=0, b=1;
    switch(x%4) {
    case 0: a++; b++;
    case 1: b++;
    case 2: a++; b++; break;
    case 3: a++;
    }
    cout << "a=" << a << "\tb=" << b << endl;
    return 0;
}
```

程序的输出结果是________。

(6) 有如下程序：

```
#include <iostream>
using namespace std;
int main() {
    int x=1, y=10;
    do {
        y -= x++;
    } while(y-- < 0);
    cout << "x=" << x << "\ty=" << y << endl;
    return 0;
}
```

程序的输出结果是________。

(7) 有如下程序：

```
#include <iostream>
using namespace std;
int main() {
    int i=1, r=1;
    for( ; i<1000; i++) {
        if(r >= 18)
            break;
        if(r%10 == 1) {
            r += 10;
            continue;
        }
    }
    cout << "r=" << r << "i=" << i << endl;
    return 0;
}
```

程序的输出结果是________。

(8) 有如下程序：

```
#include <iostream>
void fun(int &x, int y) {int t=x; x=y; y=t;}
int main() {
    int a[2] = {23, 42};
    fun(a[1], a[0]);
    std::cout << a[0] << "," << a[1] << std::endl;
    return 0;
}
```

程序的输出结果是_______。

(9) 有如下程序：

```
#include <iostream>
using namespace std;
void funA(int x) { x++; }
void funB(int *x){ *x++; }
void funC(int &x){ x++; }
int main() {
    int a=3, b=4, c=5;
    funA(a); funB(&b); funC(c);
    cout << "a=" << a << "\tb=" << b << "\tc=" << c << endl;
    return 0;
}
```

程序的输出结果是_______。

(10) C++区分重载函数的方法是通过_______。

(11) 定义某函数为内联函数的语法是_______，被声明为内联的函数通常是那些_____并且_______的函数。

(12) 下列有关函数重载的叙述中，错误的是_______。

A. 函数重载就是用相同的函数名定义多个函数
B. 重载函数的参数列表必须不同
C. 重载函数的返回值类型必须不同
D. 重载函数的参数可以带有默认参数

(13) 下列有关内联函数的叙述中，正确的是_______。

A. 内联函数在调用时发生控制转移
B. 内联函数必须通过关键字 inline 来定义
C. 内联函数是通过编译器来实现的
D. 内联函数函数体的最后一条语句必须是 return 语句

2. 简答题

(1) 什么是算法？用流程图描述求解下列两个问题的算法。

① 输出 1~100 之间能被 3 或 5 整除的数。

② 计算 20+21+22+...+220。

(2) 任何一个 while 语句是否都可以用 for 语句来改写？任何一个 for 语句是否都可以用 while 语句来改写？若能，请给出改写方法，否则说明原因。

(3) do-while 语句与 while 语句有何异同？

(4) C++提供了哪几种转向语句，它们一般用于什么场合？

(5) 简述 C++程序中向文本文件输出数据和从文本文件读取数据的方法。

(6) 函数原型与函数定义有何区别？什么情况下使用函数原型？

(7) 使用函数重载有何好处？实现函数重载必须满足什么条件？

(8) 什么是全局变量？什么是局部变量？什么是作用域？什么是可见性？什么是存储类型？什么是生存期？

(9) 简述 C++程序运行时内存空间的分配情况。举例说明变量在内存中的存储位置与

作用域、可见性、生存期等概念之间的关系。

(10) 作用域与生存期的概念是否相同？标识符的作用域有哪几种？

3. 编程题

(1) 编写一个程序，输入年和月，输出该月有多少天。再输入该月 1 日是星期几，输出该月的月历。

(2) 编写一个竞赛评分程序。要求去掉一个最高分和一个最低分，计算得到的平均分为选手的最终得分，评委的人数等于输入的评分数。

(3) 输入一个整数，判别该数是几位数，逆向输出该数。

(4) 求 1000 之内的所有完全数。完全数是指该数正好等于它的所有因子的和，例如，6=1+2+3。

(5) 大约在 1500 年前，《孙子算经》中有这样一个问题："今有雉兔同笼，上有三十五头，下有九十四足，问雉兔各几何？"，后人称之为"鸡兔同笼"问题。编程求出笼中鸡兔各有几只？要求从键盘输入笼中鸡兔和足的数目。

(6) 分别将输入的二进制、八进制和十六进制数转化为十进制数输出。用字符数组存储输入的数。更一般地，考虑设计 k 进制数转换为十进制数的程序。

(7) 编写一个程序，输入一个保留两位小数的浮点数代表一个商品的售价，要求用最少张数的人民币凑成购买商品的钱数。

(8) 计算圆周率 π 的公式如下：$\pi/4=1-1/3+1/5-1/7+1/9-1/11+\ldots$。要求分别按照以下要求计算 π 的近似值。

① 通过计算前 200 项。

② 要求误差小于 0.0000001。

(9) 七百多年前，意大利数学家斐波那契(Fibonacci)在他的《算盘全集》一书中提出了一道有趣的兔子繁殖问题。如果有一对小兔，每一个月都生下一对小兔，而所生下的每一对小兔在出生后的第三个月也都生下一对小兔。那么，由一对兔子开始，满一年时一共可以繁殖成多少对兔子？兔子的繁殖满足数列：1、1、2、3、5、8、13、21、...，该数列被称为 Fibonacci 数列，又称黄金分割数列。Fibonacci 数列是一个线性递推数列，满足下面的计算公式：

- $F(0)=0$，$F(1)=1$；
- $F(n)=F(n-1)+F(n-2)$；　　$(n\geqslant 2)$

编写一个程序，输入 n，输出 Fibonacci 数列的前 n 项之和。

(10) 猴子选大王。有 N 只猴子围成一圈，依次从 1 到 N 对猴子编号，并从中选出一个大王；经过协商，确定选大王的规则如下：从第一个开始循环报数，数到 M 的猴子出圈，最后剩下来的就是大王。要求从键盘输入 N、M，编程计算哪个编号的猴子成为大王。

(11) 简单的替换加密。将大写字母 A~Z 按照字母顺序排列成一个圆圈，字母 Z 后面紧接着字母 A，替换方法是取其后第 n 个字母代替之。例如，当 n=2 时，A 被 C 替换，Z 被 B 替换。对于小写字母、数字也可以类似处理。要求编写加密函数和解密函数，函数接收字符串和 n 的输入，返回加密或解密后的字符串，并在主函数中对它们进行测试。

(12) 在上题的基础上，编程加密内容为英文的文本文件并保存，解密加密后的文本文

件并输出。

(13) 编写 3 个重载函数，函数名为 add，分别用于对 int、double 和字符串数据进行相加并返回结果。

(14) 设计一个猜数游戏程序。计算机随机选择一个 1~1000 之间的数供玩家猜测。计算机每次告诉玩家猜测的数是过大还是太小，帮助玩家逐步接近正确答案。要求输出玩家猜测成功所经历的猜测次数。

第4章 类与对象

软件是对现实世界的抽象，现实世界中的事物映射到面向对象程序中就是对象，对象是描述客观事物的程序单位。事物到对象的抽象包括两个方面：数据抽象和行为抽象。类是C++中用于描述对象的数据类型，对象是类的实例。

本章主要学习面向对象程序设计中的重要概念——类与对象，以及相关的实现技术。此外，本章还将学习运算符重载、友元、多文件项目和编译预处理等知识。

4.1 面向对象编程：封装

封装技术在电子器件设计中应用非常普及，计算机硬件设备中的CPU、内存和硬盘都采用专门技术对器件进行了封装。封装电子器件所带来的优点有：保护内部电路，延长器件的寿命；隐藏实现细节，提高器件的可靠性；规范接口标准，方便器件的使用。

在面向对象程序中，从客观事物抽象得到的数据和行为(或功能)被封装成一个整体。在C++语言中，类是实现数据和行为封装的程序单元。类中含有数据成员和函数成员，类中的函数成员对外公开，而数据成员则受到保护。用户通过功能函数访问受保护的数据，类的实现细节被隐藏。

封装的本质是将数据和代码组装成一个功能相对完整并且可重用的程序模块，封装为程序带来了高内聚、低耦合、灵活的系统结构。封装的思想方法非常普遍，例如：手机就具有封装的特征。手机对外公开的是一组按键，打电话、接听电话和发信息均可通过操作按键来完成，至于手机完成电话连接、通话和短信发送的过程，用户不必关心，而实现细节对于使用者完全是透明的。

面向对象程序设计中的类是封装的基本单元，它刻画了事物的属性和行为，而对于复杂的事物，可以通过类的扩展和组合得到。这种设计模式能将错误集中在相对较小的程序单元中解决，能更好地实现代码复用，提高软件质量和开发效率。

类与对象是密切相关的两个概念。类是一种抽象的“型”，而对象则是具体的“值”。类的设计和对象的创建与汽车的生产过程相似。类设计相当于产品图纸的设计，对象的创建相当于根据设计图纸制造汽车。图纸是制造汽车的依据，不同的图纸所制造出来的汽车也不同，而同一张图纸可以生产多辆汽车。类与对象也有类似的关系，不同的类所生成的对象互不相同，而同一个类可以定义多个对象。

面向对象的思想方法是以更自然的思维方式和方法来描述客观事物。现实世界中的事物被映射为计算机世界中的对象，这种映射经历了抽象、设计、实例化的过程。

4.2 类与对象的定义和使用

在C++中，类是一种用户定义的构造数据类型。与系统内置的基本数据类型一样，类可以用于说明变量，变量是内存中的实体，用类定义的变量常称为对象。

4.2.1　类的定义

类是C++中实现数据与函数封装的基础，类的声明格式如下：

```
class <类名> {
[private:
    <私有数据成员或成员函数说明>]
[protected:
    <保护数据成员或成员函数说明>]
[public:
    <公有数据成员或成员函数说明>]
};
```

其中：

- class是类说明关键字，<类名>是一个有意义的标识符，花括号中的内容为类体，最后的分号表示类定义结束。
- 关键字private、protected和public是访问控制符，描述了类中成员的可见性，其含义分别为：private(私有的)、protected(保护的)和public(公有的)。用private和protected说明的数据成员和成员函数能被类中的成员函数访问，类外不能对它们进行访问。用public说明的成员能被所有函数访问。

下面是圆类的一种定义方式：

```
class Circle {
public:
    void setRadius(float r);
    float getRadius() {
        return radius;
    }
    float area();
    float perimeter();
    void input();
    void output();
private:
    float radius;
};
```

类的访问控制机制体现了封装的思想，事物的属性(数据)用private访问控制符将其隐藏，而行为(功能函数)是公开的。在类外访问类中的数据只能通过其提供的函数，而类中的函数则能直接对其中的数据进行访问。

(1) 类中声明的成员函数的实现，既可以在类体内定义，也可以在类外定义。类内定义的函数可在成员函数声明处直接描述，而类外定义的函数必须用类作用域运算符标明函数所归属的类。例如：

```
float Circle::area() {
    return PI*radius*radius;
}
```

(2) 类是一种数据类型，定义时系统并不为其分配内存空间，因此对类中数据成员直接进行初始化是错误的。如Circle类中不能对半径成员进行赋值，即float radius=0;不允许。同样地，为类中的数据成员(不是变量)指定存储类型也是不正确的。

【例 4-1】简单的类设计示例——圆类。

程序代码：

```
#include <iostream>
using namespace std;
const float PI = 3.1415926;      //定义全局常量
class Circle {                   //定义类
public:
    void setRadius(float r);
    float getRadius() {          //在类中定义函数
        return radius;
    }
    float area();                //成员函数原型声明
    float perimeter();
    void input();
    void output();
private:
    float radius;            //半径为私有数据成员，只能通过函数成员对其进行操作
};
void Circle::setRadius(float r) {       //在类外定义成员函数
    radius = r;
}
float Circle::area() {
    return PI*radius*radius;
}
float Circle::perimeter() {
    return 2*PI*radius;
}
void Circle::input() {
    cout << "请输入圆的半径：";
    cin >> radius;
}
void Circle::output() {
    cout << "圆的半径为：" << radius
      << "\t面积为：" << area() << "\t周长为：" << perimeter() << endl;
}
int main() {
    Circle circleObj;                   //定义对象，在内存中生成实体
    circleObj.setRadius(12);
    circleObj.output();
    circleObj.input();
    circleObj.output();
}
```

运行结果：

```
圆的半径为：12    面积为：452.389   周长为：75.3982
请输入圆的半径：20
圆的半径为：20    面积为：1256.64   周长为：125.664
```

4.2.2 对象的创建

类的声明中包含数据成员和成员函数，但是，与普通的函数和变量不同，类仅是声明了一种新的数据类型。在程序中，只有用类定义了对象，才会在内存中产生实体。对象的创建依赖于说明它的类，类决定了对象的内容。正如图纸决定所生产汽车的配件和功能，

但图纸不是汽车一样。

对象的定义方式与普通变量的定义相同，如 Circle myCircle(6.5);。对象中数据成员的初始化方法与变量是有差别的，对象是通过自动调用类中的构造函数(详见 4.3 节)实现初始化，而普通变量的初始化是由系统自动完成，不需要用户提供构造函数。

类作为一种数据类型，不仅能用于定义对象，还能用其来声明指针、引用和数组，其声明方式和意义与基本数据类型一致。例如：

```
Circle *pCircle = &myCircle;   //pCircle 是指向对象的指针变量，大小为 4 字节
Circle &refCircle = circleObj; //refCircle 是对象 circleObj 的别名
Circle cirArray[5];     //cirArray 为对象数组，其每个单元只能存放圆类的对象
```

【例 4-2】对象、对象指针、对象引用和对象数组应用示例。

程序代码：

```
#include <iostream>
using namespace std;
class Book {                                    //定义图书类
public:                                         //图书类的行为
    void setISBN(char isbn[]);                  //设置 SIBN 号
    void setName(char n[]);                     //设置书名
    void setPrice(float p);                     //设置价格
    void setAuthor(char auth[]);                //设置作者名
    char* getISBN() {return ISBN;}              //获取类中封装的数据，下同
    char* getName() {return name;}
    float getPrice() {return price;}
    char* getAuthor() {return author;}
    void input();                               //输入数据
    void show();                                //显示图书信息
private:                                        //图书类的属性
    char ISBN[20];
    char name[60];
    float price;
    char author[20];
};
void Book::setISBN(char isbn[]) {
    strcpy(ISBN, isbn);
}
void Book::setName(char n[]) {
    strcpy(name, n);
}
void Book::setPrice(float p){
    price = p;
}
void Book::setAuthor(char auth[]) {
    strcpy(author, auth);
}
void Book::input() {
    cout << "请输入 ISBN 号：";
    cin >> ISBN;
    cout << "请输入图书名："; cin >> name;
    cout << "请输入价格："; cin >> price;
    cout << "请输入作者姓名："; cin >> author;
}
void Book::show() {
```

```
    cout << "图书信息：ISBN：" << ISBN << "，书名：" << name
        << "，价格：" << price << "，作者：" << author << "。" << endl;
}

int main()
{
    //定义 myBook 对象、bookPtr 指针、refBook 引用
    Book myBook, *bookPtr=&myBook, &refBook=myBook;
    Book bookArray[3];                          //定义 Book 对象数组
    myBook.setISBN("986-6-392-82934-6");        //通过对象直接调用成员函数
    bookPtr->setName("C++程序设计");            //通过对象指针调用成员函数
    refBook.setPrice(25.7);                     //通过对象的引用调用成员函数
    myBook.setAuthor("张三");
    bookPtr->show();
    cout << "利用 getName 成员函数获取书名：" << myBook.getName() << endl;
    for(int i=0; i<3; i++) {
        cout << "现在开始输入第" << i+1 << "本图书信息：\n";
        bookArray[i].intput();                  //输入图书信息
    }
    for(int i=0; i<3; i++)
        bookArray[i].show();
    return 0;
}
```

运行结果：

```
图书信息：ISBN：986-6-392-82934-6，书名：C++程序设计，价格：25.7，作者：张三。
利用 getName 成员函数获取书名：C++面向对象程序设计教程
现在开始输入第 1 本图书信息：
请输入 ISBN 号：987-7-235-82736-9↙
请输入图书名：高等数学↙
请输入价格：20.6↙
请输入作者姓名：李四↙
现在开始输入第 2 本图书信息：
请输入 ISBN 号：876-8-321-46381-2↙
请输入图书名：组成原理↙
请输入价格：27.8↙
请输入作者姓名：王五↙
现在开始输入第 3 本图书信息：
请输入 ISBN 号：576-9-372-02387-5↙
请输入图书名：数据结构↙
请输入价格：30.5↙
请输入作者姓名：赵六↙
图书信息：ISBN：987-7-235-82736-9，书名：高等数学，价格：20.6，作者：李四。
图书信息：ISBN：876-8-321-46381-2，书名：组成原理，价格：27.8，作者：王五。
图书信息：ISBN：576-9-372-02387-5，书名：数据结构，价格：30.5，作者：赵六。
```

程序说明：

- 类与基本数据类型一样，也可以定义类的对象、指针、数组等实体。例程中 Book 类定义的对象为 myBook，指针变量为 bookPtr 并指向 myBook，引用变量 refBook 是 myBook 对象的别名。
- bookArray 为对象数组，其中可存储 3 个 Book 类型的对象。

4.2.3　this 指针与内存中的对象

一个类可以定义多个对象，每个对象都拥有自己的数据成员和成员函数，而每个成员函数只能操作对象自身的数据成员，逻辑上，对象之间是相互独立的。

前面已经介绍过，程序运行时内存被划分为 4 个区域。加工的数据可存放的位置有堆栈、自由存储区和全局数据区，而函数则只能存放在代码区。那么，类的每个对象在内存中是独自有一份属于自己的数据成员和成员函数，还是不完全独立呢？

如果同一个类的每个对象在内存中都保存自己的一份数据成员和成员函数，而这些对象的成员函数除传递给它处理的数据不同外，其函数代码部分却是相同的，那么保存多份相同代码的成员函数对内存资源的浪费是巨大的，并且也是不科学的。

事实上，C++编译器在生成程序时是将反映对象特征的数据成员分开，独立保存于程序的数据存储区域，而在程序的代码区仅保存一份成员函数。也就是说，物理上对象的数据成员和成员函数是分离的，并且成员函数是共享的。那么，这种存储方法是怎样正确地绑定数据成员和成员函数呢？成员函数又是怎样知道应当访问那一个对象的数据成员呢？

C++编译器在实现时，巧妙地使用了传地址这种函数参数传递方式，在函数调用时将对象的地址传递给成员函数中由系统为其添加的指针。程序在生成过程中，在类的成员函数形参表的最前端，编译器为其添加一个指向对象的指针，并命名该形参名为 this，称为 this 指针。当通过对象调用成员函数时，系统将对象的地址传递给所调用成员函数的 this 指针，从而实现对象与成员函数的正确绑定。

类的对象在逻辑上是相互之间独立的。在物理上，对象的数据成员是独立的，不同的对象拥有不同的数据，但是，类的成员函数却只有一份，为类的所有对象共有。

【例 4-3】内存中的对象与 this 指针观察示例。

程序代码：

```
#include <iostream>
using namespace std;
class Student {      //定义学生类
public:
    void setData(int, char [], bool, float);
    void show();
private:
    int ID;          //学号
    char name[9];    //姓名
    bool sex;        //性别，真代表男，假表示女
    float weight;    //体重
};
void Student::setData(int Id, char Name[], bool Sex, float weight) {
    ID = Id;
    strcpy(name, Name);
    sex = Sex;
    this->weight = weight;
}
void Student::show() {
    cout << "学号: " << ID << "\t 姓名: " << name
        << "\t 性别: " << (sex?"男":"女") << "\t 体重: " << weight << endl;
}
```

```
int main()
{
    Student s1, s2;
    s1.setData(1001, "张三", true, 65);
    s2.setData(1002, "李四", false, 45);
    s1.show();
    s2.show();
    return 0;
}
```

运行结果：

```
学号：1001    姓名：张三    性别：男  体重：65
学号：1002    姓名：李四    性别：女  体重：45
```

跟踪与观察：

(1) 从图 4-1(a)可以观察到对象 s1 的存储地址是 0x0038fe74，s2 的地址是 0x0038fe58。它们被保存在程序的栈区，后创建的对象 s2 的地址小于先建的 s1 的地址。每个对象只有数据成员部分信息，没有成员函数。

(2) 图 4-1(b)是程序运行到 s1.show();语句并跟踪进入成员函数 show()时的情况。从图中可以看到，成员函数 s1.setData 和 s2.setData 的值均为 0x001414b0，函数 s1.show 和 s2.show 的值与 Student::show 完全相同，都是 0x00141530。它们都是函数的入口地址，说明同一个类定义的不同对象所调用的成员函数相同。图中 4 个成员函数显示的颜色较暗，这是由于当前程序执行到 show 函数作用域所致。

(3) 图 4-1(b)中有一个变量 this，其中的值是对象 s1 的地址 0x0038fe74。从中可知 s1 是指针变量并且指向对象 s1。当程序流程返回到主函数时，this 项的内容变暗，s1.setData 等 4 个成员函数调用项的颜色正常。说明主函数中没有 this 变量，成员函数才有该变量。如果继续跟踪进入 s2.show();，this 项的值为 s2 的地址 0x0038fe58。

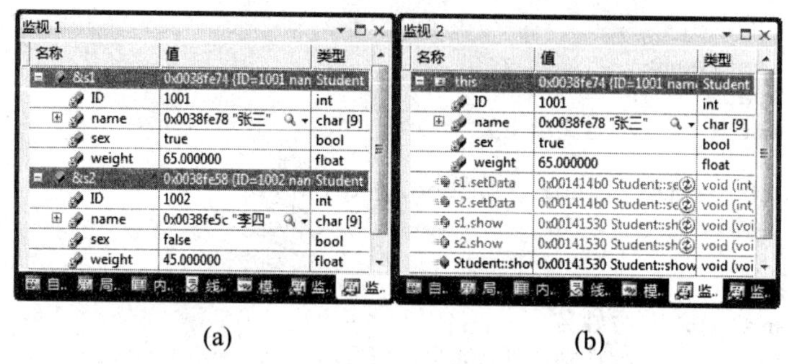

(a)　　　　(b)

图 4-1　例程 4-3 的跟踪窗口

通过程序跟踪与观察，从技术实现的底层了解对象，能加深封装概念的理解和掌握。此外，跟踪也是学习和掌握编程技术的有效方法。

4.3　构造函数和析构函数

在程序设计中，为存储单元赋值是一项基本且重要的工作。没有赋值的内存单元，其所含信息通常是随机值，是无意义的。在前面的章节中，基本数据类型的变量一般用赋值

语句实施内存单元的初始化，例程 4-3 中对象的数据成员赋值所使用的方法是通过调用成员函数 setData()。调用成员函数对数据成员赋值的方法需要程序员显式地书写调用语句，否则对象中的数据为随机的不确定值。

程序在访问没有赋初值的内存空间时，对于基本数据类型的变量会因数据不正确导致程序运行结果错误，而对于指针变量，则会因访问不合法的内存空间导致程序崩溃。

在程序中显式定义的对象能通过调用成员函数为其赋值，但是程序运行时还会由系统自动产生一些隐式对象，它们的赋值则无法通过调用成员函数来完成。类似的问题也出现在对象撤消、对象释放占用资源等过程中。为此，C++提供了一类特殊的成员函数，专门负责对象创建与销毁时的数据成员初始化和资源的释放。

构造(Constructor)函数和析构(Destructor)函数是 C++中在对象创建和销毁时自动完成数据成员赋初值和资源释放任务的特殊成员函数。其特征是：在对象创建或销毁时，由系统自动调用，不需要、也不允许程序员显式地调用它们。

4.3.1 构造函数的定义与使用

C++使用构造函数初始化对象，其方法是在对象定义时由系统自动调用一次构造函数。构造函数是类中一种特殊的成员函数，通常声明为公有成员函数。构造函数分为默认构造函数、有参构造函数和拷贝构造函数。

构造函数的声明格式为：

```
<构造函数名>([形式参数]);
```

其中：

构造函数名必须与类名相同。构造函数无返回类型，即函数名前无任何类型声明。对于普通成员函数，如果不注明返回类型，VC++编译器将报错误：“缺少类型说明符 - 假定为 int。注意：C++不支持默认 int”。构造函数这种特殊的函数名和格式，使得编译器能非常方便地从众多的类成员函数中识别出构造函数。

构造函数可以重载。与普通函数重载一样，重载的构造函数必须有不同的函数签名。构造函数的形参也可以指定默认值，同样，指定的顺序必须是从右向左。

构造函数在对象生成时，由系统隐式地调用其中之一。如果有多个重载的构造函数，系统将根据传递的参数自动匹配。

类的构造函数担当了对对象中数据成员初始化的任务，不同类型的构造函数的形参说明和调用时机都互不相同。下面结合例 4-3 说明构造函数的定义与用法。

1. 默认构造函数

默认构造函数是无任何形参的构造函数，如果类定义时没有任何构造函数，则编译器会自动为其提供一个默认的构造函数，不过该函数无任何功能，也不对数据成员进行赋值。用户可以显式地定义一个默认的构造函数，此时系统就不会再为类生成默认的构造函数。默认构造函数只能定义一个，多个默认的构造函数会导致编译错误。

默认构造函数的调用发生在不提供任何实参定义对象的过程中。

例 4-3 中，可定义 Student 类的默认构造函数如下：

```
Student::Student() {          //应先在类的public说明中声明Student();
    ID=0;  sex=true;  weight=0.0;
    strcpy(name, "none");
}
```

用如下方式定义对象时，默认构造函数被调用：

```
Student s1;
```

2. 有参构造函数

有参构造函数是在构造函数形参表中声明若干形参，用于传递实参对数据成员进行赋值。根据需要可以重载有参构造函数，为类提供丰富的初始化方法。

如果有参的构造函数的所有形参都指定了默认值，那么该构造函数即可充当默认构造函数的角色。此时，不需要(其实也不能)再定义默认构造函数。如果再定义默认构造函数，同样会被视为类中有两个默认构造函数，引发调用匹配错误。

为Student类对象的数据成员赋用户指定值的有参构造函数可定义如下：

```
//应先在类的public说明中声明Student(int, char[], bool, float);
Student::Student(int id, char n[], bool s, float w) {
    ID=id;  sex=s;  weight=w;
    strcpy(name, n);
}
```

有参构造函数使用如下：

```
Student s2(1001, "张三", false, 45);
```

3. 拷贝构造函数

拷贝构造函数的调用发生在用已定义对象生成新对象时。如果类中无拷贝构造函数，则系统自动产生一个拷贝构造函数，完成新对象中数据成员的初始化。

拷贝构造函数的形参只能说明为类的对象的引用，如Student(Student&);。为什么拷贝构造函数只能用引用传递方式传递实参呢？这与拷贝构造函数的特殊性相关。

拷贝构造函数是在对象被复制时被调用，如果拷贝构造函数是以传值方式传递实参，由于在调用类的拷贝构造函数时，实参要被复制给形参，这种复制的结果就是导致再一次调用该类的拷贝构造函数，产生无穷的递归调用。

拷贝构造函数不能以传地址方式传递实参，传址方式传递实参需要用取地址运算符获取实参的地址，而系统隐式调用拷贝构造函数时，不会传递对象地址。虽然C++允许程序员定义形参是类的对象的指针的构造函数，但该构造函数不是拷贝构造函数，而仅仅是有参构造函数。

在拷贝构造函数中，系统允许直接访问和修改以引用方式传递来的对象的私有数据成员。为避免在拷贝构造函数中不小心改变了原对象中的数据成员，通常在拷贝构造函数的形参前加上const修饰符。

用户没有定义拷贝构造函数时，系统自动提供的拷贝构造函数能准确地按成员语义复制每个数据成员。但是，在某些情况下，完全按成员语义复制会引发错误，需要程序员自定义拷贝构造函数。更深入的讨论将在动态内存分配中进行。

Student 类的拷贝构造函数可设计如下：

```
Student(const Student&);  //类中声明
Student::Student(const Student &s) //类外定义
{
    ID=s.ID; sex=s.sex; weight=s.weight;
    strcpy(name, s.name);
}
```

在主函数中调用如下：

```
Student s2(1002, "李四", true, 56), s3(s2);
//定义 s3 时调用拷贝构造函数，s3(s2)也可以写成 s3=s2
```

4.3.2 析构函数的定义与使用

对象在内存中被创建时，系统会自动调用构造函数对其进行初始化。对象被销毁时，系统也会调用一个特殊的成员函数进行清理工作，该成员函数被称为析构函数。

析构函数的声明格式如下：

```
~<析构函数名>();
```

其中：

- 析构函数名与类名相同，此外还需要在其前面加上字符“~”。
- 析构函数无任何形参，与构造函数相同也无返回类型。
- 类中只能有且仅有一个析构函数，并且不能重载析构函数。如果用户没有定义析构函数，系统也会生成一个默认的析构函数，其函数体为空。
- 在对象撤消时，系统自动调用析构函数，不需要显式地调用析构函数。

【例 4-4】 定义一个时间类，并在类中定义构造函数和析构函数。

程序代码：

```
#include <iostream>
#include <time.h>                                   //支持系统时间的获取
using namespace std;
class Time {
public:
    Time() {                                        //在类中直接定义默认构造函数
        strcpy(msg, "默认时间");
        hour = second = minute = 0;
        isAM = true;
        is24Mode = false;
        cout<<msg<<",调用默认构造函数! "<<endl;     //为显示被调用设计，正常不用!
    }
    Time(char [], int, int, int, bool, bool);       //声明有参构造函数
    Time(Time&);                                    //声明拷贝构造函数
    ~Time();                                        //声明析构函数
    void show();                                    //声明信息输出成员函数
    void setTime(char [], int, int, int, bool, bool);
    void getSysTime();          //读取当前计算机系统时间并赋给对象相应的数据成员
private:
    char msg[21];                         //存储时间的用途名
    int hour;                             //时
```

```
    int minute;                             //分
    int second;                             //秒
    bool isAM;                              //是否为上午时间
    bool is24Mode;                          //时间显示的格式，是否为 24 小时制式
};
Time::Time(char mg[], int h, int m, int s, bool a=true, bool md=false) {
    setTime(mg, h, m, s, a, md);
    cout << msg << ",调用带参构造函数! " << endl;
}
Time::Time(Time &t) {
    strcpy(msg, t.msg);
    hour=t.hour; minute=t.minute; second=t.second;
    isAM=t.isAM; is24Mode=t.is24Mode;
    cout << msg << ",调用复制构造函数! " << endl;
}
void Time::setTime(char mg[],int h,int m,int s,bool a=true,bool md=false){
    strcpy(msg, mg);
    hour=h%12;  minute=m%60; second=s%60;
    isAM = a;
    is24Mode = md;
}
void Time::show() {
    cout << msg << "\t" << (is24Mode?hour+12:hour) << ":" << minute
        << ":" << second << (is24Mode?"":(isAM?" AM":" PM")) << endl;
}
void Time::getSysTime() {
    time_t curtime = time(0);   //说明 time_t 结构变量 curtime，获取当前时间
    tm tim = *localtime(&curtime); //转换为本地时间
    hour = tim.tm_hour % 12;
    second = tim.tm_sec;
    minute = tim.tm_min;
    if(tim.tm_hour > 12) {
        isAM = false;
        is24Mode = true;
    }
    strcpy(msg, "系统时间");
}
Time::~Time() {
    cout << msg << ",调用析构函数! " << endl;
}
int main() {
    Time t1, t2("下课时间", 10, 30, 00), t3(t2);
    t1.getSysTime();    //用系统时间设置对象 t1
    cout << "对象 t1 的信息: "; t1.show();
    cout << "对象 t2 的信息: "; t2.show();
    cout << "对象 t3 的信息: "; t3.show();
    t3.setTime("上课时间", 15, 45, 00, false);
    cout << "对象 t3 的信息: "; t3.show();
    return 0;
}
```

运行结果：

```
默认时间,调用默认构造函数!
下课时间,调用带参构造函数!
下课时间,调用复制构造函数!
对象 t1 的信息: 系统时间    11:22:37 AM
```

```
对象 t2 的信息：下课时间    10:30:0 AM
对象 t3 的信息：下课时间    10:30:0 AM
对象 t3 的信息：上课时间    3:45:0 PM
上课时间,调用析构函数!
下课时间,调用析构函数!
系统时间,调用析构函数!
```

程序说明：

- 从运行结果的前 3 行可见，构造函数的调用顺序与定义顺序一致。对象 t1 先被建立，调用了默认构造函数；对象 t2 建立时调用了有参构造函数，并设置为“下课时间”；对象 t3 最后建立，调用了拷贝构造函数。运行结果的第 5、6 行显示，t3 与 t2 完全相同。
- 获取当前计算机系统时间是通过调用 VC++ 2010 平台提供的库函数来实现。
- 从结果可以看出，t1、t2 和 t3 这 3 个对象调用析构函数的顺序正好与构造函数的调用顺序相反。这是由于这些对象都存储在程序的栈区，先定义的对象先被压栈，而销毁的过程与对象从栈中弹出的顺序一致，t3 对象第一个调用析构函数。
- time 类的析构函数的函数体仅有一行输出语句，没有任何实质性功能。这是由于本例的对象比较简单，没有用到动态内存、文件等资源，不需要用专门的语句来处理资源释放。

4.4 类的复用技术——组合

类是一种构造数据类型，在类中可以用类定义数据成员，这种数据成员称为对象成员。类中含有对象成员其实是一种源代码级的软件复用技术，称为组合(Composition)。类之间的组合关系称为 has-a 关系，是指一个类“拥有”另一个类的对象。如果类的数据成员中含有另一个的类对象，则该类的对象就是组合对象。组合复用技术在面向对象程序设计中应用相当普遍，一个复杂的对象往往由若干个对象成员组合而成，例如：Windows 应用程序的窗口就是一个组合对象，窗口中含有标题栏、菜单栏、滚动条等成员对象。

组合不仅仅是一种软件复用技术，更是面向对象设计技术进行客观事物描述的方法。面对复杂的事物，最常见的思维方式是从中划分出相对简单的部分，找出它们之间的联系，把复杂事物视为简单事物的组合。类是现实世界中客观事物的反映，现实生活中的事物是复杂的，对象的组合技术是事物复杂性的一种反映。

4.4.1 成员对象的构造和析构

类中声明的成员对象其形式与普通变量的定义几乎相同，但它与变量的定义有本质的区别。已定义的变量在程序运行时系统会为它分配内存，是一个实体。而类中对象成员的声明是一种“型”的描述，系统不会为其分配内存，只有用该类来定义对象时才会为其分配内存空间。

含有对象成员的类在创建对象时也要调用构造函数对其数据成员进行初始化，其中的对象成员则需要调用其构造函数赋初值。定义含有成员对象的类的构造函数格式如下：

```
<类名>::<构造函数名>([<形参表>]):[<对象成员 1>]([<实参表 1>]),...,
  [<对象成员 n>]([<实参表 n>]) {...}
```

其中：

- 单冒号之后用逗号分隔的是类中对象成员和传递的实参，称为成员初始化列表。实参表的参数名通常是函数形参表的形参，也可以是常量表达式。
- 类中的非对象数据成员也可以在成员初始化列表中对其赋初值。

【例 4-5】设计一个圆(Circle)类，要求其中组合点(Point)类。

程序代码：

```
#include <iostream>
using namespace std;
class Point {
public:
    Point() {
        x=0; y=0;
        cout << "call Point() constructor!" << endl;
    }
    Point(int a, int b) {
        x=a; y=b;
        cout << "call Point(int,int) constructor!" << endl;
    }
    Point(const Point &p) {
        x=p.x; y=p.y;
        cout << "call Point(const Point &) constructor!" << endl;
    }
    ~Point() {
        cout << "("<<x<<","<<y<<")"<<" call ~Point() destructor!"<<endl;
    }
    void show() {
        cout << "(x,y)=" << "(" << x << "," << y << ")";
    }
private:
    int x;
    int y;
};
class Circle {
public:
    Circle():center() {                              //调用对象成员默认构造函数
        radius = 0.0;
        cout << "call Circle() constructor!" << endl;
    }
    Circle(int a, int b, double r): center(a,b), radius(r) {
      //在成员初始化列表对对象成员赋值
        cout << "call Circle(int,int,double) constructor!" << endl;
    }
    Circle(const Circle &c): center(c.center) { //调用对象成员拷贝构造函数
        radius = c.radius;
        cout << "call Circle(const Circle &) constructor!" << endl;
    }
    ~Circle() {
        cout << "radius="<<radius<<" call ~Circle() destructor!"<<endl;
    }
    void show() {
        center.show();
        cout << "\tradius=" << radius << endl;
    }
```

```
    private:
        double radius;
        Point center;                                      //定义对象成员 center
    };
    int main() {
        cout << "-----------------1-------------------" << endl;
        Circle A;
        cout << "Circle A:"; A.show();
        cout << "-----------------2-------------------" << endl;
        Circle B = A;
        cout << "Circle B=A:"; B.show();
        cout << "-----------------3-------------------" << endl;
        Circle C(2, 4, 10.5);
        cout << "Circle C(2,4,10.5):"; C.show();
        cout << "-----------------4-------------------" << endl;
        Circle D(C);
        cout << "Circle D(C):"; D.show();
        cout << "-----------------5-------------------" << endl;
        return 0;
    }
```

运行结果：

```
-----------------1-------------------
call Point() constructor!
call Circle() constructor!
Circle A:(x,y)=(0,0)    radius=0
-----------------2-------------------
call Point(const Point &) constructor!
call Circle(const Circle &) constructor!
Circle B=A:(x,y)=(0,0) radius=0
-----------------3-------------------
call Point(int,int) constructor!
call Circle(int,int,double) constructor!
Circle C(2,4,10.5):(x,y)=(2,4) radius=10.5
-----------------4-------------------
call Point(const Point &) constructor!
call Circle(const Circle &) constructor!
Circle D(C):(x,y)=(2,4)radius=10.5
-----------------5-------------------
radius=10.5 call ~Circle() destructor!
(2,4) call ~Point() destructor!
radius=10.5 call ~Circle() destructor!
(2,4) call ~Point() destructor!
radius=0 call ~Circle() destructor!
(0,0) call ~Point() destructor!
radius=0 call ~Circle() destructor!
(0,0) call ~Point() destructor!
```

程序说明：

(1) 从构造函数 Circle(int a,int b,double r):center(a,b),radius(r){}的设计可知，成员初始化列表不仅能对成员对象进行初始化，而且也可以用于对普通数据成员赋初值。对于普通的数据成员即可以在构造函数的函数中对其赋值，也可以在成员初始化列表中完成，但对于对象成员却只能在列表。对象成员构造函数的调用先于类的构造函数。如果修改例程中的有参构造函数为：

```
Circle(int a,int b,double r){
    center=Point(a,b);
```

```
    radius=r;
    cout<<"call Circle(int,int,double) constructor!"<<endl;
}
```

则运行结果的第 3 块内容显示如下：

```
-----------------3-------------------
call Point() constructor!                        //1
call Point(int,int) constructor!                 //2
(2,4) call ~Point() destructor!                  //3
call Circle(int,int,double) constructor!         //4
Circle C(2,4,10.5):(x,y)=(2,4) radius=10.5       //5
```

与程序运行结果中的对应内容比较，不难发现多了行 1 和行 3。行 1 是构造函数调用成员对象的默认构造函数显示的结果。行 2 是 center=Point(a,b);语句中的 Point(a,b)调用构造函数生成临时无名对象，并在赋给成员对象 center 后撤消，出现了行 3 的显示信息。行 4 是构造函数最后一行语句的显示结果。

上面的构造函数虽然也完成了对象的拷贝功能，但由于其没有在成员初始化列表中明确成员对象的赋值，因此先调用了成员对象的默认拷贝函数对其赋初值。实际完成赋值任务的语句是 center=Point(a,b);，该语句先生成一临时无名对象，再调用系统提供的赋值功能把临时无名对象的数据成员值拷贝给对象的对象成员 center，之后临时无名对象被销毁，这就是运行结果多出行 1 和行 3 的原因。

有参构造函数和拷贝构造函数在对对象成员进行初始化时，必须在成员初始化列表中显式地列出对象成员的赋值项，否则系统将调用对象成员的默认构造函数。

(2) 含有对象成员的类在对其对象初始化时，构造函数是先调用对象成员的构造函数对成员对象初始化。调用顺序与成员对象在初始化列表中的次序无关，与其在类中声明的次序一致。

(3) 分析运行结果可知，对象 A、B、C、D 的构造与析构顺序相反，这是因为先创建的对象先压入程序的栈区，而对象撤消过程则是先创建的对象后从栈区弹出。

4.4.2 组合应用示例

类的组合是面向对象程序设计方法中一种常用的技术，组合技术能非常自然地描述现实世界中的事物。下面举例说明其使用方法。

【例 4-6】设计日期、学生和班级三个类，其中学生类中的学生生日用日期类说明、班级类中的学生成员用学生类数组描述。

程序代码：

```
#include <iostream>
using namespace std;
//日期类
class Date {
public:
    Date(int y=0, int m=0, int d=0);
    Date(const Date&);
    void output();
    void input();
private:
    int year;
```

```
    int month;
    int day;
};
Date::Date(int y, int m, int d) {
    year = y;
    month = m;
    day = d;
}
Date::Date(const Date &d) {
    this->year = d.year;
    this->month = d.month;
    this->day = d.day;
}
void Date::output() {
    cout << year << "-" << month << "-" << day;
}
void Date::input() {
    cout << "(年 月 日)";
    cin >> year >> month >> day;
}
//学生类
enum Gender{unknow, male, female}; //性别枚举类型
class Student {
private:
    int no;
    char name[9];
    Gender sex;
    float weight;
    Date birthday;                      //组合复用，birthday 是 Date 类对象
public:
    Student(int No=0, char Name[]="不知", Gender S=unknow,
      float Weight=0, int y=0, int m=0, int d=0);
    Student(const Student&);
    void output();
    void input();
};
Student::Student(int No, char Name[], Gender Sex, float Weight,
  int y, int m, int d): birthday(y, m, d)
{   //构造函数调用对象成员的构造函数
    no = No;
    strcpy(name, Name);
    sex = Sex;
    weight = Weight;
}
Student::Student(const Student &s): birthday(s.birthday) {
    this->no = s.no;
    strcpy(this->name, s.name);
    this->sex = s.sex;
    this->weight = s.weight;
}
void Student::output() {
    cout << "学号: " << this->no << "\t 姓名: " << name << "\t 性别: "
      << (sex==unknow?"不详":(sex==male?"男":"女"))
      << "\t 体重: " << weight << "\t 生日: ";
    birthday.output();
    cout << endl;
}
void Student::input() {
```

```
    int x = 0;
    cout << "学号: "; cin >> no;
    cout << "姓名: "; cin >> name;
    cout << "性别: (0-不详,1-男,2-女)"; cin >> x;
    switch(x)
    {
    case 1:
        sex = male; break;
    case 2:
        sex = female; break;
    default:
        sex = unknow;
    }
    cout << "体重: "; cin >> weight;
    cout << "生日: "; birthday.input();
}
//班级类
class Class {
public:
    Class(char Name[], int n=0);
    void input();
    void output();
private:
    char name[30];                  //班级名称
    int number;                     //记录当前学生数
    Student stuArray[60];           //最多可以存 60 个学生类对象
};
Class::Class(char Name[], int n) {
    number = n;
    strcpy(name, Name);
    for(int i=0; i<number; i++)
        stuArray[i].input();
}
void Class::output() {
    cout << "班级名: " << name << "\t 人数: " << number << endl;
    for(int i=0; i<number; i++)
        stuArray[i].output();
}
void Class::input() {
    char ch;
    cout << name << "已有学生数:" << number << ",打算输入学生信息吗(Y/N)? ";
    cin >> ch;
    while(toupper(ch) == 'Y') {
        stuArray[number++].input();
        cout << name << "已有学生数:" << number << ",还输入学生信息吗(Y/N)? ";
        cin >> ch;
    }
}
//主函数
int main() {
    Class myClass("高一年级 3 班");
    myClass.input();
    myClass.output();
    return 0;
}
```

运行结果:

```
高一年级 3 班已有学生数:0,打算输入学生信息吗(Y/N)? y↙
学号: 1001↙
姓名: 张三↙
性别: (0-不详,1-男,2-女)1↙
体重: 54↙
生日: (年 月 日)1990 6 15↙
高一年级 3 班已有学生数:1,还输入学生信息吗(Y/N)? y↙
学号: 1002↙
姓名: 李四↙
性别: (0-不详,1-男,2-女)2↙
体重: 45↙
生日: (年 月 日)1990 7 24↙
高一年级 3 班已有学生数:2,还输入学生信息吗(Y/N)? y↙
学号: 1003↙
姓名: 王五↙
性别: (0-不详,1-男,2-女)0↙
体重: 67↙
生日: (年 月 日)1991 9 27↙
高一年级 3 班已有学生数:3,还输入学生信息吗(Y/N)? n↙
班级名: 高一年级 3 班    人数: 3
学号: 1001    姓名: 张三    性别: 男  体重: 54 生日: 1990-6-15
学号: 1002    姓名: 李四    性别: 女  体重: 45 生日: 1990-7-24
学号: 1003    姓名: 王五    性别: 不详     体重: 67 生日: 1991-9-27
```

程序说明：

(1) Student 类中用 Date 类定义了 birthday 成员。在 Class 类中用 Student 类定义了对象数组 stuArray 存储班级中的学生信息，该数组的大小为 60 个单元，这里假设班级人数不超过 60。这种静态空间分配方法存在班级人数不足 60 人、分配的空间浪费、人数超过又存储不下的问题。第 5 章介绍的动态内存分配技术能解决该问题。

(2) 在 Class 类的 input 函数设计中，使用了一种常用的人机交互输入法。

4.5　类中的静态成员

C 语言用全局变量实现公共数据的共享，通常源程序中的所有函数都能访问全局变量。在类设计中，有时类的多个对象需要共享一些数据成员，类的静态数据成员支持这种需求。类的静态数据成员与全局变量相比具有两个优点：不存在与程序中其他全局名字冲突的可能性；类中的数据成员可设置为私有，实现信息隐藏。

类中的静态成员分为静态数据成员和静态函数成员两种。

4.5.1　静态数据成员

类的静态数据成员是为类的所有对象共享的数据成员，它的提出是为解决同一类中不同对象间数据共享的问题。对于非静态数据成员，每个类的对象都有自己独立的数据部分，而静态数据成员对类的所有对象只有一份，保存在程序的数据区。

静态数据成员属于类，不属于单个对象。无论类的对象定义与否，类的静态数据成员都存在。在类中，静态数据成员可以实现多个对象之间的数据共享，并且使用静态数据成

员还不会破坏数据隐藏的原则，保证了数据的安全性。

类的静态数据成员具有节省内存和提高效率的特点。由于静态数据成员为所有对象所公有，对多个对象来说，静态数据成员只存储一处，其值对每个对象都是一样的，并且可以在每个对象中对其进行更新，更新后所有对象访问到相同的值。

如果采用普通数据成员方式存储所有对象共享的数据，则存在：①浪费存储空间；②数据更新与同步困难的问题。

如果用全局变量存储类中所有对象所共享的数据，则由于全局变量能被该类和其他类的所有对象所访问，致使类的封装性被破坏，数据的安全性得不到保证。

静态数据成员是在类定义中用 static 关键字修饰的数据成员，静态数据成员的初始化与一般数据成员初始化不同。静态数据成员初始化的格式如下：

```
<数据类型> <类名>::<静态数据成员名> = <初值>;
```

其中：

- 静态数据成员的初始化在类外进行，并且前面不加 static，避免与一般静态变量或对象相混淆。
- 初始化时使用作用域运算符来标明它所属的类。静态数据成员是类的成员，而不是对象的成员。
- 类的静态数据成员如果是类的私有成员，则其可见范围为类的成员函数和类的友元(见下一小节)。
- 类的静态数据成员属于类。即使在程序中没有定义类的对象，类的静态数据成员也会在数据区生成并被初始化，因此无论类的对象是否已定义，类的静态数据成员在程序加载时生成。

访问类的静态数据成员的方式为：

```
<类名>::<静态数据成员名>
```

【例 4-7】类的静态数据成员示例。

程序代码：

```
#include <iostream>
using namespace std;
class staticMemberExample {
public:
    staticMemberExample();
    staticMemberExample(staticMemberExample&);
    ~staticMemberExample();
    int getNo() { return no; }
private:
    int no;
    static int total;
    static const char name[50];
};
//在类外对静态数据成员进行初始化，注意：前面不加 static
int staticMemberExample::total = 0;
const char staticMemberExample::name[50] = "staticMemberExample 类";
staticMemberExample::staticMemberExample() {
    total++;
    no = total;
```

```
    cout << name << "的第" << no <<"号对象被创建！当前对象数为"<<total<<endl;
}
staticMemberExample::staticMemberExample(staticMemberExample &sme) {
    total++;
    no = total;
    cout << name << "的第" << no <<"号对象被创建！当前对象数为"<<total<<endl;
}
staticMemberExample::~staticMemberExample() {
    total--;
    cout << name << "的第" << no <<"号对象被销毁！当前对象数为"<<total<<endl;
}
int main() {
    staticMemberExample object1, object2(object1);
    staticMemberExample objArray[2];
    cout << "对象 object1 的序号为：" << object1.getNo();
    cout << "\t 对象 object2 的序号为：" << object2.getNo() << endl;
    cout << "对象 objArray[0]的序号为：" << objArray[0].getNo();
    cout << "\t 对象 objArray[1]的序号为：" << objArray[1].getNo() << endl;
    return 0;
}
```

运行结果：

```
staticMemberExample 类的第 1 号对象被创建！当前对象数为 1
staticMemberExample 类的第 2 号对象被创建！当前对象数为 2
staticMemberExample 类的第 3 号对象被创建！当前对象数为 3
staticMemberExample 类的第 4 号对象被创建！当前对象数为 4
对象 object1 的序号为：1         对象 object2 的序号为：2
对象 objArray[0]的序号为：3     对象 objArray[1]的序号为：4
staticMemberExample 类的第 4 号对象被销毁！当前对象数为 3
staticMemberExample 类的第 3 号对象被销毁！当前对象数为 2
staticMemberExample 类的第 2 号对象被销毁！当前对象数为 1
staticMemberExample 类的第 1 号对象被销毁！当前对象数为 0
```

跟踪与观察：

(1) 图 4-2(a)是程序进入主函数时静态数据成员和对象的情况。从图中可见，在对象尚未建立时，类的静态数据成员 total 和 name 均已被初始化，而对象 object1 和 object2 均未生成。

(2) 图 4-2(b)是对象 object1 和 object2 生成时的状况。此时，对象&object1.total 和&object2.name 所显示的信息显示：它们的地址与左子图中类的静态数据成员 total 和 name 的地址完全相同，并且前 4 位均是 0x0041。

(a)　　　　　　　　(b)

图 4-2　程序 4-7 的跟踪窗口

(3) 从图 4-2(b)还可发现，object1.no 和 object2.no 的地址的前 4 位是 0x0012，与静态

数据成员的地址不同。可以看出，对象的静态数据成员和普通数据成员存储在不同的区域，前者在数据区，后者在栈区。从 sizeof(object1)的值为 4 可知，对象 object1 中仅存储了对象的 no 信息，因为 int 类型数据的大小就是 4。

(4) 从上面的观察与分析可知，对象的静态数据成员与普通数据成员在内存中的存储位置不同，前者与全局变量相同，在数据区，后者可在栈或自由存储区。

4.5.2 静态成员函数

类的函数成员在声明时，其前面加上 static 关键字，该成员函数即为类的静态成员函数。与静态数据成员类似，类的静态函数成员属于类，与类的对象无关。即使在程序中没有定义类的对象，也可以通过类名直接调用静态成员函数。

静态成员函数无法访问类的非静态数据成员，也不能直接调用类的非静态成员函数，只能访问静态数据成员和调用其他的静态成员函数。若要访问类中非静态的成员时，必须通过函数参数传递类的对象给静态成员函数，通过对象才能访问非静态成员(数据成员和成员函数)。

静态成员函数没有 this 指针，任何在静态成员函数中显式或隐式地引用这个指针的尝试都将导致编译时刻错误。

静态成员函数与非静态成员函数不同，可以在无对象定义时被调用，调用格式如下：

```
<类名>::<静态成员函数名>(实参表);
```

也可以通过类的对象进行调用，格式如下：

```
<类的对象>.<静态成员函数名>(实参表);
```

类的静态成员函数提供了一种访问静态数据成员的方式。此外，它还避免使用全局函数，为函数设置了一个类域的访问权限。

【例 4-8】设计记录用户名和密码的用户类，用静态成员函数显示当前系统中该类已定义的对象的数目。

程序代码：

```
#include <iostream>
#include <conio.h>
using namespace std;
class User {
public:
    User();
    ~User();
    static unsigned short getCount();   //静态成员函数
    void input();
    void output();
private:
    char ID[10];
    char pwd[11];
    static unsigned short count;
};
unsigned short User::count = 0;         //初始化静态数据
User::User() {
    count++;
    ID[0] = '\0';
```

```
    pwd[0] = '\0';
}
User::~User() {
    count--;
}
unsigned short User::getCount() {
    return count;
}
void User::input() {
    char ch,str[11];
    int i = 0;
    cout << "用户名: ";
    cin >> ID;
    cout << "密码(最长 10 个字符): ";
    ch = getch();                            //非缓冲式输入，并且不显示
    while(ch!='\r' && i<10) {
        str[i++] = ch;
        cout << "*";
        ch = getch();
    }
    str[i] = '\0';
    cout << endl;
    strcpy(pwd, str);
}
void User::output() {
    cout << "用户名: " << ID << "\t\t 密码: " << pwd << endl;
}
int main() {
    cout << "当前 User 类的对象数为: " << User::getCount() << endl;
    User userObj;
    userObj.input();
    cout << "当前 User 类的对象数为: " << userObj.getCount() << endl;
    User userArray[3];
    for(int i=0; i<3; i++)
        userArray[i].input();
    cout << "对象信息: \n";
    userObj.output();
    for(int i=0; i<3; i++)
        userArray[i].output();
    cout << "当前 User 类的对象数为: " << User::getCount() << endl;
    return 0;
}
```

运行结果：

```
当前 User 类的对象数为: 0
用户名: 张三↙
密码(最长 10 个字符): ***↙
当前 User 类的对象数为: 1
用户名: 李四↙
密码(最长 10 个字符): ***↙
用户名: 王五↙
密码(最长 10 个字符): ***↙
用户名: 赵六↙
密码(最长 10 个字符): ***↙
对象信息:
用户名: 张三        密码: 123
```

```
用户名：李四        密码：456
用户名：王五        密码：987
用户名：赵六        密码：567
当前 User 类的对象数为：4
```

程序说明：

- 类的静态成员函数可以在类内定义，也可以在类外定义。在类外定义时，不能再用 static 关键字作为其前缀。
- 主函数第一行语句中的 User::getCount()是通过类直接调用静态成员函数返回静态数据成员的值。
- getch()是 C++中用于输入输出的函数，它提供了非缓冲式输入，而 cin 是一种带缓冲并且显示字符的输入方式。getch()函数从键盘读入一个字符，读入的字符不显示。该函数需要引用 conio.h 文件。
- input 函数中的'\r'表示 Enter 键，输入回车键后，密码输入结束。

4.6 类的友元

类的封装性要求数据受到保护，类外不能直接访问数据，只能通过类提供的成员函数访问数据。用私有或保护访问控制符说明类的数据成员，一方面最大限度地保护了数据的安全，但另一方面也增加了程序设计的负担。将数据成员的访问控制权限声明为公有的，则破坏了类的封装性和数据的隐蔽性。

友元是 C++提供的能让非成员函数直接访问类中受保护数据的机制。它能有效避免成员类成员函数的频繁调用，节约处理器开销，提高程序的效率，但同时也破坏了类的封装性，并导致程序的可维护性变差。

类的友元不是类的成员，但如同类的成员函数一样，它可以访问类的私有或保护的成员。类的友元分为友元函数和友元类，下面分别予以介绍。

4.6.1 友元函数

友元函数是类中用关键字 friend 修饰的非成员函数，该函数可以是普通函数，也可以是另一个类的成员函数。其在类中的声明格式如下：

```
friend <返回类型> [<类名>::]<函数名>([形参表]);
```

其中：

- friend 是关键字，用于说明该函数不是成员函数，是类的友元函数。
- 如果友元函数是另一个类的成员函数，在声明时需要用类作用域运算符注明其所属的类。
- 友元函数不是类的成员函数，编译器不为其添加指向该类对象的 this 指针，因此友元函数通常以类的引用或指针为形参，实现对类中私有数据的访问。
- 类中的访问控制权限对友元函数无效，友元函数的声明可以放在类的任何位置，不过为清晰起见，通常放在类的最前或最后区域。

- 友元函数的定义可以在类中完成，也可在类外实现。由于友元函数不是类的成员函数，因此在类外定义时，在函数名前加注类名和作用域运算符是错误的。

友元函数是以破坏类的封装性为代价，换取程序性能的提高。C++中，友元函数的主要用途是重载运算符和生成迭代器类，以及用友元函数同时访问两个或多个类的私有数据，使程序的逻辑关系更清晰，其余情况应慎用友元函数。

【例 4-9】设计一个平面上的点类，并用友元函数实现求两点间的距离。

程序代码：

```
#include <iostream>
using namespace std;
class Point {
    friend double Distance(Point&, Point&);
public:
    Point(double=0, double=0);
    Point& setX(double);
    Point& setY(double);
    double distance(Point&);
    void output();
private:
    double x;
    double y;
};
Point::Point(double a, double b) {
    x=a; y=b;
}
Point& Point::setX(double a) {
    x = a;
    return *this;                        //便于"瀑布式"调用
}
Point& Point::setY(double b) {
    y = b;
    return *this;
}
double Point::distance(Point &p) {       //成员函数，求另一点与该点的距离
    return sqrt((x-p.x)*(x-p.x)+(y-p.y)*(y-p.y));
}
void Point::output() {
    cout << "(" << x << "," << y << ")" << endl;
}
double Distance(Point &p1, Point &p2) { //友元函数，求两点之间的距离
    return sqrt((p1.x-p2.x)*(p1.x-p2.x)+(p1.y-p2.y)*(p1.y-p2.y));
}
int main() {
    Point point1(4,8), point2;
    point2.setX(1).setY(20);                //"瀑布式"调用
    cout << "point1="; point1.output();
    cout << "point2="; point2.output();
    cout << "调用类的成员函数求point1与point2的距离，值为"
        << point1.distance(point2) << endl;
    cout << "调用类的友元函数求point1与point2的距离，值为"
        << Distance(point1, point2) << endl;
    return 0;
}
```

运行结果：

```
point1=(4,8)
point2=(1,20)
调用类的成员函数求point1与point2的距离，值为12.3693
调用类的友元函数求point1与point2的距离，值为12.3693
```

程序说明：

- 例程中用distance成员函数和Distance友元函数分别实现了求平面上两点间距离。
- Point类中的setX和setY函数均返回了*this，即对象自身。在主函数中利用该设计实现了所谓的“瀑布式”调用point2.setX(1).setY(20);。

4.6.2 友元类

在类中声明另一个类是该类的友元类，则友元类中的所有成员函数都是该类的友元函数，可以访问类的所有成员。与友元函数类似，友元类需要在类中声明，其语法格式如下：

```
friend class <类名>;
```

其中：

- friend 是关键字，<类名>是另一个已定义或声明的类。友元类的定义在类定义之后，C++规定用前向引用声明先声明友元类，VC++ 2010可以省略前身引用声明。
- 类的友元关系是单向的，不具有传递性。类A是类B的友元类，并不意味着类B是一定是类A的友元类，除非在类A中也声明B是友元类。同样，如果类A是类B的友元类，类B又是类C的友元类，并不能确定类A也是类C的友元类，友元关系不传递。
- 类的友元关系不被继承，也就是说派生类(见第6章)不继承类的友元关系。

【例4-10】设计时间、日期和火车票类，其中日期类是时间类的友元类、火车票类是日期的友元类。

程序代码：

```
#include <iostream>
#include <string>
using namespace std;
class DateTime;                         //前向引用声明
class TrainTicket;
class Time {                            //时间类
    friend class DateTime;
public:
    Time(unsigned short h=0, unsigned short m=0);
private:
    unsigned short hour;
    unsigned short mintue;
};
class DateTime {                        //日期类
    friend class TrainTicket;
public:
    DateTime(unsigned short=1900, unsigned short=1, unsigned short=1,
     unsigned short=0, unsigned short=0);
    void input();
    void print();
private:
    unsigned short year;
```

```
    unsigned short month;
    unsigned short day;
    Time time;
};
class TrainTicket {                   //车票类
public:
    TrainTicket();
    void input();
    void print();
private:
    string From, To;                  //始发站，终点站
    DateTime DeptTime, ArrTime;       //发车时间，到站时间
    string TrainNo;                   //车次
    double price;                     //票价
};
Time::Time(unsigned short h, unsigned short m) {
    hour = h;
    mintue = m;
}
DateTime::DateTime(unsigned short y, unsigned short m, unsigned short d,
  unsigned short h, unsigned short mi): time(h, mi) {
    year = y;
    month = m;
    day = d;
}
void DateTime::input() {
    cout << "年 月 日 时 分: ";
    cin >> year >> month >> day >> time.hour >> time.mintue;
    //可直接访问Time类中的私有数据
}
void DateTime::print() {
    cout<<year<<"-"<<month<<"-"<<day<<" "<<time.hour<<":"<<time.mintue;
}
TrainTicket::TrainTicket(): DeptTime(), ArrTime() {
    From=""; To="";
    TrainNo = "";
    price = 0;
}
void TrainTicket::input() {
    cout<<"始发站: "; cin>>From;
    cout<<"终点站: "; cin>>To;
    cout<<"车次: "; cin>>TrainNo;
    cout<<"票价: "; cin>>price;
    cout<<"发车时间: "; DeptTime.input();
    cout<<"到站时间: "; ArrTime.input();
}
void TrainTicket::print() {
    cout << "始发站: " << From << "\t终点站: " << To
       << "\t车次: " << TrainNo << "\t票价: " << price << endl;
    cout << "发车时间: "; DeptTime.print();
    cout << "\t到站时间: "; ArrTime.print(); cout << endl;
}
int main() {
    TrainTicket myTicket;
    myTicket.input();
    myTicket.print();
    return 0;
```

```
}
```

运行结果：

```
始发站：淮安↙
终点站：北京↙
车次：Z52↙
票价：249↙
发车时间：年 月 日 时 分：2011 4 3 22 3↙
到站时间：年 月 日 时 分：2011 4 4 7 6↙
始发站：淮安 终点站：北京  车次：Z52    票价：249
发车时间：2011-4-3 22:3  到站时间：2011-4-4 7:6
```

程序说明：

该程序也可以不用友元实现，只需在类中为每个数据成员分别定义 set 和 get 功能函数，通过它们访问数据。建议读者修改源程序，对比一下两者的区别。

友元的引入提高了数据的共享性，提高了函数与类、类与类之间的相互联系，能提高程序效率。但是，友元破坏了类的封装性，导致程序的可维护性变差，给类的重用和扩充带来隐患，其缺点也是十分明显的。有人形象地比喻友元是在类中打了一个“洞”，破坏了类的封装性。

4.7 运算符重载

C++内置了对基本数据类型的算术、逻辑等基本运算的直接支持，例如：

```
int x=10, y=20, z;
z = x + y;
```

其中，语句 z=x+y;用到了加法运算符“+”和赋值运算符“=”。事实上，处理器并不能直接识别加法和赋值，程序之所以能运行，是由于 C++编译器在对程序进行编译时，能识别运算符并将其翻译为一组机器指令。然而，对于用户自定义的类类型，编译器不能识别对象之间用运算符连接的语句，更不能自动地为其生成代码。

C++语言允许运算符像函数一样被重载，为运算符指定特定功能，运算符重载是 C++语言的特色之一。本质上，运算符重载是一种特殊的函数重载，它可以是成员函数，也可以是友元函数。运算符重载函数是在类中为运算符实现特定功能的代码。

4.7.1 成员函数实现运算符重载

运算符重载函数是一种特殊的函数，其特殊性主要体现在函数的命名和调用方法上。运算符重载成员函数的定义格式如下：

```
<返回类型> <类名>::operator<运算符>(<形参表>) {<函数体>}
```

其中：

- operator 是关键字，其后的<运算符>可以是单目运算符或双目运算符。
- 对于双目运算符，<形参表>中应有一个形参，以当前对象作为左操作数，而形参为右操作数。

● 对于单目运算，是以当前对象为操作数，<形参表>中无形参。

对于“++”和“--”运算符，分为前置和后置运算。为能正确区别二者，C++规定用无参成员函数格式表示实现前置运算，用带一个 int 形参的函数表示实现后置运算，这里的形参不起任何作用。代码如下：

```
<类名>& <类名>::operator++() {  //重载前置运算符
    ...                         //改变当前对象
    return *this;               //返回当前对象
}
<类名> <类名>::operator++(int) { //重载后置运算符
    <类名> <对象名> = *this;      //用一个局部对象保存当前对象的值
    ...                          //改变当前对象
    return <对象名>;             //返回保存的对象
}
```

对于“--”运算符，其定义格式相似。

C++中的大多数运算符都能用于定义运算符重载，仅有少数运算符不允许，见表 4-1。

表 4-1 C++中不允许重载的运算符

运 算 符	含 义	运 算 符	含 义
?:	三目条件运算符	::	作用域操作符
.	成员运算符	sizeof	求类型字节数操作符
.*	成员指针运算符		

运算符重载不能改变运算符的优先级和结合性，只能在表达式中用括号改变求值顺序。

运算符重载同样也不能改变操作数的个数，经过重载的单目运算符仍然是单目运算符，双目运算符亦然。试图通过运算符重载改变一个运算符所支持的操作数的数量，将导致编译错误。

【例 4-11】 运算符重载。用运算符重载成员函数实现复数类的加法、乘法等运算。

程序代码：

```
#include <iostream>
using namespace std;
class Complex {
public:
    Complex(double=0.0, double=0.0);
    Complex(const Complex&);
    Complex operator+(const Complex&) const;
    Complex operator+(double);
    Complex operator*(const Complex&);
    Complex& operator++();
    Complex operator++(int);
    Complex& operator+=(const Complex&);
    void show();
private:
    double real;
    double image;
};
Complex::Complex(double r, double i) {
    real=r; image=i;
}
```

```
Complex::Complex(const Complex &c) {
    real=c.real; image=c.image;
}
Complex Complex::operator+(const Complex &c) const {
    Complex tmp;                          //定义局部对象，存储运算结果
    tmp.real = real + c.real;
    tmp.image = image + c.image;
    return tmp;                           //返回局部对象
}
Complex Complex::operator+(double d) {
    return Complex(real+d, image);        //隐式生成局部对象并返回
}
Complex Complex::operator*(const Complex &c) {
    Complex tmp;
    tmp.real = real*c.real - image*c.image;
    tmp.image = real*c.image + image*c.real;
    return tmp;
}
Complex& Complex::operator++() {          //前置加法，假设是实部加 1
    real += 1;
    return *this;
}
Complex Complex::operator++(int) {        //后置加法，假设是虚部加 1
    Complex tmp = *this;
    image += 1;
    return tmp;
}
Complex& Complex::operator+=(const Complex &c) {
    real += c.real;
    image += c.image;
    return *this;                         //为连续使用“+=”运算符
}
void Complex::show() {
    cout << real << "+" << image << "i" << endl;
}
int main() {
    Complex c1(2.4,6.8), c2(4.5,6.5), c3;
    cout << "c1:"; c1.show();
    cout << "c2:"; c2.show();
    c3 = c1 + c2;
    cout << "c3=c1+c2;\tc3:"; c3.show();
    ++c1; cout << "++c1;\tc1:"; c1.show();
    c2++; cout << "c2++;\tc2:"; c2.show();
    c1+=c3+=c2; cout << "c1+=c3+=c2;\nc3:"; c3.show();
    cout << "c1:"; c1.show();
    c1=c1+50; cout<<"c1=c1+50;\tc1:"; c1.show();
    return 0;
}
```

运行结果：

```
c1:2.4+6.8i
c2:4.5+6.5i
c3=c1+c2;   c3:6.9+13.3i
++c1;   c1:3.4+6.8i
c2++;   c2:4.5+7.5i
c1+=c3+=c2;
c3:11.4+20.8i
c1:14.8+27.6i
```

```
c1=c1+50;   c1:64.8+27.6i
```

程序说明：

(1) C++编译器在分析表达式 c3=c1+c2 时，根据“+”运算符和 c2 调用类中已定义的运算符重载函数 operator+(const Complex&)，首先解析 c1+c2 为 c1.operator+(c2)，由于该函数是成员函数，调用进一步被解析为 operator+(c1, c2);。该函数返回的局部对象 tmp 被复制给无名临时对象，系统提供的默认赋值运算符重载函数完成无名临时对象向 c3 的赋值。

(2) 根据运算符的优先级和结合性，语句 c1+=c3+=c2;的解析过程如下。

首先 c3.operator+=(c2);被解析为 operator+=(c3, c2);，执行结果是 c3 被修改且返回，其次 c1.operator+=(c3);解析为 operator+=(c1, c3);，结果是 c1 被修改。

(3) 单目运算符++的重载分为前置和后置两种情况，本例中假设前置++运算符是在复数的实部加 1，后置++运算符假设是对虚部加 1。

前置运算符重载的实现是直接对对象的 real 部分加 1，再返回对象。返回*this 的作用是使++(++c1);语句能正常工作。

后置运算的功能是先返回变量，再对其自身加 1。在 operator++(int)函数中，先用局部对象 tmp 保存当前对象，再修改当前对象的 image 为原值加 1，最后返回 tmp 对象。

如果将 c2++改为 c2++++，从语义分析应当是 c2 的 image 被加了 2，但事实上，c2 的 image 仅加了 1。这是因为语句 c2++++的第 2 次++操作是作用在第 1 次++操作所返回的临时无名对象上，c2++++对 c2 的作用等同于 c2++。

对于 int 型，C++不支持连续进行两次后置运算，例如，对于语句 int x=10; x++++;，编译器报告“++”需要左值的错误。为与后置++运算规则保持一致，可采用让重载函数返回 const 对象的方法，禁止 c2++++;成为合法语句。本例中的后置++重载函数可声明如下：

```
const Complex operator++(int);
```

(4) 如果类中只重载了前置++运算符，没有后置++运算符重载函数，则对于 c2++;语句，编译器会给出警告，同时将其转换为对前置++重载函数的调用。反之则不行。

对比前置和后置重载函数代码可知，前置++重载函数的效率高于后置++重载函数，因此当处理用户定义的类型时，尽可能地重载前置++运算符。对于--运算符的重载也有类似的问题。

(5) c1=c1+50;语句能顺利调用重载的 Complex operator+(double)函数，将实数 50 加到 c1 的 real 上。如果语句写成 c1=50+c1;，编译时会出现错误，原因是类中没有左操作数是实数，而右操作数是对象的成员函数。由于成员函数隐含的第 1 个参数是 this 指针，运算符重载函数的左操作数只能是对象，不可能是实数，解决方法是采用友元函数重载运算符。

(6) 如果在程序中去除 Complex operator+(double)函数，程序依然能正确运行。跟踪运行程序可以发现，执行语句 c1=c1+50;时先调用构造函数 Complex(double=0.0, double=0.0)，再调用 Complex operator+(const Complex&)函数，这是因为系统发现 50 不是复数对象，就以 50 为实部，0 为虚部，调用构造函数生成无名临时对象，用无名对象完成加法运算。

这里存在一个值得关注的技术问题。如果将 Complex operator+(const Complex&)函数的 const 去掉，程序在编译时报告错误：error C2679: 二进制“+”: 没有找到接受“int”类型的右操作数的运算符(或没有可接受的转换)。

实际上，形参 const Complex&与 Complex&虽然仅一字之差，但实现方式是不一样的。Complex&形参是引用传递，实现时系统是将引用对象的地址压入调用堆栈中。const Complex&由于是 const 引用，禁止修改被引用对象。为防止修改，编译器在实现 const 引用时，生成无名临时对象供调用函数访问。事实上，系统在引用 const 对象时，访问的是一个由系统产生的复制品。

本例程的 c1+50 语句被解析为 c1.operator+(Complex(50, 0))，调用过程是先用构造函数生成临时对象，再传递临时对象给重载函数。

从例程可见，运算符重载能使表达式中的运算转换为函数调用，通常这种运算的含义应该是明确的。复数类中重载加法运算符是一种比较自然的选择，如果在学生类中定义加法运算符的重载函数，则会导致重载函数的功能难以理解，一个学生对象加一个学生对象能是什么呢？但是，学生类中重载逻辑相等(==)运算符还是比较自然的。

4.7.2 友元函数实现运算符重载

在前面设计的复数类中，语句 c1=50+c1;在编译时出错。原因是类中没有定义左操作数是 int 型的加号运算符重载函数。由于类的成员函数隐式地封装了名为 this 的类指针类型的形参，并且是第一个形参，因此以成员函数方式重载的运算符其左操作数只能是类对象，不能是其他类型的变量。用类的友元函数重载运算符可以摆脱这种约束，Complex 类中声明支持实数为左操作数的加号运算符重载函数格式如下：

```
friend Complex operator+(double d, Complex &c);
```

如果用友元函数实现加号运算符重载并支持复数加复数、复数加实数运算，还需要定义另外两个友元函数：

```
friend Complex operator+(Complex &c1, Complex &c2);
friend Complex operator+(Complex &c, double d);
```

重载 3 个友元函数并且它们的函数体又十分相近，程序显得非常臃肿，能否用一个重载的友元函数完成 3 个函数的功能呢？答案是肯定的。

上一节介绍了在引用 const 对象时，系统会调用构造函数生成无名临时对象。利用该技术可以把实数传给 const 引用复数类型形参，再由构造函数生成临时复数对象，下面的加号运算符重载友元函数能代替上面的 3 个友元函数(详细设计见例 4-12)：

```
friend Complex operator+(const Complex &c1, const Complex &c2);
```

【例 4-12】用友元函数实现复数类的运算符重载。

程序代码：

```
#include <iostream>
#include <cmath>
using namespace std;
class Complex {
    friend Complex operator+(const Complex&, const Complex&);
    friend Complex& operator+=(Complex&, const Complex&);
    friend Complex operator*(const Complex&, const Complex&);
    friend Complex& operator*=(Complex&, const Complex&);
    friend Complex& operator++(Complex&);
    friend const Complex& operator++(Complex&, int);
```

```
    friend double abs(const Complex&);
    friend bool operator==(const Complex&, const Complex &);
public:
    Complex(double r=0, double i=0): real(r), image(i) {}
    Complex(const Complex &c): real(c.real), image(c.image) {}
    void show(char name[]) {
        cout << name << "=" << real << "+" << image << "i" << endl;
    }
private:
    double real;
    double image;
};
Complex operator+(const Complex &c1, const Complex &c2) {
    return Complex(c1.real+c2.real,c1.image+c2.image); //生成隐式对象并返回
}
Complex& operator+=(Complex &c1, const Complex &c2) { //c1 不用 const 修饰
    c1.real += c2.real;
    c1.image += c2.image;
    return c1;            //返回值为引用类型，支持连续加法运算
}
Complex operator*(const Complex &c1, const Complex &c2) {
    return Complex(c1.real*c2.real - c1.image*c2.image,
      c1.real*c2.image + c1.image*c2.real);
}
Complex& operator*=(Complex &c1, const Complex &c2) {
    c1.real *= c2.real;
    c1.image *= c2.image;
    return c1;
}
Complex& operator++(Complex &c) {
    c.real++;
    return c;
}
const Complex& operator++(Complex &c, int) { //返回 const Complex&
    c.image++;
    return c;
}
double abs(const Complex &c) {
    return sqrt(c.real*c.real + c.image*c.image);
}
bool operator==(const Complex &c1, const Complex &c2) {
    return (c1.real==c2.real && c1.image==c2.image);
}
int main() {
    Complex c1(5,8), c2(3,9), c3;
    c1.show("c1"); c2.show("c2"); c3.show("c3");
    c3 = c1 + c2;
    c3.show("执行 c3=c1+c2;后, c3");
    c2 = 5.6 + c1;                    //实数与复数相加
    c2.show("执行 c2=5.6+c1;后, c2");
    c3 = c1 * c2;
    c3.show("执行 c3=c1*c2;后, c3");
    cout << "abs(c1)=" << abs(c1) << "\t c2==c3?"
       << (c2==c3?"true":"false") << endl;
    ++++c1; c1.show("c1");
    c1++; c1.show("c1");              //c1++++出错
    return 0;
}
```

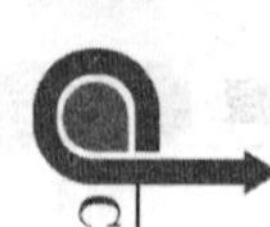

运行结果：

```
c1=5+8i
c2=3+9i
c3=0+0i
执行 c3=c1+c2;后，c3=8+17i
执行 c2=5.6+c1;后，c2=10.6+8i
执行 c3=c1*c2;后，c3=-11+124.8i
abs(c1)=9.43398 c2==c3?false
c1=7+8i
c1=7+9i
```

程序说明：

- 类中用友元函数和 const 引用传递，通过一个运算符重载函数支持复数加复数、复数加实数和实数加复数 3 种运算。
- 后置++运算符重载函数的返回类型声明为 const Complex&，加 const 的目的是阻止对对象的连续后置++操作。与成员函数方式不同的是友元函数的后置++能正确地实现对 image 的连续操作，程序中返回 const 引用类型是使复数类的后置++操作语义与 C++一致。

4.7.3 特殊运算符的重载

C++中有几个运算符的重载比较特别，分别是赋值运算符=、类型转换运算符<类型>()、下标运算符[]和函数调用运算符()，并且它们都只能重载为成员函数。下面分别通过几个示例讲解它们的重载方法。

1. 重载赋值运算符

赋值是一个常用的操作，因此 C++为每个没有赋值运算符重载函数的类自动生成一个默认的赋值重载函数。赋值运算符重载函数的声明格式如下：

```
<类名>& operator=(const <类名>&);
```

赋值运算需要支持连续的赋值操作，故函数的返回值类型为类的引用类型，通常返回对象自身，即*this。

【例 4-13】赋值运算符重载示例。

程序代码：

```
#include <iostream>
#include <string>
using namespace std;
class Merchandise {
public:
    Merchandise(int n=0, string s="", int c=0, float p=0)
      : no(n), name(s), count(c), price(p) {}
    Merchandise(const Merchandise&);
    Merchandise& operator=(const Merchandise&);
    void show();
private:
    int no;
    string name;
    int count;
```

```
    float price;
};
Merchandise::Merchandise(const Merchandise &m) {
    no = m.no;
    name = m.name;
    count = m.count;
    price = m.price;
}
Merchandise& Merchandise::operator=(const Merchandise &m) {
    no = m.no;
    name = m.name;
    count = m.count;
    price = m.price;
    return *this;                          //支持连续赋值
}
void Merchandise::show() {
    cout << "商品号：" << no << "\t 商品名：" << name << "\t 数量："
        << count << "\t 单价：" << price << "\t 合计：" << count*price<<endl;
}
int main() {
    Merchandise myGood1(171890, "联想台式机", 2, 3008.68);
    myGood1.show();
    Merchandise myGood2 = myGood1;       //调用拷贝构造函数
    cout << "运行 Merchandise myGood2=myGood1;之后，myGood2 的内容为："<<endl;
    myGood2.show();
    Merchandise myGood3(298392, "移动硬盘", 4, 546.85);
    myGood3.show();
    myGood2 = myGood3;                     //调用赋值运算符重载函数
    cout << "执行 myGood2=myGood3;之后，myGood2 的内容为：" << endl;
    myGood2.show();
    return 0;
}
```

运行结果：

```
商品号：171890    商品名：联想台式机 数量：2   单价：3008.68     合计：6017.36
运行 Merchandise myGood2=myGood1;之后，myGood2 的内容为：
商品号：171890    商品名：联想台式机 数量：2   单价：3008.68     合计：6017.36
商品号：298392    商品名：移动硬盘    数量：4   单价：546.85 合计：2187.4
执行 myGood2=myGood3;之后，myGood2 的内容为：
商品号：298392    商品名：移动硬盘    数量：4   单价：546.85 合计：2187.4
```

程序说明：

- 赋值操作的功能与拷贝构造函数的功能几乎一样，区别在于调用方式。构造函数是在对象定义时由系统自动调用，而赋值运算符重载函数是在赋值语句中被调用。
- Merchandise myGood2 = myGood1;中的等号并不调用赋值运算符重载函数，它等价于 Merchandise myGood2(myGood1);，是通过调用拷贝构造函数实现对象复制。

2. 重载类型转换运算符

C++运算符所支持的操作数个数、类型都有一定的限制。通常对不符合操作数类型的数据，需要进行类型转换，类型转换有 3 种方式：隐式类型转换、赋值类型转换和强制类型转换。

类型转换运算符重载函数的声明格式如下：

```
operator<类型名>();
```

其中：

- <类型名>是转换后的类型名称，也是重载函数返回值的类型。
- 该函数没有形参，也不指定返回类型，但在函数体中必须有一个返回与<类型名>同类型的对象或值的语句。

【例 4-14】 设计一个人民币类，用整数存储元、角、分。支持人民币对象分别转换为double类型和string类型，即前者转换为实数，后者转换为大写人民币字符串。

程序代码：

```
#include <iostream>
#include <string>
#include <stdio.h>
using namespace std;
class RMB {
    friend RMB operator+(const RMB &r1, const RMB &r2);
    friend RMB& operator+=(RMB &r1, const RMB &r2);
public:
    RMB(unsigned long long y=0, unsigned int j=0, unsigned int f=0);
    RMB(double rmb);
    operator double();
    operator string();
    void show();
private:
    unsigned long long yuan;
    unsigned int jiao, fen;
    void convert(double &d);            //实数转换为yuan, jiao, fen
};
void RMB::convert(double &d) {
    unsigned long long tmp;
    yuan = unsigned long long(d);
    tmp = unsigned long long(d*10);
    jiao = (tmp-yuan*10) % 10;
    tmp = unsigned long long(d*100);
    fen = (tmp-yuan*100-jiao*10)%10;
}
RMB::RMB(unsigned long long y, unsigned int j, unsigned int f) {
    double tmp = y*1.0 + j*0.1 + f*0.01;       //
    convert(tmp);
}
RMB::RMB(double rmb) {
    convert(rmb);
}
RMB::operator double() {                       //转换为实数
    return yuan*1.0 + jiao*0.1 + fen*0.01;
}
RMB::operator string() {                       //转换为人民币大写字符串
    string str = "";
    const char tableMZ[11][4] =
     { "零","壹","贰","叁","肆","伍","陆","柒","捌","玖","整" };
    const char tableDW[14][4] =
     {"仟","佰","拾","亿","仟","佰","拾","万","仟","佰","拾",
       "元","角","分"};
    int yuanArray[14] = {-1,-1,-1,-1,-1,-1,-1,-1,-1,-1,-1,-1,-1,-1};
    unsigned long long tmp = yuan;
```

```
    yuanArray[12] = jiao;
    yuanArray[13] = fen;
    int i = 11;
    while(tmp) {                          //分解元中每个数
        yuanArray[i--] = tmp % 10;
        tmp /= 10;
    }
    for(i=0; i<14; i++) {                 //去除连续的零
        if(yuanArray[i]==0 && yuanArray[i+1]==0)
            yuanArray[i] = -2;
    }
    for(i=0; i<3; i++)
        for(int j=0; j<4; j++) {
            if(yuanArray[i*4+j] > 0) {
                str += tableMZ[yuanArray[i*4+j]];
                str += tableDW[i*4+j];
            }
            if(yuanArray[i*4+j] == 0)
                if(j == 3)
                    str += tableDW[i*4+j];
                else
                    str += tableMZ[0];
            if(yuanArray[i*4+j]==-2 && j==3)
                str += tableDW[i*4+j];
        }
    if(yuanArray[12] > 0) {           //处理角
        str += tableMZ[yuanArray[12]];
        str += tableDW[12];
    }
    if(yuanArray[12]==0 && yuanArray[11]!=-1)
        str += tableMZ[0];
    if(yuanArray[12]==-2 && yuanArray[13]==0 && yuan==0)
        str += "零元整";
    if(yuanArray[13] > 0) {           //处理分
        str += tableMZ[yuanArray[13]];
        str += tableDW[13];
    }
    else
        str += tableMZ[10];
    return str;
}
void RMB::show() {
    cout << yuan << "元" << jiao << "角" << fen << "分" << endl;
}
RMB operator+(const RMB &r1, const RMB &r2) {
    RMB tmp(r1.yuan+r2.yuan, r1.jiao+r2.jiao, r1.fen+r2.fen);
    return tmp;
}
RMB& operator+=(RMB &r1, const RMB &r2) {
    double tmp =
      (r1.yuan+r2.yuan)+(r1.jiao+r2.jiao)*0.1+(r1.fen+r2.fen)*0.01;
    r1.convert(tmp);
    return r1;
}
int main() {
    RMB rmb1(280460310090,0,9), rmb2(100,50,96), rmb3;
    cout << "rmb1:"; rmb1.show();
    cout << "rmb2:"; rmb2.show();
    rmb3 = rmb1 + rmb2;
```

```
    cout << "执行 rmb3=rmb1+rmb2;后 rmb3:"; rmb3.show();
    rmb1 += 123.45;
    cout << "执行 rmb1+=123.45;后 rmb1:"; rmb1.show();
    cout << "rmb1 转换为人民币大写: " << string(rmb1) << endl;
    return 0;
}
```

运行结果：

```
rmb1:280460310090 元 0 角 9 分
rmb2:105 元 9 角 6 分
执行 rmb3=rmb1+rmb2;后 rmb3:280460310196 元 0 角 5 分
执行 rmb1+=123.45;后 rmb1:280460310213 元 5 角 4 分
rmb1 转换为人民币大写：贰仟捌佰零肆亿陆仟零叁拾壹万零贰佰壹拾叁元伍角肆分
```

程序说明：

- 类中定义了 operator double();和 operator string();两个类型转换重载函数。第一个函数的实现比较简单，人民币大写的算法比较复杂。
- 构造函数 RMB(double rmb)是根据实数生成 RMB 对象，而 operator double()的功能是将人民币对象转换为实数值。从功能上看，二者正好相反。

读者不妨尝试定义一个 RMB(string rmb)构造函数，使得该 RMB 类支持以大写格式书写的人民币面值构造对象。

3. 重载下标运算符

下标运算符[]的功能是访问数组元素，然而系统提供的功能并不检查下标访问是否越界。例如，int x[5]={0}; cout<<x[6]<<endl;能正常运行，若加入 x[6]=10;语句，则程序在运行时报错。重载下标运算符可以实现在数组单元访问前检查是否下标越界，进而对越界情况进行处理，提高程序的健壮性。下标运算符重载函数的声明格式如下：

```
<返回类型> operator[](<形参>);
```

其中：

- <返回类型>通常是对象的引用，目的是可使其作为表达式的左值。
- <形参>通常为 int 类型，也可以是其他类型，但应能对应一个元素。

【例 4-15】设计一个三维空间中的点类，用实型数组存储空间中点的坐标，重载下标运算符访问坐标数组。

程序代码：

```
#include <iostream>
using namespace std;
class Point {
public:
    Point(float=0, float=0, float=0);
    float& operator[](int index);
    void show();
private:
    float coordinate[3];
};
Point::Point(float x, float y, float z) {
    coordinate[0] = x;
    coordinate[1] = y;
```

```
        coordinate[2] = z;
}
float& Point::operator[](int index) {
    if(index<0 || index>2)
        index %= 3;            //更好的方法是抛出异常
    return coordinate[index];
}
void Point::show() {
    cout << "(" << coordinate[0] << "," << coordinate[1]
       << "," << coordinate[2] << ")" << endl;
}
int main() {
    Point P1, P2(10.3, 9.8, 50.2);
    cout << "P1="; P1.show();
    cout << "P2="; P2.show();
    P2[-6] += 2.2;           //调用 float& operator[](int index)
    P2[1] = 156.3;
    cout << "执行 P2[-6]+=2.2;和 P2[1]=156.3;后，\nP2="; P2.show();
    return 0;
}
```

运行结果：

```
P1=(0,0,0)
P2=(10.3,9.8,50.2)
执行 P2[-6]+=2.2;和 P2[1]=156.3;后，
P2=(12.5,156.3,50.2)
```

程序说明：

- 下标运算符重载函数 float& operator[](int index)返回了对象中私有数据的引用，所以它能作为左值，表达式 P2[1]=156.3;能正常运行。
- 在 operator[]重载函数实现中，对下标访问越界是用模运算控制越界的简单处理方法，较合理的方式是采用 C++的异常处理机制，第 9 章将讨论程序的异常问题。
- P2[1]被编译器解析为 P2.operator[](1)，实施 operator[](&P2, 1)函数调用，该函数返回对 P2[1]的引用。

4. 重载函数调用运算符

在函数调用时，函数名后的括号“()”也是运算符，称为函数调用运算符。C++允许对函数调用运算符重载，重载函数调用运算符的声明格式为：

```
<返回类型> operator()(<形参表>);
```

其中：

(1) <形参表>为任意类型的参数，可以一个参数也没有，也可有多个参数，但不能带有缺省值的参数。

(2) <返回类型>可以是引用类型，也可以是其他类型。

(3) 应用重载的函数调用运算符时，要求左操作数为对象，右操作数是与<形参表>对应的实参。

【例 4-16】重载函数调用运算符示例，类中二维数组的访问。

程序代码：

```
#include <iostream>
#include <ctime>
using namespace std;
const int row = 3;
const int col = 4;
class TwoDimArr {
public:
    TwoDimArr();
    void Inital();
    int& operator()(int r, int c); //声明函数调用运算符重载函数
    int GetElem(int r, int c);
    void print();
private:
    int data[row][col];
};
TwoDimArr::TwoDimArr() {
    Inital();
}
void TwoDimArr::Inital() {
    for(int i=0; i<row; i++)
        for(int j=0; j<col; j++)
            data[i][j] = rand()%100;
}
int& TwoDimArr::operator()(int r, int c) {      //定义函数调用重载函数
    if(r>=0 && r<row && c>=0 && c<col)
        return data[r][c];
    else {
        cout << "error:下标越界!\n";
        exit(0);
    }
}
int TwoDimArr::GetElem(int r, int c) {
    if(r>=0 && r<row && c>=0 && c<col)
        return data[r][c];
    else {
        cout << "error:下标越界!\n";
        exit(0);
    }
}
void TwoDimArr::print() {
    for(int i=0; i<row; i++) {
        for(int j=0; j<col; j++)
            cout << data[i][j] << "\t";
        cout << endl;
    }
    cout << endl;
}
int main() {
    srand(unsigned(time(NULL)));
    TwoDimArr tdaObj;
    cout << "tdaObj:\n"; tdaObj.print();
    tdaObj(1,1) += 8;
    cout << "执行 tdaObj(1,1)+=8;后，tdaObj:\n"; tdaObj.print();
    cout << "tdaObj.GetElem(2,2)=" << tdaObj.GetElem(2,2) << endl;
    cout << tdaObj.GetElem(5,5) << endl;    //访问越界
    cout << tdaObj.GetElem(1,1) << endl;    //没有运行
    return 0;
}
```

运行结果：

```
tdaObj:
40  27  52  8
79  40  85  82
99  23  80  5

执行 tdaObj(1,1)+=8;后，tdaObj:
40  27  52  8
79  48  85  82
99  23  80  5

tdaObj.GetElem(2,2)=80
error:下标越界！
```

程序说明：

- 由于函数调用运算符重载函数返回数组中对应单元的引用，使得 tdaObj(1,1)+=8;语句实现了 data[1][1]+=8;语句的功能。从运行结果可知，data[1][1]单元的值由 40 变为 48。
- 从程序中可以看出，operator()和 GetElem 函数的函数体完全一样。然而，GetElem 函数的返回类型不是引用类型，因此在主函数中插入 tdaObj.GetElem(2,2)+=8;语句，则编译器将报告错误如下：左操作数必须为左值。
- exit()函数功能是强制退出程序，exit(0)表示正常退出。由于 tdaObj.GetElem(5,5)访问越界，导致主函数的倒数第二行语句没能执行。

4.7.4 流插入和提取运算符的重载

C++语言用面向对象的流支持程序 I/O 和文件操作，并提供了标准的流类库。键盘输入、显示器输出、错误输出、打印机输出、文件输入与输出等都统一地用流进行操作。

C++中有两个重要的运算符用于支持数据的输入与输出，它们分别是“<<”和“>>”运算符。输出操作是向流中插入数据，称“<<”为插入运算符。输出操作是从流中提取数据，故称“>>”为提取运算符。

插入和提取运算符可以在类中重载，用于支持对象的输入和输出。对于重载了插入和提取运算符的类，其所定义的对象的数据输入和输出方式可以与基本类型一致，即“cin>>对象名”用于从键盘输入，“cout<<对象名”用于输出至显示器。类中不必再编写 input 或 output 这样的成员函数。

标准流类库被定义在一组系统文件中，前面例程中普遍包含的 iostream 文件即是其中之一，标准的控制台输入与输出流对象 cin 和 cout 也定义其中。

流插入与提取运算符的重载函数必须声明为类的友元函数，其格式如下：

```
friend ostream& operator<<(ostream&, const <类名>&);
friend istream& operator>>(istream&, <类名>&);
```

其中：

- cout 是系统用 ostream 预定义的对象，而 cin 则是 istream 预定义的对象。
- 流插入和提取重载函数只能是友元函数。如果声明重载函数为成员函数，则<<或>>运算符的左操作数只能是类的对象。

- 重载函数的返回类型必须是输入或输出流类的引用类型。这是因为流输出与输入操作需要支持“瀑布式”的插入和提取运算。

【例 4-17】 流插入和提取运算符重载示例。职工信息工资信息的输入和输出。

程序代码：

```
#include <iostream>
#include <string>
#include <fstream>
using namespace std;
class Employee {
    friend ostream& operator<<(ostream &os, const Employee &emy);
    friend istream& operator>>(istream &is, Employee &emy);
public:
    Employee(int id=0, string n="", double w=0.0);
private:
    int ID;
    string name;
    double wages;
};
Employee::Employee(int id, string n, double w) {
    ID = id;
    name = n;
    wages = w;
}
ostream& operator<<(ostream &os, const Employee &emy) {
    os << "工号: "<<emy.ID<<"\t 姓名: "<<emy.name<<"\t 工资: "<<emy.wages;
    return os;
}
istream& operator>>(istream &is, Employee &emy) {
    cout << "请依次输入工号，姓名，工资: ";
    is >> emy.ID >> emy.name >> emy.wages;
    return is;
}
int main() {
    Employee myFirm[4];
    ofstream outFile("d:\\result.txt");
    for(int i=0; i<4; i++)
        cin >> myFirm[i];
    for(int i=0; i<4; i++) {
        cout << myFirm[i] << endl;
        outFile << myFirm[i] << endl;
    }
    outFile.close();
    return 0;
}
```

运行结果：

```
请依次输入工号，姓名，工资：10010  张三  2456.76↙
请依次输入工号，姓名，工资：10011  李四  2986.6↙
请依次输入工号，姓名，工资：10012  王五   2765.54↙
请依次输入工号，姓名，工资：10013  赵六   2645.78↙
工号：10010  姓名：张三    工资：2456.76
工号：10011  姓名：李四    工资：2986.6
工号：10012  姓名：王五    工资：2765.54
工号：10013  姓名：赵六    工资：2645.78
```

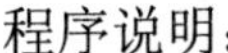

程序说明：

- 从例程中不难发现，重载的流插入和提取运算符函数的函数体与 input 和 output 成员函数基本类似，不同处在于原来的 cout 改为 os，cin 换成 is，并且需要返回它们。
- outFile<<myFirm[i]语句说明类在重载流插入运算符之后，将对象中的信息输出至文件变得非常简便。

4.8 多文件结构与编译预处理

在单个文件中编写应用软件，将导致文件过大、程序维护困难、编译时间过长和不利于团队合作开发等问题。通常 C++应用软件的源代码包括工程项目文件、头文件、源文件和资源文件等类别的多个文件，编译器能自动编译和连接多个文件生成可执行程序。

编译预处理语句是 C++程序的一个重要组成部分，程序在编译前通常先由编译预处理器根据程序中的编译预处理指令进行相关处理，生成中间文件，再对中间文件进行编译并生成目标代码。

4.8.1 多文件结构

C++的程序模块通常由两类源文件构成，一个是后缀为.h 的文件(头文件)，用于存放模块的接口定义；另一个是后缀为.cpp 的文件(实现文件)，用于存放模块的实现。

在一个模块中要用到另一个模块中定义的程序实体时，需要用文件包含指令(#include)导入另一个模块的.h 文件。其格式为：

```
#include <文件名> //或者
#include "文件名"
```

文件包含指令的作用是用指定的文件内容替换该指令，其中尖括号< >表示在系统目录的 include 子目录下寻找该文件，而双引号“”表示先在当前文件所在的目录下查找，如果找不到，再到系统指定的文件目录下寻找。

采用多文件结构的优点有：①避免多次无谓的编译，因为编译器总是以文件为编译单位；②使程序容易管理，设计进行合理划分后的程序模块，更便于任务安排、调试和维护；③把相关函数放在一个源文件中，形成一个具有特定功能的模块，便于实现源代码级的软件共享。

在 VC++ 2010 开发工具中，管理多文件项目十分方便。在集成开发环境的解决方案管理器窗口中，以鼠标右击头文件或源文件子项，即可方便地新建.h 或.cpp 文件，也能方便地添加现有项。

4.8.2 编译预处理

C++的编译预处理指令主要有文件包含指令(#include)、宏定义(#define)以及条件编译指令。所有预处理指令都以“#”开头，以回车符结束，且每条指令单独占一行。预处理指令可以出现在程序的任何位置，通常位于文件的开始处。

1. 文件包含指令(#include)

文件包含指令(#include)已在 4.8.1 节介绍。

2. 宏定义指令(#define)

在 C++中，宏定义指令分为带参和不带参两种，主要有下列 4 种格式。

(1) #define <宏名> <文字串>

其含义是：编译前把程序文本中出现<宏名>的位置用<文字串>替换，主要用于符号常量的定义。

例如：

```
#define PI 3.14159   //程序中所有以 PI 为标识符的单词均被替换为 3.14159
```

(2) #define <宏名>(<参数表>) <文字串>

其作用是：将程序中出现<宏名>的地方用<文字串>替换，并且，<文字串>中的参数(相当于形参)将替换成使用该<宏名>的地方所提供的参数(相当于实参)。这种宏定义主要解决对小函数调用效率不高的问题，例如：

```
#define max(a,b) (((a)>(b))?(a):(b))
```

需要注意的是，宏替换可能产生错误。如果将上式写成#define max(a,b) a>b?a:b，则语句 10+max(x,y)+5 被替换成 10+x>y:?x:y+5，结果错误。

宏替换是 C 语言风格的程序设计方法，在面向对象程序设计中已很少使用。

(3) #define <宏名>

其含义是：告诉编译程序该<宏名>已被定义，并不做任何的文本替换，其作用是实现条件编译。

(4) #undef <宏名>

其含义是：取消某个宏名的定义，其后的<宏名>不再进行替换和不再有宏定义。

3. 条件编译

条件编译主要用于编译预处理器根据某个条件满足与否来确定某一段代码是否参与编译。常用的条件编译指令包括#if、#else、#elif、#ifdef、#ifndef、#endif 等。条件编译有以下几个主要用途。

(1) 处理某个.h 文件被多个源文件重复包含的问题。例如，下面的 student.h 文件在其中加入了宏名为 STUDENT_H 的条件编译命令，这样程序中即使重复包含该头文件多次，也不会引发重复定义的错误：

```
//student.h
#ifndef  STUDENT_H
#define  STUDENT_H
class Student {
    ...
};
...
#endif
```

(2) 便于编写基于多运行环境的程序。有一些程序需要在不同的环境(如 Windows 或

Unix 等)中运行，而在不同的环境中实现某些功能的代码是不同的，所以需要在同一个程序中，对环境有关的代码分别进行编写，而与环境无关的代码只编写一次。编译时，由编译器根据不同的环境来选择对程序中相应的与环境有关的代码进行编译，例如：

```
#ifdef WINDOWS
    <适合 Windows 的代码>
#elif UNIX
    <适合 UNIX 的代码>
#endif
<与环境无关的代码>
```

(3) 方便程序调试。下面这段条件编译命令，可以在程序调试期间，先定义宏名 DEBUG，程序运行能显示变量 x 的值。程序调试成功后，去除 DEBUG 的定义，则输出变量 x 值的语句不再运行。

```
#ifdef DEBUG
    cout << x << endl;
#endif
```

【例 4-18】多文件项目和条件编译示例。

程序代码：

```
//file name point.h
#ifndef POINT_H
#define POINT_H
#include <iostream>
using namespace std;
class Point {
    friend ostream& operator<<(ostream &os, const Point &pt);
    friend istream& operator>>(istream &is, Point &pt);
public:
    Point(int x=0, int y=0);
private:
    float x, y;
};
#endif
//file name point.cpp
#include <iostream>
#include "point.h"
using namespace std;
ostream& operator<<(ostream &os, const Point &pt) {
    os << "(" << pt.x << "," << pt.y << ")";
    return os;
}
istream& operator>>(istream &is, Point &pt) {
    cout << "请输入点的坐标 x,y: ";
    is >> pt.x >> pt.y;
    return is;
}
Point::Point(int x, int y) {
    this->x = x;
    this->y = y;
}
//file name circle.h
#ifndef CIRCLE_H
#define CIRCLE_H
#include <iostream>
```

```
#include "point.h"
using namespace std;
class Circle {
    friend ostream& operator<<(ostream &os, const Circle &cr);
    friend istream& operator>>(istream &is, Circle &cr);
public:
    Circle(float x=0, float y=0, float r=0);
    double area();
    bool operator<(const Circle &cr);
private:
    float radius;
    Point centre;
};
#endif
//file name circle.cpp
#include <iostream>
#include "circle.h"
using namespace std;
const float PI = 3.1415926;
ostream& operator<<(ostream &os, const Circle &cr) {
    os << "圆心坐标：" << cr.centre << "\t 半径：" << cr.radius;
    return os;
}
istream& operator>>(istream &is, Circle &cr) {
    cout << "请输入圆心坐标：";
    is >> cr.centre;
    cout << "请输入圆的半径：";
    is >> cr.radius;
    return is;
}
Circle::Circle(float x, float y, float r): centre(x,y), radius(r) {
}
double Circle::area() {
    return PI*radius*radius;
}
bool Circle::operator<(const Circle &cr) {
    return this->radius<cr.radius;
}
//file name mainFun.cpp
#include <iostream>
#include "circle.h"
using namespace std;
int main() {
    Circle myCircle, cir(2, 2, 12.7);
    cin >> myCircle;
    cout << myCircle;
    cout << "\t 面积：" << myCircle.area() << endl;
    cout << "该圆小于半径为12.7的圆吗？" << (myCircle<cir?"是":"否")<<endl;
}
```

运行结果：

```
请输入圆心坐标：请输入点的坐标 x,y：3  6↙
请输入圆的半径：9.8↙
圆心坐标：(3,6)  半径：9.8    面积：301.719
该圆小于半径为12.7的圆吗？是
```

程序说明：

- 本程序的工程项目中有两个头文件(point.h 和 circle.h)和 3 个实现文件(point.cpp、circle.cpp 和 mainFun.cpp)。头文件中主要是类的定义，对应的实现文件是类中成员函数或友元函数的实现。mainFun.cpp 文件包含程序的主函数。
- 两个头文件的开始处都有条件预处理指令和宏定义指令，习惯上，宏名通常采用<类名字母大写>_H 的方式命名。
- 类的实现代码通常放在.cpp 文件中，而类的定义放在.h 文件中。这种方式对代码保护有一定的作用。例如，程序员可以只把 circle.h 和 point.h 文件和编译生成的 circle.obj 和 point.obj 文件给用户，而不用提供相应的.cpp 文件。用户能从头文件中获取类的基本信息，但无法知道详细设计过程。

在 VC++ 2010 编程环境中，如果将 circle.h 和 point.h 头文件添加到新项目的解决方案资源管理窗口中的头文件项，把 circle.obj 和 point.obj 文件添加到资源文件项，则在该项目中即可使用 Circle 和 Point 类。

4.9 案例实训

1. 案例说明

本节设计一个功能相对完整的日期类。该类具有下列功能：判别某天是星期几、某年是否为闰年、两天之间间隔多少天、获取系统的当前日期、输出月历，以及再过多少日是哪一天等。

2. 编程思想

(1) 闰年判别方法。某年是否为闰年的判定条件为：如果某年能被 400 整除，或者能被 4 整除但不能被 100 整除，则该年是闰年。

程序中有两个重载的判别闰年的成员函数 isLeapYear，其中之一是对对象自身的判定，另一个是根据传递的年份参数进行判别，它们返回的都是布尔值。

(2) 某天是星期几的计算方法。例程中根据年月日计算某天是星期几的方法使用了基姆拉尔森计算公式：

```
W = (d+2*m+3*(m+1)/5+y+y/4-y/100+y/400) mod 7
```

其中，d 表示日期中的日，m 表示月，y 表示年。此外，该公式要求把一月和二月看成是上一年的十三月和十四月，例如，2004-1-10 需换算成 2003-13-10 代入公式计算。

基姆拉尔森公式只适合 1582 年 10 月 15 日之后日期的计算。原因是罗马教皇格里高利十三世在 1582 年组织了一批天文学家，根据哥白尼的日心说计算出来的数据，对恺撒大帝制订的儒略历做了修改。将 1582 年 10 月 5 日到 14 日之间的 10 天宣布撤消，继 10 月 4 日之后为 10 月 15 日。后人将这一新的历法称为“格里高利历”，即当今世界通用的公历。

基姆拉尔森公式计算得到[0, 6]之间的整数，依次分别表示星期一、星期二、…、星期日，而程序中的计算公式(day+1+2*m+3*(m+1)/5+y+(y/4)-y/100+y/400)%7 多加了 1，原因是枚举类型 Week 以星期日为首项。

(3) 两天之间间隔多少天的算法。类中的减法运算符重载函数 long Date::operator-(Date &dt)实现了对象与另一天相减所得的天数。如果相减的另一天(函数接收的实参)在被减这天(对象自身)之前，返回正数，表示已过了多少天。反之，返回负数，表示还有多少天。若两者相同，则返回 0。

operator-函数主要用到了类的私有成员函数 ydays。该函数的功能是输入 y 年 m 月 d 日，计算出自 y 年 1 月 1 日起至 y 年 m 月 d 日的天数。再利用闰年，即可计算出该年还剩多少天，方法为：

```
(isLeapYear(y)?366:365)-ydays(y,m,d)
```

mdays 函数是计算某年某月有多少天，该函数比较简单，它是 ydays 函数的基础。

(4) 月历的显示。为显示月历，需要知道该月的第一天是星期几和该月有多少天。类中的 isWeek 和 mdays 成员函数分别实现了这两个功能。

为能突显月历中的某一天，例程中用红色显示对象所存储的日期。系统提供了控制字符显示颜色的功能。在程序中插入#include <windows.h>指令，主要语句如下：

```
HANDLE hOutput = GetStdHandle(STD_OUTPUT_HANDLE);       //获取控制窗口句柄
SetConsoleTextAttribute(hOutput, 12);                    //设置输出字符为红色
```

(5) 系统日期的获取。系统提供了获取机器日期的函数，类中静态成员函数 sysDate 的功能是返回当前系统日期。该函数的主要语句说明如下：

```
time_t curtime = time(0);             //定义 time_t 结构变量 curtime 并取得当前时间
tm tim = *localtime(&curtime);        //转换为本地时间
Date tmp(tim.tm_year+1900, tim.tm_mon+1, tim.tm_mday);
//tim.tm_year 存储的是相对于 1900 年的增量，tim.tm_mon 是从 0 开始计数。
//生成临时日期对象 tmp 用于返回
```

(6) 再过多少天是哪一天的计算方法。类中的加法重载函数实现了加若干天后是某天的功能，其实现方法是先把天数与当前 day 相加存储在 days 中，再用循环不断减去当前月的后继月份的天数并修改 m 和 y 变量，直到 days 小于或等于某月份的天数。

(7) 重载 string 类型转换运算符。该函数中使用了 stringstream 类，它包含在<sstream>库中。stringstream 类的用法与 iostream 流类相似，使用流插入运算符可将数据输出至 stringstream 对象，再用流提取运算符将 stringstream 对象中的数据输出至 string 对象。string 类型转换重载函数 operator string()用字符串流方便地实现了字符串的连接，方法如下：

```
stringstream sout; string tmp;
sout << year << "年" << month << "月" << day << "日";
sout >> tmp;
```

3. 程序代码

程序代码如下：

```
//file name date.h
#ifndef DATE_H
#define DATE_H
#include <iostream>
#include <string>
using namespace std;
```

```
enum Week {Sun=0,Mon,Tue,Wed,Thu,Fri,Sat};
class Date {
    friend ostream& operator<<(ostream &os, const Date &d);
    friend istream& operator>>(istream &is, Date &d);
public:
    Date(int y=1900, int m=1, int d=1): year(y), month(m), day(d) {}
    Date(Date &d);
    void setDate(int y, int m, int d);
    bool isLeapYear(int);           //判断某年是否为闰年
    bool isLeapYear();              //判断对象所在的年是否为闰年
    static Date sysDate();          //静态成员函数，获取当前系统日期
    Week isWeek();                  //计算本对象是星期几
    void printMonth();              //显示月历
    operator string();              //重载类型转换函数
    long operator-(Date&);          //重载减运算符，计算某天与另一天之间的间隔
    Date operator+(int);            //重载加运算符，返回本对象再加若干天之后的日期
private:
    int year;
    int month;
    int day;
    int mdays(int y, int m);            //计算某年某月有多少天
    int ydays(int y, int m, int d);//计算自 y 年 1 月 1 日至 y 年 m 月 d 日已过多少天
};
#endif
//file name date.cpp
#include <iostream>
#include <iomanip>
#include <windows.h>
#include <time.h>
#include <string>
#include <sstream>
#include "date.h"
using namespace std;
ostream& operator<<(ostream &os, const Date &d) {
    os << d.year << "-" << d.month << "-" << d.day;
    return os;
}
istream& operator>>(istream &is, Date &d) {
    is >> d.year >> d.month >> d.day;
    return is;
}
Date::Date(Date &d) {
    year = d.year;
    month = d.month;
    day = d.day;
}
void Date::setDate(int y, int m, int d) {
    year=y; month=m; day=d;
}
bool Date::isLeapYear(int year) {
    return (year%4==0 && year%100!=0) || year%400==0;
}
bool Date::isLeapYear() {
    return (year%4==0 && year%100!=0) || year%400==0;
}
Date Date::sysDate() {
    time_t curtime = time(0);
    tm tim = *localtime(&curtime);
```

```
    Date tmp(tim.tm_year+1900, tim.tm_mon+1, tim.tm_mday);
    return tmp;
}
Week Date::isWeek() {
    int y=year, m=month;
    if(month==1 || month==2) {
        y -= 1;
        m += 12;
    }
    return Week((day+1+2*m+3*(m+1)/5+y+(y/4)-y/100+y/400)%7);
}
void Date::printMonth() {
    int numberDays, locate;
    HANDLE hOutput = GetStdHandle(STD_OUTPUT_HANDLE);
    numberDays = mdays(year, month);
    cout << setw(30) << year << " 年 " << month << " 月" << endl;
    cout << setw(45) << "日  一  二  三  四  五  六" << endl;
    locate = Date(year,month,1).isWeek();
    cout << setw(17) << "" << setw(locate*4) << "";
    for(int i=1; i<=numberDays; i++) {
        if(day == i)
            SetConsoleTextAttribute(hOutput, 12);
        else
            SetConsoleTextAttribute(hOutput, 15);
        cout << setw(4) << i;
        locate = ++locate%7;
        if(locate == 0)
            cout << endl << setw(17) << "";
    }
    cout << endl;
}
Date::operator string() {
    stringstream sout;  //字符串流
    string tmp;
    sout << year << "年" << month << "月" << day << "日";
    sout >> tmp;
    return tmp;
}
long Date::operator-(Date &dt) {
    long int days = 0;
    if(dt.year == year) { //相减的日期与this->year相同
        days = ydays(year,month,day) - ydays(dt.year,dt.month,dt.day);
    }
    if(year > dt.year) { //相减的日期在this->year之前
        days += (isLeapYear(dt.year)?366:365)
          - ydays(dt.year,dt.month,dt.day) + ydays(year,month,day);
        for(int i=dt.year+1; i<year; i++)
            days += (isLeapYear(i)?366:365);
    }
    if(year < dt.year) { //相减的日期在this->year之后
        days = ydays(year,month,day)
          - (isLeapYear(year)?366:365) - ydays(dt.year,dt.month,dt.day);
        for(int i=year+1; i<dt.year; i++)
            days -= (isLeapYear(i)?366:365);
    }
    return days;
}
int Date::mdays(int y, int m) {
    int tmp;
```

```
    switch(m)
    {
    case 1: case 3: case 5: case 7: case 8: case 10: case 12:
        tmp = 31;
        break;
    case 4: case 6: case 9: case 11:
        tmp = 30;
        break;
    case 2:
        tmp = isLeapYear(y)?29:28;
    };
    return tmp;
}
int Date::ydays(int y, int m, int d) {
    int count = 0;
    for(int i=1; i<m; i++)
        count += mdays(y, i);
    count += d;
    return count;
}
Date Date::operator+(int t) {
    int y, m, d, days;
    y=year; m=month; d=day; days=d+t;
    while(days > mdays(y,m)) {
        days -= mdays(y,m);
        m++;
        if(m > 12) {
            m = 1;
            y++;
        }
    }
    return Date(y, m, days);
}
//file name mainFun.cpp
#include <iostream>
#include <iomanip>
#include "date.h"
using namespace std;
int main() {
    Date yesterday, today(Date::sysDate()), tomorrow(2014,6,20);
    yesterday.setDate(2001, 10, 1);
    cout << "昨天: " << yesterday << "\t 今天:" << today
       << "\t 明天:" << tomorrow << "\n 它们之间的间隔是: ";
    cout << "昨天距今已有" << today-yesterday << "天, ";
    cout << "明天距今还有" << tomorrow-today << "天! " << endl;
    cout << "它们所在月的月历分别如下: " << endl;
    yesterday.printMonth();
    today.printMonth();
    tomorrow.printMonth();
    cout << string(today+130) << endl;
    return 0;
}
```

4. 运行结果

运行结果如下：

```
昨天: 2001-10-1  今天:2011-5-1         明天:2014-6-20
```

```
它们之间的间隔是：昨天距今已有 3499 天，明天距今还有 1146 天！
它们所在月的月历分别如下：
                2001 年 10 月
        日  一  二  三  四  五  六
            1   2   3   4   5   6
        7   8   9   10  11  12  13
        14  15  16  17  18  19  20
        21  22  23  24  25  26  27
        28  29  30  31
                2011 年 5 月
        日  一  二  三  四  五  六
        1   2   3   4   5   6   7
        8   9   10  11  12  13  14
        15  16  17  18  19  20  21
        22  23  24  25  26  27  28
        29  30  31
                2014 年 6 月
        日  一  二  三  四  五  六
        1   2   3   4   5   6   7
        8   9   10  11  12  13  14
        15  16  17  18  19  20  21
        22  23  24  25  26  27  28
        29  30
今天再过 130 天是：2011 年 9 月 8 日
```

本 章 小 结

类是面向对象程序设计的重要概念之一。在 C++语言中，类是一种特殊的数据类型，它封装了描述事物的数据和相关操作，以一种自然的方式对现实世界中的事物进行抽象。

访问控制符 private、protected 和 public 限定了从类外访问类中成员的可见程度，体现了类的封装性。

构造函数和析构函数是类中两类重要的函数。它们分别在对象创建或销毁时被自动调用。构造函数有 3 种，即默认构造函数、带参构造函数和拷贝构造函数。如果类中没有定义任何构造函数，则系统为其添加默认构造函数，但是若已定义构造函数，则系统将不再添加默认构造函数，需要用户自定义。类中如果没有拷贝构造函数，系统也会为其添加拷贝构造函数。拷贝构造函数的形参只能是类的引用类型，否则将导致无穷递归地调用拷贝构造函数。

对于类中的成员函数，系统自动在形参表的最前端为其添加指向类自身的指针类型形参，并命名为 this。理解 this 指针是掌握类的每个对象在逻辑上都有自己独立的数据和函数，在物理上却是数据独立而函数共享这一概念的关键。

组合是指类中拥有另一个类的对象为其数据成员，是一种重要的代码复用技术，常用“has a”表示类与类的关系。

类中的静态成员分为静态数据成员和静态函数成员。类的静态数据成员为类的所有对象共享，它存储在全局数据区。静态数据成员属于类，无论是否定义类的对象，类的静态数据成员都存在。同样地，类的静态成员函数也属于类，并且系统不为其添加 this 指针。

类的友元分为友元函数和友元类，友元是以牺牲类的封装性为代价，换取访问类中私

有成员的便利，以提高程序的执行效率。

运算符重载是 C++中一个有特色但比较难掌握的概念。运算符重载函数与普通成员函数一样，都是实现类的一些操作。运算符重载函数并不能增强类的功能，但通过它得以实现用表达式调用类函数，使得类类型具有基本数据类型的某些特征(例如，可进行算术运算)，也使对象的操作更简便、更直观。

重载流插入与提取运算符所带来的好处是使对象的输入与输出更方便、更具一般性。

在大型软件开发中，程序的多文件结构和编译预处理指令的运用非常普遍，采用多文件结构的优势是便于项目管理、任务分解和程序维护。

习　题　4

1. 填空题

(1) 类成员默认的访问方式是_______，类的_______成员函数是该类给外界提供的接口。C++的每个对象都有一个指向自身的指针，称为_______指针，对象的成员函数通过它确定其自身的地址。

(2) 对象在逻辑上是相互独立的，每个对象都拥有自己的数据和函数。但是，在物理上，对象的数据成员是_______的，而类的成员函数却是_______的。

(3) 下列情况中，不会调用拷贝构造函数的是_______。

A. 用一个对象去初始化同一类的另一个新对象时

B. 将类的一个对象赋值给该类的另一个对象时

C. 函数的形参是类的对象，调用函数进行形参和实参结合时

D. 函数的返回值是类的对象，函数执行返回调用时

(4) 在 C++中，编译系统自动为一个类生成默认构造函数的条件是_______。

A. 该类没有定义任何有参构造函数　B. 该类没有定义任何无参构造函数

C. 该类没有定义任何构造函数　　D. 该类没有定义任何成员函数

(5) 在类声明中，紧跟在“public:”后声明的成员的访问权限是_______。

A. 私有　　B. 公有　　C. 保护　　D. 默认

(6) 析构函数在对象的_______时被自动调用。

(7) 含有对象成员的类在对其对象初始化时，构造函数是先调用_______的构造函数。调用顺序与成员对象在_______中声明的次序一致。

(8) 静态成员函数没有_______。

A. 返回值　　B. this 指针　　C. 指针参数　　D. 返回类型

(9) 关于成员函数特征的下述描述中，错误的是_______。

A. 成员函数一定是内联函数　　B. 成员函数可以重载

C. 成员函数可以设置参数的默认值　D. 成员函数可以是静态的

(10) 有如下程序：

```
#include <iostream>
using namespace std;
```

```
class MyClass {
public:
    MyClass() {++count;}
    ~MyClass() {--count;}
    static int getCount() {return count;}
private:
    static int count;
};
int MyClass::count = 0;
int main() {
    MyClass obj;
    Cout << obj.getCount();
    MyClass ary[2];
    Cout << obj.getCount();
    return 0;
}
```

程序的输出结果是________。

A. 11　　B. 13　　C. 12　　D. 10

(11) 通过运算符重载，可以改变运算符原有的________。

A. 操作数类型　　B. 操作数个数　　C. 优先级　　D. 结合性

(12) 下列关于运算符重载的叙述中，正确的是________。

A. 通过运算符重载，可以定义新的运算符

B. 有的运算符只能作为成员函数重载

C. 若重载运算符+，则相应的运算符重载函数名是+

D. 重载一个二元运算符时，必须声明两个形参

(13) 运算符重载是对已有的运算符赋予多重含义，因此________。

A. 可以对基本类型(如 int 类型)的数据，重新定义"+"运算符的含义

B. 可以改变一个已有运算符的优先级和操作数个数

C. 只能重载 C++中已经有的运算符，不能定义新运算符

D. C++中已经有的所有运算符都可以重载

(14) 下列是重载乘法运算符的函数原型声明，其中错误的是________。

A. MyClass operator*(double, double);

B. MyClass operator*(double, MyClass);

C. MyClass operator*(MyClass, double);

D. MyClass operator*(MyClass, MyClass);

(15) 如果表达式 a>=b 中的">="是作为非成员函数重载的运算符，则可以等效地表示为________。

A. a.operator>=(b)　　B. b.operator>=(a)

C. operator>=(a, b)　　D. operator>=(b, a)

(16) 若将一个二元运算符重载为类的成员函数，其形参个数应该是________个。

(17) 有如下程序：

```
#include <iostream>
using namespace std;
class Part {
public:
```

```
    Part(int x=0): val(x) { cout << val; }
    ~Part() { cout << val; }
private:
    int val;
};
class Whole {
public:
    Whole(int x, int y, int z=0): p2(x), p1(y), val(z) { cout << val; }
    ~Whole() { cout << val; }
private:
    Part p1, p2;
    int val;
};
int main() {
    Whole obj(1, 2, 3);
    return 0;
}
```

程序的输出结果是________。

A. 123321　　B. 213312　　C. 213　　D. 123123

2. 简答题

(1) 简述C++语言是怎样实现面向对象程序设计的3大特征之一封装性的。

(2) 什么是this指针？简述它在类中的作用。编程跟踪并观察this指针。

(3) 什么是构造函数？什么是默认的构造函数？VC++编译器生成的默认构造函数对数据成员所赋的初始值是什么。系统在什么时候会自动调用拷贝构造函数？

(4) 什么是析构函数？与普通成员函数相比，析构函数有何特殊性？

(5) 为什么复制构造函数的形参必须是类的引用类型？

(6) 简要说明含有对象成员的组合类的构造函数的声明与定义。

(7) 什么是静态成员？类的静态成员与函数中的静态成员有何异同？类的静态数据成员与非静态数据成员的赋初值方法有何不同？

(8) 类的静态成员函数和类的非静态成员函数在使用上有何区别？

(9) 什么是友元？谈谈使用友元的好处和存在的不足。

(10) 以复数类中运算符重载为例，谈谈以成员函数和友元函数两种方式实现运算符重载的差异。

(11) 为什么把流操作符“<<”和“>>”重载为友元函数？重载的前置++和后置++运算符是怎样区分的？

(12) 为什么在头文件中常常加上条件编译指令#ifndef...#endif？采用多文件结构编写应用程序具有哪些优点？

3. 编程题

(1) 设计一个矩形类Rectangle，矩形的左上角和右下角坐标为数据成员，编写默认、带参和拷贝构造函数，以及求周长、面积和判定一个点是否在矩形内(含点在矩形边上)的成员函数。

(2) 设计一个简单的时间类，其中包含时、分、秒3个数据成员项。要求定义构造函数，以秒为单位增加时间的成员函数，以及时间的显示输出函数。

(3) 设计一个好友类和一个通信录类，并且以好友类的对象数组为通信录类的数据成员，存储每个人的信息。要求通信录类中能存储最多100个好友的信息，其中每个好友项包括姓名、电话号码(最多3个)和邮件地址等信息。

(4) 分别设计一个日期类和学生类，其中包括学号、姓名、生日、性别、家庭地址和联系电话等基本信息。要求性别声明为枚举类型，生日声明为日期类型。为每个类分别定义数据输入与输出成员函数，在主函数中定义一个学生对象数组，调用类中的输入和输出函数完成信息的输入和显示。

(5) 设计一个用户登录类，其中包括int型静态数据成员count记录当前已登录的用户数，此外还有登录者的账号、姓名和是否已登录数据成员。定义成员函数设置是否登录，如果未登录，则标记为已登录并对count加1，否则设置为取消登录并对count减1。定义静态成员函数返回count的值。在主函数中完成对类的测试。

(6) 定义一个矩阵类Matrix，重载二目运算符+、-、*、~，分别实现矩阵的加、减、乘和转置运算。

(7) 设计一个分数类RationalNumber，其中包含以下功能函数：能防止分母为0的构造函数；对非最简分数进行约分的成员函数；加、减、乘、除运算符重载函数(用友元函数实现)；关系运算符和赋值运算符重载函数；有理数和分数的类型转换函数；输入和输出函数等。

第 5 章　数组、指针及动态内存

若干个具有相同类型的变量按序存储在一片连续的内存空间中，这种数据集合称为数组。按照数组元素的数据类型分类，数组可分为数值数组、字符数组、指针数组、对象数组等各种类别。

指针是 C++中比较难以掌握的概念，也是其功能强大的特征之一。通过指针变量所存储的地址访问数据或函数是一种间接寻址方式。指针的使用非常灵活，它在提高程序效率的同时也带来了危险，应用不当会导致程序崩溃。

动态内存空间即自由存储空间，是由程序员在程序中分配使用和管理的内存空间。与在全局数据区和栈区内存分配和回收都是在程序编译时已确定的静态方式不同，动态内存空间是由应用程序根据实际情况申请空间分配，并且空间的释放也是由应用程序负责的。

本章将进一步讨论数组和指针，重点介绍动态内存的基本概念和应用。此外，还将学习递归函数和函数指针。

5.1　数组与指针

数组名是指针常量，它总是指向数组的起始位置。指针变量是保存了另一个存储空间首地址的变量。指针变量和数组名的差别是前者的值能被修改，而后者是常量，不能修改。

5.1.1　指向数组的指针

指针与数组的关系非常密切。若将数组名赋给指针变量，则可通过指针的加减运算访问数组中的元素。

1. 一维数组

指向一维数组的指针与指向数组元素同类型变量的指针相同，例如：

```
int a[4] = {1,3,5,7}; int *aPtr = a;    //定义数组指针 aPtr，并指向数组首单元
cout << *aPtr;                          //输出 1
cout << *(aPtr+2);                      //输出 5
aPtr++;                                 //指向 a[1]
cout << *aPtr;                          //输出 3
cout << *(a+3);                         //输出 7
```

下面的等价式说明了数组与数组指针的关系：

```
a[i]==*(a+i)==aPtr[i]==*(aPtr+i)
&a[i]==a+i==aPtr+i==&*(aPtr+i)          //前提是 aPtr=a;
```

【例 5-1】用指向一维数组的指针访问数组元素和用数组名访问的对比。

程序代码：

```
#include <iostream>
```

```
using namespace std;
int main() {
    int xArray[5] = {2, 4, 6, 8, 10};
    int *xPtr = xArray;
    cout << "xArray[0]=" << xArray[0] << endl;
    cout << "*(xArray+1)=" << *(xArray+1) << endl;
    cout << "xPtr[2]=" << xPtr[2] << endl;
    cout << "*(xPtr+3)=" << *(xPtr+3) << endl;
    xPtr += 4;
    cout << "xPtr+=4;*xPtr=" << *xPtr << endl;
    cout << "xArray+4=" << xArray+4 << "\txPtr=" << xPtr
       << "\txArray+4==xPtr?" << (xArray+4==xPtr?"True":"False") << endl;
    return 0;
}
```

运行结果：

```
xArray[0]=2
*(xArray+1)=4
xPtr[2]=6
*(xPtr+3)=8
xPtr+=4;*xPtr=10
xArray+4=0012FBB0   xPtr=0012FBB0   xArray+4==xPtr?True
```

程序说明：

- xArray 是指针常量，xPtr 是指针变量，当执行 xPtr=xArray 后，两者的值完全相同。
- xPtr+=4;语句执行后，xPtr 的值不再与 xArray 相同，而是等于 xArray+4。语句 xArray+=4 将导致错误。

2. 二维数组

在 C++中，二维数组被视为数据元素是一维数组的一维数组，即每一个存储单元是一个一维数组，因此指向二维数组的指针是一维数组指针，其定义的语法格式如下：

```
<数据类型> (*<指针变量名>)[<常量表达式>];
```

说明：

- 由于[]运算符的结合性高于*运算符，所以对*和<指针变量名>加括号说明定义的变量是指针变量，而所指对象的数据类型是一维数组类型：<数据类型> [<常量表达式>]。
- 一维数组指针指向二维数组的一个存储单元，即数组中的一行，所以也称其为行指针。

用一维数组指针指向二维数组并访问存储单元的方法与一维数组相比相对复杂些，但其原理是相同的。例如：

```
int b[][3] = {{11,12,13},{21,22,23},{31,32,33},{41,42,43}};
int (*bPtr)[3] = b;                                  //一维数组指针指向二维数组 b
cout << "b[1][2]=" << b[1][2] << endl;               //普通方式访问数组元素，输出 23
cout << "bPtr[1][2]=" << bPtr[1][2] << endl;         //等价于 b[1][2]，输出 23
cout << "*(*(b+2)+1)=" << *(*(b+2)+1) << endl;       //输出 32
cout<<"*(*(bPtr+2)+1)="<<*(*(bPtr+2)+1)<<endl;       //输出 32
bPtr++;                                              //指向第 2 行{21, 22, 23}
cout<<"*(*(bPtr+0)+2)="<<*(*(bPtr+0)+2)<<endl;       //输出 23
```

【例 5-2】用指向二维数组的指针访问一维数组示例。

程序代码：

```
#include <iostream>
using namespace std;
int main() {
    int bArray[4][3] = {{1,2,3}, {4,5,6}, {7,8,9}, {10,11,12}};
    int (*p)[3] = bArray;
    cout << "p[1][2]==bArray[1][2]?"
      << (p[1][2]==bArray[1][2] ? "True" : "False") << endl;
    for(int i=0; i<4; i++) {
        for(int j=0; j<3; j++)
            cout << "\t" << *(*(p+i)+j);
            //*(*(p+i)+j)==p[i][j]==bArray[i][j]==*(*(bArray+i)+j)
        cout << endl;
    }
    p++;
    cout << "以*(*(p)+i)方式访问：" << endl;
    for(int i=0; i<3; i++)
        cout << "\t" << *(*(p)+i);
    cout << endl;
    cout << "以*(*(p+i))方式访问：" << endl;
    for(int i=0; i<3; i++)
        cout << "\t" << *(*(p+i));
    cout << endl;
    return 0;
}
```

运行结果：

```
p[1][2]==bArray[1][2]?True
    1   2   3
    4   5   6
    7   8   9
    10  11  12
以*(*(p)+i)方式访问：
    4   5   6
以*(*(p+i))方式访问：
    4   7   10
```

程序说明：

- *(*(p+i)+j)==bArray[i][j]，因为 p==bArray==bArray[0]，所以 bArray[i][j]==p[i][j] ==*(p[i]+j)==*(*(p+i)+j)==(*(p+i))[j]。
- 执行 p++后，p==bArray[1]，所以*(*(p)+i)== *(*(p+0)+i)，输出第 2 行和内容。而 *(*(p+i))==*(*(p+i)+0)，故输出第 2、3、4 行的首元素。

5.1.2　指针数组

指针数组是数据类型为指针的数组，数组中保存的是指向其他变量的指针。其定义的语法格式如下：

```
<数据类型> *<数组名>[<常量表达式>];
```

说明：

<数据类型>是数组中每个单元的数据类型。数组中每个单元的大小为 4 字节，与所指对象的大小无关。

【例 5-3】利用指针数组间接访问字符串。

程序代码：

```
#include <iostream>
using namespace std;
int main() {
    char str1[] = "邮编：223300";
    char str2[] = "\t 江苏省淮安市长江西路 111 号";
    char str3[] = "\t\t 淮阴师范学院计算机科学与技术学院";
    char str4[] = "\t\t\t 张某某\t 收";
    char *pArray[4];
    pArray[0] = str1;
    pArray[1] = str2;
    pArray[2] = str3;
    pArray[3] = str4;
    for(int i=0; i<4; i++)
        cout << pArray[i] << endl;
    return 0;
}
```

运行结果：

```
邮编：223300
    江苏省淮安市长江西路 111 号
        淮阴师范学院计算机科学与技术学院
            张某某    收
```

5.1.3 数组作为函数参数

数组是若干同类型数据元素的集合，对于简单的 char、int 类型的数组，如果元素个数不多，则数组的体积(所占空间)相对较小。但是对于类、结构体这样的数组，由于每个元素均较大，其体积也较大。当把数组作为实参传递给某个函数时，简单的传值法会导致大量数据的复制和空间分配，并引起时间和空间的浪费，因此 C/C++语言对于数组是采用传址法进行实参传递的。

由于数组名是指针常量，故 C/C++语言中用指针变量作为函数的形参。例如：

```
int myIntArray[5] = {1, 3, 5, 7, 9};    //定义整型数组
void show(int *ap, int size) {
//int *ap 改为 int ap[]含义相同，系统视其为 int*类型
    for(int i=0; i<size; i++)    //size 指明数组元素的个数
        cout << ap[i] << "\t";
    cout << endl;
}
show(myIntArray, 5);    //函数调用正确，输出 1  3    5    7    9
show(myIntArray, 6);    //函数调用错误！输出 1  3    5    7    9    -85893460
```

从例子中可以看出，C/C++编译器对数组的越界访问不做检查，所以 show(myIntArray,6)函数调用访问了不属于 myIntArray 的内存单元。程序能正常运行，但结果是错误的。

传递数组和数组大小给函数是结构化程序设计方法，面向对象程序设计方法主张对数

据和函数进行封装，成员函数直接访问私有的数据，一般不需要用函数参数传递的方式进行函数调用。

【例 5-4】 传递数组给函数示例。设计一个函数，其形参为指向一维数组的指针变量和数组的大小，并用冒泡排序算法对数组进行排序。

分析：

对于有 n 个存储单元的数组，其首存储单元是 0 号单元，尾存储单元是 n-1 号单元。并且是一种依次连续存储的线性结构。冒泡排序算法的基本思想是：从首至尾依次比较数组中相邻的两个元素，若前者大于后者，交换它们的位置。经过一趟比较后，数组中最大元素被交换到数组的最后一个位置，即第 n-1 单元。重复上述步骤，第二趟交换完成后，数组中的次大元素被交换至第 n-2 单元。依次类推，经过 n-1 趟比较后，数组元素依次从小到大排列，排序完成。

排序过程中大元素依次交换至后端，就像大的气泡向上“漂浮”，被形象地称为冒泡排序算法。

程序代码：

```
#include <iostream>
#include <ctime>
using namespace std;
void printArray(int *ap, int size) {
    for(int i=0; i<size; i++)
        cout << ap[i] << "\t";
    cout << endl;
}
void bubbleSort(int a[], int size) {
    int tmp;
    for(int i=0; i<size-1; i++)
        for(int j=1; j<size-i; j++)
            if(a[j-1] > a[j]) {
                tmp = a[j-1];
                a[j-1] = a[j];
                a[j] = tmp;
            }
}
int main() {
    int randArray[20];
    srand(unsigned(time(0)));
    for(int i=0; i<20; i++)
        randArray[i] = rand()%100;
    cout << "填充随机数后: " << endl;
    printArray(randArray, 20);
    bubbleSort(randArray, 20);
    cout << "排序后: " << endl;
    printArray(randArray, 20);
    return 0;
}
```

运行结果：

```
填充随机数后:
86 23 20 11 16 79 84 59 3 21 93 44 14 29 22 21 11 25 16 56
排序后:
3 11 11 14 16 16 20 21 21 22 23 25 29 44 56 59 79 84 86 93
```

程序说明：

(1) 冒泡排序法的实现使用了二重循环，外循环 for(int i=0; i<size-1; i++)用于控制交换的趟数，每一趟循环都会把未排序元素中的最大者交换至后端。内循环 for(int j=1; j<size-i; j++)用于控制每趟交换过程中相邻两个单元的比较。

冒泡排序法在交换过程中可能出现数组元素已经有序，此时，例程中的代码还会继续扫描每个单元，只是不产生元素交换。显然这种无效的扫描会占用 CPU 的时间，建议读者修改排序算法的实现。当发现一趟扫描中已没有元素交换时，即中止循环。

(2) bubbleSort 函数的形参是 int a[]，printArray 函数的形参为 int *ap，两者形式上略有差异，但编译器视它们均为 int*类型。

5.2 二级指针

指针变量中保存了另一块存储空间的地址，其自身也是变量，也有自己的地址。如果一个指针变量存放的是另一个指针变量的地址，则称该指针变量是指向指针的指针，也称为二级指针。二级指针的声明格式如下：

```
<数据类型> **<变量名>;
```

说明：

- <变量名>是用于存储二级指针的变量名。
- 声明中的两个星号可以这样理解：第一个星号与<数据类型>结合，表示该指针所指对象的类型是指针类型，第二个星号与<变量名>结合，表示该变量是指针变量。

【例 5-5】观察内存中的二级指针示例。

程序代码：

```
#include <iostream>
using namespace std;
int main(void) {
    int x[5] = {10, 11, 12, 13, 14};
    int *p = x;
    int **pp = &p;
    cout << "变量pp的地址:" << &pp << "\t变量pp的值:" << pp
       << "\t变量p的地址:" << &p << endl;
    for(int i=0; i<5; i++) {
         cout << "数组x[" << i << "]单元的地址: " << &x[i]
            << "\t变量p的值:" << p << "\tp所指对象的值:" << *p << endl;
         p++;     //指向下一个存储单元
    }
    return 0;
}
```

运行结果：

```
变量pp的地址:002CFAF0    变量pp的值:002CFAFC 变量p的地址:002CFAFC
数组x[0]单元的地址: 002CFB08       变量p的值:002CFB08        p所指对象的值:10
数组x[1]单元的地址: 002CFB0C       变量p的值:002CFB0C        p所指对象的值:11
数组x[2]单元的地址: 002CFB10       变量p的值:002CFB10        p所指对象的值:12
数组x[3]单元的地址: 002CFB14       变量p的值:002CFB14        p所指对象的值:13
```

数组 x[4]单元的地址：002CFB18　　　变量 p 的值:002CFB18　　　p 所指对象的值:14

跟踪与观察：

- 从图 5-1 可知，二级指针变量 pp 的存储地址是 0x0028fa88，其中的值也是地址为 0x0028fa94，是指针变量 p 的存储地址。展开&pp 项，可见最内层项的值是 10，是数组 x 首单元的值。
- p 的值为 0x0028faa0，执行 p++后，其值为 0x0028faa4，指向 x[1]单元。

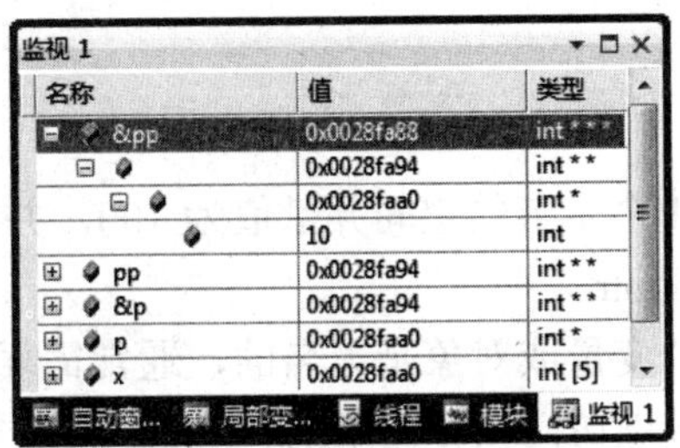

图 5-1　二级指针变量观察

5.3　动态内存的分配与释放

C++程序在运行时，其所占用的内存空间被划分为 4 个区域：代码区、全局数据区、栈区和自由存储区。

函数中使用的局部变量多数都分配在栈区，静态变量和全局变量被存储在全局数据区。自由存储区又称为堆区，是由程序员根据需要进行分配和释放的内存区域。

自由存储区的使用通常经历 3 个步骤：第 1 步，根据所需空间大小动态地申请内存；第 2 步，内存使用；第 3 步，显式地释放所占用的空间，以便于系统能对该内存区域重复使用。

C++语言中 new 和 delete 关键字是专门用于堆区的分配和释放的运算符。

5.3.1　new 和 delete 运算符

自由存储区是在程序运行时动态地进行内存分配和回收的，并且所申请的内存空间大小可根据运行时的实际需求确定。new 和 delete 运算符分别用于申请(分配)和释放(回收)自由存储空间，其语法格式分别如下。

(1)　用 new 运算符动态地申请内存空间。

格式 1：

```
<指针变量名> = new <数据类型名>(<初始值>);
```

格式 2：

```
<指针变量名> = new <数据类型名>[<整数表达式 1>][<整数表达式 2>]...;
```

(2)　用 delete 运算符动态地释放内存空间。

格式 1：

```
delete <指针变量名>
```

格式 2：

```
delete []<指针变量名>
```

说明：

(1) 在 new 运算符中，格式 1 语句的含义是申请大小与<数据类型名>相等的一块内存空间并初始化其值为<初始值>。例如：

```
int *ptr;
ptr = new int(100);
```

其功能是从堆空间分配 4 个字节的空间并赋值为 100，并将由 new 运算符返回的该内存空间的首地址赋给指针变量 ptr。

从堆空间中动态地创建的变量或对象是无名的，通常需要用一个指针变量存储其首地址，并通过指针变量才能间接地访问该存储空间。(*ptr)++;语句的作用是使变量的值加 1。

(<初始值>)部分在格式 1 中是可选项，语句 ptr = new int;依然正确，只是变量中存储的是一个不确定值。

自由存储区在分配空间时若不指定初始值，系统不会为变量赋任何初始值。

(2) 在 delete 运算符中，格式 1 语句的含义是<指针变量名>所指向的对象或变量的生命期结束，释放其所占用的堆空间。例如：

```
delete ptr;          //表示 ptr 所指向的内存空间归还给系统
```

(3) 在 new 运算符中，格式 2 语句的含义是分配指定数据类型和大小的数组。对于动态申请的数组，数组元素不能初始化。例如：

```
int *ptr, n;
ptr = new int[n];        //一维数组的动态分配。数组元素的个数可以是变量
int (*ptrB)[20];         //ptrB 是指向 int[20]数组类型的指针
ptrB = new int[n][20];   //ptrB 指向行数为 n，列数为 20 的二维数组
```

(4) 在 delete 运算符中，格式 2 语句的含义是释放由<指针变量名>所指向的数组。其中的方括号[]是告诉编译器回收整个数组所占用的内存空间，并且方括号中不需要填写数组的元素数。例如：

```
delete []ptr;        //回收一维数组 int[n]的内存空间
delete []ptrB;       //回收二维数组 int[n][20]的内存空间
```

【例 5-6】动态内存的分配与回收示例。

程序代码：

```
#include <iostream>
using namespace std;
int main() {
    int *ptr, *q;
    ptr = new int(100);
    q = ptr;                     //q 与 ptr 指向同一块堆空间
    (*ptr)++;                    //所指变量值加 1
    cout << "&ptr=" << &ptr << "\tptr=" << ptr << "\t*ptr="<<*ptr<<endl;
    delete q;                    //释放 q 和 ptr 指向的内存空间，q 和 ptr 均为空悬指针
```

```
    //delete ptr;            //重复释放同一块堆空间，程序将出现异常！
    cout << "&ptr=" << &ptr << "\tptr=" << ptr << "\t*ptr="<<*ptr<<endl;
    ptr = new int[10];       //空悬指针 ptr 指向新的堆空间
    q = NULL;                //置空悬指针 q 为空指针
    for(int i=0; i<10; i++)
        ptr[i] = 100 + i;
    int (*ptrB)[4], n;
    n = 3;
    ptrB = new int[n][4];
    for(int i=0; i<3; i++)
        for(int j=0; j<4; j++)
            ptrB[i][j] = n++;
        cout << "堆空间中的一维数组为：\n";
    for(int i=0; i<10; i++)
        cout << ptr[i] << "\t";
        cout << "\n 堆空间中的二维数组为：\n";
    for(int i=0; i<3; i++) {
        for(int j=0; j<4; j++)
            cout << ptrB[i][j] << "\t";
        cout << endl;
    }
    delete ptr;              //回收一维数组所占用的堆空间
    delete ptrB;             //回收二维数组占用的内存空间
    return 0;
}
```

运行结果：

```
&ptr=0031FDF0   ptr=00437780        *ptr=101
&ptr=0031FDF0   ptr=00437780        *ptr=-572662307
```

堆空间中的一维数组为：

```
100 101 102 103 104 105 106 107 108 109
```

堆空间中的二维数组为：

```
3   4   5   6
7   8   9   10
11  12  13  14
```

程序说明：

(1) 由于 q=ptr;，两个指针指向了同一块内存空间，此时 delete q;语句完成了堆空间的释放任务。如果在源程序中去除 delete ptr;语句前的“//”，再运行程序，将引起程序运行异常而终止。

注意，重复释放已回收的内存空间将导致程序非正常结束。

(2) 从程序运行结果的前二行可知，变量 ptr 的地址为 0031FDF0，其值为 00437780，它们的前 4 位值不同，说明 ptr 与其所指向的内存单元不在同一个区域。ptr 在栈中，所指向的单元在堆中。

在 ptr 指向的空间被回收前，*ptr 的值为 101。而执行 delete q;语句释放内存空间后，*ptr 的值为-572662307，是一个无意义的值。程序如果访问已被回收的内存空间，会造成不可预测的错误。

用 delete 语句释放了所指向的内存空间的指针被称为“空悬指针”。所谓“空悬指针”

是指指针所指向的存储区的生命期已结束，但指针变量的生命期还没有结束，导致存储区的数据已经被释放，指针变量所指的区域是个随机值。

注意，自由存储区内存在申请使用后没有释放是常见的错误之一。忘记释放不再使用的内存所产生的后果是程序可使用的内存减少，程序可能因内存的大量消耗而终止运行。

(3) ptr=new int[10];语句说明 ptr 还可继续赋值，使其指向新的内存空间。

(4) int (*ptrB)[4];的含义是定义了指针变量 ptrB(是一级指针)，其所指向单元的数据类型为 int [4]的数组指针。ptrB=new int[n][4];语句的作用是申请 n 个单元的一维数组，而每个单元又是 int [4]类型的一维数组。这里 n 是变量，示例中为 3。若变量 n 的值是通过键盘输入，则二维数组的行数可根据用户的需要确定，不过列数只能是 4。

同理，下面的程序段可申请一个三维数组：

```
int (*ptrT)[5][6];
ptrT = new int[n][5][6];
```

在 C++中，矩阵可用二维数组进行存储。定义在栈中的二维数组的下标值只能是常量表达式，因此矩阵行和列的大小在程序设计时即已固定。在例 5-6 中，定义的二维数组只能动态地改变行的值，而列的值不能变。

下面的程序介绍了在自由存储空间中建立行和列动态设定的矩阵类的两种设计方法。

【例 5-7】设计矩阵类，矩阵信息存储在堆内存空间中，其大小可在运行时确定，用随机数填充矩阵并显示。

程序代码：

```
#include <iostream>
#include <ctime>
using namespace std;
class matrixA { //用一维方式存放堆中的二维数组
    friend ostream& operator<<(ostream&, matrixA&);
public:
    matrixA(int x=0, int y=0);
    ~matrixA();
    void setRandValue();
private:
    int m, n;
    int *ptr;
};
matrixA::matrixA(int x, int y) {
    m=x; n=y;
    ptr = new int[m*n];
    if(ptr == NULL) {
        cout << "内存空间不够！程序将结束运行。" << endl;
        exit(-1);
    }
}
matrixA::~matrixA() {
    delete []ptr;
}
void matrixA::setRandValue() {
    for(int i=0; i<m; i++)
        for(int j=0; j<n; j++)
            ptr[i*n+j] = rand() % 200;
}
ostream& operator<<(ostream &os, matrixA &mx) {
```

```
    for(int i=0; i<mx.m; i++) {
        for(int j=0; j<mx.n; j++)
            os << mx.ptr[i*mx.n+j] << "\t";
        os << endl;
    }
    return os;
}
class matrixB { //用二级指针管理堆中的二维数组
    friend ostream& operator<<(ostream&, matrixB&);
public:
    matrixB(int x=0, int y=0);
    ~matrixB();
    void setRandValue();
private:
    int m, n;
    int **ptr;
};
matrixB::matrixB(int x, int y) {
    m=x; n=y;
    ptr = new int *[m];
    for(int i=0; i<m; i++)
        ptr[i] = new int[n];
}
matrixB::~matrixB() {
    for(int i=0; i<m; i++)
        delete []ptr[i];
    delete []ptr;
}
void matrixB::setRandValue() {
    for(int i=0; i<m; i++)
        for(int j=0; j<n; j++)
            ptr[i][j] = rand() % 100;
}
ostream& operator<<(ostream &os, matrixB &mx) {
    for(int i=0; i<mx.m; i++) {
        for(int j=0; j<mx.n; j++)
            os << mx.ptr[i][j] << "\t";
        os << endl;
    }
    return os;
}
int main() {
    int m, n;
    cout << "请输入矩阵 1 的行数和列数: "; cin >> m >> n;
    matrixA myMatrix1(m, n);
    cout << "请输入矩阵 2 的行数和列数: "; cin >> m >> n;
    matrixB myMatrix2(m, n);
    srand(unsigned(time(NULL)));
    myMatrix1.setRandValue();
    myMatrix2.setRandValue();
    cout << "矩阵 1 为: \n" << myMatrix1;
    cout << "矩阵 2 为: \n" << myMatrix2;
    return 0;
}
```

运行结果：

```
请输入矩阵 1 的行数和列数：4  6
请输入矩阵 2 的行数和列数：3  8
```

```
矩阵1为:
129 65   35  106 146 181
193 74   71  148 188 159
170 56   155 0   64  165
91  182  51  125 97  122
矩阵2为:
0   82   31  34  85  10  65  72
87  51   74  3   42  75  43  34
19  53   20  78  14  74  9   68
```

程序说明：

- matrixA 类采用在堆内存空间申请有 m*n 个元素的一维数组的方式存储矩阵。二维矩阵中的元素按照行优先的规则依次存储到一维数组中。对于一个 m 行 n 列的矩阵，若行号是从 0～m-1，列号是从 0～n-1，则访问其第 i 行第 j 列元素的方法为 ptr[i*n+j]。
- matrixB 类存储矩阵信息的方式与 matrixA 不同，它首先申请一个有 m 个单元的指针数组，再依次申请含有 n 个单元的 int 类型数组，指针数组的每一单元指向 int 类型数组中的一个。如图 5-2 所示。matrixB 类中的构造函数实现了内存的分配。

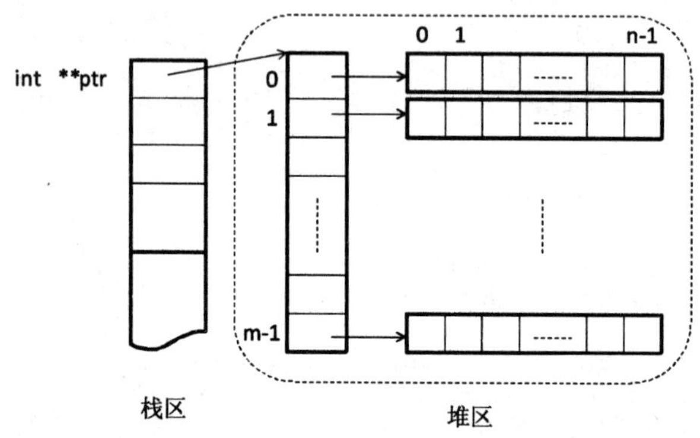

图 5-2　二级指针指向的堆中矩阵存储结构

matrixB 类中矩阵空间的释放在析构函数中完成，其顺序正好与构造过程相反，即先释放 n 个 int 类型数组，再释放 int*类型的指针数组。

5.3.2　深复制与浅复制

在 C++语言中，堆空间的申请和释放均需要程序员在程序中编码实现。通常在构造函数中实现内存分配，在析构函数中完成内存回收。

类的对象之间可以进行复制，实现对象复制需要调用拷贝构造函数或赋值运算符重载函数。对于没有提供拷贝构造函数或赋值运算符重载函数的类，系统将提供一个默认的对应函数。系统所提供的函数只是简单地实现两个对象数据成员的复制，对于没有使用堆区的类，这样的函数能很好地完成复制任务。对于使用了自由存储区的类，如果仅是简单地对指针变量进行赋值操作，则会导致两个甚至更多对象中指向堆区的指针指向同一块内存，即所谓的浅复制。如图 5-3(a)所示，此时 Obj1 中的 ptr 与 Obj2 中的 ptr 变量的值相同，均指向同一块内存空间。如果对象 Obj1 用 delete 语句释放了该空间，则对象 Obj2 在进行

数据访问或析构时将出现错误。

深复制是复制一个完整且独立的对象的副本，其实质是每个对象都应拥有自己独立的堆空间，并且通过复制保持两个内存区域的内容一致。如图 5-3(b)所示，对象 Obj1 和 Obj2 分别指向不同的内存区域，对象 Obj2 所拥有的堆区内存复制了 Obj1 的相应内容。

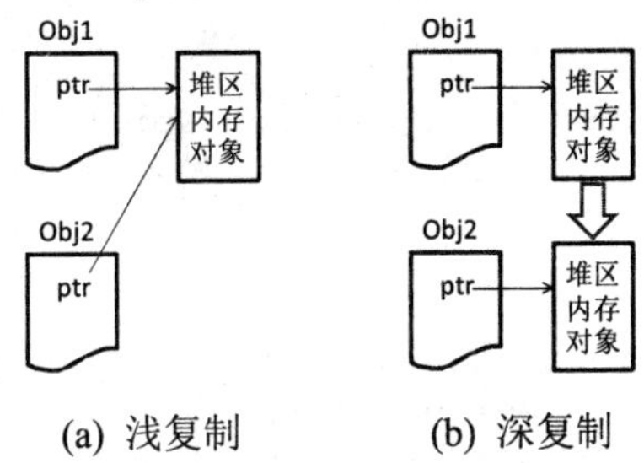

图 5-3 深复制与浅复制

从图 5-3 中不难发现，浅复制是对象中指向堆区的指针变量之间的复制，深复制是对象中指针变量所指向区域之间的复制。

【例 5-8】设计一个 Person 类，其中身份证号和姓名信息存储在堆区。

程序代码：

```
#include <iostream>
using namespace std;
class Person {
    friend ostream& operator<<(ostream&, Person&);
public:
    Person(char*="", char*="");
    Person(const Person&);
    ~Person();
    Person& operator=(const Person&);
private:
    char *IDCard;          //身份证号
    char *name;            //姓名
};
Person::Person(char *id, char *nm) {
    IDCard = new char[strlen(id)+1];
    strcpy(IDCard, id);
    name = new char[strlen(nm)+1];
    strcpy(name, nm);
}
Person::Person(const Person &p) {
    //IDCard = p.IDCard;          //浅复制，对象析构时出错！
    //name = p.name;
    IDCard = new char[strlen(p.IDCard)+1];
    Name = new char[strlen(p.name)+1];
    strcpy(IDCard, p.IDCard);
    strcpy(name, p.name);
    cout << "调用了拷贝构造函数！" << endl;
}
Person::~Person() {
    delete []IDCard;
    delete []name;
}
Person& Person::operator=(const Person &p) {
    delete []IDCard;                          //先释放堆中的空间
```

```
    delete []name;
    IDCard = new char[strlen(p.IDCard)+1];      //再根据长度重新申请
    name = new char[strlen(p.name)+1];
    strcpy(IDCard, p.IDCard);
    strcpy(name, p.name);
    cout << "调用赋值运算符重载函数! " << endl;
    return *this;
}
ostream& operator<<(ostream &os, Person &p) {
    os << "身份证号: " << p.IDCard << "\t 姓名: " << p.name;
    return os;
}
int main() {
    Person person1("0123456789000X","张三"), person2(person1), person3;
    cout << "person1:" << person1 << endl;
    cout << "person2:" << person2 << endl;
    cout << "person3:" << person3 << endl;
    person3 = person1;
    cout << "person3:" << person3 << endl;
    return 0;
}
```

运行结果：

```
调用了拷贝构造函数!
person1:身份证号: 0123456789000X 姓名: 张三
person2:身份证号: 0123456789000X 姓名: 张三
person3:身份证号:      姓名:
调用赋值运算符重载函数!
person3:身份证号: 0123456789000X 姓名: 张三
```

程序说明：

- 在类设计中，拷贝构造函数是在用一个对象定义另一个对象时被调用，赋值运算符重载函数是在进行对象赋值操作时被调用。拷贝构造函数与赋值运算符重载函数的功能十分相似，但它们的调用时机不相同。因此，赋值符重载函数的实现需要先负责释放对象在定义时分配的空间，再申请新的内存空间，而构造函数则不需要。
- 如果取消拷贝构造函数前两行的注释符，并为其他语句添上注释符，则在程序运行时出现错误提示窗口。这是因为拷贝构造函数使用了浅复制方法，对象 person2 在析构时重复释放了已被对象 person1 在析构时释放的空间。
- 若将对象 person2 定义语句 person2(person1)改为 person2=person1，程序运行结果不变，依然是调用拷贝构造函数。

5.4 动态内存应用示例

自由存储区为程序员创造性地设计灵活且高效的应用软件提供了支撑。本节通过数组(Array)类和字符串(String)类的设计，进一步学习自由存储区应用、类和运算符重载等重要的 C++程序设计技术。

5.4.1　Array 类的设计

在 C++中，数组是用一片连续的存储空间存放相同类型的数据。数组在使用中存在一些问题。例如，长度为 n 的数组，其下标取值只能是 0、...、n-1，对于越界访问，编译器并不做检查；数组的空间大小不能动态地调整；不能用关系运算符对两个数组进行有意义的比较等。

基于 C++的类、运算符重载、动态内存分配等技术，下面的例子介绍了一个功能较为强大的数组类的设计方法。

【例 5-9】设计 Array 类，并测试主要功能。

程序代码：

```
//文件 Array.h
#ifndef ARRAY_H
#define ARRAY_H
#include <iostream>
using namespace std;
class Array {
    friend istream& operator>>(istream&, Array&);
    friend ostream& operator<<(ostream&, const Array&);
public:
    Array(int n=10);
    Array(const Array&);
    ~Array();
    const Array& operator=(const Array&);
    bool operator==(const Array&) const;
    bool operator!=(const Array&);
    int getSize();
    double& operator[](int);
private:
    int size;
    double *ptr;
};
#endif

//文件 Array.cpp
#include <iostream>
using namespace std;
#include "Array.h"
istream& operator>>(istream &is, Array &ary) {
    for(int i=0; i<ary.size; i++) {
        is >> ary.ptr[i];
    }
    return is;
}
ostream& operator<<(ostream &os, const Array &ary) {
    for(int i=0; i<ary.size; i++) {
        os << ary.ptr[i] << '\t';
    }
    os << endl;
    return os;
}
Array::Array(int n) {
    size = n>0 ? n : 10;
    ptr = new double[size];
```

```
    for(int i=0; i<size; i++)
        ptr[i] = 0.0;
}
Array::Array(const Array &ary):size(ary.size) {
    ptr = new double[size];
    for(int i=0; i<size; i++)
        ptr[i] = ary.ptr[i];
}
Array::~Array() {
    delete []ptr;
}
const Array& Array::operator=(const Array &ary) {
    if(&ary != this) {              //防止自我复制
        if(size != ary.size) {  //若两者大小不等，先释放再申请
            delete []ptr;
            size = ary.size;
            ptr = new double[size];
        }
        for(int i=0; i<size; i++)
            ptr[i] = ary.ptr[i];
    }
    return *this;
}
bool Array::operator==(const Array &ary) const {
    if(size != ary.size)
        return false;
    for(int i=0; i<ary.size; i++)
        if(ptr[i] != ary.ptr[i])
            return false;
    return true;
}
bool Array::operator!=(const Array &ary) {
    return !(*this == ary);
}
int Array::getSize() {
    return size;
}
double& Array::operator[](int idx) {
    if(idx<0 || idx>=size) {
        cerr << "错误：下标值" << idx << "越界。" << endl;
        exit(-1);
    }
    return ptr[idx];
}

//文件 mainFun.cpp
#include <iostream>
using namespace std;
#include "Array.h"
int main() {
    Array objArray1(5), objArray2;
    cout << "objArray1:\n" << objArray1;
    cout << "objArray2:\n" << objArray2;
    cout << "请输入 15 个数：";
    cin >> objArray1 >> objArray2;
    cout << "objArray1:\n" << objArray1;
    cout << "objArray2:\n" << objArray2;
    Array objArray3(objArray2);
    cout << "执行 Array objArray3(objArray2);后，objArray1==objArray3?"
```

```
        << (objArray1==objArray3?"是":"否") << endl;
    objArray3 = objArray1;
    cout << "执行 objArray3=objArray1;后，objArray1==objArray3?"
        << (objArray1==objArray3?"是":"否") << endl;
    objArray3[2] = 1234;
    cout << "执行 objArray3[2]=1234;后，objArray3:\n" << objArray3;
    cout << "执行 objArray3[10]=789;后，";
    objArray3[10] = 789;
    return 0;
}
```

运行结果：

```
objArray1:
0   0   0   0   0
objArray2:
0   0   0   0   0   0   0   0   0   0
请输入 15 个数：11 12 13 14 15 16 17 18 19 20 21 22 23 24 25↙
objArray1:
11  12  13  14  15
objArray2:
16  17  18  19  20  21  22  23  24  25
执行 Array objArray3(objArray2);后，objArray1==objArray3?否
执行 objArray3=objArray1;后，objArray1==objArray3?是
执行 objArray3[2]=1234;后，objArray3:
11  12  1234    14  15
执行 objArray3[10]=789;后，错误：下标值 10 越界。
```

程序说明：

- 在 Array 类中定义的 ptr 的类型为 double*，故该类只能处理数值型数据。更为一般的方法是采用模板技术。
- const 修饰符在 C++程序中用途较广，其主要作用是防止对变量或对象的修改操作。在本例程中，const Array& operator=(const Array&)函数形参中的 const 是防止传递的对象被修改，函数返回类型中的 const 是禁止修改函数返回的对象。函数 bool operator==(const Array&) const 后面的 const 是指该成员函数不能修改类中的任何数据成员，其实质是为成员函数中由编译器为之增加的隐式形参 this 指针(本例为 Array *this)添加 const 修饰。

5.4.2 String 类的设计

字符串在 C++中采用字符数组方式存储，并以'\0'为结束符。与 Array 类相似，String 类可以利用自由存储区让字符串的总长度不受对象定义时大小的限制。需要说明的是，VC++中已设计了字符串类，其名称为 string，在程序的前端加上#include <string>语句即可引用。

【例 5-10】设计 String 类，并测试主要功能。

程序代码：

```
//string.h
#ifndef STRING_H
#define STRING_H
#include <iostream>
```

```
using namespace std;
class String {
    friend ostream& operator<<(ostream&, const String&);
    friend istream& operator>>(istream&, String&);
public:
    String(const char* = "");
    String(const String&);
    ~String() { delete []sp; }
    String& operator=(const String&);
    String& operator+=(const String&);
    String operator+(const String&) const;
    String operator+(double) const;
    bool operator!() const;
    bool operator==(const String&) const;
    operator const char*();
    bool isSubStr(const char*) const;
    char& operator[](int);
    String operator()(int, int=0) const;
    String& append(const char*);
private:
    int length;
    char *sp;
    void setString(const char*);
};
#endif
//string.cpp
#include <iostream>
#include "string.h"
using namespace std;
String::String(const char *strp) {
    length = strlen(strp);
    setString(strp);
}
String::String(const String &s) {
    length = s.length;
    setString(s.sp);
}
void String::setString(const char *s) {
    sp = new char[length+1];
    if(s != "")
        strcpy(sp, s);
    else
        sp[0] = '\0';
}
ostream& operator<<(ostream &os, const String &s) {
    os << s.sp;
    return os;
}
istream& operator>>(istream &is, String &s) {
    char buffer[1000];
    is >> buffer;
    s = buffer;
    return is;
}
String& String::operator=(const String &s) {
    if(&s != this) {
        delete []sp;
        length = s.length;
        setString(s.sp);
    }
```

```
    return *this;
}
String& String::operator+=(const String &s) {
    int len = length + s.length;
    char *tmpPtr = new char[len + 1];
    strcpy(tmpPtr, sp);
    strcpy(tmpPtr+length, s.sp);
    delete []sp;
    sp = tmpPtr;
    length = len;
    return *this;
}
String String::operator+(const String &s) const {
    String tmp(*this);
    tmp += s;
    return tmp;
}
String String::operator+(double d) const {
    char buffer[50];
    _gcvt(d, 10, buffer);
    String tmp(*this);
    tmp += buffer;
    return tmp;
}
bool String::operator!() const {
    return length==0;
}
bool String::operator==(const String &s) const {
    return strcmp(sp,s.sp)==0;
}
String::operator const char*() {
    return sp;
}
bool String::isSubStr(const char *str) const {
    if(sp==NULL || length==0 || str==NULL || strlen(str)==0)
        return false;
    if(strstr(sp, str))
        return true;
    else
        return false;
}
char& String::operator[](int index) {
    if(index<0 || index>=length) {
        cout << "错误: " << index << "越界! " << endl;
        exit(1);
    }
    return sp[index];
}
String String::operator()(int index, int sublen) const {
    if(index<0 || index>=length || sublen<0)
        return "";
    int len;
    if(sublen==0 || (index+sublen>length))
        len = length - sublen;
    else
        len = sublen;
    char *tmpPtr = new char[len+1];
    strncpy(tmpPtr, &sp[index], len);
    tmpPtr[len] = '\0';
    String tmpString(tmpPtr);
```

```
    delete []tmpPtr;
    return tmpString;
}
String& String::append(const char *str) {
    *this += str;
    return *this;
}
//mainFun.cpp
#include <iostream>
#include "string.h"
using namespace std;
int main(void) {
    String myStr1("江苏省淮安市"), myStr2, myStr3;
    cout << "输入一串字符: ";
    cin >> myStr2;
    cout << "myStr1:" << myStr1 << endl;
    cout << "myStr2:" << myStr2 << endl;
    myStr3 = myStr1 += myStr2;
    cout << "执行 myStr3=myStr1+=myStr2;后，myStr3:" << myStr3 << endl;
    myStr3.append("张三");
    cout << "执行 myStr3.append(\"张三\");后，myStr3:" << myStr3 << endl;
    cout << "执行 myStr3+123.34 的结果为:" << myStr3+123.34 << endl;
    cout << "连续输出 myStr3[2]和 myStr3[3]的值为: "
       << myStr3[2] << myStr3[3] << endl;
    cout << "myStr3(4,10)的值为: " << myStr3(4,10) << endl;
    cout << "字符串“淮安”在 myStr1 中吗? "
       << (myStr1.isSubStr("淮安")?"是":"否") << endl;
    return 0;
}
```

运行结果：

```
输入一串字符: 淮阴师范学院
myStr1:江苏省淮安市
myStr2:淮阴师范学院
执行 myStr3=myStr1+=myStr2;后，myStr3:江苏省淮安市淮阴师范学院
执行 myStr3.append("张三");后，myStr3:江苏省淮安市淮阴师范学院张三
执行 myStr3+123.34 的结果为:江苏省淮安市淮阴师范学院张三 123.34
连续输出 myStr3[2]和 myStr3[3]的值为: 苏
myStr3(4,10)的值为: 省淮安市淮
字符串“淮安”在 myStr1 中吗? 是
```

程序说明：

- gcvt 函数原型：char* gcvt(double value, int ndigit, char *buf)；功能是把浮点数转换成字符串并存储该字符串在 buf 中。
- strstr 函数原型：extern char* strstr(char *haystack, char *needle)；功能是从字符串 haystack 中寻找 needle 第一次出现的位置，成功则返回指向第一次出现 needle 位置的指针，否则返回 NULL。

5.5 递归函数

递归(Recursion)是一种描述问题的方法，基本思想是把问题转化为规模缩小了的同类

问题的子问题。著名的斐波那契(Fibonacci)数列就是以递归的方式定义：

$$\begin{cases} F_0 = 0 \\ F_1 = 1 \\ F_n = F_{n-1} + F_{n-2} \end{cases}$$

现代计算机高级语言普遍支持递归。在 C/C++中，递归函数是指在调用一个函数的过程中又出现直接或间接地调用该函数本身。对于在函数体中直接调用函数自己的方式，称为直接递归；对于在函数 A 中调用函数 B，而在函数 B 中又调用函数 A 的方式，称为间接递归。

一般来说，递归需要有边界条件、递归前进段和递归返回段。当边界条件不满足时，递归前进；当边界条件满足时，递归返回。例如：斐波那契数列中的 F_0、F_1 即为边界条件。在用递归算法编写程序解决问题时，应着重考虑两点：①该问题采用递归方式描述的解法；②该问题的递归结束边界条件。

用递归思想写出的程序往往十分简洁易懂，但由于递归在实现中存在大量的函数调用，而函数调用会带来参数压栈和弹栈的开销，因此，递归函数在运行过程中的内存空间占用和机时开销高于非递归方式，代码的运行效率相对较低。

现实中的许多问题既可以用递归算法实现，也可以用非递归算法实现。在程序设计中，算法的选用更多地应考虑问题的应用场合。

【例 5-11】用递归方法求整数的阶乘。

程序代码：

```
#include <iostream>
using namespace std;
long factorial(int n) {
    if(n < 0) {
        cout << "负数不能求阶乘! " << endl;
        return 0;
    }
    else
        if(n == 1) {
            cout << "当前 n=" << n << ",状态为“递归返回”! " << endl;
            return 1;
        }
        else {
            cout << "当前 n=" << n << ",状态为“递归前进”! " << endl;
            long tmp = n * factorial(n-1);  //factorial 函数自己调用自己
            cout << "当前 n=" << n << ",状态为“递归返回”! " << endl;
            return tmp;
        }
}
int main() {
    long result;
    result = factorial(6);
    cout << "6!=" << result << endl;
    return 0;
}
```

运行结果：

```
当前 n=6,状态为“递归前进”!
当前 n=5,状态为“递归前进”!
```

```
当前n=4,状态为“递归前进”!
当前n=3,状态为“递归前进”!
当前n=2,状态为“递归前进”!
当前n=1,状态为“递归返回”!
当前n=2,状态为“递归返回”!
当前n=3,状态为“递归返回”!
当前n=4,状态为“递归返回”!
当前n=5,状态为“递归返回”!
当前n=6,状态为“递归返回”!
6!=720
```

跟踪与观察：

- 如图 5-4(a)所示为程序运行到 n=1 时(到达边界条件)，函数调用堆栈的情况。从图中可以看出，有 6 次 factorial 函数调用。
- 如图 5-4(b)所示为程序在递归返回过程中，返回到 n=3 时函数调用堆栈的情况。此时 tmp 变量的值为 6，该值是根据函数调用 factorial(2)返回的值和 n 相乘得到的，之后程序继续递归返回，tmp 变量的值依次为 24、120、720。
- 求整数的阶乘也可以用“迭代”法，即用循环语句进行“累乘”，方法如下：int result = 1; for(i=2; i<=n; i++) result *= i;。

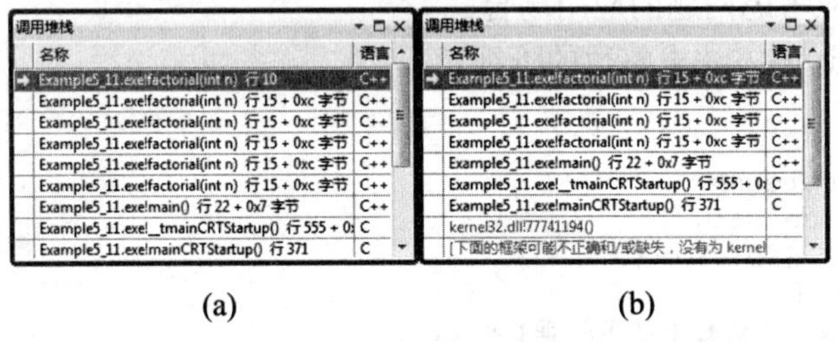

(a)　　　　(b)

图 5-4　例 5-11 程序运行时的调用堆栈观察

【**例 5-12**】汉诺(Hannoi)塔问题。该问题来自于古印度的一个传说。在世界中心贝拿勒斯的圣庙里，一块黄铜板上插着三根宝石针。印度教的主神梵天在创造世界的时候，在其中一根针上从下到上地穿好了由大到小的 64 片金片，这就是所谓的汉诺塔。不论白天黑夜，总有一个僧侣在按照下面的法则移动这些金片：一次只移动一片，不管在哪根针上，小片必须在大片上面。僧侣们预言，当所有的金片都从梵天穿好的那根针上移到另外一根针上时，世界就将在一声霹雳中毁灭，而梵塔、庙宇和众生也都将同归于尽。后来，这个传说演变为汉诺塔游戏。有三根柱子 A、B、C。A 柱上有若干盘子，小盘在上，大盘在下。每次移动一个盘子，小的只能叠在大的上面，把所有盘子从 A 柱移到 C 柱。

分析：

问题是 n 个盘子从 A 移到 C，如图 5-5(a)所示。用递归方法的解题过程如下：①将 A 上的 n−1 个盘子借助于 C 移到 B；②将第 n 个盘子从 A 移到 C；③将 n−1 盘子从 B 借助 A 移到 C。其第①和第③步都转化为 n−1 个盘子的移动问题，即归结为规模缩小的同类问题的子问题。

递归函数的声明为：void Hannoi(int n, char a, char b, char c)，表示有 n 个盘子从 A 借助 B 移到 C。

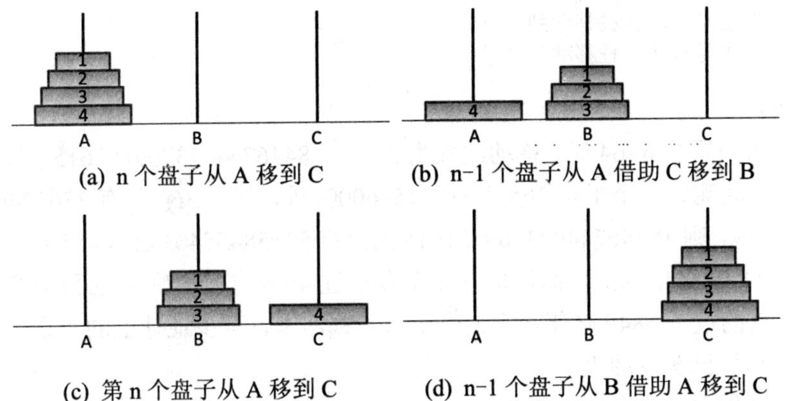

图 5-5　汉诺塔问题解题步骤

程序代码：

```
#include <iostream>
#include <iomanip>
using namespace std;
void Move(int n, char x, char y) {
    static int step = 1;
    cout << "第" << setw(2) << step++ << "步：把" << n << "号盘从"
       << x << "柱移动到" << y << "柱。" << endl;
}
void Hannoi(int n, char a, char b, char c) { //n 个盘子从 a 借助 b 移到 c
    if(n == 1)                          //边界条件
        Move(1, a, c);
    else {
        Hannoi(n-1, a, c, b);       //n-1 个盘子从 a 借助 c 移到 b
        Move(n, a, c);              //从 a 移动第 n 个盘子到 c
        Hannoi(n-1, b, a, c);       //n-1 个盘子从 b 借助 a 移到 c
    }
}
int main() {
    cout << "4 层汉诺塔的移动过程:" << endl;
    Hannoi(4, 'A', 'B', 'C');
    return 0;
}
```

运行结果：

```
4 层汉诺塔的移动过程:
第 1 步：把 1 号盘从 A 柱移动到 B 柱。
第 2 步：把 2 号盘从 A 柱移动到 C 柱。
第 3 步：把 1 号盘从 B 柱移动到 C 柱。
第 4 步：把 3 号盘从 A 柱移动到 B 柱。
第 5 步：把 1 号盘从 C 柱移动到 A 柱。
第 6 步：把 2 号盘从 C 柱移动到 B 柱。
第 7 步：把 1 号盘从 A 柱移动到 B 柱。
第 8 步：把 4 号盘从 A 柱移动到 C 柱。
第 9 步：把 1 号盘从 B 柱移动到 C 柱。
第 10 步：把 2 号盘从 B 柱移动到 A 柱。
第 11 步：把 1 号盘从 C 柱移动到 A 柱。
第 12 步：把 3 号盘从 B 柱移动到 C 柱。
第 13 步：把 1 号盘从 A 柱移动到 B 柱。
```

第 14 步：把 2 号盘从 A 柱移动到 C 柱。
第 15 步：把 1 号盘从 B 柱移动到 C 柱。

程序说明：

(1) 汉诺塔问题当 n=64 时，移动次数为 $2^{64}-1$=18446744073709551615。假如每秒钟一次，共需多长时间呢？一个平年 365 天有 31536000 秒，闰年 366 天有 31622400 秒，平均每年 31556952 秒，则 18446744073709551615/31556952=584554049253.855 年。这表明移完这些金片需要 5845 亿年以上，而地球存在至今不过 45 亿年，太阳系的预期寿命据说也就是数百亿年。真的过了 5845 亿年，不说太阳系和银河系，至少地球上的一切生命，连同梵塔、庙宇等，都早已灰飞烟灭。

(2) 若将例程中的盘子数由 4 改为 5000，再执行程序，则出现运行错误并弹出调试程序对话窗口。选择调试功能，报告的错误为："Example5_12.exe 中的 0x00f11599 处有未经处理的异常: 0xC00000FD: Stack overflow"，Stack overflow 的含义是程序的堆栈溢出。

5.6 函数指针

C/C++语言编写的函数经编译和链接生成机器能识别的指令代码，程序在运行时函数被加载到代码区，CPU 根据函数所生成的指令完成各项操作。如同数组名是数组的首地址一样，函数名代表的是该函数的首地址，也就是函数执行代码的入口地址。

数组可以通过数组名访问数组中的元素，也可以通过数组指针访问其中的数据。同样地，函数既可以通过函数名调用，也可以借用指向函数的指针间接地调用。函数指针变量的定义格式如下：

```
<返回类型> (*<指针变量名>)(<函数形参表>)[=<函数名>];
```

说明：

(1) <返回类型>和<函数形参表>与所指向函数的返回类型和形参表相同。例如：

```
void sort(int n, double array[]);
void (*funPtr)(int, double[])=sort;
```

函数指针 funPtr 指向 sort 函数。这里，所指函数的形参和函数返回类型需要完全匹配。在函数首地址赋给函数指针时，既可在函数名前添加取地址运算符"&"，也可以不加。

(2) 用于说明变量是指针类型的星号(*)和<指针变量名>必须加括号进行结合，否则星号与<返回类型>相结合，函数指针变量定义语句成为函数声明语句(含义为：声明返回指针类型的函数)。

(3) 用函数指针调用函数的方式与用函数名调用相似。方法之一是直接用函数指针变量名(如 funPtr(10, data);)，方法之二为用间接引用运算符(如(*funPtr)(10, data);)。

函数指针的实现很简单，与指向变量或对象的指针相似，函数指针变量中保存的是子程序代码的首地址。下面通过一个简单的例程来观察和分析函数指针和函数在程序运行时的实际状况，以加深对程序设计和实现机制的理解。

【例 5-13】函数指针观察示例。

程序代码：

```
#include <iostream>
using namespace std;
void subFunA(int a) {
    cout << "调用了函数 subFunA，传递的实参值为：" << a << endl;
}
void subFunB(int b) {
    cout << "调用了函数 subFunB，传递的实参值为：" << b << endl;
}
void subFunC() {
    cout << "调用了函数 subFunC" << endl;
}
int main() {
    void (*subFunPtr)(int);      //定义函数指针
    subFunPtr = subFunA;         //指向函数 subFunA
    subFunPtr(100);              //通过函数指针调用函数
    subFunPtr = &subFunB;        //用&取函数首地址
    subFunPtr(500);
    //subFunPtr = subFunC;       //错误，函数指针类型与所指函数不匹配
    return 0;
}
```

运行结果：

```
调用了函数 subFunA，传递的实参值为：100
调用了函数 subFunB，传递的实参值为：500
```

跟踪与观察：

(1) 从图 5-6(a)可以观察到函数 subFunA 的首地址为 0x013714b0，subFunB 的首地址为 0x01371540，subFunC 的首地址为 0x013715d0。函数 subFunA 和 subFunB 的类型为 void(int)，subFunC 的类型为 void(void)。函数指针 subFunPtr 的类型为 void(int)*。

如果去除源程序中//subFunPtr=subFunC;行前面的注释符，再编译程序，编译器将报错如下：error C2440: "=": 无法从"void (__cdecl *)(void)"转换为"void (__cdecl *)(int)"。

注意：函数指针与所指函数的类型必须相匹配，否则程序无法通过编译。

(2) 图 5-6(a)是程序运行过 subFunPtr(100);语句后监视窗口的状况，而图 5-6(b)是程序运行过 subFunPtr = &subFunB;语句后的情况。

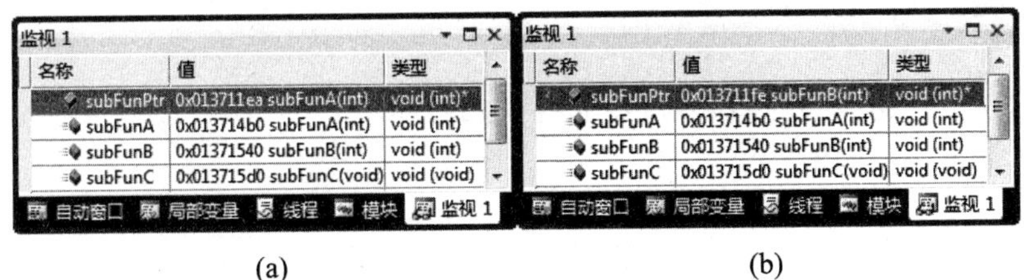

(a) (b)

图 5-6 例 5-13 函数指针状况观察

从图中可以看出，函数指针变量的值分别是 0x013711ea subFunA(int)和 0x013711fa subFunB(int)，与两个函数的首地址(0x013714b0 和 0x01371540)均不相同。查阅程序的汇编代码(方法为在源程序处单击鼠标右键，从快捷菜单中选择"转到反汇编"命令)可以发现地址 013711EA 处有一条汇编指令：jmp subFunA (13714B0h)，其含义是程序流程跳转到 subFunA (13714B0h)，即 subFunA 函数的首地址。

由于编译器在代码区的前端为程序建立了函数调用列表，表中为跳转到相应函数首地址的指令。因此，在函数指针变量 subFunPtr 中存储 subFunA 函数在列表中的地址与函数首地址的效果相同。

函数本身不能作为函数的形参，但函数指针可以。利用函数指针可以将函数作为实参传递给另一个函数。下面的程序演示了函数指针作为函数形参的优点。

【例 5-14】用牛顿迭代法求方程的近似根。

分析：

牛顿迭代法是牛顿在 17 世纪提出的一种近似求解方程的方法，其主要思想是使用函数 f(x)的泰勒级数的前面几项来寻找方程 f(x)=0 的根。设 r 是 f(x)=0 的根，选取 x0 作为 r 初始近似值，过点(x0, f(x0))做曲线 y=f(x)的切线 L，L 的方程为 y=f(x0)+f'(x0)(x−x0)，求出 L 与 x 轴交点的横坐标 x1=x0−f(x0)/f'(x0)，称 x1 为 r 的一次近似值。过点(x1, f(x1))做曲线 y=f(x)的切线，并求该切线与 x 轴交点的横坐标 x2=x1−f(x1)/f'(x1)，称 x2 为 r 的二次近似值。重复以上过程，得 r 的近似值序列，其中 x(n+1)=x(n)−f(x(n))/f'(x(n))，称为 r 的 n+1 次近似值，上式称为牛顿迭代公式。当 x(n+1)与 x(n)相邻两个近似值的差小于给定的精度值时，则可视 x(n+1)为方程的近似根。

程序代码：

```
#include <iostream>
#include <cmath>
using namespace std;
double funA(double x) { //函数 x³+x²-3x-3
    return x*x*x+x*x-3*x-3;
}
double funAd(double x) {
    return 3*x*x+2*x-3;
}
double funB(double x) {
    return 4*x*x-7*x-8;
}
double funBd(double x) {
    return 8*x-7;
}
double Newton(double (*fPtr)(double), double (*fdPtr)(double), double x){
    double x0, x1=x;
    do {
        x0 = x1;
        x1 = x0 - fPtr(x0)/(*fdPtr)(x0);
    } while(fabs(x1-x0) > 1e-6);
    return x1;
}
int main() {
    double result;
    result = Newton(funA, funAd, 2);
    cout << "方程 x^3+x^2-3x-3=0 在 2 附近的根是：" << result << endl;
    result = Newton(funB, funBd, 5);
    cout << "方程 4x^2-7x-8=0 在 5 附近的根是：" << result << endl;
    result = Newton(funB, funBd, -3);
    cout << "方程 4x^2-7x-8=0 在-3 附近的根是：" << result << endl;
    return 0;
}
```

运行结果：

```
方程 x^3+x^2-3x-3=0 在 2 附近的根是：1.73205
方程 4x^2-7x-8=0 在 5 附近的根是：2.53802
方程 4x^2-7x-8=0 在-3 附近的根是：-0.788017
```

程序说明：

函数 double Newton(double (*fPtr)(double), double (*fdPtr)(double), double x)的前两个形参为函数指针，用于接受函数和相应的导函数。将函数作为实参传递给函数，使得 Newton 函数具有良好的通用性。

用函数指针定义的数组被称为函数指针数组，它能存储多个类型相同的函数指针。函数指针数组的一个用途是设计菜单驱动的软件系统。

【例 5-15】 设计加、减、乘、除四则运算练习程序。

程序代码：

```
#include <iostream>
#include <ctime>
using namespace std;
typedef void (*FunPtr)(void);          //定义 FunPtr 为函数指针数据类型
void Add(void) {
    int x, y;
    char ch;
    int answer;
    system("cls");
    srand(unsigned(time(NULL)));
    cout << "***********加法运算练习***********" << endl;
    for( ; ; ) {
        x = rand() % 1000 + 1;
        y = rand() % 1000 + 1;
        cout << x << "+" << y << "=?";
        cin >> answer;
        if(x+y == answer)
            cout << "回答正确！^-^" << endl;
        else
            cout << "回答错误！~!~" << endl;
        cout << "是否继续(Y/N)?";
        cin >> ch;
        if(ch!='Y' && ch!='y')
            return;
    }
}
void Subtract(void) {
    int x, y;
    char ch;
    int answer;
    system("cls");
    srand(unsigned(time(NULL)));
    cout << "***********减法运算练习***********" << endl;
    while(true) {
        x = rand() % 1000 + 1;
        y = rand() % 1000 + 1;
        cout << x << "-" << y << "=?";
        cin >> answer;
        if(x-y == answer)
            cout << "回答正确！^-^" << endl;
```

```
        else
            cout << "回答错误! ~!~" << endl;
        cout << "是否继续(Y/N)?";
        cin >> ch;
        if(ch!='Y' && ch!='y')
            return;
    }
}
void Multiply(void) {
    int x, y;
    char ch;
    int answer;
    system("cls");
    srand(unsigned(time(NULL)));
    cout << "***********乘法运算练习***********" << endl;
    while(true) {
        x = rand() % 1000 + 1;
        y = rand() % 1000 + 1;
        cout << x << "*" << y << "=?";
        cin >> answer;
        if(x*y == answer)
            cout << "回答正确! ^-^" << endl;
        else
            cout << "回答错误! ~!~" << endl;
        cout << "是否继续(Y/N)?";
        cin >> ch;
        if(ch!='Y' && ch!='y')
            return;
    }
}
void Division(void) {
    int x, y, tmp;
    char ch;
    int answer;
    system("cls");
    srand(unsigned(time(NULL)));
    cout << "***********除法运算练习***********" << endl;
    do {
        while(true) {
            x = rand() % 1000 + 2;
            y = rand() % 1000 + 2;
            if(y > x) {
                tmp=x; x=y; y=tmp;
            }
            if(x%y == 0)
                break;
        }
        cout << x << "/" << y << "=?";
        cin >> answer;
        if(x/y == answer)
            cout << "回答正确! ^-^" << endl;
        else
            cout << "回答错误! ~!~" << endl;
        cout << "是否继续(Y/N)?";
        cin >> ch;
        if(ch!='Y' && ch!='y')
            return;
    } while(true);
```

```
}
void Exit(void) {
    exit(0);
}
int main() {
    FunPtr fptrArray[] = {&Exit, &Add, &Subtract, &Multiply, &Division};
    int index;
    while(true) {
        system("cls");
        cout << "*********欢迎使用算术运算练习软件*********" << endl;
        cout << "*           0-结束                  *" << endl;
        cout << "*           1-加法                  *" << endl;
        cout << "*           2-减法                  *" << endl;
        cout << "*           3-乘法                  *" << endl;
        cout << "*           4-除法                  *" << endl;
        cout << "****************************************" << endl;
        cout << "请选择: "; cin >> index;
        index %= 5;
        (*fptrArray[index])();
    }
    return 0;
}
```

程序说明。

(1) typedef 关键字含义是“类型定义”，作用是将一种数据类型定义为某一个标识符，在程序中可使用该标识符来实现相应数据类型变量的定义。例如 typedef int size;表示 size 标识符是 int 类型，可用 size 定义变量。typedef 能简化较为复杂类型的声明，用有明确意义的标识符代替，增强程序的可读性。

源程序中 typedef void (*FunPtr)(void);的含义是定义 FunPtr 标识符为 void (*)(void)函数指针类型，并在主程序中用 FunPtr 声明了函数指针数组 fptrArray。

(2) system(“cls”);语句的功能是调用系统的清屏功能。

(3) 源程序中实现加减乘除运算练习的 4 个函数结构比较相近，相似代码较多，可以考虑合并和简化。在软件设计中经常会进行“代码重构”，所谓重构(Refactoring)就是在不改变软件现有功能的基础上，通过调整程序代码改善软件的质量、性能，使程序的设计模式和架构更趋合理，提高软件的扩展性和维护性。作为练习，建议读者优化程序的设计。

5.7 案例实训

1. 案例说明

设计一个输出螺旋方阵的程序。如下所示，所谓螺旋方阵是指方阵中的元素按照一定的规则排列。旋转方向为：顺时针或逆时针；旋转层次为：从外向内或从内向外；数值为：从小到大或从大到小。本例仅考虑从小到大、从外向内、顺时针方向旋转的螺旋方阵。

```
 1   2   3   4   5
16  17  18  19   6
15  24  25  20   7
14  23  22  21   8
13  12  11  10   9
```

2. 编程思想

对于 n 阶方阵，从外向内分层考察，共有[n/2]层。例如，5 阶方阵共有 3 层。输出螺旋方阵的方法是先正确填充方阵(二维数组)中的元素，再输出二维数组。填充数组的方法是按层，同一个层中按行、列的次序依次填充。填充的值可以通过变量自动增加或减少的方法产生。

3. 程序代码

程序代码如下：

```
#include <iostream>
#include <iomanip>
using namespace std;
//螺旋方阵类
class ScrewingMtx {
    friend ostream& operator<<(ostream &os, ScrewingMtx &sm);
public:
    ScrewingMtx(int size=11);
    ~ScrewingMtx();
protected:
    void Create();        //向二维数组填充数值
private:
    int **ptr;
    int n;
};
ScrewingMtx::ScrewingMtx(int size) {
    n = size;
    ptr = new int *[n];
    for(int i=0; i<n; i++)
        ptr[i] = new int[n];
    Create();
}
ScrewingMtx::~ScrewingMtx() {
    for(int i=0; i<n; i++)
        delete []ptr[i];
    delete []ptr;
}
void ScrewingMtx::Create() {
    int m, i, j, k=1;
    m = (n%2==0) ? n/2 : n/2+1;          //循环次数m为n的一半取整
    for(int i=0; i<m; i++) { //从外向内，按顺时针方向依次为行、列赋值
        for(j=i; j<n-i; j++) {
            ptr[i][j] = k;
            k++;
        }
        for(j=i+1; j<n-i; j++) {
            ptr[j][n-i-1] = k;
            k++;
        }
        for(j=n-i-2; j>=i; j--) {
            ptr[n-i-1][j] = k;
            k++;
        }
        for(j=n-i-2; j>=i+1; j--) {
            ptr[j][i] = k;
            k++;
```

```
        }
    }
}
ostream& operator<<(ostream &os, ScrewingMtx &sm) {
    for(int i=0; i<sm.n; i++) {
        for(int j=0; j<sm.n; j++)
            os << setw(5) << sm.ptr[i][j];
        os << endl;
    }
    return os;
}
//在主函数中进行测试
int main() {
    ScrewingMtx smObj(9);
    cout << smObj;
    return 0;
}
```

4. 运行结果

运行结果如下：

```
 1   2   3   4   5   6   7   8   9
32  33  34  35  36  37  38  39  10
31  56  57  58  59  60  61  40  11
30  55  72  73  74  75  62  41  12
29  54  71  80  81  76  63  42  13
28  53  70  79  78  77  64  43  14
27  52  69  68  67  66  65  44  15
26  51  50  49  48  47  46  45  16
25  24  23  22  21  20  19  18  17
```

本 章 小 结

数组是一种重要的数据类型，数组与指针、类等类型相组合可声明指针数组、对象数组和函数指针数组等多种类型。

指针的本质是地址，它可以是变量、常量、数组、函数等的地址，指针变量中存储了另一个内存空间的地址。利用指针变量中存储的地址，程序能进行间接访问。指向指针的指针被称为是二级指针，其实就是指向另一个指针变量的指针，即存储了另一个指针变量首地址的指针变量。空指针和空悬指针是两种不同的指针，应注意区分。

函数指针是存储了函数入口地址的指针变量，函数指针能指向不同的函数，即保存不同函数的首地址。函数指针的用途之一是用作函数形参，实现函数传递给函数。

自由存储(堆)空间是一块由程序员维护的存储空间，它遵守用前申请、用后释放的规则。忘记堆中占用空间的释放是程序设计的常见错误，不及时回收空间会导致程序运行变慢或者崩溃。

自由存储区分配的空间是无名的，需要在程序中用指针变量指向该空间，并用间接访问方式读写堆中的数据。

在自由存储空间申请的数组，其大小可以在程序运行时确定。这在程序的栈区是不可能实现的。

递归函数是一种直接或间接地调用自己的函数。除递归函数，C++语言还允许递归定义，即自己定义自己。递归是一种思考问题的方法，更是一种解题方法，它是将一个大任务的解决归结为规模较小的相同任务的解决。

递归函数的边界条件是递归前进和递归返回的分界点。

用递归函数实现的程序通常代码简洁易懂，但效率低于非递归方法。

函数指针是指向函数的指针变量，利用函数指针可以进行函数调用或者将函数作为实参传递给另一个函数。

习 题 5

1. 填空题

(1) 有如下说明：int a[10]={1,2,3,4,5,6,7,8,9,10}, *p=a;，则数值为 9 的表达式是_____。

A. *p+9　　　B. *(p+8)

C. *p+=9　　　D. p+8

(2) 有如下定义：int a[5]={1,3,5,7,9}, *p=a;，下列表达式中不能得到数值 5 的是_____。

A. a[2]　　　B. a[3]

C. *(p+2)　　　D. *p+4

(3) 有如下定义：int a[3][4];，则下列几种引用下标为 i 和 j 的数组元素的方法中不正确的引用方式是_______。

A. a[i][j]　　　B. *(*(a+i)+j)

C. *(a[i]+j)　　　D. *(a+i*4+j)

(4) 有如下定义和语句：int a[4][5], (*pa)[5]; pa=a;，则对数组元素的正确引用是_____。

A. pa+1　　　B. *(pa+3)　　　C. pa[0][2]　　　D. *(pa+1)+3

(5) 已知函数原型是 fun(int (*ptr)[3])，函数调用形式为 fun(a)，则 a 的定义应为_____。

A. int *a　　　B. int (*a)[]　　　C. int a[][3]　　　D. int a[3]

(6) 指针数组是由_______构成的数组。如果使用数组名称为函数参数，形实结合时，传递的是_______。

(7) 关于动态存储分配，下列说法正确的是_______。

A. new 和 delete 是 C++语言中专门用于动态内存分配和释放的函数

B. 动态分配的内存空间也可以被初始化

C. 当系统内存不够时，会自动回收不再使用的内存单元，因此程序中不必用 delete 释放内存空间

D. 当动态分配内存失败时，系统会立刻崩溃，因此一定要慎用 new

(8) 当动态内存分配失败时，系统采用返回一个_______来表示发生了异常。如果 new

返回的指针丢失，则所分配的自由存储空间无法回收，称为_______。

(9) 系统提供的默认拷贝构造函数和赋值运算符重载函数所实现的复制是_______。假设类中有一个数据成员为指针，并为这个指针动态分配一个堆对象，如用默认构造函数拷贝对象 obj1 生成对象 obj2，则 obj2 中的对象指针指向和_______。

(10) 递归程序运行时，分为_______和_______两个阶段。

(11) 在下面的横线处填上适当的内容，使该函数能够利用递归方法求解字符串 str 的长度(不得使用系统提供的字符串处理函数)：

```
int GetLen(char *str) {
    if(________) return________;
    else return 1+GetLen(str+1);
}
```

2. 简答题

(1) 列举用指向一维数组的指针访问数组中元素的方法。

(2) 一维的指针数组与数组指针有何不同？数组指针与普通的指针有何异同？

(3) 以数组名或指针为函数的形参，为何还需要添加指明数组长度的形参？举例说明将二维数组传递给函数的方法。

(4) 说明下列两个表达式的区别。假设程序已定义 int *ptr;：

```
ptr = new int(10);
ptr = new int[10];
```

(5) 举例说明在动态存储区创建与撤消二维数组的两种方法。

(6) 设计一个简单的程序，说明浅复制可能产生的问题。

(7) 什么是递归函数？什么是边界条件？举例说明边界条件在递归中的作用。

(8) 什么是函数指针？举例说明函数指针的主要用途。

3. 编程题

(1) 定义一个指向字符串的指针数组并赋初值为空指针。从键盘输入多行字符串，在自由存储区分别保存输入的字符串，并将返回的地址依先后次序保存于指针数组中。先输出指针数组所指字符串的内容，再根据字符串的内容对指针数组进行排序，最后再次输出所有行。

(2) 设计一个能处理实数的矩阵类，要求在自由存储区存储矩阵，并在类中定义拷贝构造函数、析构函数、赋值函数和矩阵的加、减、乘与转置等运算符重载函数。

(3) 设计一个学生类，其中含有学号、姓名、语文、数学和英语成绩等数据成员。定义求课程成绩总分和平均值的成员函数。在主函数中定义学生类指针数组，用于指向自由存储区的学生类对象。输入若干个学生信息，再输出他们的学号、姓名、总成绩和平均分等信息。

(4) 用递归函数求 n 阶勒让德多项式的值。勒让德多项式为：

$$P_n(x)=\begin{cases}1 & n=0\\ x & n=1\\ \dfrac{(2n-1)xP_{n-1}(x)-(n-1)P_{n-2}(x)}{n} & n>1\end{cases}$$

(5) 定义一个用梯形法求定积分值的函数，该函数的形参有被积函数指针、积分上限和下限。定义两个被积函数，在主函数中对定积分函数进行测试。

第6章 类的继承

继承(Inheritance)是C++语言的重要机制，是面向对象程序设计方法的三个基本特征之一。继承允许程序在已有类的基础上进行扩展，是一种重要的代码复用手段。继承反映了类与类之间的一种层次关系，更是现实世界中事物之间存在的复杂联系的体现。继承也体现了人类认识事物由简单到复杂的过程和思考问题的方法。

本章着重学习继承这一面向对象程序设计的重要概念，以及在C++语言中实现继承的相关技术。

6.1 面向对象编程——继承

在面向对象程序设计中，用类将数据(事物的属性)和函数(事物的行为)进行封装。客观世界的复杂性和多样性决定了类之间存在着各种关联。前面所介绍的组合就是类与类之间存在的整体与部分之间的关系。

类的继承机制是指类可以在已定义类的基础上派生出新类，新类将拥有原有类的数据和函数，并且可以增添新的数据和函数成员，或者对原有类中的成员进行更新。

在面向对象编程中，原有类被称为基类(Base Class)或父类(Super Class)，新产生的类被称为派生类(Derived Class)或子类(Sub Class)。例如，由学生类可以派生出中学生类、大学生类和研究生类。由交通工具类可派生出汽车类、轮船类和飞机类，而汽车类又可充当客车类和卡车类的基类。

组合描述的是现实世界的实体之间存在的“拥有”联系，即实体间有“has a”的关系。而继承则描述了实体之间存在的“是”的联系，即实体间有“is a”的关系。

类之间的继承关系是一种层次结构。一个类可以独立存在，既不是其他类的基类，也不继承于其他类。然而更多地，类与类之间存在着联系。在类的继承机制中，一个类可以作为基类，也可以作为派生类。基类可分为直接基类和间接基类，直接基类就是派生类显式继承的类，间接基类是在类层次结构中向上间隔两层以上(含两层)所继承的类。

类的继承有两种方式：单继承和多重继承。单继承的派生类有且仅有一个直接基类，如图6-1中的飞机类是单继承于交通工具类，战斗机类则是单继承于飞机类。在单继承中，可以视派生类是基类的特例。多重继承的派生类具有两个或两个以上的直接基类，如图6-1中的水陆两用车类继承于客车类和客船类。在多重继承中，派生类是从多个基类派生而来，是一个具有多个基类特征的复合体，就像杂交水稻具有不同稻种特性一样。

在C++语言中，允许一个类派生于两个以上的基类，支持类的多重继承。然而在Java和C#语言中不支持类的多重继承，它们仅在接口中支持多重继承。类的多重继承会导致“钻石继承”的问题。例如，水陆两用车的对象将继承交通工具类的两个数据成员(一个来自于汽车类，另一个来自于轮船类)，它们各自均独立地分配空间，并且不能同步，存在数据二义性问题。C++中用虚基类技术解决由于支持多重继承所带来的“钻石继承”问题。

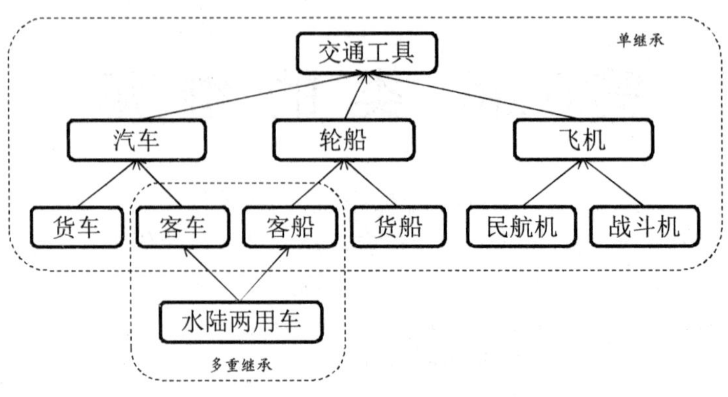

图 6-1 类的单继承和多重继承

继承与组合都属于面向对象的代码复用技术。继承和组合既有区别，也有联系。在一些复杂的类的设计中，二者经常是一起使用。在某些情况下，继承和组合的实现方法还可以互换。例如，圆(Circle)类的设计，其圆心用点(Point)类来描述，此时，即可以以 Point 类为父类设计 Circle 类，使其拥有圆心坐标，也可以在 Circle 类中用 Point 类定义数据成员 center。代码框架如下：

```
class Point { //点类
private:
    double x, y;
public:
    ...
};
```

```
class Circle { //组合
private:
    Point center;
    double radius;
public:
    ...
};
```

```
class Circle : public Point { //继承
private:
    double radius;
public:
    ...
};
```

面向对象程序设计的继承机制为描述客观世界的层次关系提供了自然且简便的方法。继承使得派生类自动地拥有基类的数据成员和函数成员，派生类是基类的扩展，是一种面向对象的代码复用技术，体现的是软件可重用的思想方法。

6.2 派 生 类

派生类继承了基类的数据成员和函数成员。C++支持 3 种继承方式，不同的继承方式决定了基类中成员被派生类继承后的可见性。派生类中可以重定义基类中的同名成员函数。派生类与基类属于同一类族，它们之间存在赋值兼容问题。本节主要介绍派生类的定义、继承方式、成员函数覆盖和赋值兼容等基础知识。

6.2.1 派生类的定义

定义派生类的一般格式如下：

```
class <派生类名> : [<继承方式 1>] <基类名 1>, ..., [<继承方式 n>][<基类名 n>] {
    <派生类的成员>
};
```

其中：

- 与类的定义相似，用关键字 class 标明是类定义。区别在于派生类名后(用冒号分隔)列出所继承的基类。对于单继承只有一个基类，而多重继承则有多个基类，它们之间用逗号分隔。
- 继承方式有 3 种：公有继承(public)、私有继承(private)和保护继承(protected)。默认的继承方式是私有继承，即不指明继承方式等同于私有继承。
- 派生类中的成员包括数据成员和成员函数。与普通类相同，派生类中数据成员的访问控制限定通常是私有的，成员函数的访问控制是公有的。

【例 6-1】派生类定义与派生类对象中的数据成员和成员函数。

程序代码：

```
#include <iostream>
using namespace std;
class BaseClass { //定义基类 BaseClass
public:
    BaseClass(int x=0): baseData(x) {}
    void show();
private:
    int baseData;
};
void BaseClass::show() {
    cout << "\tbaseData=" << baseData << endl;
}
class DerivedClass : public BaseClass { //定义派生类 DerivedClass
public:
    DerivedClass(int x=0, int y=0);
    void display();
private:
    int derivedData;
};
DerivedClass::DerivedClass(int x, int y): BaseClass(x) {
    derivedData = y;
}
void DerivedClass::display() {
    show();
    cout << "\tderivedData=" << derivedData << endl;
}
int main() {
    BaseClass baseObj(100);
    DerivedClass derivedObj(500, 600);
    cout << "baseObj:" << endl;
    baseObj.show();
    cout << "derivedObj:" << endl;
    derivedObj.display();
    return 0;
}
```

运行结果：

```
baseObj:
```

```
baseData=100
derivedObj:
baseData=500
derivedData=600
```

跟踪与观察：

(1) 从前面的知识可知，对象在逻辑上数据成员与函数成员具有封装性，但在物理上其实是存储在内存的不同区域(堆栈区和代码区)。

从图 6-2(a)可见，派生类对象 derivedObj 的数据部分含有两部分数据 BaseClass 和 derivedData(其值为 600)，展开 BaseClass 项，其中含有 baseData(其值为 500)。

对象 derivedObj 自动包含了基类部分，并且派生类的构造函数通过调用基类的构造函数将 500 赋给了 baseData。

(2) 从图 6-2(b)可见，派生类对象 derivedObj 继承了基类的公有函数 show，DerivedClass::show 的值是 0x010a14b0 BaseClass::show(void)，与 BaseClass::show 完全相同。

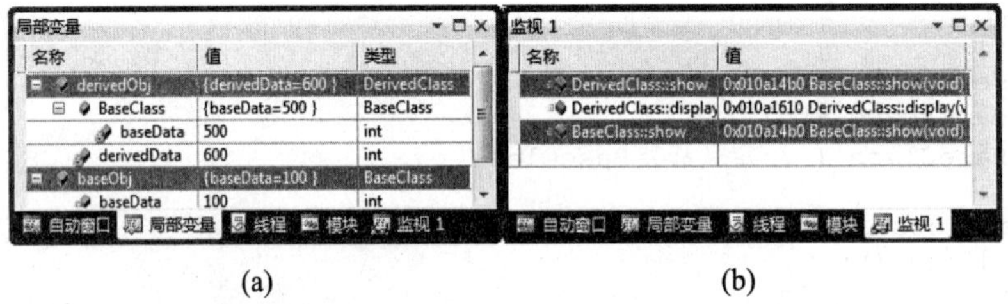

(a) (b)

图 6-2 派生类对象拥有的数据成员和成员函数

派生类继承基类的成员函数也是自动的，系统自动将基类的成员函数 show 当成派生类的成员函数 show，但实际上两者都是同一个函数 void BaseClass::show(void)。

从例程中不难发现，继承是一种类的复用技术，基类的数据成员和函数成员均被“遗传”给派生类。从集合的观点，派生类成员集是基类成员集的超集。

派生类是否继承了父类的所有成员函数呢？答案是否定的。C++中下列特殊的成员函数不被派生类所继承：①构造函数；②析构函数；③私有函数；④赋值运算符(=)重载函数。

私有的成员函数不能被继承的原因十分自然，因为它仅属于基类，在派生类中也不能直接访问它，否则破坏了基类的封装性(友元类与友元函数是以牺牲封装性为代价换取性能)。

构造函数、析构函数和赋值运算符重载函数不被继承的主要原因是基类的对应函数不能处理在派生类引入的新的数据成员，不能完全正确地完成相应的功能(只能正确地处理基类的数据成员)。因而，派生类对象在调用这些函数时会首先调用基类的对应函数。

在派生类设计时，需要注意下面几点：

- 派生类吸收基类成员。派生类继承吸收了基类的全部数据成员以及除了构造函数、析构函数、赋值和私有函数之外的全部函数成员。
- 派生类修改基类成员。对继承到派生类中基类成员的修改包括两个方面：一是基类成员的访问方式问题，这由派生类定义时的继承方式来控制；二是对基类成员的覆盖，也就是在派生类中定义了与基类中同名的数据成员或成员函数，由于作用域不同，于是发生同名覆盖(Override)，基类中的成员就被替换成派生类中的同

名成员。

- 派生类增添新成员。在派生类中，除了从基类中继承过来的成员外，还可以根据需要在派生类中添加新的数据成员和成员函数，以此实现必要的新功能。在派生类中添加新成员是继承和派生机制的核心，它保证了派生类是基类的扩展。

6.2.2 继承方式与访问控制

在类的定义中，用访问控制符 private、protected 和 public 说明成员的可见性。公有成员能被任何函数所访问，而私有和保护成员仅能接受类的成员函数和类的友元(包括友元函数和友元类)的访问。派生类继承于基类，那么基类成员对派生类函数的可见性如何呢？

派生类在定义时需要指定继承方式，所使用的关键字也是 private、protected 和 public，它们分别对应私有继承、保护继承和公有继承 3 种方式。不同的继承方式决定了基类中的成员在派生类中的可见性，表 6-1 列出了 3 种继承方式在派生类中影响基类成员的可见性和访问控制属性的情况。

表 6-1 派生类对基类成员的访问能力

基类成员 / 继承方式	private	protected	public
private	不可访问	可访问/私有成员	可访问/私有成员
protected	不可访问	可访问/保护成员	可访问/保护成员
public	不可访问	可访问/保护成员	可访问/公有成员

表 6-1 中的“不可访问”和“可访问”表示在派生类中访问基类成员的能力。“私有成员”、“保护成员”和“公有成员”表示基类成员在派生类中访问控制属性变化情况。

例如，基类是 public 的成员采用 private 继承方式时，表中相应项为“可访问/私有成员”，表示在派生类中可直接访问基类的公有成员，但该成员在派生类中其访问控制属性已被改为是私有成员，因此从派生类对象外不可直接访问基类的公有成员(从基类对象外可以直接访问)。派生类中基类成员访问控制属性的改变直接影响到基类成员在派生类对象外的访问能力。

从纵向观察表 6-1 可知：

- 基类的私有成员无论采用怎样的继承方式，它在派生类中均不可访问，也不存在访问控制属性改变的问题。基类中的私有成员只能通过保护或公有的函数访问。
- 基类的保护成员在派生类中所有的继承方式均可直接访问，不过私有继承方式会把基类访问控制属性是保护成员的转换为派生类中的私有成员，而保护和公有继承方式依然保持其为保护成员的访问控制属性。
- 基类的公有成员在派生类中也是可直接访问的，派生类中基类成员的访问控制属性均随继承方式而改变。

从横向观察表 6-1 可知，3 种继承方式都不改变从派生类访问基类成员的能力，但私有和保护继承方式均会改变基类成员在派生类中的访问控制属性，而只有公有继承方式保持基类成员的访问控制属性在派生类中不变。在应用中，公有继承方式绝对是主流的派生方

式，其他两种方式使用较少。

如果对 private、protected、public 这 3 个关键字的访问控制能力按从高到低的顺序排序，则 private 最高，protected 次之，而 public 最低。派生类中，基类成员的访问控制属性改变与否其实遵守如下准则：“强者优先”，即由基类成员在基类中的访问控制符和派生类在继承基类时所使用的继承方式符(两者中的“强者”)决定其在派生类中的访问控制属性。

需要强调的是，无论采用什么样的继承方式，基类中的所有成员均被派生类所继承，派生类对象一定含有基类的数据成员和成员函数。继承方式仅仅影响到基类成员在派生类中的访问控制属性。对于在派生类中不可直接访问的私有成员，正确的方法是通过基类提供的公有成员函数进行间接的访问。利用成员函数访问私有数据的目的，是防止数据被意外修改，它是面向对象程序设计的封装思想的重要体现。

下面通过一个无实际应用价值的程序说明不同的继承方式对访问控制能力的影响。

【例 6-2】 3 种继承方式对访问控制能力的影响示例。

程序代码：

```
#include <iostream>
using namespace std;
class Base{ //基类
private:
    int privateData;
    void privateFunction() {
        cout << "Base 类的私有成员函数被调用。" << endl;
    }
protected:
    int protectedData;
    void protectedFunction() {
        cout << "Base 类的保护成员函数被调用。" << endl;
    }
public:
    int publicData;
    Base(int a=0, int b=0, int c=0)
      :privateData(a), protectedData(b), publicData(c) {}
    void publicFunction() {
        cout << "Base 类的公有成员函数被调用。" << endl;
    }
    void show() {
        cout << "该对象含有基类的数据成员的值分别为：" << endl;
        cout << "\tprivateData=" << privateData
           << "\tprotectedData=" << protectedData
           << "\tpublicData=" << publicData << endl;
    }
};
class PrivateDerived : private Base {       //私有派生类
public:
    PrivateDerived(int a=0, int b=0, int c=0): Base(a, b, c) {}
    void callBaseFunction() {
        this->show();
        //this->privateFunction();       //编译出错，不能访问基类的私有成员函数
        this->protectedFunction();       //正常
        this->publicFunction();          //正常
    }
};
class ProtectedDerived : protected Base {  //保护派生类
```

```
public:
    ProtectedDerived(int a=0, int b=0, int c=0): Base(a, b, c) {}
    void callBaseFunction() {
        this->show();
        //this->privateFunction(); //编译出错，不能访问基类的私有成员函数
        this->protectedFunction(); //正常
        this->publicFunction();    //正常
    }
};
class PublicDerived : public Base { //公有派生类
public:
    PublicDerived(int a=0, int b=0, int c=0): Base(a, b, c) {}
    void callBaseFunction() {
        this->show();
        //this->privateFunction(); //编译时出错，不能访问基类的私有成员函数
        this->protectedFunction(); //正常
        this->publicFunction();    //正常
    }
};
int main() {
    PrivateDerived privateDerivedObj(1, 2, 3);
    ProtectedDerived protectedDerivedObj(10, 20, 30);
    PublicDerived publicDerivedObj(100, 200, 300);
    cout << "***访问对象privateDerivedObj的成员函数callBaseFunction()***"
       << endl;
    privateDerivedObj.callBaseFunction();
    cout << "---从对象privateDerivedObj外访问Base类的成员函数---" << endl;
    //privateDerivedObj.privateFunction();         //编译时出错，不能访问
    //privateDerivedObj.protectedFunction();       //编译时出错，不能访问
    //privateDerivedObj.publicFunction();          //编译时出错，不能访问
    //privateDerivedObj.show();                    //编译时出错，不能访问
    cout << "不能访问!" << endl;
    cout << "***访问对象protectedDerivedObj的成员函数callBaseFunction()***"
       << endl;
    protectedDerivedObj.callBaseFunction();
    cout << "---从对象protectedDerivedObj外访问Base类的成员函数---" << endl;
    //protectedDerivedObj.privateFunction();       //编译时出错，不能访问
    //protectedDerivedObj.protectedFunction();     //编译时出错，不能访问
    //protectedDerivedObj.publicFunction();        //编译时出错，不能访问
    //protectedDerivedObj.show();                  //编译时出错，不能访问
    cout << "不能访问!" << endl;
    cout << "***访问对象publicDerivedObj的成员函数callBaseFunction()***"
       << endl;
    publicDerivedObj.callBaseFunction();
    cout << "---从对象publicDerivedObj外访问Base类的成员函数---" << endl;
    //publicDerivedObj.privateFunction();          //编译时出错，不能访问
    //publicDerivedObj.protectedFunction();        //编译时出错，不能访问
    publicDerivedObj.publicFunction();             //可以从对象外访问
    publicDerivedObj.show();                       //同上
    return 0;
}
```

运行结果：

```
***访问对象privateDerivedObj的成员函数callBaseFunction()***
该对象含有基类的数据成员的值分别为:
```

```
    privateData=1   protectedData=2 publicData=3
Base 类的保护成员函数被调用。
Base 类的公有成员函数被调用。
---从对象 privateDerivedObj 外访问 Base 类的成员函数---
不能访问!
***访问对象 protectedDerivedObj 的成员函数 callBaseFunction()***
该对象含有基类的数据成员的值分别为:
    privateData=10  protectedData=20    publicData=30
Base 类的保护成员函数被调用。
Base 类的公有成员函数被调用。
---从对象 protectedDerivedObj 外访问 Base 类的成员函数---
不能访问!
***访问对象 publicDerivedObj 的成员函数 callBaseFunction()***
该对象含有基类的数据成员的值分别为:
    privateData=100 protectedData=200       publicData=300
Base 类的保护成员函数被调用。
Base 类的公有成员函数被调用。
---从对象 publicDerivedObj 外访问 Base 类的成员函数---
Base 类的公有成员函数被调用。
该对象含有基类的数据成员的值分别为:
    privateData=100 protectedData=200       publicData=300
```

程序说明:

- 程序中定义了 Base 基类,其中含有私有的数据 privateData 和函数 privateFunction,受保护的数据 protectedData 和函数 protectedFunction,公有的数据 publicData 和函数 publicFunction、show 和构造函数。在此基础上,分别用 3 种继承方式定义了派生类 privateDerived、protedtedDerived 和 publicDerived。3 个派生类的结构十分相似,除构造函数外,还有一个 callBaseFunction 函数,该函数均是调用 Base 类的 4 个成员函数。部分函数调用由于访问权限问题,不能通过编译,故在其前面加了注释符。privateFunction 在 3 个派生类中均不能被调用,而其他函数都可以。
- 在程序的主函数中,定义了 3 个派生类的对象,并试图通过这些对象调用基类的 4 个成员函数(privateFunction、protectedFunction、publicFunction 和 show),但仅有公有派生对象 publicDerivedObj 能调用公有函数 publicFunction 和 show。

6.2.3 成员函数的同名覆盖与隐藏

改造基类成员函数是派生类在基类上扩展功能的重要手段之一。在派生类中重新定义基类的同名成员函数后,基类中的同名成员函数将被同名覆盖(Override)或隐藏(Hide)。

派生类中重定义的同名成员函数的函数签名决定了基类中的成员函数是被同名覆盖还是被隐藏。

同名覆盖是由于派生类与基类的同名成员函数的函数签名相同,派生类对象在调用同名成员函数时,系统调用派生类的同名成员函数,而基类的相应函数被遮盖。

隐藏是由于派生类与基类的同名成员函数的函数签名不同(即函数名相同而形参不同),派生类对象在调用同名成员函数时,系统只在派生类中查找,不再深入到基类。派生类的同名成员函数阻止了对基类中同名函数的访问。

与函数签名相关的另一个概念是函数重载。在类的设计中,如果同一个类中有多个同

名(但签名不同)的成员函数，则这些成员函数之间是函数重载关系。函数重载要求函数在同一个作用域中，因此函数重载只能出现在同一个类中，基类与派生类的同名函数之间不存在重载关系。

C++的函数重载、覆盖、隐藏 3 个概念，对于初学者来说普遍感到容易混淆和难以掌握。如果了解了编译器查找成员函数的方法和实现机理，则它们的含义和区别就会变得简单明晰。

编译器调用类的成员函数的方法是：根据函数名(不是函数签名)沿着类的继承链逐级向上查找相匹配的函数定义。如果在类层次结构的某个类中找到了同名的成员函数，则停止查找，否则沿着继承链向上继续查找。派生中的同名函数阻止编译器到其基类继续查找，这就是出现同名覆盖和隐藏现象的原因。整个查找过程会出现下列两种情况：

- 在派生类中没有找到成员函数，再到基类中查找。如果在基类中找到并且实参与形参正确匹配，则函数调用成功，否则出错。
- 在派生类中找到了同名的成员函数，不再到基类中查找。此时又有两种情况：一是函数调用实参与形参正确匹配，则调用派生类中的同名成员函数(同名覆盖)；二是实参与形参匹配不成功，编译器报告错误(隐藏)。

从成员函数调用的查找方法可知，同名覆盖和隐藏基类函数的原因是由于编译器在派生类中遇到同名函数后不再到基类中继续查找。然而，在派生类中可利用作用域标识符(::)直接调用基类的同名成员函数，方式如下：

```
[<派生类对象名>.]<基类名>::<函数名>
```

【例 6-3】派生类中成员函数的同名覆盖、隐藏和重载示例。

程序代码：

```
#include <iostream>
using namespace std;
class Base {
public:
    void funX(int a) {
        cout << "调用 Base::funX(int)函数，" << "实参值为：" << a << endl;
    }
    void funY(char ch) {
        cout << "调用 Base::funY(char)函数，" << "实参值为：" << ch << endl;
    }
    void funZ() {
        cout << "调用 Base::funZ()函数." << endl;
    }
};
class Derived : public Base {
public:
    void funX(int a, int b) { //同名隐藏 Base 中 funX(int)
        cout << "调用 Derived::funX(int,int)函数，"
          << "实参值为：" << a << "," << b << endl;
    }
    void funX(char str[]) { //重载函数 funX
        cout << "调用 Derived::funX(char [])函数，"<<"实参值为："<<str<<endl;
    }
    void funY(char ch) { //同名覆盖 Base 中 funY(char)函数
        cout << "调用 Derived::funY(char)函数，" << "实参值为：" << ch<<endl;
```

```
    }
    void callBaseFun() { //用 Base::调用被隐藏函数 funX 和同名覆盖函数 funY
        //funX(100);                    //编译出错
        Base::funX(100);
        Base::funY('A');
    }
};
int main() {
    Base baseObj;
    Derived derivedObj;
    cout << "Base 对象调用成员函数:\n";
    baseObj.funX(123);
    baseObj.funY('B');
    baseObj.funZ();
    cout << "Derived 对象调用成员函数:\n";
    //derivedObj.funX(100);           //编译出错。Base::funX(int)被隐藏!
    derivedObj.Base::funX(100);       //能显式调用基类被隐藏的同名函数
    derivedObj.funX("基类的同名成员函数被隐藏! ");
    derivedObj.funX(300, 600);
    derivedObj.funY('D');
    derivedObj.callBaseFun();
    derivedObj.funZ();                //Derived 中没有定义 funZ 函数
    return 0;
}
```

运行结果:

```
Base 对象调用成员函数:
调用 Base::funX(int)函数, 实参值为: 123
调用 Base::funY(char)函数, 实参值为: B
调用 Base::funZ()函数.
Derived 对象调用成员函数:
调用 Base::funX(int)函数, 实参值为: 100
调用 Derived::funX(char [])函数, 实参值为: 基类的同名成员函数被隐藏!
调用 Derived::funX(int,int)函数, 实参值为: 300,600
调用 Derived::funY(char)函数, 实参值为: D
调用 Base::funX(int)函数, 实参值为: 100
调用 Base::funY(char)函数, 实参值为: A
调用 Base::funZ()函数。
```

跟踪与观察:

(1) 从图 6-3(a)可见，Base 类拥有成员函数 funX(int)、funY(char)和 funZ(void)，而 Derived 类中不存在函数 funX(int)，存在函数 funZ(void)，但其值为 Base::funZ(void)。

从图 6-3(b)的第 3 行可知，Derived 类存在函数 funY(char)，其值为 Derived::funY(char)。

(a) (b)

图 6-3 例 6-3 中基类与派生类的成员函数

(2) 在图 6-3(b)中，派生类 Derived 对 Base 类的 3 个成员函数重义情况为：funX(int)函数被重定义为 funX(int, int)和 funX(char*)函数，funY(char)函数重定义为 funY(char)，funZ(void)没有定义。

在主函数中，derivedObj.funX(100)语句在编译时报错，原因是重定义的 funX(int, int)和 funX(char*)隐藏了基类的 funX(int)函数。derivedObj.funY('D')语句正常调用了派生类中的 funY(char)函数，基类的同名函数没有调用，被同名覆盖。

(3) 在 Derived 类的 callBaseFun 函数体中，Base::funX(100)和 Base::funY('A')语句均能正常运行，而 funX(100)却不能通过编译。此外，主函数中的 derivedObj.Base::funX(100)语句也直接调用了 Base 中的 funX(int)函数。

6.2.4　派生类与基类的赋值兼容

派生类对象中包含基类的数据成员，派生类是对基类的一种扩展。那么，派生类对象是否能赋值给基类对象、指针或引用呢？反过来是否也可以呢？

由于派生类中包含从基类继承的成员，因此在任何需要基类对象的地方都可以用公有派生类的对象来代替。派生类对象向基类对象、指针或引用赋值满足以下兼容规则：

- 派生类对象可以赋值给基类对象，它是把派生类对象中从对应基类中继承来的成员赋值给基类对象。
- 派生类对象的地址可以赋给指向基类的指针变量，即基类指针可以指向派生类对象。但通过该指针只能访问派生类中从基类继承的成员，不能访问派生类中的新增成员。
- 派生类对象可以代替基类对象向基类对象的引用进行赋值或初始化。但它只能引用包含在派生类对象中基类部分的成员。

注意：这里所说的赋值只是对数据成员赋值，对成员函数不存在赋值问题。

基类对象是否能直接赋给派生类对象、指针或引用呢？答案是不能直接赋值，编译器会报告错误。

在对基类对象进行适当的转换或增添成员函数后，基类对象能向派生类对象、指针或引用赋值。然而，由于从基类转换来的派生类对象缺少派生类中新增的数据成员，因而访问指向基类对象的派生类指针(或引用)是不安全的。

下面列出两种转换方法。

(1) 在派生类中定义正确的转换构造函数或赋值运算符重载函数，则能确保将基类对象赋给派生类对象语句通过编译。此时，派生类对象中数据成员的内容与所定义的构造函数或赋值运算符重载函数相关。

(2) 用强制类型转换运算符转换基类对象为派生类对象并赋给派生类指针或引用，格式如下：

```
<派生类对象指针> = static_cast<派生类*>(&<基类对象>);
<派生类> &<派生类引用> = static_cast<派生类&>(<基类对象>);
```

其中 static_cast 运算符的使用格式为 static_cast<类型名>(<表达式>)，功能是把<表达式>转换为<类型名>的类型，但没有运行时类型检查来保证转换的安全性。用 static_cast 运

算符能实现类层次结构中基类(父类)和派生类(子类)之间指针或引用的转换。这种转换分为“上行”和“下行”两种。上行转换是指把派生类指针或引用转换成基类指针或引用，是安全的；下行转换是指把基类指针或引用转换成派生类指针或引用，是不安全的。

注意：将强制类型转换后的基类对象赋值给派生类的指针或引用，由于缺少派生类的成员，可能会导致程序崩溃。

【例 6-4】设计 Person 类和其派生类 Student 类，验证赋值兼容规则。

程序代码：

```
#include <iostream>
#include <string>
using namespace std;
class Person {                          //个人类
public:
   Person(string n="", bool s=true, double h=0);
   void showInfo();
private:
   string name;                         //姓名
   bool sex;                            //性别，男=true，女=false
   double height;                       //身高
};
Person::Person(string n, bool s, double h): name(n), sex(s), height(h){}
void Person::showInfo() {
   cout << "\t姓名: " << name << "\t性别: " << (sex?"男":"女")
      << "\t身高" << height << endl;
}
class Student : public Person {         //学生类
public:
   Student(string n, bool s, double h, int sn, int es): Person(n,s,h) {
      studentNo = sn;
      entranceScore = es;
   }
   void showInfo();                     //覆盖基类同名成员函数
private:
   int studentNo;                       //学号
   int entranceScore;                   //入学成绩
};
void Student::showInfo() {
   Person::showInfo();
   cout << "\t学号: " << studentNo << "\t入学成绩: "<<entranceScore<<endl;
}
void displayPersonInfo(Person &ps) {    //形参为基类引用类型
   ps.showInfo();
}
int main() {
   Person personObj("张三", true, 76.8), *personPtr;
   Student studentObj("李四", false, 63.5, 123456, 385), *studentPtr;
   cout << "执行personObj.showInfo();情况: \n"; personObj.showInfo();
   cout<<"执行studentObj.showInfo();情况: \n"; studentObj.showInfo();
   cout << "执行personPtr=&personObj;personPtr->showInfo();情况: \n";
   personPtr = &personObj;      //将基类对象地址赋给指向基类的指针
   personPtr->showInfo();
   cout << "执行personPtr=&studentObj;personPtr->showInfo();情况: \n";
   personPtr = &studentObj;          //将派生类对象地址赋给指向基类的指针
```

```
    personPtr->showInfo();
    cout << "执行 studentPtr=&studentObj;studentPtr->showInfo();情况: \n";
    studentPtr = &studentObj;   //将派生类对象地址赋给指向基类的指针
    studentPtr->showInfo();
    cout << "执行 displayPersonInfo(personObj);情况: \n";
    displayPersonInfo(personObj);
    cout << "执行 displayPersonInfo(studentObj);情况: \n";
    displayPersonInfo(studentObj);      //派生类对象基类引用
    cout << "执行 personObj=studentObj;personObj.showInfo();情况: \n";
    personObj = studentObj;
    personObj.showInfo();
    //studentObj = personObj;           //基类对象赋值给派生类对象，编译出错
    //studentPtr = &personObj;          //基类对象地址赋给派生类指针，编译出错
    return 0;
}
```

运行结果：

```
执行 personObj.showInfo();情况:
    姓名：张三      性别：男  身高 76.8
执行 studentObj.showInfo();情况:
    姓名：李四      性别：女  身高 63.5
    学号：123456 入学成绩：385
执行 personPtr=&personObj;personPtr->showInfo();情况:
    姓名：张三      性别：男  身高 76.8
执行 personPtr=&studentObj;personPtr->showInfo();情况:
    姓名：李四      性别：女  身高 63.5
执行 studentPtr=&studentObj;studentPtr->showInfo();情况:
    姓名：李四      性别：女  身高 63.5
    学号：123456 入学成绩：385
执行 displayPersonInfo(personObj);情况:
    姓名：张三      性别：男  身高 76.8
执行 displayPersonInfo(studentObj);情况:
    姓名：李四      性别：女  身高 63.5
执行 personObj=studentObj;personObj.showInfo();情况:
    姓名：李四      性别：女  身高 63.5
```

程序说明：

(1) 在程序中，Student 类是 Person 类的派生类，它在基类数据成员的基础上增加了学号和入学成绩数据成员。类中 showInfo 成员函数用于显示对象中的数据。主函数中分别定义了 Person 类和 Student 对象 personObj 与 studentObj，此外还定义了各自的指针。程序中分别对派生类对象地址赋给基类指针和基类对象地址赋给派生类指针进行了测试。

personPtr=&studentObj;语句是将派生类对象 studentObj 的地址赋给基类指针 personPtr，其后的 personPtr->showInfo();语句仅显示了基类的数据。而之后的 studentPtr=&studentObj;和 studentPtr->showInfo();则完全显示 studentObj 中的全部数据。从图 6-4 可观察到 personPtr 指针所指对象无论是 personObj 还是 studentObj 均仅含有 Person 类中数据。

(2) 主函数的最后一条语句 studentPtr=&personObj;在编译时出错。错误信息为：error C2440: “=”：无法从“Person *”转换为“Student *”。说明基类对象地址直接赋给派生类指针不支持。如果改为 studentPtr = static_cast<Student*>(&personObj);，则能通过编译。

派生类对象赋给基类对象的语句 studentObj=personObj;在编译时也出错。错误提示为：

error C2679: 二进制“=”: 没有找到接受“Person”类型的右操作数的运算符(或没有可接受的转换)。

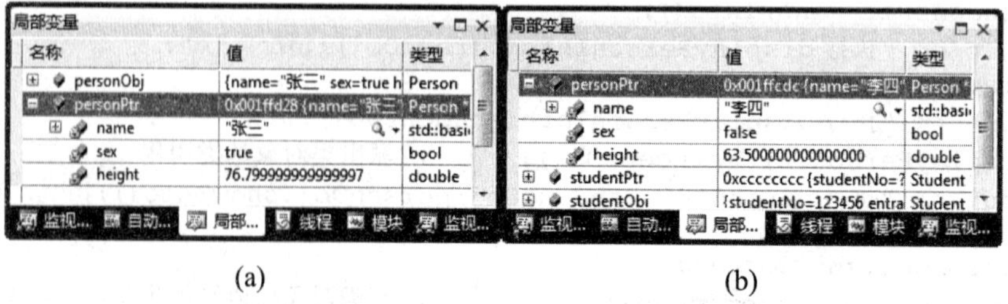

(a) (b)

图 6-4 personPtr 指针分别指向 Person 和 Student 对象时的内存情况

提示信息显示错误原因是由于 Student 类中缺少相应的赋值运行符(=)重载函数。如果在 Student 类中增添下面的赋值运算符重载函数或构造函数，则 studentObj=personObj;语句能正常运行。代码如下：

```
Student& operator=(Person &ps) {
    setName(ps.getName()); //在 Person 类中添加针对私有数据的 get 和 set 函数
    setSex(ps.getSex());
    setHeight(ps.getHeight());
    return *this;
}
Student(Person &ps) {
    setName(ps.getName());
    setSex(ps.getSex());
    setHeight(ps.getHeight());
    studentNo = 0;
    entranceScore = 0;
}
```

(3) displayPersonInfo 函数的形参为 Person 类的引用类型，在主程序中分别将基类对象 personObj 和派生类对象 studentObj 传递给该函数，运行结果显示其只能调用基类中的成员函数 showInfo，均只能见到 Person 类的部分数据。

(4) personObj=studentObj;语句的结果是 personObj 中数据成员的值和 studentObj 中基类部分数据成员的值完全相同。

6.3 派生类的构造与析构

在派生类对象中，数据成员分为两类：一类是继承于基类的数据成员；另一类是新添加的数据成员，包含其他类的成员对象。派生类对象中数据成员继承了基类数据，因而构造函数需要负责它们的初始化，派生类构造函数的定义格式如下：

```
派生类名(<参数总表>) : 基类名1(<参数表1>)[,..., 基类名m(<参数表m>),
  成员对象名1(<成员对象参数表1>),...,成员对象名n(<成员对象参数表n>)] {
    <派生类新增成员的初始化>;
}
```

其中：

(1) 基类名 1(<参数表 1>), ..., 基类名 m(<参数表 m>)为基类成员的初始化表，成员对

象名 1(<成员对象参数表 1>), ..., 成员对象名 n(<成员对象参数表 n>)为成员对象初始化表。派生类中新增的类型为基本类型的数据成员也可采用成员对象的方式进行初始化。

(2) 派生类构造函数中所列出的基类名 i(<参数表 i>)，在基类中需要有相匹配的构造函数。<参数总表>中包含其所有基类、成员对象和新增成员初始化所需的参数。

(3) 冒号后面的基类名和对象名之间用逗号分隔，其顺序没有严格的限制。

前面已介绍，类的构造与析构函数是不能被派生类继承和显式地调用的。派生类对象在创建和撤消时，需要调用基类的构造与析构函数完成基类部分数据成员的初始化和释放。与类的构造和析构函数调用方式相似，派生类也是自动地调用自身、基类和成员对象的构造与析构函数。在创建派生类对象时，构造函数的调用顺序为：

① 按照在派生类定义时的先后次序调用基类构造函数。

② 按照在类定义中排列的先后顺序依次调用成员对象的构造函数。

③ 执行派生类构造函数中的操作。

派生类对象在撤消时是按照构造函数调用相反的次序调用类的析构函数。首先调用派生类析构函数，清除派生类中新增的数据成员；其次调用成员对象析构函数，清除派生类对象中的成员对象；最后调用基类的析构函数，清除从基类继承来的数据成员。

【例 6-5】设计 Teacher 类，它继承于 Person 类并组合了 Date 类。演示派生类对象在构造和析构时，基类和成员对象构造与析构函数的调用情况。

程序代码：

```
#include <iostream>
using namespace std;
//日期类
class Date {
    friend ostream& operator<<(ostream&, const Date&);
public:
    Date(int=1900, int=1, int=1);
    ~Date();
private:
    int year, month, day;
};
ostream& operator<<(ostream &os, const Date &d) {
    os << d.year << "-" << d.month << "-" << d.day;
    return os;
}
Date::Date(int y, int m, int d) {
    year=y; month=m; day=d;
    cout << "Date类对象(" << *this << ")被构造! " << endl;
}
Date::~Date() {
    cout << "Date类对象(" << *this << ")被析构! " << endl;
}
//个人类
class Person {
    friend ostream& operator<<(ostream&, const Person&);
public:
    Person(char*="", bool=true);
    ~Person();
    char* getName() { return name; }
    bool getSex() { return sex; }
private:
```

```
    char *name;                    //姓名
    bool sex;                      //性别
};
ostream& operator<<(ostream &os, const Person &p) {
    os << "姓名：" << p.name << "，性别：" << (p.sex?"男":"女");
    return os;
}
Person::Person(char *n, bool s) {
    name = new char[strlen(n)+1];
    strcpy(name, n);
    sex = s;
    cout << "Person类对象(" << *this << ")被构造！" << endl;
}
Person::~Person() {
    cout << "Person类对象(" << *this << ")被析构！" << endl;
    delete name;
}
//教师类
class Teacher : public Person { //Person类派生Teacher类
    friend ostream& operator<<(ostream&, Teacher&);
public:
    Teacher(char*="", bool=true, int=1900, int=1, int=1, int=0, char*="");
    ~Teacher();
private:
    int empoyeeNumber;                  //工号
    Date dateOfWork;                    //参加工作日期，组合Date类对象
    char *professionalTitle;            //职称
};
ostream& operator<<(ostream &os, Teacher &t) {
    os << "姓名：" << t.getName() << "，性别：" << (t.getSex() ?"男":"女")
       << "，工号" << t.empoyeeNumber
       << "，参加工作日期：" << t.dateOfWork << "，职称："
       << t.professionalTitle;
    return os;
}
Teacher::Teacher(char *n, bool s, int y, int m, int d, int en, char *pt)
  : dateOfWork(y,m,d), Person(n,s) {
    empoyeeNumber = en;
    professionalTitle = new char[strlen(pt)+1];
    strcpy(professionalTitle, pt);
    cout << "Teacher类对象(" << *this << ")被构造！" << endl;
}
Teacher::~Teacher() {
    cout << "Teacher类对象(" << *this << ")被析构！" << endl;
    delete []professionalTitle;
}
//主函数
int main() {
    Teacher trobj("张三", true, 2003, 8, 10, 601263, "讲师");
    return 0;
}
```

运行结果：

```
Person类对象(姓名：张三，性别：男)被构造！
Date类对象(2003-8-10)被构造！
```

```
Teacher 类对象(姓名：张三，性别：男，工号 601263，参加工作日期：2003-8-10，职称：讲师)被构造！
Teacher 类对象(姓名：张三，性别：男，工号 601263，参加工作日期：2003-8-10，职称：讲师)被析构！
Date 类对象(2003-8-10)被析构！
Person 类对象(姓名：张三，性别：男)被析构！
```

程序说明：

- 从程序运行结果可见，虽然在 Teacher 派生类构造函数定义中成员对象(dateOfWork)声明在基类(Person)前，但依然是基类构造函数先被执行。此外，运行结果显示析构函数的调用次序正好与构造函数调用顺序相反。
- 派生类构造 Teacher(char *n, bool s, int y, int m, int d, int en, char *pt)的总参数表中参数的包括基类构造函数 Person(char *n, bool s)和成员对象构造函数 Date(int y, int m, int d)的参数。
- 在派生类构造函数定义中，基类 Person 的声明格式是 Person(n, s)，用 Date 类定义的成员对象 dateOfWork 的声明格式是 dateOfWork(y, m, d)。

6.4 多重继承与虚基类

C++支持从两个及以上基类共同派生出新的派生类，这种继承结构被称为多重继承(Multiple Inheritance)或多继承。多重继承能方便地描述事物的多种特征，能方便地支持代码复用，具有结构简单清晰的优点。但是由于继承了多个类的成员，使其结构较为复杂，容易引起比较严重的语义歧义问题，因此一些新的面向对象程序设计语言(如 Java、C#)并不支持类的多重继承，取而代之的是以接口(一种特殊的类)实现多重继承。

6.4.1 多重继承

多重继承的派生类继承于多个基类，在派生类定义时，多个基类之间用逗号分隔。派生类对象初始化时，将首先调用基类的构造函数，其调用顺序是参照定义中的次序，如：

```
class C : public A, public B {
public:
    C() : B(), A() { cout << "Call C Constructor!" << endl; }
};
```

基类 A 的构造函数先调用，尽管在构造函数声明中基类 B 的构造函数在基类 A 的前面。

由于多重继承的基类不止一个，而不同的类其数据成员和成员函数有可能同名，此时派生类继承了不同基类的同名成员，会出现无法访问的二义性问题。

【例 6-6】手机类和 MP4 播放器类为基类定义音乐手机类，并测试。

程序代码：

```
#include <iostream>
#include <string>
using namespace std;
//手机类
class MobilePhone {
public:
```

```
    MobilePhone(string t="", float p=0.0, string ap="");
    void show();
private:
    string trademark;   //商标
    float price;        //价格
    string apperance;   //外形，分为直板、翻盖、滑盖等
};
MobilePhone::MobilePhone(string t, float p, string ap) {
    trademark = t;
    price = p;
    apperance = ap;
}
void MobilePhone::show() {
    cout << "品牌：" << trademark << "\t价格：" << price << "\t外形："
        << apperance << endl;
}
 //音乐播放器类
class MusicPlayer {
public:
    MusicPlayer(string t="", float p=0.0, string af="", int f=0);
    void show();
private:
    string trademark;  //商标
    float price;       //价格
    string audioFormat; //支持的音乐格式
    int flashMemory;   //内置内存
};
MusicPlayer::MusicPlayer(string t, float p, string af, int f)
  :trademark(t), price(p), audioFormat(af), flashMemory(f) {
}
void MusicPlayer::show() {
    cout << "品牌：" << trademark << "\t价格：" << price << "\t音乐格式："
        << audioFormat << "\t内存：" << flashMemory << "GB" << endl;
}
 //音乐手机类
class MusicPhone : public MobilePhone, public MusicPlayer {
public:
    MusicPhone(string t="", float p=0.0, string ap="", string af="",
     int f=0, string col="");
    void display();
private:
    string color;       //颜色
};
MusicPhone::MusicPhone(string t, float p, string ap, string af,
  int f, string col)
    : MobilePhone(t,p,ap), MusicPlayer(t,p,af,f) {
    color = col;
}
void MusicPhone::display() {
    MobilePhone::show();
    MusicPlayer::show();
    cout << "颜色：" << color << endl;
}
int main() {
    MusicPhone myObj("步步高", 1800, "滑盖", "MIDI/MP3/AAC等", 1, "黑色");
    myObj.display();
    //myObj.show(); //报错：对“show”的访问不明确
```

```
    return 0;
}
```

运行结果：

```
品牌：步步高  价格：1800    外形：滑盖
品牌：步步高  价格：1800    音乐格式：MIDI/MP3/AAC 等 内存：1GB
颜色：黑色
```

程序说明：

- MobilePhone 类和 MusicPlayer 类均拥有 show 成员函数，在派生类中访问 show 函数必须的指明是属于哪个基类的成员函数，方法是 MobilePhone::show();，其中“::”是作用域标识符。
- 语句 myObj.show();在编译时出错，所报错误为：对“show”的访问不明确。如果将改语句为 myObj.MusicPlayer::show();，则能通过编译。

6.4.2 虚基类

在例程 6-6 中，手机类和播放器类均含有商标和价格数据成员，并且在派生类中包含了两份同样的数据。这种设计不仅浪费存储空间，而且会带来数据更新的一致性问题。例如，若音乐手机降价了，则需要同时修改两处 price 私有数据。一种比较自然的设计方法是定义一个商品类，其中包含商标和价格数据，而手机类和播放器类分别继承于商品类。派生类的层次结构如图 6-5 所示。

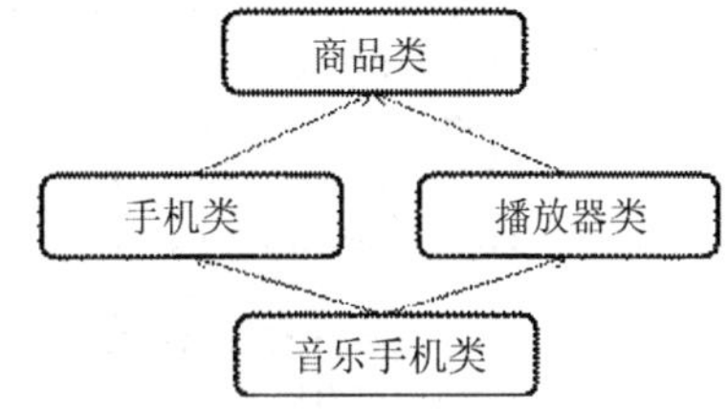

图 6-5 商品类的多重继承层次结构

在多重继承的类继承层次结构中，继承于两个不同基类的派生类，由于其基类又派生于同一个基类(不一定是直接基类)，故可能出现如图 6-5 所示的“钻石继承”(又称菱形继承)情况。此时商品类中的数据成员(如价格 price)分别被其派生类手机类和播放器类所继承，而音乐手机类又多重继承于手机类和播放器类，因此，商品类的数据成员 price 分别通过手机类和播放器类派生给音乐手机类，同样的数据成员在音乐手机派生类对象中将出现两个，并且存储地址也不相同。这样不仅浪费存储空间，而且还会因为需要维护数据的一致性增加额外的开销。

下面的示例说明了多重继承可能引发“钻石继承”问题。

【例 6-7】多重继承中存在的“钻石继承”和数据同步问题示例。

程序代码：

```
#include <iostream>
#include <string>
using namespace std;
//商品类
class Merchandise {
public:
    Merchandise(string n="", float p=0.0): name(n), price(p) {}
    string getName() { return name; }
    float getPrice() { return price; }
    void setName(string n) { name = n; }
    void setPrice(float p) { price = p; }
private:
```

```
    string name;        //商品名称
    float price;        //价格
};
//手机类
class MobilePhone : public Merchandise {
public:
    MobilePhone(string n="", float p=0.0, string ap="");
    void show();
private:
    string apperance;   //外形，分为直板、翻盖、滑盖等
};
MobilePhone::MobilePhone(string n, float p, string ap)
  : Merchandise(n, p) {
    apperance = ap;
}
void MobilePhone::show() {
    cout << "商品名称：" << getName() << "\t价格：" << getPrice()
        << "\t外形：" << apperance << endl;
}
//音乐播放器类
class MusicPlayer : public Merchandise {
public:
    MusicPlayer(string n="", float p=0.0, string af="", int f=0);
    void show();
private:
    string audioFormat; //支持的音乐格式
    int flashMemory;    //内置内存
};
MusicPlayer::MusicPlayer(string n, float p, string af, int f)
  : Merchandise(n,p), audioFormat(af), flashMemory(f) {
}
void MusicPlayer::show() {
    cout << "商品名称：" << getName() << "\t价格：" << getPrice()
        << "\t音乐格式：" << audioFormat
        << "\t内存：" << flashMemory << "GB" << endl;
}
//音乐手机类
class MusicPhone : public MobilePhone, public MusicPlayer {
public:
    MusicPhone(string t="", float p=0.0, string ap="", string af="",
      int f=0, string col="");
    void display();
private:
    string color;       //颜色
};
MusicPhone::MusicPhone(string t, float p, string ap, string af,
   int f, string col) : MobilePhone(t,p,ap), MusicPlayer(t,p,af,f) {
    color = col;
}
void MusicPhone::display() {
    MobilePhone::show();
    MusicPlayer::show();
    cout << "颜色：" << color << endl;
}
int main() {
    MusicPhone myObj("音乐手机", 1800, "滑盖", "MIDI/MP3/AAC等", 1, "黑色");
    myObj.MusicPlayer::setPrice(500);
```

```
    myObj.display();
    return 0;
}
```

运行结果：

```
商品名称：音乐手机 价格：1800    外形：滑盖
商品名称：音乐手机 价格：500     音乐格式：MIDI/MP3/AAC 等 内存：1GB
颜色：黑色
```

跟踪与观察：

(1) 主函数中执行了 myObj.MusicPlayer::setPrice(500);，使得继承于 MusicPlayer 的 price 数据的值为 500，因而运行结果显示出 1800 和 500 两个不同的价格。

(2) 从图 6-6 可知，基类继承来的数据成员 name 和 price 在音乐手机派生类对象 myObj 中分别存储了两份，其中，从 MobilePhone 类继承的 name 成员的存储地址为 0x002ff85c，price 成员的存储地址为 0x002ff87c，而从 MusicPlayer 类继承的 name 成员的存储地址为 0x002ff8a0，price 成员的存储地址为 0x002ff8c0，并且两个 price 成员的值不相同。

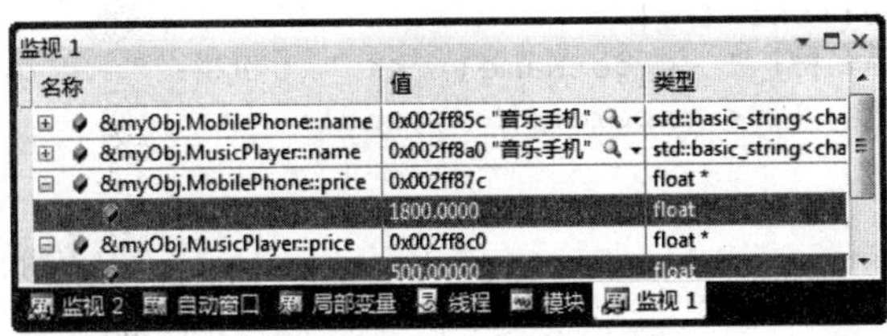

图 6-6 例 6-7 的内存跟踪窗口

多重继承中存在的钻石继承结构将导致基类的数据成员在派生类对象中重复出现。为解决多重继承在路径汇聚点上的派生类因从不同路径继承了某个基类多次而产生重复继承的问题，C++语言通过引入虚基类(Virtual Base Class)来支持派生类对象在内存中仅有基类数据成员的一份拷贝，以消除钻石继承所产生的数据重复存储问题。

虚基类定义的语法非常简单，只需用 virtual 限定符在派生类定义时将基类的继承方式声明为虚拟的即可。例如：

```
class MobilePhone : virtual public Merchandise {
    ...
}
```

其中 virtual 和 public 关键字的次序可任意。

下面的程序是在例 6-7 的基础上，通过定义虚基类解决派生类对象中基类数据成员重复存储的问题。

【例 6-8】用虚基类解决“钻石继承”问题。

程序代码：

```
#include <iostream>
#include <string>
using namespace std;
//商品类
class Merchandise {
public:
    Merchandise(string n="", float p=0.0): name(n), price(p) {}
```

```
    string getName() { return name; }
    float getPrice() { return price; }
    void setName(string n) { name = n; }
    void setPrice(float p) { price = p; }
private:
    string name;
    float price;        //价格
};
//手机类
class MobilePhone : virtual public Merchandise {//声明 Merchandise 为虚基类
public:
    MobilePhone(string n="", float p=0.0, string ap="");
    void show();
private:
    string apperance;   //外形，分为直板、翻盖、滑盖等
};
MobilePhone::MobilePhone(string n, float p, string ap)
  : Merchandise(n, p) {
    apperance = ap;
}
void MobilePhone::show() {
    cout << "商品名称：" << getName() << "\t 价格：" << getPrice()
       << "\t 外形：" << apperance << endl;
}
//音乐播放器类
class MusicPlayer : public virtual Merchandise {//声明 Merchandise 为虚基类
public:
    MusicPlayer(string n="", float p=0.0, string af="", int f=0);
    void show();
private:
    string audioFormat; //支持的音乐格式
    int flashMemory;    //内置内存
};
MusicPlayer::MusicPlayer(string n, float p, string af, int f)
  : Merchandise(n,p), audioFormat(af), flashMemory(f) {
}
void MusicPlayer::show() {
    cout << "商品名称：" << getName() << "\t 价格：" << getPrice()
       << "\t 音乐格式：" << audioFormat
       << "\t 内存：" << flashMemory << "GB" << endl;
}
//音乐手机类
class MusicPhone : public MobilePhone, public MusicPlayer {
public:
    MusicPhone(string n="", float p=0.0, string ap="",
      string af="", int f=0, string col="");
    void display();
private:
    string color;       //颜色
};
MusicPhone::MusicPhone(string n, float p, string ap, string af,
  int f, string col): MobilePhone(n,p,ap), MusicPlayer(n,p,af,f),
  Merchandise(n,p) {    //注意！
    color = col;
}
void MusicPhone::display() {
    MobilePhone::show();
```

```
        MusicPlayer::show();
        cout << "颜色：" << color << endl;
    }
    int main() {
        MusicPhone myObj("音乐手机", 1800, "滑盖", "MIDI/MP3/AAC等", 1, "黑色");
        myObj.MusicPlayer::setPrice(500);
        myObj.display();
        return 0;
    }
```

运行结果：

```
商品名称：音乐手机 价格：500     外形：滑盖
商品名称：音乐手机 价格：500     音乐格式：MIDI/MP3/AAC等 内存：1GB
颜色：黑色
```

跟踪与观察：

(1) 从图6-7可知，myObj对象中从不同路径继承的数据成员name和price的存储地址和值完全相同，此时改动其中一个变量的值，另一个也随之改变。程序的运行结果显示价格的值均为500。

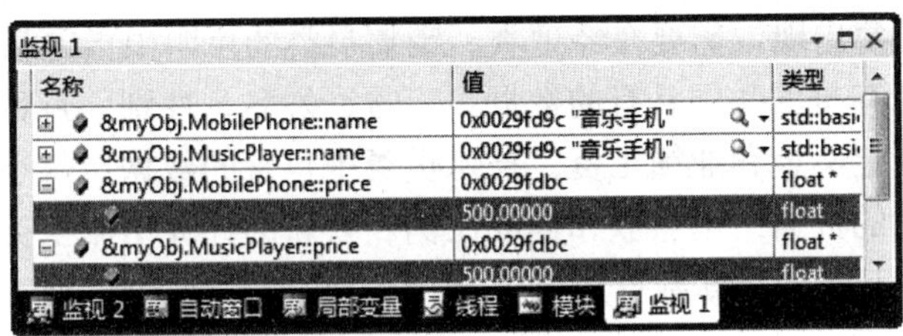

图6-7 例6-8的内存跟踪窗口

(2) MusicPhone类的构造函数在定义时需要显式地说明调用虚基类Merchandise的构造函数Merchandise(n, p)，否则myObj对象中name和price成员将不赋初值。

虽然Merchandise类的直接派生类MobilePhone和MusicPlayer的构造函数均包含了对Merchandise构造函数的调用，但在MusicPhone类对象构造时不调用基类MobilePhone和MusicPlayer构造函数中说明的虚基类Merchandise的构造函数。

若Merchandise不是虚基类，则Merchandise构造函数将被调用二次(通过MobilePhone和MusicPlayer类的构造函数)。此时MusicPhone类的构造函数定义时不再需要直接说明对Merchandise类构造函数的调用。

6.5 案例实训

1. 案例说明

设计一个员工工资管理程序，要求交互输入人员信息，计算人员工资并保存至文件。

假设某公司的雇员(Employee)包括下列4类人员：经理(Manager)、技术员(Technician)、销售员(Salesman)、销售经理(Salesmanager)。类的层次结构如图6-8所示。

- 雇员类中含有工号、姓名、性别、月薪等基本信息。

- 经理工资包括固定奖和业绩工资，月薪为二者之和。
- 技术员工资的计算方法是当月工作时间乘每小时工资。
- 销售员工资由基本工资(800 元)外加销售额与提成比例之积构成。
- 销售经理工资是经理工资的一半再加所辖部门销售总额与提成比例之积。

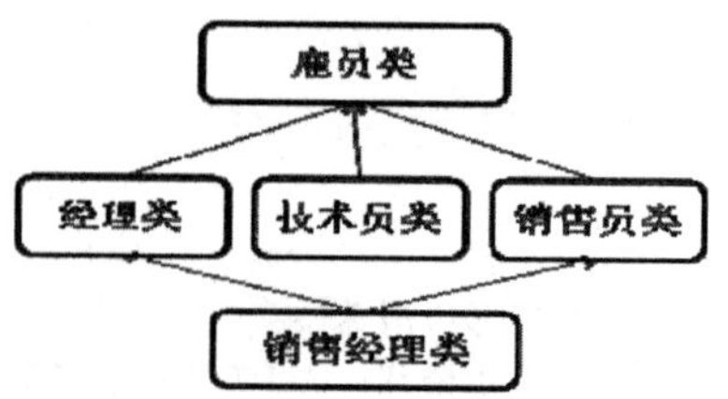

图 6-8　工资管理程序的类层次结构

2. 编程思想

在设计时，先定义一个雇员类为所有类的基类。从雇员类派生出经理类、技术员类、销售员类，而销售经理类则多重继承于经理类和销售员类。为防止雇员类中的数据成员在销售经理类对象中重复出现，需要在经理类、销售员类的声明中指定基类为虚基类。

雇员类中包含所有员工共同具有的数据：工号、姓名、性别、月薪等。经理类中含有经理才有的数据：固定奖金和业绩工资。技术员类中包含的数据：每小时酬金和月工作时间。销售员类中包含的数据：销售额和提成比例。月薪的计算由派生类根据不同的规则自己计算，结果保存于基类的月薪数据成员中。

3. 程序代码

程序代码如下：

```
//文件名：employee.h
#ifndef EMPLOYEE_H
#define EMPLOYEE_H
#include <string>
#include <iostream>
using namespace std;
enum SEX { male, female, none };
class Employee {
public:
    friend ostream& operator<<(ostream&, Employee&);
    void input();
protected:              //便于派生类访问数据成员
    int number;         //工号
    string name;        //姓名
    SEX sex;            //性别
    double salary;      //月薪
};
class Manager : public virtual Employee {  //经理类
public:
    void input();
    void pay();
protected:
    double bouns;       //固定奖金
```

```
    double meritPay;    //业绩工资
};
class Technician : public Employee {   //技术人员类
public:
    Technician() : hourlyPay(30) {}
    void input();
    void pay();
private:
    double hourlyPay;        //每小时酬金
    int workingHours;        //月工作时间
};
class Salesman : public virtual Employee {      //销售员类
public:
    Salesman() {
        rate = 0.05;
    }
    void input();
    void pay();
protected:
    double salesAmount;      //销售额
    double rate;             //提成比例
};
class SalesManager : public Salesman, public Manager {//销售经理类
public:
    SalesManager() {
        rate = 0.01;
    }
    void input();
    void pay();
};
#endif
//文件名: employee.cpp
#include "employee.h"
#include <iostream>
using namespace std;
ostream& operator<<(ostream &os, Employee &emp) {
    os << "\t工号\t姓名\t性别\t月薪" << endl;
    os << "\t" << emp.number << "\t" << emp.name << "\t"
       << (emp.sex==male?"男":(emp.sex==female?"女":"不详"))
       << "\t" << emp.salary << endl;
    os << "\t+---------------------------+" << endl;
    return os;
}
void Employee::input() {
    char str[10];
    cout << "工号:"; cin >> number;
    cout << "姓名: "; cin >> name;
    cout << "性别: "; cin >> str;
    sex = strcmp(str,"男")==0 ? male : (strcmp(str,"女")==0?female:none);
}
void Manager::input() {
    Employee::input();
    cout << "固定奖:"; cin >> bouns;
    cout << "业绩工资: "; cin >> meritPay;
}
void Manager::pay() {
    salary = bouns + meritPay;
```

```
}
void Technician::input() {
    Employee::input();
    cout << "当月工作时数:"; cin >> workingHours;
}
void Technician::pay() {
    salary = workingHours * hourlyPay;
}
void Salesman::input() {
    Employee::input();
    cout << "当月销售额:"; cin >> salesAmount;
}
void Salesman::pay() {
    salary = 800 + salesAmount * rate;
}
void SalesManager::input() {
    Manager::input();
    cout << "部门销售额:"; cin >> salesAmount;
}
void SalesManager::pay() {
    salary = (bouns+meritPay)/2 + salesAmount*rate;
}
//文件名：mainFun.cpp
#include "employee.h"
#include <iostream>
#include <fstream>
using namespace std;
void menu() {
    system("cls");
    cout << "*** 欢迎使用工资管理系统 ***" << endl;
    cout << "***     1.经理            ***" << endl;
    cout << "***     2.技术员          ***" << endl;
    cout << "***     3.销售员          ***" << endl;
    cout << "***     4.销售经理        ***" << endl;
    cout << "***     0.退出            ***" << endl;
    cout << "****************************" << endl;
    cout << "请选择：";
}
int main() {
    int ch;
    Manager *managerPtr;
    Technician *technicianPtr;
    Salesman *salesmanPtr;
    SalesManager *salesManagerPtr;
    ofstream outFile(".\\result.txt");
    while(true) {
        menu();
        cin >> ch;
        switch(ch) {
        case 1:
            managerPtr = new Manager;
            managerPtr->input();
            managerPtr->pay();
            outFile << *managerPtr;
            cout << *managerPtr;
            delete managerPtr;
            break;
        case 2:
```

```
            technicianPtr = new Technician;
            technicianPtr->input();
            technicianPtr->pay();
            outFile << *technicianPtr;
            delete technicianPtr;
            break;
        case 3:
            salesmanPtr = new Salesman;
            salesmanPtr->input();
            salesmanPtr->pay();
            outFile << *salesmanPtr;
            delete salesmanPtr;
            break;
        case 4:
            salesManagerPtr = new SalesManager;
            salesManagerPtr->input();
            salesManagerPtr->pay();
            outFile << *salesManagerPtr;
            delete salesManagerPtr;
            break;
        case 0:
            outFile.close();
            return 0;
        }
    }
}
```

4. 运行结果

屏幕输入界面：

```
*** 欢迎使用工资管理系统 ***
***     1.经理            ***
***     2.技术员          ***
***     3.销售员          ***
***     4.销售经理        ***
***     0.退出            ***
****************************
```

请选择：(输入过程略)

result.txt 文件中的内容如下：

```
工号 姓名 性别 月薪
1001    张三 男       6589
+----------------------------------------------+
工号 姓名 性别 月薪
1002    李四 男       6300
+----------------------------------------------+
工号 姓名 性别 月薪
1003    王五 女       5800
+----------------------------------------------+
工号 姓名 性别 月薪
1004    赵六 女       5615.5
+----------------------------------------------+
```

本章小结

本章着重介绍了类的继承。继承允许程序员在已有类的基础上定义新的类(派生类)，派生类是对基类的扩充。派生出的新类可以作为基类继续派生新的类，如此，构成了类的继承层次结构。类的派生过程是客观事物进化与发展的反映，派生类在已有类的基础上通过扩展和特殊化实现功能更加复杂和特殊的类。类的继承是一种重要的代码复用手段。

在类的层次结构中，最上层类的抽象程度最高。从基类与派生类之间的层次关系观察，从上到下，是一个具体化和特殊化的过程，而从下至上，则是一个抽象化的过程。

C++支持 3 种继承方式，不同的继承方式决定了基类中成员被派生类继承后的可见性。它们分别是 public、protected 和 private，其中 public 最为常用。

C++中不被派生类继承的成员函数有：构造函数、析构函数、私有函数和赋值运算符(=)重载函数。

在派生类中可以重新定义与基类函数同名的成员函数。如果所定义的同名成员函数的函数签名与基类的成员函数签名相同，则基类的同名成员函数将被同名覆盖，否则将被隐藏。被覆盖或隐藏的基类成员函数可用作用域标识符::直接指明调用基类的成员函数。

派生类对象中包含基类的数据成员，基类经公有派生的类具有基类的全部功能，因此凡是能够使用基类的地方，均可以用公有派生类来代替。

派生类对象在创建时调用构造函数进行初始化，调用次序为：首先按照在派生类定义时的先后次序调用基类构造函数；其次按照在类定义中排列的先后顺序依次调用成员对象的构造函数；最后调用派生类构造函数。而析构函数的调用次序正好与构造函数的调用次序相反。

C++支持单继承和多重继承。多重继承允许派生类同时继承于多个基类，而多个基类中的类又可能派生于同一个父类，因此会出现“钻石继承”的问题。C++通过引入虚基类解决钻石继承问题。

习 题 6

1. 填空题

(1) 用来派生新类的类称为________，而派生出的新类称为它的子类或派生类。

(2) 有如下程序：

```
#include <iostream>
using namespace std;
class CA {
public:
    CA() { cout << 'A'; }
};
class CB : private CA {
public:
    CB() { cout << 'B'; }
};
```

```
int main() {
    CA a;
    CB b;
    return 0;
}
```

这个程序的输出结果是_______。

(3) 有如下类声明：

```
class MyBASE {
    int k;
public:
    void set(int n) { k = n; }
    int get() const { return k; }
};
class MyDERIVED : protected MyBASE {
protected:
    int j;
public:
    void set(int m, int n) { MyBASE::set(m); j=n; }
    int get()const { return MyBASE::get()+j; }
};
```

则类 MyDERIVED 中保护的数据成员和成员函数的个数是_______。

A. 4　　B. 3　　C. 2　　D. 1

(4) 有如下声明：

```
class Base {
protected:
    int amount;
public:
    Base(int n=0) : amount(n) {}
    int getAmount() const { return amount; }
};
class Derived : public Base {
    int value;
public:
    Derived(int m,int n) : value(m), Base(n) {}
    int getData() const { return value+amount; }
};
```

已知 x 是一个 Derived 对象，则下列表达式中正确的是_______。

A. x.value+x.getAmount()　　B. x.getData()-x.getAmount()

C. x.getData()-x.amount　　D. x.value+x.amount

(5) 建立一个有成员对象的派生类对象时，各构造函数体的执行次序为_______。

A. 派生类、成员对象类、基类　　B. 成员对象类、基类、派生类

C. 基类、成员对象类、派生类　　D. 基类、派生类、成员对象类

(6) C++中设置虚基类的目的是_______。

A. 简化程序　　B. 消除二义性

C. 提高运行效率　　D. 减少目标代码

(7) 在公有派生情况下，有关派生类对象和基类对象的关系，不正确的叙述是_______。

A. 派生类的对象可以赋给基类的对象

B. 派生类的对象可以初始化基类的引用

C. 派生类的对象可以直接访问基类中的成员

D. 派生类的对象的地址可以赋给指向基类的指针

(8) 有如下程序：

```
#include <iostream>
using namespace std;
class PARENT {
public:
    PARENT() { cout << "PARENT"; }
};
class SON : public PARENT {
public:
    SON() { cout << "SON"; };
};
int main() {
    SON son;
    PARENT *p;
    p = &son;
    return 0;
}
```

执行上面程序的输出是_______。

2. 简答题

(1) 派生类可以有几种继承方式？简述不同的继承方式对基类成员的访问能力。

(2) 什么是成员函数的同名覆盖？什么是隐藏？简述它们之间的区别。

(3) 简述派生类与基类的赋值兼容规则。

(4) 派生类中不被继承的基类函数有哪些？简述派生类构造函数和析构函数的执行顺序。

(5) 什么是“钻石继承”？什么是虚基类？怎样定义虚基类？用实例说明虚基类在派生类中的存储方式。

(6) 举例说明继承和组合之间的区别与联系。

3. 编程题

(1) 定义一个教室类，其中包含门号、座位数、面积等数据成员。再定义一个多媒体教室派生类，包含多媒体设备信息。在两个类中分别定义构造函数、析构函数、输入与输出函数。

(2) 定义一个平面几何图形基类(Shape)，在此基础上派生出矩形类(Rectangle)和圆类(Circle)，再从矩形类派生出正方形类(Square)，所有类中均含有求面积的成员函数。

(3) 定义一个人员类(Person)，并以此派生出学生类(Student)和教师类(Teacher)，再由学生类和教师类派生出在职读书教师类(StuTech)。人员类含有姓名、性别、年龄等信息，学生类有学号、班级、专业等信息，教师类有职称、工资等信息。

(4) 创建一个银行账户的继承层次，表示银行的所有客户账户。所有的客户都能在他们的银行账户存钱、取钱，但是账户也可以分成更具体的类型。例如，一方面存款账户SavingAccount依靠存款生利，另一方面，支票账户CheckingAccount对每笔交易(即存款或取款)收取费用。

设计一个类层次，以 Account 为基类，SavingAccount 和 CheckingAccount 为派生类。基类 Account 应该包括一个 double 类型的数据成员 balance，表示账户的余额。该类应提供一个构造函数，接受一个初始余额值并用它初始化数据成员 balance。成员函数 credit 可以向当前余额加钱；成员函数 debit 负责从账户中取钱，并且保证账户不会被透支。如果提取金额大于账户金额，函数将保持 balance 不变，并输出错误信息。成员函数 getBalance 则返回当前 balance 的值。

派生类 SavingAccount 不仅继承了基类 Account 的功能，而且还应提供一个附加的 double 类型数据成员 interestrate 表示这个账户的比率(百分比)。SavingAccount 的构造函数应接受初始余额值和初始利率值，还应提供一个 public 成员函数 caclculateInterest，返回代表账户的利息的一个 double 值，这个值是 balance 和 interestrate 的乘积。

注意：类 SavingAccount 应继承成员函数 credit 和 debit，不需要重新定义。

派生类 CheckingAccount 不仅继承了基类 Account 的功能，还应提供一个附加的 double 类型数据成员，表示每笔交易的费用。CheckingAccount 的构造函数应接受初始余额值和交易费用值。类 CheckingAccount 需要重新定义成员函数 credit 和 debit，当每笔交易完成时，从 balance 中减去每笔交易的费用。重新定义这些函数时应用(即调用)基类 Account 的这两个函数来执行账户余额的更新。CheckingAccount 的 debit 函数只有当钱被成功提取时(即提取金额不超过账户余额时)才应收取交易费。

提示：定义 Account 的 debit 函数使它返回一个 bool 类型值，表示钱是否被成功提取。然后利用该值决定是否需要扣除交易费。

当这个层次中的类定义完毕后，编写一个程序，要求创建每个类的对象并测试他们的成员函数。将利息加到 SavingAccount 对象的方法是：先调用它的成员函数 caclculateInterest，然后将返回的利息数传递给该对象的 credit 值。

(5) 在例 5-10 的 String 类上派生新的字符串类 MyString，MyString 类中增加字符串替换、删除和插入这 3 个成员函数。

第 7 章　多　态　性

多态性(Polymorphism)是面向对象程序设计的重要特性之一。多态是指为一个函数名称关联多种含义的能力，它不仅提高了面向对象软件设计的灵活性，而且使得设计和实现具有良好的可重用性和可扩充性的应用软件成为可能。

本章主要介绍动态绑定、虚函数、抽象类等重要的概念和实现方法。

7.1　面向对象编程——多态

多态性一词最早源于生物学，是指地球上所有生物，从食物链系统、物种水平、群体水平、基因水平等层次上所体现出的形态和状态的多样性。

在面向对象程序设计中，多态性是指同样的消息被不同类型的对象接收时会产生完全不同的行为，即每个对象可以用自己特有的方式响应相同的消息。这里的消息是指对函数的调用，不同的行为是指不同的实现，即执行不同的函数。类似的情况也出现在现实世界中，例如“开始运行”这一操作指令，对于应用软件是在计算机中启动软件系统，对于轮船是开始行驶，对于发电机是开始旋转发电等。

从程序实现的角度，多态可分为两类：编译时的多态和运行时的多态。编译时的多态性是通过静态绑定实现的，而运行时的多态性则是在程序运行过程中通过动态绑定实现的。这里的绑定(Binding，又称联编)是指函数调用与执行代码之间关联的过程。

静态绑定(Static Binding)是在程序的编译与连接时就已确定函数调用和执行该调用的函数之间的关联。在生成的可执行文件中，函数调用所关联执行的代码是已确定的，因此静态绑定也称为早绑定(Early Binding)。前面介绍的函数重载(含运算符重载)就属于编译时的多态。编译器在判定应当调用多个重载函数中哪一个时，是根据源程序中函数调用所传递的实参类型查找到与之相匹配的重载函数并连接。

动态绑定(Dynamic Binding)是在程序运行时根据具体情况才能确定函数调用所关联的执行代码，因而也称为晚绑定(Late Binding)。动态绑定所支持的多态性能为程序设计带来良好的灵活性、可重用性和可扩充性。在 C++中，通常意义上所说的多态性是指动态多态性，本书今后所讲的多态性在没有特别说明的情况下是指动态多态性。

利用多态性容易实现“单个接口，多种方法”的软件设计技术。面向对象程序设计要求程序具有可扩展的能力，实现界面(接口)和处理方法的分离。在 C++中，动态多态性的实现方法是在同一个类的继承层次结构中通过定义虚函数(Virtual Function)实现。下面通过一个简单的实例予以说明。

设计平面与立体几何形处理程序，类的层次结构如图 7-1 所示。几何形类为基类，其中定义了求面积和体积的成员函数。在派生类中，根据几何形特征，分别重新定义相应函数以正确地求出相应的面积和体积。

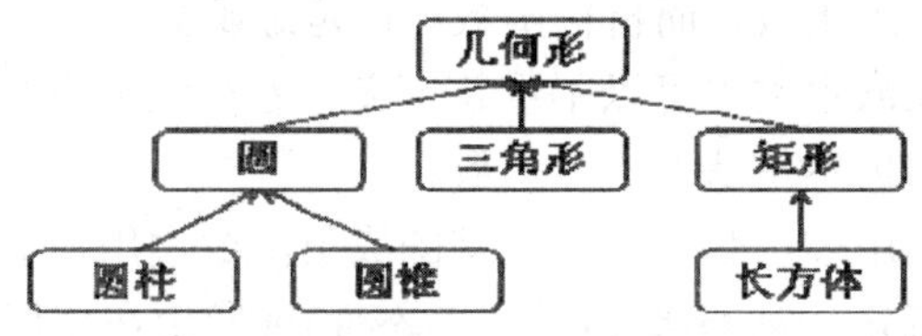

图 7-1 几何形类的层次结构

在类的继承中，重新定义同名且形参相同的成员函数称为同名覆盖。类层次结构中的类所定义的对象均能正确调用自己的成员函数。现假设需要设计一个显示函数，其功能是显示类层次结构中所有类(包含还未定义的派生类)对象的面积和体积等信息，该函数需要能接收类层次结构中的所有类的对象，故函数形参应定义为几何形类的指针(或引用)。由于该函数的形参是基类指针(或引用)，从前一章的知识可知，若传递的实参为派生类对象，则函数只能访问几何形类的成员函数而不能访问派生类中的面积和体积函数。C++的解决方法是将几何形类中的面积和体积函数定义为虚函数，程序在运行时利用多态性能正确地调用与所传递对象的计算面积和体积的成员函数。

在 C++中，当通过基类指针(或引用)请求调用虚函数时，C++程序会在运行过程中正确地选择与对象关联的派生类中重定义的虚函数。

利用虚函数和多态性，程序员可以处理普遍性而让运行环境处理特殊性。即使在不知道一些对象的类型的情况下，也可以让各种各样的对象表现出适合这些对象的行为。

前面例子中的几何形类事实上是一个非常抽象的概念，其具体形状未知，面积和体积无法计算，用其定义对象也无实际意义。这种类在面向对象程序设计中被称为抽象类(Abstract Class)，其主要用途是为其他类提供合适的基类。在抽象类中通常仅定义一些没有实现的虚函数(接口)，而在其派生类中才实现各自对应的函数。这就是所谓的“单个接口，多种方法”的软件设计思想和技术。

7.2 虚函数与动态绑定

类中的成员函数被声明为虚函数后，C++编译器将对虚函数进行特别处理以支持动态绑定。本节在介绍虚函数的基本用法后，着重解析 VC++中动态绑定机制的实现方法，旨在从技术层面理解多态性的概念。

7.2.1 虚函数的定义和使用

虚函数的定义方法是用关键字 virtual 修饰类的成员函数。例如：

```
virtual double area();
```

在 C++中，不是任何成员函数都能说明为虚函数，虚函数的使用需要注意以下几点：

- 在派生类中重定义的虚函数要求函数签名和返回值必须与基类虚函数完全一致，而关键字 virtual 可以省略。在类的层次结构中，成员函数一旦在某个类中被声明为虚函数，那么在该类之后派生出来的新类中它都是虚函数。
- 虚函数不能是友元函数或静态成员函数。

- 构造函数不能是虚函数，而析构函数可以是虚函数。
- 基类的虚函数在派生类中可以不重新定义。若在派生类中没有重新改写基类的虚函数，则调用的仍然是基类的虚函数。
- 通过类的对象调用虚函数仅属于正常的成员函数调用，调用关系是在编译时确定的，属于静态绑定。动态绑定(动态多态性)仅发生在使用基类指针或基类引用调用虚函数的过程中。

【例 7-1】设计动物类及其派生类，并定义虚函数显示每种动物爱吃的食物。

程序代码：

```
#include <iostream>
#include <string>
using namespace std;
class Animal {
public:
    Animal(string n="动物"): name(n) {}
    virtual void eat() {
        cout << "爱吃的食物互不相同。" << endl;
    }
    string getName() {
        return name;
    }
private:
    string name;
};
class Poultry : public Animal {
public:
    Poultry(string n="家禽"): Animal(n) {}
};
class Chicken : public Poultry {
public:
    Chicken(string n="鸡"): Poultry(n) {}
    virtual void eat() {
        cout << "爱吃的食物为谷物。" << endl;
    }
};
class Duck : public Poultry {
public:
    Duck(string n="鸭"): Poultry(n) {}
    virtual void eat() {
        cout << "爱吃的食物为小鱼小虾。" << endl;
    }
};
class Panda : public Animal {
public:
    Panda(string n="熊猫"): Animal(n) {}
    virtual void eat() {
        cout << "爱吃的食物为竹子。" << endl;
    }
};
class Monkey : public Animal {
public:
    Monkey(string n="猴子"): Animal(n) {}
    virtual void eat() {
        cout << "爱吃的食物为桃子。" << endl;
```

```
    }
};
void show(Animal *ptr) {
    cout << (ptr->getName()) << ",";
    ptr->eat();                     //调用虚函数
}
int main() {
    Animal *ptrArray[6];            //指针数组
    ptrArray[0] = new Monkey;
    ptrArray[1] = new Panda;
    ptrArray[2] = new Chicken;
    ptrArray[3] = new Duck;
    ptrArray[4] = new Poultry;
    ptrArray[5] = new Animal;
    for(int i=0; i<6; i++)
        show(ptrArray[i]);
    for(int i=0; i<6; i++)
        delete ptrArray[i];         //释放动态存储空间
    return 0;
}
```

运行结果：

```
猴子,爱吃的食物为桃子。
熊猫,爱吃的食物为竹子。
鸡,爱吃的食物为谷物。
鸭,爱吃的食物为小鱼小虾。
家禽,爱吃的食物互不相同。
动物,爱吃的食物互不相同。
```

程序说明：

(1) Animal 基类中定义了 eat()虚函数，用于显示动物爱吃的食物，成员函数 getName()用于返回动物名称，构造函数用于初始化对象。除 Poultry 类没有重定义 eat()函数外，其余派生类均重新定义了该虚函数。

从运行结果可知，Poultry 派生类没有自己的 eat()函数，则继承了基类函数，而 Monkey、Panda 等派生类对象均调用了自己的虚成员函数 eat()。

(2) show()函数的形参是指向 Animal 类的指针 ptr，函数体中通过指针调用 getName()和 eat()函数。getName()是 Animal 类的成员函数，属于常规访问。

由于 eat()是虚函数，ptr->eat()语句能根据 ptr 所指向的对象类型正确地调用对应函数，而若 eat()不是虚函数，则 ptr 指针只能访问 Animal 的 eat()函数。

(3) 指针数组 Animal *ptrArray[6];用于保存基类或派生类对象的地址，之后的 6 条语句是在自由存储区产生 6 个不同类的对象并存储它们的首地址于数组中。

(4) 如果在程序中定义下列函数，在主程序中定义对象并传递给该函数，则同样也能正确调用虚函数，实现多态：

```
void show(Animal &ref) {
    cout << ref.getName() << ",";
    ref.eat();
}
```

Animal 类的指针或引用能根据所指向或引用的对象正确地调用虚函数。

7.2.2 VC++动态绑定的实现机制

C++语言标准并没有规定动态绑定的实现方法，本节主要介绍 VC++在内部是怎样实现虚函数、多态和动态绑定。对于初学者，本节内容略显难懂，但了解这些知识有益于深入理解和合理应用动态多态技术。下面通过跟踪和分析前面的例 7-1 来剖析 VC++实现动态绑定的方法。

在 VC++中，多态是通过 3 个层次的指针(即“三层间接访问”)实现的。为便于对比和分析，在 Animal 类中添加显示动物寿命的虚成员函数 lifeSpan()，如下：

```
virtual void lifeSpan() {
    cout << "寿命大致在×年到×年之间! " << endl;
}
```

在主函数中定义对象 Monkey myObj。以跟踪方式运行例 7-1，监视窗口中如图 7-2 所示。

监视 1

名称	值	类型
ptrArray[0]	0x00395b38	Animal *
[Monkey]	{...}	Monkey
__vfptr	0x0041a910 const Monkey::`vftable'	*
[0]	0x0041123a Monkey::eat(void)	*
[1]	0x004113fc Animal::lifeSpan(void)	*
name	"猴子"	std::basic_string<char,std::(
ptrArray[3]	0x00395dc0	Animal *
[Duck]	{...}	Duck
__vfptr	0x0041a8c4 const Duck::`vftable'	*
[0]	0x004111f4 Duck::eat(void)	*
[1]	0x004113fc Animal::lifeSpan(void)	*
name	"鸭"	std::basic_string<char,std::(
ptrArray[4]	0x00395fb8	Animal *
[Poultry]	{...}	Poultry
__vfptr	0x0041a894 const Poultry::`vftable'	*
[0]	0x00411280 Animal::eat(void)	*
[1]	0x004113fc Animal::lifeSpan(void)	*
name	"家禽"	std::basic_string<char,std::(
myObj	{...}	Monkey
Animal	{name="猴子" }	Animal
__vfptr	0x0041a910 const Monkey::`vftable'	*
[0]	0x0041123a Monkey::eat(void)	*
[1]	0x004113fc Animal::lifeSpan(void)	*
name	"猴子"	std::basic_string<char,std::(

自动窗口 局部变量 线程 模块 监视 1

图 7-2 虚函数的实现方式

图 7-2 中显示了程序运行时 ptrArray[0]、ptrArray[3]、ptrArray[4]这 3 个 Animal 指针所指对象和 myObj 对象的存储信息。

所有对象都拥有一个名称为__vfptr 的指针(称为虚函数表指针)，其中 ptrArray[0]和 myObj 的__vfptr 完全相同。图 7-2 中，不同类对象的__vfptr 分别指向了 Monkey 类、Duck 类和 Poultry 类的虚函数表，表名均为‘vftable’。

Monkey 类的虚函数表中有两个函数指针，分别指向 Monkey::eat()和 Animal::lifespan()，Duck 类的虚函数表中的两个函数指针分别指向 Duck::eat()和 Animal::lifespan()，lifeSpan 类的虚函数表中的两个函数指针分别指向 Animal::eat()和 Animal::lifespan()。

VC++处理动态绑定的基本方法是：编译器为拥有虚函数的类创建一个虚函数表，在对象中封装__vfptr 指针，用于指向类的虚函数表‘vftable’。虚函数表中存储了该类所拥有的虚函数的入口地址，即函数指针。如果派生类重新定义了基类的虚函数，那么虚函数表中保存的是指向该类虚函数的指针，否则保存的是其父类的对应虚函数指针。例如，Poultry 类由于没有重定义虚函数，其虚函数表中保存的是基类 Animal 的虚函数指针。调用哪个虚函数决定于所访问的虚函数表中所记录的虚函数指针。

多态的实现涉及到 3 个层次的指针，如图 7-3 所示。第 1 层次指针是虚函数表'vftable'中的函数指针，它们指向虚函数被调用时的实际函数。第 2 层次指针是对象中封装的__vfptr 指针，其中存储了类的虚函数表的入口地址。第 3 层次是对象指针(也可以是引用)，以间接方式访问对象。该指针通常是类层次结构中基类的指针，可以指向派生类的所有对象。

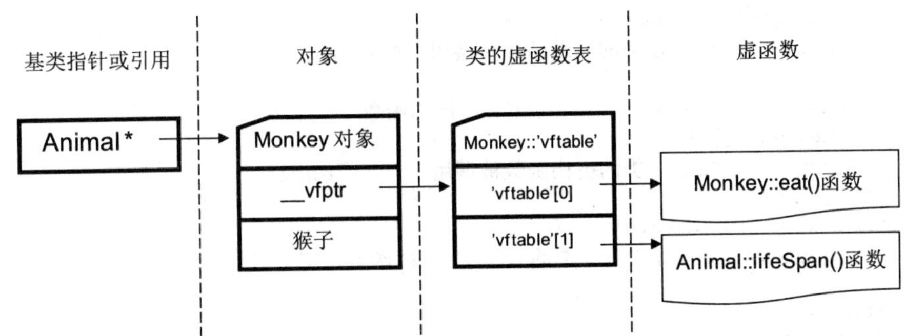

图 7-3 VC++动态多态性的实现方法示意

动态绑定的实现使用了较复杂的数据结构，类的虚函数表需要少许额外的内存空间，另外通过 3 层指针访问虚函数，也需要一些额外的执行时间。这里需要说明的是：VC++中通过虚函数和动态绑定实现的多态是相当高效的，它们对软件性能产生的影响很小。

多态性的优势是实现界面与处理方法的分离，软件将根据运行时指针(或引用)所访问的实际对象来确定调用对象所在类的虚函数版本。在基类中定义派生类的对象都具有的接口界面(声明虚函数)，而在派生类中重新定义适合该类的函数实现。由于接口界面是在基类中定义的，所有派生类均拥有该公有的接口界面，因而派生类可以在保持接口不变的前提下设计具有特定功能的处理函数(处理方法可变)。这就是前面所说的“单个接口，多种方法”的设计理念，其主要目的是提高程序的可重用性和可扩充性。

7.2.3 虚析构函数

类的构造函数不能声明为虚函数。从派生类对象创建的角度，对象总是要先构造对象中的基类部分，然后才构造派生类部分。构造函数的访问顺序是：先调用基类的构造函数，后调用派生类自身的构造函数。如果构造函数设为虚函数，那么派生类对象在构建时将直接调用派生类构造函数，而父类的构造函数就不得不显式地调用。在程序中声明构造函数为虚函数是错误行为，编译器将报告错误。

对于基类包含虚函数的类，其析构函数往往需要声明为虚函数。这是因为多态性常常是通过指向派生类对象的基类指针而实现。如果基类指针指向的是自由存储区中派生类的对象，此时需要用 delete 语句释放空间。由于基类指针只能访问基类中的非虚成员函数，所以对象在撤消时只调用了基类的非虚析构函数，而派生类的析构函数没有被调用。

在基类中定义其析构函数是虚函数，其所有派生类中的析构函数将都是虚函数，尽管它们的名称并不相同。如果对一个基类指针应用 delete 运算符显式地销毁其类层次结构中

的一个对象，则系统会依次调用派生类和基类的虚析构函数撤消各自创建的对象。

【例 7-2】虚析构函数应用示例。

程序代码：

```
#include <iostream>
using namespace std;
class Base {
public:
    Base(int size=10, char str[]="\0") {
        ptr = new char[size];
        strcpy(ptr, str);
        cout << "Base 类的构造函数被调用。" << endl;
    }
    virtual ~Base() {          //定义虚析构函数
        delete []ptr;
        cout << "Base 类的析构函数被调用。" << endl;
    }
    virtual void display() {
        cout << "调用了 Base 类的 display()函数，字符串为：" << ptr<<"。"<<endl;
    }
private:
    char *ptr;
};
class Derived : public Base {
public:
    Derived(int a=0,int size=10,char str[]="\0"): w(a),Base(size,str) {
        cout << "Derived 类的构造函数被调用。" << endl;
    }
    ~Derived() {                    //也是虚析构函数
        cout << "Derived 类的析构函数被调用。" << endl;
    }
    void display() {
        cout << "调用了 Derived 类的 display()函数，其中 w=" << w <<"。"<<endl;
    }
private:
    int w;
};
int main() {
    Base *basePtr = new Derived(100, 40, "析构函数需定义为虚函数！");
    basePtr->display();
    delete basePtr;
    return 0;
}
```

运行结果：

```
Base 类的构造函数被调用。
Derived 类的构造函数被调用。
调用了 Derived 类的 display()函数，其中 w=100。
Derived 类的析构函数被调用。
Base 类的析构函数被调用。
```

程序说明：

- 如果去除源程序中 Base 类构造函数前的 virtual 关键字，则程序运行结果中将缺少第 4 行"Derived 类的析构函数被调用。"，即仅调用了基类的非虚析构函数。

● 若修改 Base *basePtr 指针为 Derived *basePtr(改为派生类指针)，则无论析构函数是否为虚函数，派生类和基类的析构函数均被调用。但这种用法不具有多态性。

7.3 纯虚函数与抽象类

C++语言允许类中虚函数在声明时直接指定“=0”，说明该函数不提供具体的实现，这种虚函数称为纯虚函数(Pure Virtual Function)。纯虚函数的声明格式如下：

```
virtual <返回值> 函数名([<形参表>])=0;
```

含一个或多个纯虚函数的类称为抽象类(Abstract Class)。由于纯虚函数没有具体的函数体，用抽象类定义对象是无实际意义的，因而用含有纯虚函数的抽象类定义对象 C++编译器将报错。

在几何形类结构中，几何形是一个抽象的概念，对于一个不知具体形状的几何形，我们是无法计算其面积或体积的。通常我们将几何形类定义为抽象类，用它作为具体类的基类，即以其为基础派生出各种具体的几何形类(如圆类、三角形类、长方体类等)。几何形类中定义的纯虚函数(如求面积、求体积)在派生类中被定义，并根据具体几何形的特征编写相应的虚函数实现。

尽管无法实例化抽象类的对象，但是程序可以定义抽象基类的指针或引用，并通过它们访问以其为基类的继承层次结构中的所有派生类的对象。程序通常使用抽象基类的指针或引用操纵派生类的对象，其实这就是所谓的动态多态性的核心思想和方法。

抽象基类中声明的纯虚函数是所有派生类的公共接口，在类继承层次结构中，不同层次的派生类可以提供不同的具体实现，但使用这些函数的方法则是一致的(用抽象基类的指针或引用访问)。有人形象地称抽象基类中的纯虚函数为“软插槽”，而派生类中定义的函数体则是插在其上的“软模块”。

【例 7-3】纯虚函数与抽象类示例。以几何形类为抽象基类，派生圆、矩形、圆柱等类，计算各种几何形的面积和体积。

程序代码：

```
//file name: shape.h
#ifndef SHAPE_H
#define SHAPE_H
#include <iostream>
#include <string>
using namespace std;
const double PI = 3.1415926;
class Shape {                  //几何形
public:
    virtual double area() const=0;
    virtual double volume() const=0;
    virtual void input()=0;
    virtual void output() const=0;
};
class Circle : public Shape {  //圆
public:
    double area() const;
    double volume() const;
```

```
    void input();
    void output() const;
protected:
    double radius;
};
class Triangle : public Shape {  //三角形
public:
    double area() const;
    double volume() const;
    void input();
    void output() const;
protected:
    double a, b, c;
};
class Rectangle : public Shape {   //矩形
public:
    double area() const;
    double volume() const;
    void input();
    void output() const;
protected:
    double length, width;
};
class Cylinder : public Circle {   //圆柱
public:
    double area() const;
    double volume() const;
    void input();
    void output() const;
protected:
    double height;
};
class Cone : public Circle {          //圆锥
public:
    double area() const;
    double volume() const;
    void input();
    void output() const;
protected:
    double height;
};
class Cuboid : public Rectangle {  //长方体
public:
    double area() const;
    double volume() const;
    void input();
    void output() const;
protected:
    double height;
};
#endif
//file name: shape.cpp
#include <iostream>
#include "shape.h"
using namespace std;
//Circle
double Circle::area() const {
    return PI*radius*radius;
}
```

```
double Circle::volume() const {
    return 0;
}
void Circle::input() {
    cout << "请输入圆的半径：";
    cin >> radius;
}
void Circle::output() const {
    cout<<"圆半径:"<<radius<<"\t 面积:"<<area()<<"\t 体积:"<<volume()<<endl;
}
//Triangle
double Triangle::area() const {
    double p = (a+b+c)/2;
    return sqrt(p*(p-a)*(p-b)*(p-c));
}
double Triangle::volume() const {
    return 0;
}
void Triangle::input() {
    cout << "请依次输入三角形的三边长：";
    cin >> a >> b >> c;
}
void Triangle::output() const {
    cout << "三角形三边为：" << a << "," << b << "," << c
       << "\t 面积：" << area() << "\t 体积：" << volume() << endl;
}
//Rectangle
double Rectangle::area() const {
    return length*width;
}
double Rectangle::volume() const {
    return 0;
}
void Rectangle::input() {
    cout << "请输入矩形的长和宽：";
    cin >> length >> width;
}
void Rectangle::output() const {
    cout << "矩形的长和宽为：" << length << "," << width
       << "\t 面积：" << area() << "\t 体积：" << volume() << endl;
}
//Cylinder
double Cylinder::area() const {
    return 2*PI*radius*radius + 2*PI*radius*height;
}
double Cylinder::volume() const {
    return 2*PI*radius*height;
}
void Cylinder::input() {
    cout << "请输入圆柱的底面半径和高：";
    cin >> radius >> height;
}
void Cylinder::output() const {
    cout << "圆柱体的底面半径和高为：" << radius << "," << height
       << "\t 表面积：" << area() << "\t 体积：" << volume() << endl;
}
//Cone
double Cone::area() const {
```

```
    double l = sqrt(radius*radius + height*height);
    return PI*radius*radius + PI*radius*l;
}
double Cone::volume() const {
    return PI*radius*radius*height/3;
}
void Cone::input() {
    cout << "请输入圆锥的底面半径和高：";
    cin >> radius >> height;
}
void Cone::output() const {
    cout << "圆锥体的底面半径和高为：" << radius << "," << height
        << "\t 表面积：" << area() << "\t 体积：" << volume() << endl;
}
//Cuboid
double Cuboid::area() const {
    return 2*(length*width + length*height + width*height);
}
double Cuboid::volume() const {
    return length*width*height;
}
void Cuboid::input() {
    cout << "请输入长方体的长、宽和高：";
    cin >> length >> width >> height;
}
void Cuboid::output() const {
    cout << "长方体的长、宽和高为：" << length << "," << width << "," << height
        << "\t 表面积：" << area() << "\t 体积：" << volume() << endl;
}
//file name: mainFun.cpp
#include <iostream>
#include "shape.h"
using namespace std;
void menu() {
    cout << "+*欢迎使用面积和体积计算工具*+" << endl;
    cout << "+      1.圆                    +" << endl;
    cout << "+      2.三角形                +" << endl;
    cout << "+      3.矩形                  +" << endl;
    cout << "+      4.圆柱                  +" << endl;
    cout << "+      5.圆锥                  +" << endl;
    cout << "+      6.长方体                +" << endl;
    cout << "+      7.退出                  +" << endl;
    cout << "+****************************+" << endl;
}
int main() {
    int choice = 0;
    Shape *ptr;
    while(true) {
        menu();
        cin >> choice;
        switch(choice) {
        case 1:
            ptr = new Circle;
            break;
        case 2:
            ptr = new Triangle;
            break;
        case 3:
```

```
            ptr = new Rectangle;
            break;
        case 4:
            ptr = new Cylinder;
            break;
        case 5:
            ptr = new Cone;
            break;
        case 6:
            ptr = new Cuboid;
            break;
        case 7:
            return 0;
        }
        ptr->input();
        ptr->output();
        delete ptr;
    }
}
```

运行结果：

```
+*欢迎使用面积和体积计算工具*+
+      1.圆                  +
+      2.三角形              +
+      3.矩形                +
+      4.圆柱                +
+      5.圆锥                +
+      6.长方体              +
+      7.退出                +
+****************************+
4↙
请输入圆柱的底面半径和高：6 8.7↙
圆柱体的底面半径和高为：6,8.7  表面积：554.177  体积：327.982
+*欢迎使用面积和体积计算工具*+
+      1.圆                  +
+      2.三角形              +
+      3.矩形                +
+      4.圆柱                +
+      5.圆锥                +
+      6.长方体              +
+      7.退出                +
+****************************+
7↙
```

程序说明：

- 抽象类 Shape 中声明了 4 个纯虚函数，在派生类中对它们分别进行了定义。在主函数中，定义了一个基类指针 Shape *ptr，该指针在程序运行时可指向任何派生类的对象，并用一致的方法 ptr->input(); ptr->output();实现不同几何形对象的数据输入和结果输出。体现出“单个接口，多种方法”的软件设计思想。
- menu()函数为用户提供了操作软件的界面。
- 读者不妨在例程的基础上，派生三棱柱、球等几何体，体验多态性所带来的程序容易扩展的优点。

下面的求函数定积分例程进一步演示了多态性的应用方法和优势。

【例 7-4】用梯形法求函数的定积分。

分析：

函数 f(x)在闭区间[a, b]上的定积分的几何意义是曲线 f(x)、x 轴、直线 f(a)和 f(b)所围成的曲边梯形的面积。

梯形法求定积分的方法是将区间[a, b]等分成若干个小区间，在小区间上用小梯形的面积代替曲边梯形的面积，如图 7-4 所示。当小区间的个数足够多时，小梯形面积之和为函数 f(x)在[a, b]上定积分的近似值。

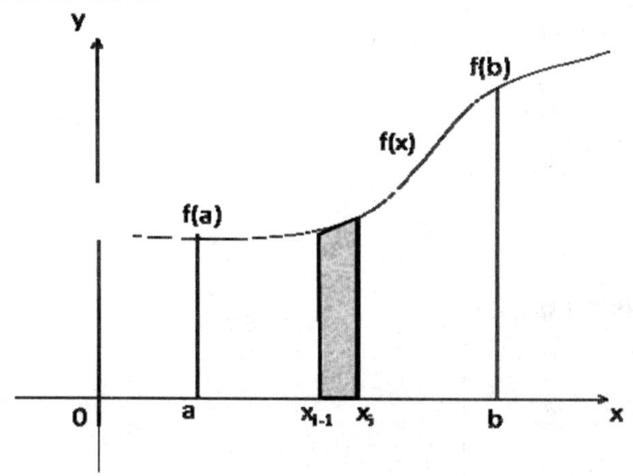

图 7-4 用梯形法求定积分

假设区间[a, b]被均分为 n 等分，则每个小区间的长度为 h=(b−a)/n。若小区间的分割点依次为 $x_0 = a$、x_1、…、x_{i-1}、x_i、…、$x_n = b$，那么定积分的计算公式为：

$$h/2[\sin(a)+2(\sin(a+h)+\sin(a+2h)+\sin(a+3h)+...+\sin(a+nh))-\sin(b)]$$

程序代码：

```
#include <iostream>
using namespace std;

const int n = 2000;                                  //积分区间均分为 n 等份
const double PI = 3.1415926;
class Trapezium {                                    //梯形法求定积分基类
    friend ostream& operator<<(ostream &os, Trapezium &t);
public:
    Trapezium(double x, double y): a(x), b(y) {}
    virtual double fun(double x) const=0;   //被积函数为虚函数
    double Integerate();                             //梯形法求定积分
private:
    double a, b;                                     //积分下限为 a，上限为 b
};
ostream& operator<<(ostream &os, Trapezium &t) {
    os << "定积分值=" << t.Integerate() << endl;
    return os;
}
double Trapezium::Integerate() {
    double h = (b-a)/n;
    double result = (fun(a)+fun(b))*h/2;
    for(int i=1; i<n; i++)
```

```
        result += fun(a+h*i)*h;
    return result;
}
class FunctionA : public Trapezium {
public:
    FunctionA(double x, double y): Trapezium(x, y) {}
    double fun(double x) const {
        return x*x*x;
    }
};
class FunctionB : public Trapezium {
public:
    FunctionB(double x, double y): Trapezium(x,y) {}
    double fun(double x) const {
        return sin(x);
    }
};
int main() {
    FunctionA objA(0.0, 5.0);
    FunctionB objB(0.0, PI);
    Trapezium *ptr = &objA;
    cout << "对象 objA 的" << (*ptr);
    cout << "对象 objB 的" << objB;
    return 0;
}
```

运行结果：

```
对象 objA 的定积分值=156.25
对象 objB 的定积分值=2
```

程序说明：

- Trapezium 类中定义了纯虚函数 virtual double fun(double x) const=0;，因此该类为抽象类。在派生类中只要用相应的被积函数实现虚函数 fun，则通过基类的积分计算函数 double Integerate()能算出相应函数的定积分的值。
- 本例的显示结果并不理想，建议读者修改。例如让程序的显示结果为：函数 x^3 在区间[0, 5]上的定积分值为 156.25。

7.4 案例实训

1. 案例说明

设计一个简单的图书音响管理程序。图书、杂志、报纸等属于传媒类商品，可定义一个抽象类 Media 充当所有类的基类，类的继承层次结构设计如图 7-5 所示。

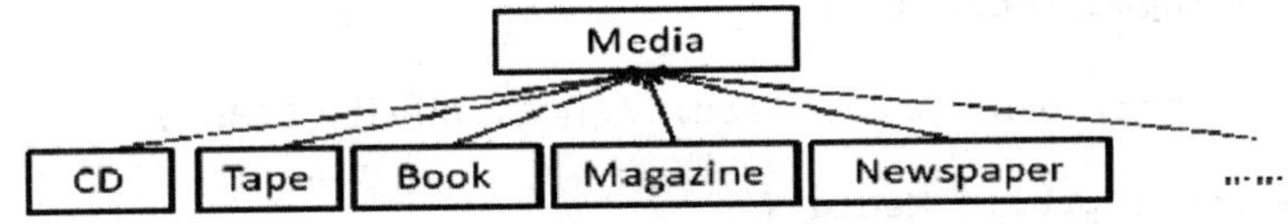

图 7-5 传媒类商品的类继承层次结构

Media 基类中封装了 title 和 price 两个数据，用于保存商品的名称和价格，为派生类所

继承。在派生类中，根据需要添加新的数据项。例如在 Book 类中增加作者(Author)、出版社(Publisher)和 ISBN 等数据项。

2. 编程思想

先在 Media 基类中分别定义输入与输出纯虚函数，再在派生类中重新定义它们。Media 类中声明输入与输出流重载函数，它们分别调用输入与输出纯虚函数，这样我们就可以通过基类(Media)的指针访问派生类的对象，用一致的方法对派生类的对象进行数据的输入与输出。

3. 程序代码

程序代码如下：

```
//file name media.h
#ifndef MEDIA_H
#define MEDIA_H
#include <iostream>
#include <string>
using namespace std;
class Media {
    friend ostream& operator<<(ostream&, Media&);
    friend istream& operator>>(istream&, Media&);
public:
    virtual ostream& output(ostream&)=0;
    virtual istream& input(istream&)=0;
protected:
    string title;   //名称
    double price;   //价格
};
class CD : public Media {
    friend ostream& operator<<(ostream&, CD&);
    friend istream& operator>>(istream&, CD&);
public:
    CD(string t="", string c="", string m="", string n="", double p=0.0)
        :composer(c), make(m), number(n) { title=t; price=p; }
    ostream& output(ostream&);
    istream& input(istream&);
private:
    string composer, make, number; //制作人，出版商，编号
};
class Book : public Media {
    friend ostream& operator<<(ostream&, Book&);
    friend istream& operator>>(istream&, Book&);
public:
    Book(string t="", string a="",string pu="",string i="",double p=0.0)
        : author(a), publisher(pu), isbn(i) { title=t; price=p; }
    ostream& output(ostream&);
    istream& input(istream&);
private:
    string author, publisher, isbn; //作者，出版社，ISBN 号
};
class Magazine : public Media {
    friend ostream& operator<<(ostream&, Magazine&);
    friend istream& operator>>(istream&, Magazine&);
public:
```

```
    Magazine(string t="", string pu="", string i="",
     int v=0, int n=0, double p=0.0)
        : publisher(pu), issn(i), volume(v), number(n)
    { title=t; price=p; }
    ostream& output(ostream&);
    istream& input(istream&);
private:
    string publisher, issn; //出版社，ISSN 号
    int volume, number; //卷，号
};
#endif
//file name media.cpp
#include <iostream>
#include "mdeia.h"
using namespace std;
ostream& operator<<(ostream &os, Media &md) {
    return md.output(os);
}
istream& operator>>(istream &is, Media &md) {
    return md.input(is);
}
ostream& operator<<(ostream &os, CD &cd) {
    return cd.output(os);
}
istream& operator>>(istream &is, CD &cd) {
    return cd.input(is);
}
ostream& operator<<(ostream &os, Book &bk) {
    return bk.output(os);
}
istream& operator>>(istream &is, Book &bk) {
    return bk.input(is);
}
ostream& operator<<(ostream &os, Magazine &mg) {
    return mg.output(os);
}
istream& operator>>(istream &is, Magazine &mg) {
    return mg.input(is);
}
ostream& CD::output(ostream &os) {
    os << "光盘名称: " << title << ",制作人: " << composer
       << ",出版商: " << make << ", 编号: " << number
       << ",价格: " << price << endl;
    return os;
}
istream& CD::input(istream &is) {
    if(is == cin) {
        cout << "CD 光盘名称: "; is >> title;
        cout << "价格: "; is >> price;
        cout << "制作人: "; is >> composer;
        cout << "出版商: "; is >> make;
        cout << "编号: "; is >> number;
    }
    else {
        is >> title;
        is >> price;
        is >> composer;
        is >> make;
```

```
        is >> number;
    }
    return is;
}
ostream& Book::output(ostream &os) {
    os << "书名：" << title << ",作者：" << author
       << ",ISBN：" << isbn << ",出版社：" << publisher
       << ",价格：" << price << endl;
    return os;
}
istream& Book::input(istream &is) {
    if(is == cin) {
        cout << "书名："; is >> title;
        cout << "价格："; is >> price;
        cout << "作者："; is >> author;
        cout << "出版社："; is >> publisher;
        cout << "ISBN："; is >> isbn;
    }
    else {
        is >> title;
        is >> price;
        is >> author;
        is >> publisher;
        is >> isbn;
    }
    return is;
}
ostream& Magazine::output(ostream &os) {
    os << "杂志名：" << title << ",第" << volume << "卷"
       << number << "号，ISSN：" << issn
       << ",出版社：" << publisher << ",价格：" << price << endl;
    return os;
}
istream& Magazine::input(istream &is) {
    if(is == cin) {
        cout << "杂志名："; is >> title;
        cout << "卷和号："; is >> volume >> number;
        cout << "ISSN："; is >> issn;
        cout << "出版社："; is >> publisher;
        cout << "价格："; is >> price;
    }
    else {
        is >> title;
        is >> volume >> number;
        is >> issn;
        is >> publisher;
        is >> price;
    }
    return is;
}
//file name mainFun.cpp
#include <iostream>
#include "mdeia.h"
using namespace std;
int main() {
    Media* mediaArray[3];
    mediaArray[0] = new CD("苏醒之路", "Eminem/阿姆",
```

```
    "北京绍桐文化传播有限公司", "CN-E24-10-148-00/AJ6", 32);
    mediaArray[1] = new Book("数据库原理及应用实验教程", "吴克力",
     "南京大学出版社", "978-7-305-07849-1", 25);
    mediaArray[2] = new Magazine();
    cin >> *mediaArray[2];
    for(int i=0; i<3; i++)
        cout << *mediaArray[i];
    return 0;
}
```

4. 运行结果

运行结果如下：

```
杂志名：计算机教育↙
卷和号：5 2↙
ISSN：1672-5913↙
出版社：《计算机教育》杂志社↙
价格：12↙
光盘名称：苏醒之路,制作人：Eminem/阿姆,出版商：北京绍桐文化传播有限公司，编号：
CN-E24-10-148-00/AJ6,价格：32
书名：数据库原理及应用实验教程,作者：吴克力,ISBN：978-7-305-07849-1,出版社：南京大
学出版社,价格：25
杂志名：计算机教育,第5卷2号,ISSN：1672-5913,出版社：《计算机教育》杂志社,价格：12
```

本章小结

多态机制允许程序员以通用的方式编写程序，并且程序具有良好的可扩展性。虚函数是实现动态多态性的基础，它支持程序在运行时才与函数关联的动态绑定技术。

VC++编译器实现多态性的方法，是为对象添加一个指向类的虚函数表的指针，利用对象中的虚函数表指针和类的虚函数表，程序在运行时能准确地找到与该对象相匹配的虚函数并调用。

定义了虚函数并不代表就已经使用了C++的动态多态性，多态性出现在用基类指针或引用调用类中虚函数的过程中。多态实现了“单个接口，多种方法”的编程思想。

纯虚函数是一种没有提供具体实现的虚函数。拥有纯虚函数的类称为抽象类。与具体类不同，抽象类不能实例化对象，即不能用其定义对象实体，但能用其定义指针或引用变量。

应用多态技术时，声明基类的析构函数为虚函数非常重要。当通过基类指针删除派生类对象时，虚析构函数能保证继承层次结构中与该对象相关的类的析构函数均能被执行。

习 题 7

1. 填空题

(1) 下列选项中，与实现运行时多态性无关的是_______。

A. 重载函数　　B. 虚函数　　C. 指针　　D. 引用

(2) C++语言中的多态性分为编译时的多态性和_______时的多态性两种。

(3) 有如下程序：

```
#include <iostream>
using namespace std;
class ONE {
public:
    virtual void f() { cout << "1"; }
};
class TWO : public ONE {
public:
    TWO() { cout << "2"; }
};
class THREE : public TWO {
public:
    virtual void f() { TWO::f(); cout<<"3"; }
};
int main() {
    ONE aa, *p;
    TWO bb;
    THREE cc;
    p = &cc;
    p->f();
    return 0;
}
```

执行上面程序的输出是_______。

(4) 如果不使用多态机制，那么通过基类的指针虽然可以指向派生类对象，但是只能访问从基类继承的成员。下面的程序没有使用多态机制，其输出结果是_______。

```
#include <iostream>
using namespace std;
class Base {
public:
    void print() { cout << 'B'; }
};
class Derived : public Base {
public:
    void print() { cout << 'D'; }
};
int main() {
    Derived *pd = new Derived();
    Base *pb = pd;
    pb->print();
    pd->print();
    delete pd;
    return 0;
}
```

(5) 有如下程序：

```
#include <iostream>
using namespace std;
class GA {
public:
    virtual int f() { return 1; }
};
```

```
class GB : public GA {
public:
    virtual int f() { return 2; }
};
void show(GA g) { cout << g.f(); }
void display(GA &g) { cout << g.f(); }
int main() {
    GA a; show(a); display(a);
    GB b; show(b); display(b);
    return 0;
}
```

运行时的输出结果是________。

(6) 下列有关抽象类和纯虚函数的叙述中，错误的是________。

A. 拥有纯虚函数的类是抽象类，不能用来定义对象

B. 抽象类的派生类若不实现纯虚函数，它也是抽象类

C. 纯虚函数的声明以“=0;”结束

D. 纯虚函数都不能有函数体

(7) 下列有关继承和派生的叙述中，正确的是________。

A. 派生类不能访问基类的保护成员

B. 作为虚基类的类不能被实例化

C. 派生类应当向基类的构造函数传递参数

D. 虚函数必须在派生类中重新实现

(8) 虚函数支持多态调用，一个基类的指针可以指向派生类的对象，而且通过这样的指针调用虚函数时，被调用的是指针所指对象的虚函数。而非虚函数不支持多态调用。有如下程序：

```
#include <iostream>
using namespace std;
class Base {
public:
    virtual void f() { cout << "f0+"; }
    void g() { cout << "g0+"; }
};
class Derived : public Base {
public:
    void f(){ cout << "f+"; }
    void g(){ cout << "g+"; }
};
int main() {
    Derived d;
    Base *p = &d;
    p->f(); p->g();
    return 0;
}
```

运行时输出的结果是________。

(9) 抽象类应含有________。

A. 至多一个虚函数　　　　B. 至少一个虚函数

C. 至多一个纯虚函数　　　D. 至少一个纯虚函数

(10) 在下面程序的横线处填上适当的内容，使该程序输出结果为：

```
Creating B
end of B
end of A
```

```
#include <iostream>
using namespace std;
class A {
public:
    A() {}
    __________ { cout << "end of A" << endl; }
};
class B : public A {
public:
    B() {________________}
    ~B() { cout << "end of B" << endl; }
};
int main() {
    A *pa = new B;
    delete pa;
    return 0;
}
```

2. 简答题

(1) 什么是多态性？什么是绑定？什么是动态绑定(动态联编)？它们对程序设计有何正面和负面影响？

(2) 什么是虚函数？它有什么特点？简述虚函数的定义方法。

(3) 举例简述VC++利用虚函数表指针实现动态多态性的方法。

(4) 为什么在应用动态多态性的类层次中基类的析构函数通常指定为虚函数？

(5) 什么是抽象类？什么是纯虚函数？抽象类在类的层次结构中有何作用？为什么抽象类不可以定义对象？

3. 编程题

(1) 定义一个交通工具类，并定义其派生类(汽车类、火车类、轮船类、飞机类等)，在类层次结构中的所有类中设计一个虚函数，用于显示各类信息。

(2) 定义一个平面几何图形基类，其中包含求周长的虚函数。从基类派生三角形、圆、矩形等派生类，并重新定义求周长的虚函数。在主函数中，定义基类指针数组，分别指向派生类对象，用循环语句输出数组中每个对象的周长。

(3) 参照6.5节案例实训，采用动态多态性设计公司的工资管理程序。

(4) 定义一个求定积分的基类(DefInte)，其中含有受保护的数据成员积分区间a和b，积分区间的等分个数n，纯虚函数double Integerate()和积分函数double fun(double)。公有派生具体求定积分的类：矩形法类(RectangleInte)和辛普生法类(SimpsonInte)。

矩形法的计算公式为：

$$Sum = (f(a) + f(a+h) + f(a+2h) + \ldots + f(a+(n-1)h)h$$

辛普生法的计算公式为：

$$Sum = (f(a)+f(b)+4(f(a+h)+f(a+3h)+\ldots+f(a+(n-1)h))+2(f(a+2h)+f(a+4h)+\ldots+f(a+(n-2)h)))h/3$$

对函数4.0/(1+x*x)，分别用两种方法求定积分并比较它们的精度。

第 8 章　模板与标准模板库

模板(Template)作为一种强有力的软件复用技术，是 C++语言的重要特性之一。模板为泛型程序设计技术奠定了基础，它是编写与数据类型无关的通用算法的重要工具。C++语言中最具特色的标准模板库就是模板技术的杰出应用。

模板包括函数模板(Function Template)和类模板(Class Template)。模板的设计思想是用一般化的符号来代替特定的数据类型，降低数据类型对算法实现的影响，使得所设计的函数或类能适合多种数据类型，提高代码的通用性。模板的设计方法被称为参数化(Parameterize)程序设计。本章在学习函数模板和类模板相关基础知识和主要设计方法之后，介绍 C++标准库中的模板库及其用法。

8.1　函 数 模 板

函数重载是一种编译时的多态技术。利用函数重载，编译器能根据函数签名和所传递实参的数据类型匹配合适的重载函数。函数重载需要针对不同的形参类型编写多个同名函数，例如，求数组中最大元素的函数 max(int ary[], int size)，程序需要依据所处理数组的类型设计不同的函数，而这些函数又非常类似。

函数模板是以另一种方式实现多态，被称为参数化多态。用函数模板可以实现一个不受数据类型限制的具有良好通用性的函数设计，其方法是在函数模板的形参表中用无类型的参数代替形参的数据类型，例如将 max 函数形参表中 ary 数组的数据类型用通用的参数表示。函数模板是产生函数的“模具”，其自身并不能直接在计算机上运行。用函数模板生成可执行函数的过程是在程序编译时，编译器用具体的数据类型置换模板类型的形参，并对其进行严格的类型检查。

8.1.1　函数模板的定义与实例化

函数模板的定义格式如下：

```
template <模板形式参数表> 返回类型 函数名(形式参数表) {
    函数体
}
```

其中：

(1) template 为模板关键字。模板形式参数表的参数可以有多个，它们之间用逗号分隔。模板形式参数有两种：模板类型形参和模板非类型形参。

模板类型形参是由关键字 typename 或 class 加标识符组成的。模板非类型形参的声明与普通函数的形参的声明相同。例如，求数组中最大元素的函数模板可声明如下：

```
template <typename T> T max(T ary[], int size);
```

模板类型形参 T 的作用是指代任何系统内置的数据类型或用户定义类型。

(2) 模板形参表中的非类型形参可以指定默认参数，例如：

```
template <typename T> T max(T ary[], int size=10);
```

(3) 与函数形参表的使用方法一致，模板形参表也是严格按照对应位置进行实参与形参的匹配。

函数模板的实例化(Instantiation)是指编译器根据函数调用时所传递的实参数据类型生成具体函数的过程。实例化的结果是生成能处理某种特定数据类型的函数实体，这种函数称为模板函数(Template Function)。模板函数对比函数模板虽然从字面上仅仅是顺序之差，但其含义却截然不同。前者是不能直接运行的模板，而后者是可执行的函数。

函数模板的实例化过程是由编译器根据程序对函数模板的调用情况自动生成模板函数。如果程序中没有对函数模板的任何调用，则系统将不会发生函数模板的实例化过程，也就不会生成任何模板函数。

【例 8-1】求数组中最大元素的函数模板。

程序代码：

```
#include <iostream>
using namespace std;
template <typename T>
T Max(T ary[], int size=10) {
    T tmp = ary[0];
    for(int i=1; i<size; i++)
        if(ary[i] > tmp)
            tmp = ary[i];
    return tmp;
}
class Student{ //Student 类，用于测试函数模板
    friend ostream& operator<<(ostream &, const Student&);
public:
    Student(char n[]="", int a=0): age(a) {
        strcpy(name, n);
    }
    bool operator>(const Student&);
private:
    char name[9];
    int age;
};
ostream& operator<<(ostream &os, const Student &stu) {
    os << "(姓名: " << stu.name << ",年龄: " << stu.age << ")";
    return os;
}
bool Student::operator>(const Student &stu) { //根据年龄比大小
    return this->age > stu.age;
}
int main() {
    int intArray[10] = {2, 8, 17, 45, 23, 54, 33, 76, 17, 18};
    double dblArray[5] = {1.2, 3.5, 6.4, 8.9, 0.4};
    Student studentArray[4] = {Student("张三",23), Student("李四",21),
     Student("王五",25), Student("赵六",24)};
    int intAry[5] = {100, 500, 800, 300};
    cout << "intArray's Max=" << Max(intArray) << endl; //内置数据类型 int
    cout << "dblArray's Max=" << Max(dblArray) << endl;
    cout << "studentArray's Max="
       << Max(studentArray, 4) << endl; //用户定义类型 Student
```

```
    cout << "intAry's Max=" << Max(intAry, 5) << endl; //内置数据类型 int
    return 0;
}
```

运行结果：

```
intArray's Max=76
dblArray's Max=8.9
studentArray's Max=(姓名：王五,年龄：25)
intAry's Max=800
```

跟踪与观察：

(1) 按 F10 键，在跟踪状态下运行程序。在监视窗口中依次输入 Max<int>、Max<double>、Max<Student>和 Max<char>，从图 8-1 可知，编译器根据主函数中对函数 Max 调用的情况，生成了 3 个模板函数，每个模板函数均有自己的入口地址。Max<char>项却出现错误提示，说明程序中没有用于处理字符数组的模板函数。

监视 1

名称	值	类型
Max<int>	0x00b51a90 Max<int>(int *, int)	int (int *, int)
Max<double>	0x00b51b00 Max<double>(double *, int)	double (double
Max<Student>	0x00b51b70 Max<Student>(Student *, int)	Student (Studer
Max<char>	CXX0017: 错误: 没有找到符号"Max<char>"	

自动窗口　局部变量　监视 1

图 8-1　以函数模板生成模板函数

(2) 在程序编辑状态下，移动鼠标光标停在语句 cout << “intArray’s Max=” << Max(intArray);的 Max 函数名上，系统将弹出提示条，内容为 int Max<int>(int *ary, int size=10)。类似地，将光标停止在之后的 3 行语句中的 Max 函数名上，出现下列信息：

```
double Max<double>(double *ary, int size=10)
Student Max<Student>(Student *ary, int size=10)
int Max<int>(int *ary, int size=10)
```

系统为 Max(intArray)和 Max(intAry)函数调用所生成的模板函数相同。

(3) 在 Student 类中，声明了流插入运算符“<<”重载函数 friend ostream& operator<<(ostream&, const Student&);和大于运算符重载函数 bool operator>(const Student&);。如果没有这两个函数，程序在编译时将报告错误。

在语句“studentArray’s Max=” << Max(studentArray, 4)中，程序需要调用 operator<<函数输出 studentArray 对象数组中年龄最大者的信息。

在函数模板的函数体中，if(ary[i] > tmp)语句中的大于运算符用于比较两者的大小，因而 Student 类必须提供 operator>运算符重载函数，以支持关系表达式 ary[i] > tmp 通过编译。

从本例可知，运算符重载在 C++程序设计中非常重要。如果 Student 类不支持“>”和“<<”运算符重载，则系统就不能应用函数模板于用户自定义的类类型，只能处理系统内置的数据类型，函数模板的应用范围将受到限制。事实上，系统之所以能处理 int、double 等内置的数据类型，是因为 VC++已为它们编写了支持相应功能的代码。对编译器而言，无论是内置数据类型还是用户自定义的类类型，只要能提供对应的运算符功能代码即可。从程序设计的角度，内置数据类型是系统已为其定义了相应的功能模块，而类类型则需要

用户自己编写实现代码。

8.1.2 函数模板与重载

函数重载是 C++的一个重要特性，它允许在程序中使用多个同名的函数。只要这些函数的签名不同，编译器就能区分它们并调用。函数模板和函数重载有着密切的关系，模板函数是用一个同名的函数模板实例化的结果，模板函数与普通函数一样，均是程序代码区的一段功能模块。

普通的同名函数可以重载。类似地，函数模板与函数模板之间，以及函数模板与非模板函数之间也能进行重载。重载函数模板的主要方式有下列两种：

- 函数模板与函数模板重载。多个函数模板的函数名相同，但每个函数模板具有不同的形式参数。
- 函数模板与非模板函数重载。非模板函数与函数模板同名，但具有不同的函数形式参数。

编译器匹配重载函数的规则是普通函数(非模板函数)优先于模板函数。即编译器如果能匹配到普通函数完成一个函数的调用，则不再寻找函数模板来实例化一个模板函数实现函数调用。函数模板间的重载与普通函数重载相似，是以最佳匹配为原则。如果存在多个函数模板与某个调用相匹配，编译器则认为这个调用具有歧义，将报编译错误。

【例 8-2】重载函数模板与非模板函数示例。

程序代码：

```
#include <iostream>
using namespace std;
template <typename T>
T Max(T ary[], int size=10) {
    cout << "函数模板 T Max(T ary[], int size=10)被调用，T 被置换为"
       << typeid(T).name() << "类型。" << endl;
    T tmp = ary[0];
    for(int i=1; i<size; i++)
        if(ary[i] > tmp)
            tmp = ary[i];
    return tmp;
}
template <typename T>
T Max(T x, T y) {
    cout << "函数模板 T Max(T x, T y)被调用，T 被置换为" << typeid(T).name()
       << "类型。" << endl;
    return x>y ? x : y;
}
double Max(double x, double y) {
    cout << "函数 double Max(double x, double y)被调用。" << endl;
    return x>y ? x : y;
}
int main() {
    int intArray[10] = {2,8,17,45,23,54,33,76,17,18};
    int x=100, y=600;
    double a=3.14, b=7.872;
    cout << "intArray's Max=" << Max(intArray) << endl;
    cout << "int x=100,y=600; Max(x,y)=" << Max(x,y) << endl;
    cout << "double a=3.14,b=7.872; Max(a,b)=" << Max(a,b) << endl;
```

```
    cout << "Max('A','a')=" << Max('A','a') << endl;
    return 0;
}
```

运行结果：

```
函数模板 T Max(T ary[], int size=10)被调用，T 被置换为 int 类型。
intArray's Max=76
函数模板 T Max(T x, T y)被调用，T 被置换为 int 类型。
int x=100,y=600; Max(x,y)=600
函数 double Max(double x, double y)被调用。
double a=3.14,b=7.872; Max(a,b)=7.872
函数模板 T Max(T x, T y)被调用，T 被置换为 char 类型。
Max('A','a')=a
```

程序说明：

- 例程中定义了两个函数模板 T Max(T ary[], int size=10)和 T Max(T x, T y)，一个非模板函数 double Max(double x, double y)。每个函数体中均增加了一条表示函数被调用的语句。从运行结果可知，Max(intArray)调用是与返回数组中最大元素的函数模板相匹配，Max(x, y)调用是与两个元素中求最大者的函数模板相匹配，而 Max(a, b)函数调用则是匹配了非模板函数。
- 跟踪运行程序，观察图 8-2 可知：系统没有产生 Max<double>(double, double)模板函数，原因是调用了非模板函数 Max(double, double)。Max<int>项仅列出了从数组中求最大者的模板函数，Max<int>(int, int)项列出由 T Max(T x, T y)函数模板产生的模板函数。

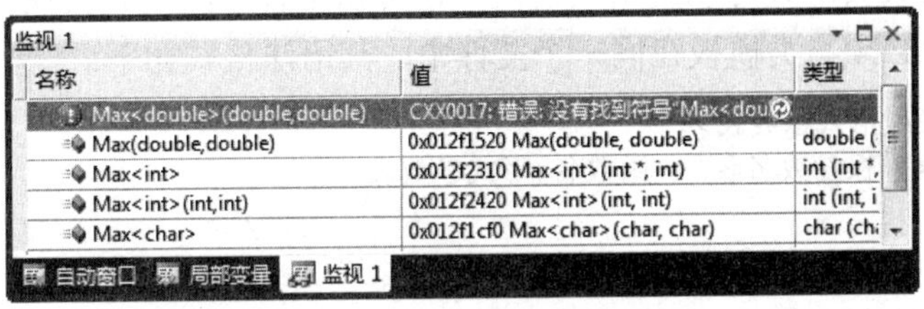

监视 1

名称	值	类型
Max<double>(double,double)	CXX0017: 错误: 没有找到符号"Max<dou	
Max(double,double)	0x012f1520 Max(double, double)	double (
Max<int>	0x012f2310 Max<int>(int *, int)	int (int *,
Max<int>(int,int)	0x012f2420 Max<int>(int, int)	int (int, i
Max<char>	0x012f1cf0 Max<char>(char, char)	char (chi

自动窗口　局部变量　监视 1

图 8-2　模板函数与普通函数重载

8.2　类　模　板

面向对象程序设计的主要思想方法之一是封装，类是实现封装的基本单元。类中封装有数据成员和处理数据的函数成员。类似于函数模板，如果类中数据成员的数据类型用无类型的参数声明，则这种类就能处理不同的数据类型。类模板是设计线性表、栈、队列等基本数据结构的工具。用特定的数据类型实例化类模板将得到模板类(Template Class)，用模板类可以定义对象。在程序中，用不同数据类型实例化同一个类模板会产生不同的模板类，模板技术所追求的依然是代码复用。

类模板与模板类的区别是：类模板是模板类的抽象和定义，它是以通用类型参数作为数据类型说明类的部分数据成员，不能用类模板直接定义对象；模板类则是一个可用于定义对象的类，它是用具体的数据类型实例化类模板后产生的类。

8.2.1 类模板的定义与实例化

类模板的定义格式如下：

```
template <模板形式参数表> class 类名 {
    类成员;
};
```

其中：

(1) template 为模板关键字。与函数模板的定义相似，模板形式参数表的参数可以有多个，也分为模板类型形参和模板非类型形参两类。模板类型形参是由关键字 typename 或 class 加标识符组成。下面的代码是二维数组类模板的一种定义方法，其中 T 为模板类型形参，用于声明数组中数据元素的类型，Row 和 Col 用于声明二维数组的行和列的值(仅为说明类模板形参的用法，声明行和列为形参不是十分合理)：

```
template <typename T, int Row, int Col>
class TwoDimensionalArray {
    ...
};
```

类模板中的形式参数表可以为形参指定默认值，如此可避免每次实例化时都要显式地给出实参。例如：

```
template <typename T=int, int Row=5, int Col=8>
```

(2) 类模板的成员函数可以是函数模板，也可以是普通函数。类模板的成员函数也可以在类外定义，但必须与类模板在同一个文件中，其语法格式如下：

```
template <模板形式参数表>
返回类型 类名<模板参数名表>::函数名(形式参数表) {
    函数体
}
```

这里，模板形式参数表与类模板的形式参数表相同，模板参数名表是模板形式参数表中列出的形式参数名，并且声明顺序也与其一致。例如，以下代码为二维数组类模板的 output 成员函数的类外定义：

```
template <typename T, int Row, int Col>
void TwoDimensionalArray<T, Row, Col>::output() {
    for(int i=0; i<Row; i++) {
        for(int j=0; j<Col; j++)
            cout << ptr[i*Col+j] << "\t";
        cout << endl;
    }
}
```

用实参置换类模板的形式参数表对应项，编译器将根据实参所提供的数据类型或值产生模板类，这一过程称为类模板实例化(又称为类模板特化)。用类模板实例化模板类并创建对象的语法格式如下：

```
类模板名<模板实参值表> 对象1, ..., 对象n;
```

下列语句为用二维数组类模板定义 double 类型的二维数组模板类及其对象：

```
TwoDimensionalArray<double, 5, 10> myTDArray;
```

用类模板实例化模板类的声明语句通常比较冗长，可用 typedef 声明模板类为程序引入的新的数据类型，提高程序的可读性。例如上式的定义可改为：

```
typedef  TwoDimensionalArray<double, 5, 10>  TwoDimArrayDouble;
TwoDimArrayDouble  myTDArray;
```

注意，上面的声明是为说明类模板形参的使用方法，设计并不合理。科学的方法是把二维数组的行的列的值定义为类模板的私有数据成员，在构造函数中对其进行赋值。声明如下：

```
typedef TwoDimensionalArray<double> TwoDimArrayDouble;
TwoDimArrayDouble myTDArray(5, 10);
```

在 VC++ 2010 编程环境中，键入 string，并移鼠标光标于其上方，系统会弹出提示条，其内容为：

```
typedef std::basic_string<char, std::char_traits<char>, std::allocator<char>>
std::string
```

这里 basic_string 是一个标准串类模板，用 char、std::char_traits<char>和 std::allocator <char>这 3 个实参实例化 basic_string 模板，得到在前面章节的例程中使用的 string 类。

typedef 是类型定义关键字，其作用是为某种数据类型定义一个新的名字。使用 typedef 有助于创建平台无关类型，隐藏复杂和难以理解的语法，简化一些比较复杂的类型声明。在 VC++的标准库中大量使用它，string 类的定义就是一个典型例子。

【例 8-3】 用类模板实现矩阵类。

程序代码：

```
//file name Matrix.h
#ifndef MATRIX_H
#define MATRIX_H
#include <iostream>
#include <iomanip>
using namespace std;
template <typename T=double>    //默认值为 double
class Matrix {
    template <typename T>
    //矩阵输出
    friend ostream& operator<<(ostream &os, const Matrix<T> &mx);
public:
    Matrix(int x=0, int y=0);        //构造函数
    Matrix(const Matrix &mx);        //拷贝构造函数
    ~Matrix() {                      //析构函数
        free();
    }
    void setValue(int r, int c, T x);   //设置二维数组单元值
    Matrix<T> operator+(const Matrix<T> &mx) const;//+运算符重载函数，矩阵相加
    Matrix<T> operator*(const Matrix<T> &mx) const;//*运算符重载函数，矩阵相乘
    Matrix<T>& operator=(const Matrix<T> &mx); //赋值运算符重载函数
private:
    T **ptr;
```

```
    int m, n;
    void free();                //释放自由存储空间
};
template <typename T>
Matrix<T>::Matrix(int x, int y) {
    m=x; n=y;
    ptr = new T*[m];
    for(int i=0; i<m; i++)
        ptr[i] = new T[n];
}
template <typename T>
Matrix<T>::Matrix(const Matrix &mx) {
    m = mx.m;
    n = mx.n;
    ptr = new T*[m];
    for(int i=0; i<m; i++)
        ptr[i] = new T[n];
    for(int i=0; i<m; i++)
        for(int j=0; j<n; j++)
            ptr[i][j] = mx.ptr[i][j];
}
template <typename T>
void Matrix<T>::setValue(int r, int c, T x) {
    ptr[r][c] = x;
}
template <typename T>
Matrix<T>& Matrix<T>::operator=(const Matrix<T> &mx) {
    free();
    m=mx.m; n=mx.n;
    ptr = new T*[m];
    for(int i=0; i<m; i++)
        ptr[i] = new T[n];
    for(int i=0; i<m; i++)
        for(int j=0; j<n; j++)
            ptr[i][j] = mx.ptr[i][j];
    return *this;
}
template <typename T>
void Matrix<T>::free() {
    for(int i=0; i<m; i++)
        delete []ptr[i];
    delete []ptr;
    m=0; n=0;
}
template <typename T>
Matrix<T> Matrix<T>::operator+(const Matrix<T> &mx) const {
    if(m!=mx.m || n!=mx.n) {
        cout << "两矩阵不满足相加条件！" << endl;
        return NULL;
    }
    Matrix<T> tmp(m, n);
    for(int i=0; i<m; i++)
        for(int j=0; j<n; j++)
            tmp.ptr[i][j] = ptr[i][j] + mx.ptr[i][j];
    return tmp;
}
template <typename T>
Matrix<T> Matrix<T>::operator*(const Matrix<T> &mx) const {
    if(this->n != mx.m) {
```

```
        cout << "两矩阵不满足相乘条件！" << endl;
        return NULL;
    }
    Matrix<T> tmp(m, mx.n);
    for(int i=0; i<m; i++)
        for(int j=0; j<mx.n; j++) {
            T sum = NULL;
            for(int k=0; k<n; k++)
                sum += ptr[i][k]*mx.ptr[k][j];
            tmp.ptr[i][j] = sum;
        }
    return tmp;
}
template <typename T>
ostream& operator<<(ostream &os, const Matrix<T> &mx) {
    for(int i=0; i<mx.m; i++) {
        for(int j=0; j<mx.n; j++)
            os << setw(6) << mx.ptr[i][j];
        os << endl;
    }
    return os;
}
#endif
//file name mainFum.cpp
#include <iostream>
#include <ctime>
#include "matrix.h"
using namespace std;
void fillRandValue(Matrix<int> &matrix, int ary[], int r, int c) {
    for(int i=0; i<r; i++)
        for(int j=0; j<c; j++)
            matrix.setValue(i, j, ary[i*c+j]);
}
int main(void) {
    Matrix<int> matrix1(4,3), matrix2(4,3), matrix3(3,5);
    int data1[12], data2[12], data3[15];
    srand(unsigned(time(NULL)));
    for(int i=0; i<12; i++) {
        data1[i] = rand()%10;
        data2[i] = rand()%10;
    }
    for(int i=0; i<15; i++)
        data3[i] = rand() % 100;
    //向 matrix1 对象填充随机数并显示
    fillRandValue(matrix1, data1, 4, 3);
    cout << "Matrix1:" << endl;
    cout << matrix1 << endl;
    //向 matrix2 对象填充随机数并显示
    fillRandValue(matrix2, data2, 4, 3);
    cout << "Matrix2:" << endl;
    cout << matrix2 << endl;
    //向 matrix3 对象填充随机数并显示
    fillRandValue(matrix3, data3, 3, 5);
    cout << "Matrix3:" << endl;
    cout << matrix3 << endl;
    cout << "matrix1+matrix2=\n" << matrix1+matrix2 << endl; //矩阵加法
    cout << "matrix2*matrix3=\n" << matrix2*matrix3 << endl; //矩阵乘法
    //行列值不同的两矩阵加法
    cout << "matrix1*matrix2=\n" << matrix1*matrix2 << endl;
```

```
    return 0;
}
```

运行结果：

```
Matrix1:
     7     5     0
     3     3     8
     7     7     8
     5     9     1
Matrix2:
     4     5     4
     7     6     7
     1     2     1
     4     7     6
Matrix3:
    47    19    26    44    76
    78    50    34    72    21
    52     3     3    54     8
matrix1+matrix2=
    11    10     4
    10     9    15
     8     9     9
     9    16     7
matrix2*matrix3=
   786   338   286   752   441
  1161   454   407  1118   714
   255   122    97   242   126
  1046   444   360  1004   499
两矩阵不满足相乘条件！
matrix1*matrix2=
```

程序说明：

- 流输出重载友元函数 friend ostream& operator<<(ostream &os, const Matrix<T> &mx);在类中声明时，需要在其前面加模板说明。
- 类模板中的成员函数在类外定义必须与类模板的声明放在一个文件中，否则会引起编译器报错。
- 在类外定义的成员函数需要在其前端加模板说明，并且类名后需要加上模板类型形参。如 template<typename T> Matrix<T> Matrix<T>::operator+(const Matrix<T> &mx) const{}。
- 例程中没有定义矩阵的转置、乘法等运算，留给读者作为练习。

8.2.2 类模板与继承

类模板与普通类相同，既可以有基类，也可以有派生类。普通类、模板类和类模板均可作为类模板的基类，用类模板实例化得到的模板类也可以派生普通类，所有与继承相关的性质，模板类也都具备。

【例 8-4】类模板、模板类与普通类之间的继承示例。

程序代码：

```
#include <iostream>
using namespace std;
class ClassA { //普通类
```

```
public:
    ClassA(char str[]="") {
        strcpy(info, str);
    }
    void print() {
        cout << info;
    }
private:
    char info[100];
};
template <typename T>
class ClassTplA : public ClassA { //普通类派生类模板
public:
    ClassTplA(char str[], T a) : ClassA(str), A(a) {}
    void print() {
        ClassA::print();
        cout << ",模板类 ClassTplA<" << typeid(T).name()
           << ">中私有数据成员 A 的值为：" << A;
    }
private:
    T A;
};
template <typename T>
class ClassTplB:public ClassTplA<int> { //模板类派生类模板
public:
    ClassTplB(char n[], int a, T b) : ClassTplA<int>(n, a), B(b) {}
    void print() {
        ClassTplA<int>::print();
        cout << ",模板类 ClassTplB<" << typeid(T).name()
           << ">中私有数据成员 B 的值为：" << B;
    }
private:
    T B;
};
template <typename T1, typename T2>
class ClassTplC : public ClassTplA<T2> { //类模板派生类模板
public:
    ClassTplC(char n[], T1 a, T2 c) : ClassTplA<T1>(n, a), C(c) {}
    void print() {
        ClassTplA<T2>::print();
        cout << ",模板类 ClassTplC<" << typeid(T1).name() << ","
           << typeid(T2).name() << ">中私有数据成员 C 的值为：" << C;
    }
private:
    T2 C;
};
class ClassB : public ClassTplB<double> { //模板类派生普通类
public:
    ClassB(char n[], int a, double b, bool f=true)
      : ClassTplB<double>(n, a, b), flage(f) {}
    void print() {
        ClassTplB<double>::print();
        cout << ",ClassB 类中私有数据成员 flage 的值为："
           << std::boolalpha << flage;
    }
private:
    bool flage;
};
```

```
int main() {
    ClassTplA<double> tplClassAObj("普通类ClassA派生类模板ClassTplA",
     2.356);
    ClassTplB<int>  tplClassBObj(
     "类模板ClassTplA的模板类派生类模板ClassTplB, 123, 789);
    ClassTplC<double, double> tplClassCObj(
     "类模板ClassTplA派生类模板ClassTplC", 1.41, 2.37);
    ClassB classBObj("类模板ClassTplB派生普通类ClassB", 10, 100);
    tplClassAObj.print();
    cout << "\n-------------------------------------------------------\n";
    tplClassBObj.print();
    cout << "\n-------------------------------------------------------\n";
    tplClassCObj.print();
    cout << "\n-------------------------------------------------------\n";
    classBObj.print();
    cout << "\n-------------------------------------------------------\n";
    return 0;
}
```

运行结果：

```
普通类ClassA派生类模板ClassTplA,模板类ClassTplA<double>中私有数据成员A的值为:
2.356
-------------------------------------------------------
类模板ClassTplA的模板类派生类模板ClassTplB,模板类ClassTplA<int>中私有数据成员A
的值为：123,模板类ClassTplB<int>中私有数据成员B的值为：789
-------------------------------------------------------
类模板ClassTplA派生类模板ClassTplC,模板类ClassTplA<double>中私有数据成员A的值
为：1.41,模板类ClassTplC<double,double>中私有数据成员C的值为：2.37
-------------------------------------------------------
类模板ClassTplB派生普通类ClassB,模板类ClassTplA<int>中私有数据成员A的值为:10,
模板类ClassTplB<double>中私有数据成员B的值为：100,ClassB类中私有数据成员flage
的值为：true
-------------------------------------------------------
```

程序说明：

(1) 程序中，普通类与类模板之间的继承关系如图8-3所示。普通类和模板类均能作为类模板的基类，同样，类模板也能充当另一个类模板的基类，此外，模板类也能派生普通类。

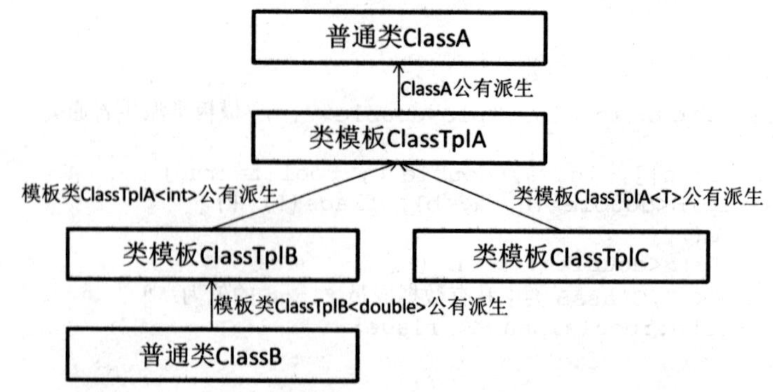

图8-3 类模板与普通类的继承层次结构

(2) 用模板类型形式参数作为类模板的基类，则能定义出基类也可以更换的类模板。例如，在本程序中添加下列代码，其中模板类型形参 TBC 为类模板 DerivedTpl 的基类：

```
template <typename T, typename TBC>
class DerivedTpl : public TBC {
public:
    DerivedTpl(char n[], T d) : TBC(n), data(d) {}
    void print() {
        TBC::print();
        cout << "data=" << data << endl;
    }
private:
    T data;
};
```

主函数中可如下定义模板类及其对象：

```
DerivedTpl<int, ClassA> obj("该类是由派生类的基类可更换的类模板产生\n", 15);
obj.print();
```

8.2.3 类模板与友元

函数和类均可以被声明为另一个类的友元。类似地，函数(含模板函数)、函数模板、类(含模板类)和类模板都可以声明为类模板的友元。

下面的例程是 VC++ 2010 联机帮助中一个示例的修改版，其功能是定义数组类模板。

【例 8-5】函数模板作为类模板的友元示例。

程序代码：

```
#include <iostream>
using namespace std;
template <typename T>
class Array {
   template <typename T>
   friend Array<T>* combine(Array<T> &a1, Array<T> &a2);
public:
   Array(int sz) : size(sz) {
      ptr = new T[size];
      memset(ptr, 0, size * sizeof(T));
   }
   Array(const Array &a) {
      size = a.size;
      ptr = new T[size];
      memcpy_s(ptr, size, a.ptr, a.size);
   }
   ~Array() {
       delete []ptr;
   }
   T& operator[](int i) {
      return *(ptr + i);
   }
   int Length() { return size; }
   void print() {
      for (int i=0; i<size; i++)
         cout << *(ptr + i) << " ";
      cout << endl;
   }
```

```
private:
   T *ptr;
   int size;
};
template <typename T>
Array<T>* combine(Array<T> &a1, Array<T> &a2) {
   Array<T> *a = new Array<T>(a1.size + a2.size);
   for (int i=0; i<a1.size; i++)
      (*a)[i] = *(a1.ptr + i);
   for (int i=0; i<a2.size; i++)
      (*a)[i + a1.size] = *(a2.ptr + i);
   return a;
}
int main() {
   Array<char> alpha1(26);
   for (int i=0; i<alpha1.Length(); i++)
      alpha1[i] = 'A' + i;
   alpha1.print();
   Array<char> alpha2(26);
   for (int i=0; i<alpha2.Length(); i++)
      alpha2[i] = 'a' + i;
   alpha2.print();
   Array<char> *alpha3 = combine(alpha1, alpha2);
   alpha3->print();
   delete alpha3;
}
```

运行结果：

```
A B C D E F G H I J K L M N O P Q R S T U V W X Y Z
a b c d e f g h i j k l m n o p q r s t u v w x y z
A B C D E F G H I J K L M N O P Q R S T U V W X Y Za b c d e f g h i j k l
m n o p q r s t u v w x y z
```

程序说明：

- 函数模板 combine 在类模板 Array 中声明为友元函数和在类外定义时，均需要在关键字 friend 前添加 template<typename T>。函数模板的形参表和返回值中的 Array<T>为模板类。
- 作为练习，建议读者为数组类模板添加放大与缩小所占用的动态内存空间的功能函数。

8.3 模板应用示例

数据的有效组织和管理是程序设计的主要任务之一。通常数据并不是孤立存在的，它们之间存在着一定的联系。由多个数据元素组成的群体数据，其组织结构可分为线性和非线性两种。线性表、栈、队列等数据结构都属于线性结构，在软件设计中使用频率非常高。

在模板技术出现之前，栈、队列等数据结构的设计均与所加工的数据的类型密切相关，仅仅数据类型不同、其余部分几乎一样的相似代码在程序中反复出现，致使代码的编写量也成倍增加，而利用模板，则只需设计一份代码，即能适应几乎所有数据类型。模板为设计更加通用的代码提供了技术支撑。

模板是设计具有良好通用性的数据结构的重要工具，通用性则是程序设计所追求的重要目标之一，本节通过顺序栈类模板与链表类模板的设计示例进一步学习模板设计技术。

8.3.1　栈类模板

栈是一种特殊的数据结构，在程序设计中具有广泛的应用，C++程序在函数调用过程中就使用栈来处理程序调用时的现场。

栈的结构与操作特征是：数据元素间是一种前后相邻的线性关系，元素的删除与插入操作只能在一端进行。允许实施插入与删除操作的一端称为栈顶，另一端称为栈底，如图 8-4 所示。没有任何元素的栈称为空栈。

元素的插入操作通常称为压栈，删除操作称为弹栈。在图 8-4 中，A、B 和 C 这 3 个元素被依次压入栈中，而出栈次序是 C、B、A，与入栈顺序正好相反。栈的典型特性是后进先出(Last In First Out，LIFO)。

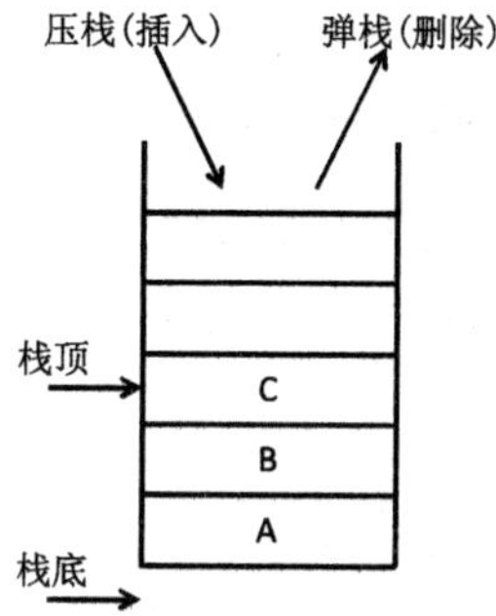

图 8-4　栈的结构与操作

栈在实现时可以采用数组为基本存储结构，称为顺序栈；也可以使用指针将节点相互链接起来，称为链栈。

顺序栈使用一片连续的内存空间存储节点元素，通常是在对象构造时根据用户指定的大小在自由存储区申请某种数据类型的数组并将其首地址赋给一个指针变量，数组的大小保存在 size 变量中。此外，还应设置用于记录栈顶位置的整型变量 top。当栈空时，top 的值为-1；当栈满时，top 的值为 size-1。每次有元素压入栈中，top 的值加 1，出栈后其值减 1。

【例 8-6】顺序栈类模板设计示例。

程序代码：

```
//file name stack.h
#ifndef STACK_H
#define STACK_H
#include <iostream>
using namespace std;
template <typename T>
class Stack {
    template <typename T>
    friend ostream& operator<<(ostream&, const Stack<T>&);
public:
    Stack(int=10);
```

```
    Stack(const Stack<T>&);
    ~Stack() {
        delete []ptr;
    }
    bool push(const T);      //压栈
    bool pop(T&);            //弹栈
    bool isEmpty();          //栈是否为空
    bool isFull();           //栈是否为满
private:
    T *ptr;                  //栈存储位置指针
    int top;                 //栈顶指针
    int size;                //栈空间大小
};
template <typename T>
Stack<T>::Stack(int s) {
    size = s;
    ptr = new T[size];
    top = -1;
}
template <typename T>
Stack<T>::Stack(const Stack<T> &s) {
    size = s.size;
    ptr = new T[size];
    top = s.top;
    for(int i=0; i<=top; i++)
        ptr[i] = s.ptr[i];
}
template <typename T>
bool Stack<T>::push(const T data) {
    if(isFull())
        return false;
    top++;
    ptr[top] = data;
    return true;
}
template <typename T>
bool Stack<T>::pop(T &pd) {
    if(isEmpty())
        return false;
    pd = ptr[top];
    top--;
    return true;
}
template <typename T>
bool Stack<T>::isEmpty() {
    return top == -1;
}
template <typename T>
bool Stack<T>::isFull() {
    return top == size-1;
}
template <typename T>
ostream& operator<<(ostream &os, const Stack<T> &s) {
    for(int i=0; i<=s.top; i++)
        os << s.ptr[i] << " ";
    return os;
}
#endif
//file name mainFun.cpp
```

```
#include <iostream>
#include "stack.h"
using namespace std;
int main() {
    Stack<char> charStack(6);
    int i = 0;
    while(charStack.push('A'+i)) {
        i += 2;
    }
    cout << "栈压满后，栈中元素：" << charStack << endl;
    char popChar;
    cout << "栈中元素依次弹出：";
    while(charStack.pop(popChar))
        cout << popChar << " ";
    cout << endl;
    cout << "栈弹空后，栈中元素：" << charStack << endl;
}
```

运行结果：

```
栈压满后，栈中元素：A C E G I K
栈中元素依次弹出：K I G E C A
栈弹空后，栈中元素：
```

程序说明：

- 栈的主要操作是压栈与弹栈，例程中可将 push 函数中的 top++;和 ptr[top]=data;语句合并为 ptr[++top]=data;。类似地，可修改 pop 函数中的出栈语句。
- 栈清空和取栈中元素的函数在例程中没有提供，建议读者补齐。

8.3.2 链表类模板

与栈相比，线性表是一种更为一般的线性数据结构。线性表是相同类型的数据元素按照先后次序排列的有限序列。线性表的第一个元素称为头元素，最后一个元素称为尾元素。线性表的元素之间具有前后相邻的位置关系，如图 8-5(a)所示。

元素 a_i 之前的元素 a_{i-1} 称为 a_i 的直接前驱，其后的 a_{i+1} 称为直接后继。头元素只有直接后继没有直接前驱，尾元素只有直接前驱而没有直接后继，其余元素既有直接前驱也有直接后继。

采用数组为存储结构的线性表称为顺序表，它是以元素在内存中相邻的物理位置表示元素之间的前驱和后继关系。线性表的另一种存储方法是采用指针链接各个元素节点，每个节点设置了两个域，其中 data 域的作用是存储元素信息，next 域用来链接每个表节点，如图 8-5(b)所示。

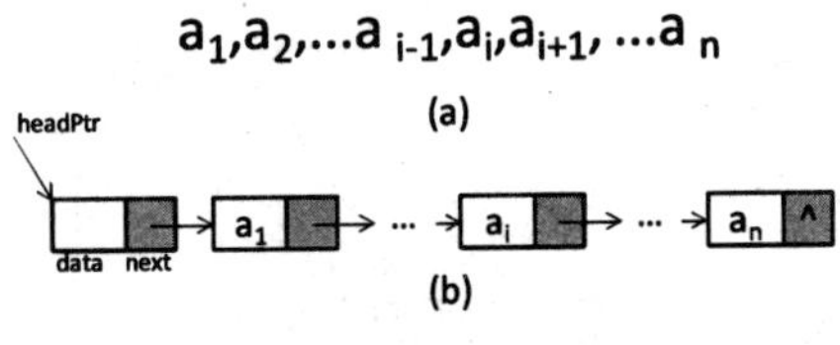

图 8-5 线性表

图 8-5(b)为单链表的存储方法示意图。图中的单链表在最前端设置不存储元素信息的空节点，称为头节点，目的是在代码中减少对空链表状态的判断，没有该节点一样也能实现无头节点的单链表。headPtr 为指向头节点的指针变量，程序中通过它来访问整个单链表。

最后一个节点的 next 域为空指针(图中用^符号表示)，它是判定链表是否结束的依据。仅有头节点的链表为没有任何元素的空链表，此时头节点的 next 域的值为 NULL。

【例 8-7】带头节点的单链表类模板设计示例。

程序代码：

```
//file name LinkList.h
#ifndef LINKLIST_H
#define LINKLIST_H
#include <iostream>
using namespace std;
template <typename T> class LinkList; //声明
//定义节点 Node 类模板
template <typename T>
class Node {
    friend class LinkList<T>;        //友元类
public:
    Node(const T&=NULL);         //构造函数
    T getData() const;           //获取 data 的值
    Node<T>* getNext() const;    //获取 next 的值
private:
    T data;
    Node<T> *next;
};
template <typename T>
Node<T>::Node(const T &d) {
    data = d;
    next = NULL;
}
template <typename T>
T Node<T>::getData() const {
    return data;
}
template <typename T>
Node<T>* Node<T>::getNext() const {
    return next;
}
//定义链表 LinkList 类模板
template <typename T>
class LinkList {
    template <typename T>        //流输出友元函数
    friend ostream& operator<<(ostream&, const LinkList<T>&);
public:
    LinkList();                      //默认构造函数
    LinkList(const LinkList<T>&); //拷贝构造函数
    ~LinkList();                     //析构函数
    bool Insert(int, const T&); //插入新节点
    bool Delete(int);                //删除节点
    int Length();                    //返回表长度
    bool IsEmpty();          //判定表是否为空
    Node<T>* getNode(int); //返回节点指针
private:
```

```
    Node<T> *headPtr;        //头节点指针
};
template <typename T>
LinkList<T>::LinkList() {
    headPtr = new Node<T>;
}
template <typename T>
LinkList<T>::LinkList(const LinkList<T> &lst) {
    Node<T> *p = lst.headPtr->next;
    Node<T> *q, *s;
    headPtr = new Node<T>;
    q = headPtr;
    while(p) {
        s = new Node<T>(p->data);
        s->next = q->next;
        q->next = s;
        q = s;
        p = p->next;
    }
}
template <typename T>
LinkList<T>::~LinkList() {
    Node<T> *p = headPtr;
    while(p) {
        headPtr = headPtr->next;
        delete p;
        p = headPtr;
    }
}
template <typename T>
//功能：在 index 节点之后插入新节点，其中 data 值为 x
bool LinkList<T>::Insert(int index, const T &x) {
    if(index<0 || index>Length())   //容错处理
        return false;
    Node<T> *p=headPtr, *s;
    for(int i=1; i<=index; i++)
        p = p->next;
    s = new Node<T>(x);            //①生成新节点
    s->next = p->next;             //②新节点的 next 域指向 p 节点之后的节点
    p->next = s;                   //③新节点插入到第 index 节点之后
    return true;
}
template <typename T>
bool LinkList<T>::Delete(int index) {  //功能：删除 index 节点
    if(index<1 || index>Length())   //容错处理
        return false;
    Node<T> *p=headPtr, *q;  //q 指向 p 的前一节点
    for(int i=0; i<index; i++) {
        q = p;
        p = p->next;
    }
    q->next = p->next;             //①q 节点的 next 域指向 p 节点之后的节点
    delete p;                      //②释放第 index 节点
    return true;
}
template <typename T>
int LinkList<T>::Length() {
    int result = 0;
```

```
    Node<T> *p = headPtr->next;
    while(p) {
        p = p->next;
        result++;
    }
    return result;
}
template <typename T>
bool LinkList<T>::IsEmpty() {
    return headPtr->next == NULL;
}
template <typename T>
Node<T>* LinkList<T>::getNode(int index) {
    if(index<1 || index>Length())
        return NULL;
    Node<T> *p = headPtr;
    for(int i=0; i<index; i++)
        p = p->next;
    return p;
}
template <typename T>
ostream& operator<<(ostream &os, const LinkList<T> &lst) {
    Node<T> *p = lst.headPtr->getNext();
    while(p) {
        os << "-->" << p->getData();
        p = p->getNext();
    }
    return os;
}
#endif
//file name mainFun.cpp
#include <iostream>
#include <ctime>
#include "LinkList.h"
#include "shape.h"
using namespace std;

int main() {
    LinkList<int> myIntList;
    cout << "myIntList 是空链表? " << (myIntList.IsEmpty()?"是":"否")<<endl;
    srand(unsigned(time(NULL)));
    for(int i=0; i<5; i++)
        myIntList.Insert(i, rand()%100);
    cout << "myIntList 中插入 5 个节点后: \n" << myIntList << endl;
    myIntList.Insert(3, rand()%100);
    cout << "myIntList 的 3 号节点后插入 1 个节点: \n" << myIntList << endl;
    myIntList.Delete(9);
    cout << "myIntList 中删除第 9 个节点后: \n" << myIntList << endl;
    myIntList.Delete(2);
    cout << "myIntList 中删除第 2 个节点后: \n" << myIntList << endl;
    //用例 7-3 中的几何形类指针定义模板类和对象
    LinkList<Shape*> myShapeList;
    myShapeList.Insert(0, new Circle);          //在头节点后插入新节点
    myShapeList.Insert(1, new Triangle);
    myShapeList.Insert(2, new Rectangle);
    myShapeList.Insert(3, new Cone);
    myShapeList.Insert(4, new Cuboid);
    myShapeList.Insert(5, new Cylinder);
    cout << "现在开始输入几何形的参数。" << endl;
```

```
    for(int i=1; i<7; i++)
        myShapeList.getNode(i)->getData()->input();
    cout << "以下为链表上不同几何形的输出。" << endl;
    for(int i=1; i<7; i++)
        myShapeList.getNode(i)->getData()->output();
    //释放链表节点中 data 数据成员(Shape*指针)所指向的对象
    for(int i=1; i<7; i++)
        delete myShapeList.getNode(i)->getData();
    return 0;
}
```

运行结果：

```
myIntList 是空链表？是
myIntList 中插入 5 个节点后：
-->42-->74-->77-->31-->86
myIntList 的 3 号节点后插入 1 个节点：
-->42-->74-->77-->68-->31-->86
myIntList 中删除第 9 个节点后：
-->42-->74-->77-->68-->31-->86
myIntList 中删除第 2 个节点后：
-->42-->77-->68-->31-->86
现在开始输入几何形的参数。
请输入圆的半径：6↙
请依次输入三角形的三边长：3  4  5↙
请输入矩形的长和宽：12  15↙
请输入圆锥的底面半径和高：7  9↙
请输入长方体的长、宽和高：12  5  7↙
请输入圆柱的底面半径和高：8  15↙
以下为链表上不同几何形的输出。
圆半径：6      面积：113.097      体积：0
三角形三边为：3,4,5    面积：6   体积：0
矩形的长和宽为：12,15 面积：180      体积：0
圆锥体的底面半径和高为：7,9表面积：404.676   体积：461.814
长方体的长、宽和高为：12,5,7    表面积：358    体积：420
圆柱体的底面半径和高为：8,15    表面积：1156.11    体积：753.982
```

程序说明：

(1) Node 类模板描述的是单链表中的节点，LinkList 为单链表类模板，是 Node 的友元类。Node 中定义了 T data 和 Node<T> *next 两个私有数据成员，以及返回它们的值的公有成员函数 getData 和 getNext。Node 节点也可以设计成为结构体，此时不再需要定义成员函数。

(2) 单链表的插入元素成员函数 Insert(int index, const T &x)是在 index 节点之后插入一个新节点，其值为 x。删除元素成员函数 Delete(int index)为从链表中删除 index 节点。算法实现中的关键步骤已在程序中加了注释，其中的①②③编号对应图 8-6 中的相应操作。

图 8-6(a)为在 p 指针所指向的节点之后插入新节点 x 的操作过程示意，图 8-6(b)为删除 p 指针所指向节点的操作步骤。p 指针的初始指向头节点，之后沿着链表向后移动，当指向 index 节点时停止，指针后移的语句为 p = p->next;。q 是尾随 p 指针的指针，设置 q 指针的原因是由于在单链表中能通过 p 访问所指节点及其后继节点，但不能访问其前驱节点。

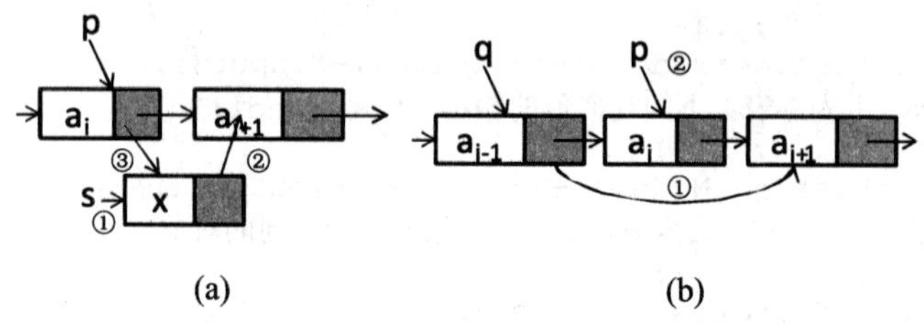

图 8-6　单链表节点的插入与删除操作

为克服单链表访问前驱节点不便的缺点，可在节点中增加指向直接前驱的指针域，构建双向链表。此外还可以将尾节点的指针域指向头节点，构建循环单向或双向链表。它们的结构如图 8-7 所示。

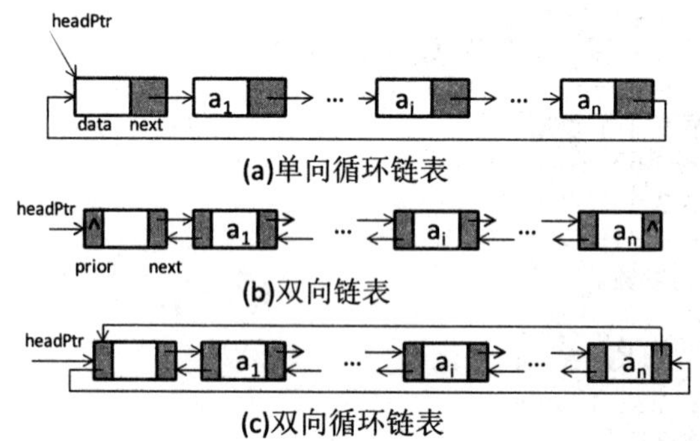

图 8-7　双向链表、单向循环链表和双向循环链表结构示意

(3) 主函数中用 LinkList 类模板说明了两个模板类 LinkList<int>和 LinkList<Shape*>，并分别定义了对象 myIntList 和 myShapeList。

对 myIntList 对象先后完成了插入 5 个随机整数、在第 3 个节点后插入一个新节点、删除第 9 个节点和第 2 个节点等操作。

Shape 类型为例 7-3 所定义的抽象类，myShapeList 对象是节点数据为 Shape 类型指针的单链表，其中插入了 6 个指向 Shape 类的派生类对象的指针，图 8-8 是它的结构示意图，图中的几何图形代表派生类的对象。

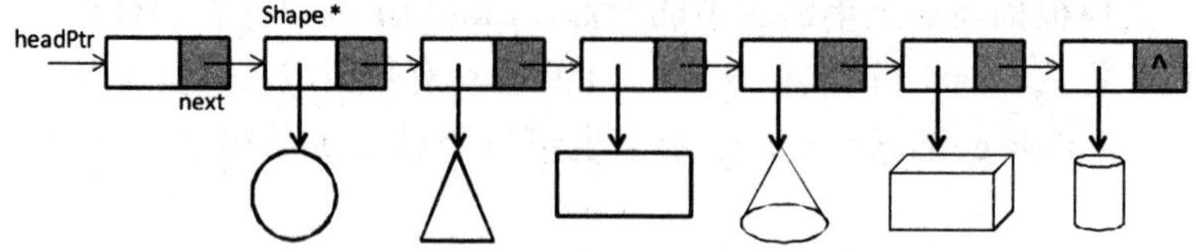

图 8-8　myShapeList 单链表对象的结构

基于多态性，链表中的 Shape 基类指针能指向其派生类的所有对象并正确调用相应的函数。

(4) Shape 代码的使用方法是：首先，复制 Shape.h 和 Shape.obj 文件到程序源代码所在的文件夹中，如图 8-9(a)所示。其次，在 VC++编程环境中，打开解决方案资源管理器，对“源文件”和“资源文件”分别单击鼠标右键，添加现有项 Shape.h 和 Shape.obj 至对应项中，如图 8-9(b)所示。

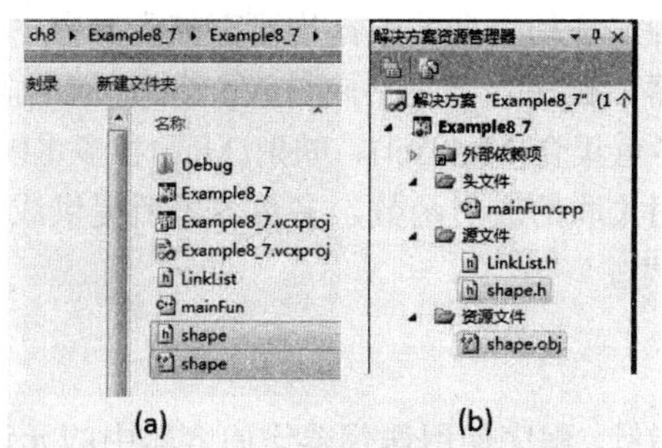

图 8-9　添加现有项至程序项目

8.4　标准模板库简介

C++标准模板库(Standard Template Library，STL)是一个高效的程序库，是 ANSI/ISO C++标准库的一个子集。它提供了大量可扩展的类模板，其中包含了程序设计中普遍涉及的基本数据结构和算法。

8.4.1　概述

标准模板库是泛型程序设计(Generic Programming)思想的产物，泛型程序设计是继面向对象程序设计之后的又一种程序设计方法，与面向对象程序设计方法的多态一样，也是一种软件复用技术。泛型程序设计的目的是编写完全一般化并可重复使用的算法，其效率与针对某特定数据类型而设计的算法相同。泛型即是指具有在多种数据类型上皆可操作的含意。STL 中包含很多计算机基本算法和数据结构，而且将算法与数据结构完全分离，其中算法是泛型的，不与任何特定数据结构或对象类型联系在一起。

早期的 C++标准并不支持模板，模板和 STL 的引入与 Alexander Stepanov(被誉称为 STL 之父)和 Meng Lee 的工作和努力密不可分。在标准模板库中，大部分基本算法被抽象，被泛化，独立于与之对应的数据结构，并以相同或相近的方式处理各种不同情形。泛型程序设计思想和面向对象程序设计思想不尽相同。在面向对象程序设计中，更注重的是对数据的抽象，而算法则通常被附属于数据类型之中，通常是以成员函数的形式包含在类中，相同的算法在不同的类中需要编写各自的成员函数，算法的实现与具体的数据类型相关。尽管泛型程序设计和面向对象程序设计有诸多不同，但这种两种方法并不矛盾，而是相辅相成。

标准模板库主要由容器(Container)、迭代器(Iterator)、算法(Algorithm)、适配器(Adaptor)、函数对象(Function Object)和分配器(Allocator)几个部分组成。其中容器、迭代器和算法是关键组件，它们之间的结构关系如图 8-10 所示。

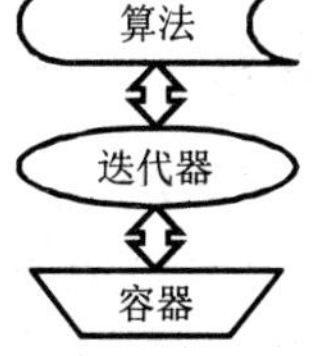

图 8-10　STL 中的关键组件及其联系

1. 容器

容器的作用类似于数组，是存储各种数据项的基础组件。STL 中容器的实现都是类模

板，它涵盖了许多数据结构，各种类型的数据均可存储于容器之中。容器分为两种基本类型——顺序容器和关联容器。顺序容器包括向量(Vector)、双端队列(Deque)、列表(List)。关联容器包含集合(Set)、多重集合(Multiset)、映射(Map)和多重映射(Multimap)。

每种容器都拥有一组相关联的成员函数，多数容器所提供成员函数功能相似(如 size、insert)，被称为“泛型操作”。

2. 迭代器

迭代器的作用类似于指针，程序使用迭代器访问容器中的元素，因而迭代器也称为“泛型指针”。事实上，STL 算法也可以使用普通指针作为迭代器来操纵普通数组中的元素。在 STL 中，算法使用迭代器访问容器中的数据元素，实现了算法与数据分离的目标。

STL 定义了 5 种迭代器——前向迭代器(Forward Iterator)、双向迭代器(Bidirectional Iterator)、输入迭代器(Input Iterator)、输出迭代器(Output Iterator)和随机访问迭代器(Random Access Iterator)。

3. 算法

算法是 STL 中的核心，它实现了一些常用的数据处理方法。算法是通过迭代器处理容器中的数据元素，不依赖于具体的容器，故算法也称为“泛型算法”。

STL 中包含了 70 多个通用的算法，分为下列 4 大类：不可修改序列算法(Non-modifying Sequence Algorithms)、修改序列算法(Mutating Sequence Algorithms)、排序及相关算法(Sorting and Related Algorithms)和数值算法(Numeric Algorithms)。

4. 适配器

适配器是对标准组件的限制或改装，它通过修改其他组件的接口使适配器满足特定的需求。例如，stack 容器适配器就是以序列容器为底层数据结构，实现在一端执行插入与删除操作。STL 中针对容器、迭代器和算法分别提供了容器适配器、迭代器适配器和函数对象适配器 3 种适配器。

5. 函数对象

函数对象是在类中定义了 operator()运算符重载函数的类对象。它本质上是一种具有函数特性的对象，用法与函数调用相一致。STL 中的许多算法允许传递函数对象，帮助算法完成任务。函数对象使用类模板来实现，具有良好的灵活性和通用性。

6. 分配器

分配器是 STL 提供的内存管理模块，它封装了内存分配与维护方面的信息和方法，为容器提供内存管理服务。每种容器都使用了一种分配器类来封装程序所用内存分配模式的信息。不同的分配器封装了不同的内存分配模式，使得 STL 能够更容易地应用于不同的内存分配模式，同时也有利于程序员通过添加自己的内存分配管理模式扩展 STL 的应用。

8.4.2 容器

STL 容器是一组类模板，是模板化的数据结构。容器分为 3 大类，即顺序容器、关联容器和容器适配器，如表 8-1 所示。容器中存储的元素具有相同的数据类型，可以是基本数据类型，也可以是自定义类型。对于自定义类型，通常需要提供默认构造函数、拷贝构造函数、析构函数、赋值运算符重载函数以及关系和逻辑运算符函数。

表 8-1　STL 中的容器

类　别	容器名称	说　明	头文件
顺序容器	vector (向量)	适合在尾部执行快速的插入或删除元素操作，可随机访问任何元素	<vector>
	deque (双端队列)	适合在头部和尾部执行快速的插入或删除元素操作，可随机访问任何元素	<deque>
	list (双向链表)	适合在任何位置执行快速的插入或删除元素操作，可双向遍历元素	<list>
关联容器	set (集合)	不允许有重复元素，可双向遍历元素	<set>
	multiset (多集)	允许有重复元素，可双向遍历元素	
	map (映射)	一对一映射，不允许重复元素，允许快速的基于关键字的查找	<map>
	multimap (多射)	一对多映射，允许重复元素，允许快速的基于关键字的查找	
容器 适配器	stack (栈)	后进先出(LIFO)，不支持迭代器	<stack>
	queue (队列)	先进先出(FIFO)，不支持迭代器	<queue>
	priority_queue (优先级队列)	最高优先级先出队，不支持迭代器	

STL 中不同容器所采用的内存分配和管理方式不同，每种容器都有其特性和适用范围，如同现实生活中的桶和盆各有各的用途一样。

顺序容器实现的是线性数据结构，向量和双端队列如同数组，属于直接访问容器，双向链表为顺序访问容器。关联容器是非线性容器，根据键值可快速查找存储于容器中的元素。顺序容器和关联容器合称为第一类容器。

容器适配器不是独立的容器，它是在某个顺序容器的基础上通过修改容器的接口，使得容器具有一些特殊的性质。例如，stack 只允许在一端进行插入与删除操作。

除上述 3 大容器之外，STL 还提供了 4 个“近容器(Near Container)”，称它们为近容器的原因是它们具有与第一类容器相似的功能，但并不支持第一类容器的所有功能。这 4 个近容器分别说明如下。

- 数组：任何一个数组均可视为是一个近容器，下标运算可看作迭代器。
- string 类型：实际上是 basic_string 类模板的实例化对象。
- bitset 位集：可定义任意长的二进制位，用于操纵标志值集合。
- valarray 可变长数组：用于执行高性能的数学矢量操作。

STL 容器中定义了许多适用于所有容器的公共操作，表 8-2 列出常用的容器函数。

表 8-2　容器中常用的共同的操作函数

函数名	说　明	备　注
默认构造函数	通常一种容器拥有几个构造函数，提供不同的初始化方法	多数容器中常用的成员函数
复制构造函数	用一个容器初始化另一个相同类型的容器	
析构函数	容器被撤消时调用，回收内存空间	
operator=	把一个容器赋值给另一个容器时被调用	
empty	容器中无元素返回 true，否则返回 false	
insert	在容器中插入一个元素	
size	返回容器中当前元素的数量	
operator<	第 1 个容器小于第 2 个容器返回 true，否则返回 false	
operator<=	第 1 个容器小于等于第 2 个容器返回 true，否则返回 false	
operator>	第 1 个容器大于第 2 个容器返回 true，否则返回 false	
operator>=	第 1 个容器大于等于第 2 个容器返回 true，否则返回 false	
operator==	第 1 个容器等于第 2 个容器返回 true，否则返回 false	
operator!=	第 1 个容器不等于第 2 个容器返回 true，否则返回 false	
swap	交换两个容器的元素	
max_size	返回容器可容纳的最大元素数量	只适用第一类容器的函数
begin	返回指向头元素的迭代器，返回 iterator 和 const_iterator 两个版本	
end	返回指向尾元素的迭代器，返回 iterator 和 const_iterator 两个版本	
rbegin	begin 的逆向迭代器版本，也有两个版本	
rend	end 的逆向迭代器版本，也有两个版本	
erase	从容器中删除一个或多个元素	
clear	删除容器中所有元素	

注：priority_queue 并不支持重载运算符<、<=、>、>=、==和!=。

vector、deque 和 list 是容器，它们的存储方式为线性数据结构。vector 使用连续内存存储，支持随机访问([]运算符)，而 list 采用双向链表实施数据存储。deque 则结合了两者的许多优点，性能上是两者的折中。

vector 对于随机访问和在尾部插入的速度均较快，但在头部和中间位置插入元素会引起数据的大量移动，速度比较慢。list 对于随机访问速度较慢，需要遍历链表，而对于插入则相对较快，仅改变指针的指向即可实现，无需拷贝和移动数据。deque 的开销介于 vector 和 list 之间，允许在头部和尾部进行高效的插入与删除操作，同时还提供了对随机访问迭代器的支持，因而 deque 可用于所有的 STL 算法。

【例 8-8】顺序容器应用示例。

程序代码：

```
#include <iostream>
#include <vector>
#include <deque>
using namespace std;
int main() {
    vector<char> vecObj;            //定义向量容器
```

```
    vector<char>::iterator vIter;  //定义向量容器的迭代器
    for(int i=0; i<5; i++)
        vecObj.push_back('A'+i);        //将元素添加到尾端
    cout << "向量容器 vecObj 中的元素:";
    for(int i=0; i<vecObj.size(); i++)
        cout << " " << vecObj[i];       //支持随机访问
    cout << "\n 在 verObj 的 3 号元素后插入 X: ";
    vecObj.insert(vecObj.cbegin()+3, 'X'); //插入元素
    for(vIter=vecObj.begin(); vIter!=vecObj.end(); vIter++)
        cout << " " << *vIter;
    cout << "\n 双端队列容器 deqObj 中的元素: ";
    deque<int> deqObj;                  //定义双端队列
    deqObj.push_back(10);
    deqObj.push_back(20);
    deqObj.push_back(30);
    for(deque<int>::iterator dIter=deqObj.begin();
      dIter!=deqObj.end(); dIter++)
        cout << " " << *dIter;
    cout << "\n 执行尾端删除、前端添加和尾端添加后: ";
    deqObj.pop_back();             //从尾端删除元素
    deqObj.push_front(-10);            //向前端添加元素-10
    deqObj.push_back(40);              //向尾端添加元素 40
    for(deque<int>::iterator dIter=deqObj.begin();
      dIter!=deqObj.end(); dIter++)
        cout << " " << *dIter;
    cout << "\n 用反向迭代器访问 deqObj 容器: ";
    for(deque<int>::reverse_iterator i=deqObj.rbegin();
      i!=deqObj.rend(); i++)
        cout << " " << *i;
    cout << endl;
    return 0;
}
```

运行结果：

```
向量容器 vecObj 中的元素: A B C D E
在 verObj 的 3 号元素后插入 X:  A B C X D E
双端队列容器 deqObj 中的元素:  10 20 30
执行尾端删除、前端添加和尾端添加后:  -10 10 20 40
用反向迭代器访问 deqObj 容器:  40 20 10 -10
```

程序说明：

- 标准模板库中的容器是类模板，需要实例化为模板类，再用模板类定义对象。例程中，语句 vector<char> vecObj;和 deque<int> deqObj;分别定义了存储字符元素的向量和整数元素的双端队列。
- vector 只提供 push_back 和 pop_back 函数，支持从尾端插入和删除元素，而 deque 容器除支持从尾部进行元素插入与删除操作外，还允许用 push_front 和 pop_front 函数从头部进行插入与删除操作。此外，所有容器都提供了 insert 插入函数和 erase 删除函数。
- 迭代器是访问容器的类模板，语句 vector<char>::iterator vIter;定义了迭代器对象 vIter，该对象能访问元素为字符型的向量容器。

使用迭代器和*运算符能够以类似于访问数组中元素的方式遍历容器中的元素，例如：

```
for(deque<int>::iterator dIter=deqObj.begin();
  dIter!=deqObj.end(); dIter++)
    cout << " " << *dIter;
```

容器适配器 stack、queue 和 priority_queue 不是独立的容器，而是在顺序容器基础上进行功能扩展或限制的容器。容器适配器不支持迭代器。

栈(stack)实现了标准栈的功能，它以 vector、deque 或 list 这 3 者之一为基础容器，默认值是 deque 容器。队列(queue)实现了标准队列的功能，它以 deque 或 list 为基础容器，默认值是 deque 容器。优先级队列(priority_queue)是以 vector 或 deque 为基础容器，默认值是 vector 容器。

3 个容器适配器类都提供了成员函数 push 和 pop，实现元素的插入与删除操作。

【例 8-9】容器适配器 stack、queue 和 priority_queue 类模板应用示例。

程序代码：

```
#include <iostream>
#include <stack>
#include <queue>
using namespace std;
int main() {
    const int Size = 10;
    int ary[Size] = {1, 3, 5, 7, 9, 2, 4, 6, 8, 10};
    stack<int, vector<int>> myStack;
    queue<int> myQueue;
    priority_queue<int> myPriQueue;
    for(int i=0; i<Size; i++) {
        myStack.push(ary[i]);
        myQueue.push(ary[i]);
        myPriQueue.push(ary[i]);
    }
    cout << "myStack 栈依次弹出：";
    while(!myStack.empty()) {
        cout << myStack.top() << ","; //用 top 函数获取首元素
        myStack.pop();
    }
    cout << "\nmyQueue 队列依次弹出：";
    while(!myQueue.empty()) {
        cout << myQueue.front() << ","; //用 front 函数获取首元素
        myQueue.pop();
    }
    cout << "\nmyPriQueue 优先级队列依次弹出：";
    while(!myPriQueue.empty()) {
        cout << myPriQueue.top() << ","; //top 函数获取首元素
        myPriQueue.pop();
    }
    cout << endl;
    return 0;
}
```

运行结果：

```
myStack 栈依次弹出：10,8,6,4,2,9,7,5,3,1,
myQueue 队列依次弹出：1,3,5,7,9,2,4,6,8,10,
myPriQueue 优先级队列依次弹出：10,9,8,7,6,5,4,3,2,1,
```

程序说明：

- 例程中将 ary 数组中的元素分别依次插入到栈 myStack、队列 myQueue 和优先级队列 myPriQueue，在弹出元素前先分别取出首元素。运行结果显示：栈元素出栈的顺序与插入次序相反；队列元素出队顺序与插入次序相同；优先级队列的出队顺序是以最大者优先。
- 栈和优先级队列取头元素的函数为 top，而队列取头元素的函数为 front。

关联容器的用法在下一节结合例程进行介绍。

8.4.3　迭代器

迭代器与指针具有许多共性，STL 中的泛型算法通过迭代器操作容器，迭代器是连接算法与容器的桥梁。

迭代器根据功能的不同分为 5 类：输入迭代器、输出迭代器、前向迭代器、双向迭代器和随机访问迭代器，其功能具有包含关系，如图 8-11 所示。顶部的输入输出迭代器功能最“弱”，底部的随机访问迭代器功能最“强”，从上至下功能不断增强。

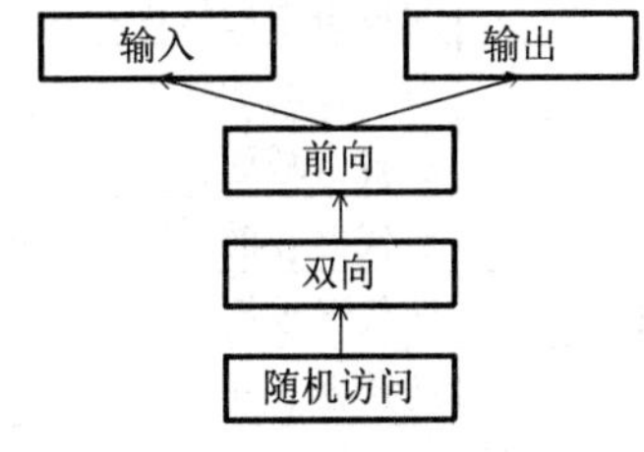

图 8-11　迭代器分类的层次结构

输入(Input)迭代器用于从容器中读取一个元素，并且一次只能向前(从容器的开始位置向结束位置)移动一个元素，而且只能遍历一遍。输出(Output)迭代器用于把一个元素写入容器，也是一次只能向前移动一个元素和遍历一遍。前向(Forward)迭代器组合了输入和输出迭代器的功能，并保留了它们在容器中的状态信息。双向(Bidirectional)迭代器组合了前向迭代器和反向移动的功能，支持从两个方向遍历容器。随机访问(Random Access)迭代器组合了双向迭代器和访问直接容器任何元素的功能，可以向前或向后跳转任意数量的元素。

第一类容器中不同的容器所支持的迭代器类别也不相同，其中仅有 vector 和 deque 容器支持随机访问迭代器，其余容器(list、set、multiset、map 和 multimap)均支持双向迭代器。

容器支持的迭代器分类决定了该容器是否可以使用某个特定的泛型算法，支持随机访问迭代器的容器可以使用 STL 中的所有算法。

STL 的每种容器都预定义了 4 种迭代器：iterator、const_iterator、reverse_iterator 和 const_reverse_iterator。在程序中定义迭代器对象的格式如下：

```
容器类型<容器元素类型>::迭代器 对象名;
```

例如：例 8-8 中的 deque<int>::reverse_iterator i 语句的作用是定义变量 i 为存储元素是整型的双端队列容器的反向迭代器对象。

名称中含有 const 的迭代器为常量迭代器，它只能从容器中读取元素，不能写入。名称中含有 reverse 的迭代器为反向迭代器，它是以相反的方向遍历容器。

不同类型的迭代器所支持的操作种类也不相同，功能最强的随机访问迭代器所支持的操作最多。

表 8-3 列出了 5 类迭代器所支持的操作。

表 8-3　各种迭代器支持的操作

操　作	说　明	支持的迭代器				
		输入	输出	前向	双向	随机
++p	前置自增迭代器	√	√	√	√	√
p++	后置自增迭代器	√	√	√	√	√
*p	间接引用迭代器，作为右值	√		√	√	√
p=p1	把一个迭代器赋值给另一个	√	√	√	√	√
p==p1	比较迭代器相等与否	√		√	√	√
p!=p1	比较迭代器不等与否	√		√	√	√
*p	间接引用迭代器，作为左值		√	√	√	√
--p	前置自减迭代器				√	√
p--	后置自减迭代器				√	√
p+=i	迭代器 p 前进 i 个位(p 自身改变)					√
p-=i	迭代器 p 后退 i 个位(p 自身改变)					√
p+i 或 i+p	迭代器 p 前进 i 个位之后的迭代器位置(p 自身不变)					√
p-i	迭代器 p 后退 i 个位之后的迭代器位置(p 自身不变)					√
p-p1	同一个容器中两个元素之间的距离，值为整数					√
p[i]	返回与 p 相距 i 个位置元素的引用					√
p<p1	迭代器 p 是否小于迭代器 p1，小即 p 在 p1 之前					√
p<=p1	迭代器 p 是否小于等于迭代器 p1					√
p>p1	迭代器 p 是否大于迭代器 p1					√
p>=p1	迭代器 p 是否大于等于迭代器 p1					√

注：√表示迭代器支持该操作。

list 容器提供了在容器任何位置高效地插入与删除元素的功能，并且还具有对元素进行排序的能力。下面的程序是在 list 容器中存储若干个 Student 类对象并排序。

【例 8-10】 list 容器、排序和输出迭代器应用示例。

程序代码：

```
//file name student.h
#ifndef STUDENT_H
#define STUDENT_H
#include <string>
#include <iostream>
using namespace std;
class Student {
    friend ostream& operator<<(ostream&, const Student&);
    friend istream& operator>>(istream&, Student&);
    //用于支持 list::sort 降序排序
    friend bool myGreater(const Student&, const Student&);
public:
    Student(string id="", string nm="", double scr=0.0)
      : stuID(id), name(nm), score(scr) {}
    bool operator<(const Student&); //用于支持 list::sort 升序排序
private:
    string stuID;
    string name;
```

```
    double score;
};
bool Student::operator<(const Student &stu) {
    return this->score < stu.score;
}
bool myGreater(const Student &st1, const Student &st2) {
    return st1.score > st2.score;
}
ostream& operator<<(ostream &os, const Student &stu) {
    os << "学号: "<<stu.stuID<<"\t 姓名: "<<stu.name<<"\t 成绩: "<<stu.score;
    return os;
}
istream& operator>>(istream &is, Student &stu) {
    cout << "请输入学号，姓名，成绩: ";
    is >> stu.stuID >> stu.name >> stu.score;
    return is;
}
#endif
//file name mainFun.cpp
#include <iostream>
#include <list>
#include "student.h"
#include <iterator>     //使用 ostream_iterator
using namespace std;
int main() {
    list<Student> myStuList;
    list<Student>::iterator it;
    Student ary[] = {
        Student("211001", "张三", 87),
        Student("211002", "李四", 76),
        Student("211003", "王五", 92),
        Student("211004", "赵六", 89)
    };
    std::ostream_iterator<Student> output(cout, "\n");
    for(int i=0; i<4; i++)
        myStuList.insert(myStuList.begin(), ary[i]);
    cout << "插入 4 个学生信息后，myStuList 中的内容: " << endl;
    copy(myStuList.begin(), myStuList.end(), output);
    cout << "执行 myStuList.sort()后: " << endl;
    myStuList.sort(); //升序排序
    copy(myStuList.begin(), myStuList.end(), output);
    cout << "执行 myStuList.sort(myGreater)后: " << endl;
    myStuList.sort(myGreater); //降序排序
    copy(myStuList.begin(), myStuList.end(), output);
    return 0;
}
```

运行结果：

```
插入 4 个学生信息后，myStuList 中的内容:
学号: 211004 姓名: 赵六     成绩: 89
学号: 211003 姓名: 王五     成绩: 92
学号: 211002 姓名: 李四     成绩: 76
学号: 211001 姓名: 张三     成绩: 87
执行 myStuList.sort()后:
学号: 211002 姓名: 李四     成绩: 76
学号: 211001 姓名: 张三     成绩: 87
```

```
学号：211004 姓名：赵六     成绩：89
学号：211003 姓名：王五     成绩：92
执行 myStuList.sort(myGreater)后：
学号：211003 姓名：王五     成绩：92
学号：211004 姓名：赵六     成绩：89
学号：211001 姓名：张三     成绩：87
学号：211002 姓名：李四     成绩：76
```

程序说明：

(1) 主程序中用 list::insert 函数在 myStuList 容器的头部依次插入了 4 个学生类的对象。容器中内容的输出使用了输出迭代器，语句 std::ostream_iterator<Student> output(cout, "\n"); 定义了输出迭代器对象 output，它可以通过 cout 输出用换行符分隔的学生类对象信息。

标准库中的 copy 算法负责将 myStuList 容器中的所有元素输出(拷贝)至屏幕(output 对象)。语句为 copy(myStuList.begin(), myStuList.end(), output);。

Student 类重载的友元函数 operator<<使学生对象中的信息得以顺序输出，缺少该函数程序在编译时报如下错误：error C2679: 二进制“<<”：没有找到接受“const Student”类型的右操作数的运算符(或没有可接受的转换)。

(2) myStuList.sort();语句完成了对容器中对象按照成绩从小到大的排序，实现这一功能需要在 Student 类中定义小于关系运算符(<)重载函数。

(3) myStuList.sort(myGreater);语句实现了容器中对象按成绩从高到低的排列。myGreater 是 Student 类的友元函数，功能为比较两个 Student 类对象的大小，若第一个形参的成绩值大于第二个形参，返回 true，否则为 false。

与顺序容器不同，关联容器中的元素不是存储在线性数据结构中，它们提供了一个关键字(key)到值的关联映射，允许通过关键字直接存储和提取元素。

每个关联容器都是依据数据元素的关键字按照某一顺序排列，不是以元素插入的先后或位置作为顺序。set 和 multiset 提供的是对值的集合的操作，其中每一个值都是一个关键字。multiset 区别于 set 主要体现在前者允许有重复的关键字，而后者不可以。multimap 和 map 提供了对与关键字相关联的值的操作，multimap 和 map 的主要区别是前者允许用重复的关键字存储相关联的值。

例 8-11 以 multimap 容器应用为例演示了关联容器的用法。

【例 8-11】利用 multimap 关联容器存储姓名和电话号码，设计简单的电话簿查询程序。

程序代码：

```
#include <iostream>
#include <fstream>
#include <string>
#include <map>
using namespace std;
typedef multimap<string, string> TelBook;
int main() {
    TelBook telephoneBook;
    TelBook::iterator iter;
    string strName, strNumber;
    ifstream inFile(".\\telephonebook.txt");          //从当前文件夹下读取
    while(inFile.eof() != true) {
```

```
        inFile >> strName >> strNumber;
        telephoneBook.insert(TelBook::value_type(strName, strNumber));
    }
    inFile.close();
    cout << "** 欢迎查询电话号码簿 **" << endl;
    while(strName != "结束") {
        cout << "请输入姓名: ";
        cin >> strName;
        iter = telephoneBook.find(strName); //按姓名查找
        for(int i=1; i<=telephoneBook.count(strName); i++,iter++)
            cout << "\t" << iter->first << ": " << iter->second << endl;
    }
    return 0;
}
//file name telephonebook.txt
张三13832178374
李四13500716880
王五13856152291
赵六13512341524
李四13151788166
李四18981556689
马七18127182736
```

运行结果：

```
** 欢迎查询电话号码簿 **
请输入姓名: 张三↙
    张三:  13832178374
请输入姓名: 李四↙
    李四:  13500716880
    李四:  13151788166
    李四:  18981556689
请输入姓名: 结束↙
```

程序说明：

(1) typedef multimap<string, string> TelBook;语句定义了 multimap 关联容器类型 TelBook。应用标准模板库设计程序时，因类型声明通常较长，典型的方法是用 typedef 先定义类型简化程序的编写。

(2) 语句 iter=telephoneBook.find(strName);是在关联容器中按关键字查找数据元素，并将 find 函数返回的迭代器存储到 iter 迭代器中。telephoneBook.count(strName)语句用于计算出同一个关键字在 multimap 容器中所映射的值的数量。multimap 关联容器的存储是以关键字为顺序，关键字相同的元素存储在一起，因而根据姓名找到第一个数据元素后，对返回的迭代器进行自增操作，即可访问到另一个元素，而函数 count 返回的值则控制了查找同名人电话号码的循环语句的执行次数。

8.4.4　算法与函数对象

1. 泛型算法

STL 中的算法不依赖于它们所操作的容器的实现细节，算法与容器分离，只要容器的迭代器满足算法的要求即可。存储数据元素的容器和操作容器的算法分离，使得在不修改容器类的情况下添加新算法非常方便。

STL 中的标准算法共计 70 多个，可分为 4 大类：非变异序列算法、变异序列算法、排序及相关算法和广义数值算法。

(1) 非变异序列算法。操作不改变容器中的内容。主要包括查找、计数、比较和搜索等算法。find 和 count 是非变异序列算法的例子，find 算法在数据结构的某个范围中移动，查找第一个等于给定值的遍历器。而 count 算法计算数据结构中等于给定值的元素的个数。此外还有 for_each、find_if、find_end、find_first_of、adjacent_find、count_if、mismatch、equal、search、search_n 等算法。

(2) 变异序列算法。修改其操作的数据容器中的元素。这类算法包括拷贝、替换、交换、转换、填充、删除、反转和循环等。fill 算法就是一种变异序列，其功能是用给定值填充容器或取代部分已有值。属于该类的算法还有 copy、copy_backword、transform、swap、swap_ranges、iter_swap、replace、replace_copy、generate、remove、unique、reverse、rotate、random_shuffle、partition 等。

(3) 排序及相关算法。包括排序、归并、二分查找元素、集合和堆操作等。在例 8-10 中，用 list 容器存储学生对象，并调用 list 类的成员函数对容器元素进行排序。STL 中的 sort 算法则是作用于标准容器的泛型算法。这类算法主要有 sort、partial_sort、lower_bound、binary_search、merge、set_union、push_heap、pop_heap、min、max、next_permutation 等。

(4) 数值算法。是依据容器中的元素计算数值。例如，accumulate 算法用于累加容器中的元素值。此外，还有 partial_sum(累加部分元素和)、adjacent_difference(相邻元素差)、inner_product(内积)等。使用它们需要包含<numeric>头文件。

STL 算法的实现采用了函数模板，每种算法都具有一定的调用方式，通常需要提供迭代器来操作容器。在联机帮助中可查找到 copy 算法的声明格式如下：

```
template <class InputIterator, class OutputIterator>
OutputIterator copy(InputIterator _First, InputIterator _Last,
  OutputIterator _DestBeg);
```

STL 算法的主要内容可参考相关书籍和联机帮助，这里不再详细介绍。下面通过例子介绍它们的基本用法。

【例 8-12】 sort、merge 和 count_if 算法应用示例。

程序代码：

```
#include <iostream>
#include <vector>
#include <set>
#include <algorithm>
#include <iterator>
#include <numeric>
using namespace std;
typedef vector<int> IntVec;          //定义 int 型 vector 容器类型 IntVec
typedef set<int> IntSet;             //定义 int 型 set 容器类型 IntSet
int main() {
    int intArray[10] = {1,3,5,7,9,8,6,4,2,0};
    IntVec myVec(intArray, intArray+10);
    IntSet mySet(intArray, intArray+10);
```

```
    std::ostream_iterator<int> output(cout," ");//定义 int 型输出迭代器 output
    //分别输出数组、容器中的内容
    cout << "intArray 数组中的元素: ";
    copy(intArray, intArray+10, output);
    cout << "\nmyVec 容器中的元素: ";
    copy(myVec.begin(), myVec.end(), output);
    cout << "\nmySet 容器中的元素: ";
    copy(mySet.begin(), mySet.end(), output);
    cout << endl;
    //用 sort 算法分别对数组和 myVec 容器中的元素排序
    cout << "用 sort 对 intArray 数组中元素排序后: ";
    sort(intArray, intArray+10);
    copy(intArray, intArray+10, output);
    cout << "\n 用 sort 对 myVec 容器中元素排序后: ";
    sort(myVec.begin(), myVec.end(), greater<int>());  //按降序排序
    copy(myVec.begin(), myVec.end(), output);
    cout << endl;
    IntVec anotherVec, mergeVec(19);
    for(int i=-9; i<0; i++)
        anotherVec.push_back(i);
    reverse(myVec.begin(), myVec.end());                //反转 myVer
    merge(anotherVec.begin(), anotherVec.end(), myVec.begin(),
     myVec.end(), mergeVec.begin());                    //按升序合并
    cout << "用 merge 合并 myVec 和 anotherVer 容器至 mergeVer: \n";
    copy(mergeVec.begin(), mergeVec.end(), output);
    cout << "\nmergeVec 中小于零的元素个数为: ";
    cout << count_if(mergeVec.begin(), mergeVec.end(),
     bind2nd(less<int>(), 0)) << endl;
    return 0;
}
```

运行结果：

```
intArray 数组中的元素: 1 3 5 7 9 8 6 4 2 0
myVec 容器中的元素: 1 3 5 7 9 8 6 4 2 0
mySet 容器中的元素: 0 1 2 3 4 5 6 7 8 9
用 sort 对 intArray 数组中元素排序后: 0 1 2 3 4 5 6 7 8 9
用 sort 对 myVec 容器中元素排序后: 9 8 7 6 5 4 3 2 1 0
用 merge 合并 myVec 和 anotherVer 容器至 mergeVer:
-9 -8 -7 -6 -5 -4 -3 -2 -1 0 1 2 3 4 5 6 7 8 9
mergeVec 中小于零的元素个数为: 9
```

程序说明：

(1) 在主程序的前端用 intArray 数组的值初始化了容器 myVer 和 mySet，并用 copy 算法输出了 3 者的内容。从运行结果可见：intArray 和 myVer 的次序与构造时相同，而 mySet 则是按升序输出。

语句 sort(intArray, intArray+10);和 sort(myVec.begin(), myVec.end(), greater<int>());分别用 sort 算法对 intArray 按升序排序，对 myVer 按降序排序，sort 算法的默认排序方法是升序。在对 myVer 容器进行排序的语句中，greater<int>()为函数对象，用于说明排序规则是降序。

如果在程序中对 mySet 应用 sort 算法，则程序在编译时报错。set 是集合容器，为实现快速查找，其实现采用了平衡二叉树。

用 sort 算法能对数组 intArray 进行排序，这是因为基于指针的数组是近容器，具有与第一类容器相似的功能。

(2) 语句 reverse(myVec.begin(), myVec.end());的功能是把 myVec 中的内容反转，使之按升序排列。

merge(anotherVec.begin(),anotherVec.end(),myVec.begin(),myVec.end(),mergeVec.begin());语句的作用是合并两个有序序列，存放到第 3 个容器 mergeVec 中。

(3) 语句 count_if(mergeVec.begin(), mergeVec.end(), bind2nd(less<int>(), 0))用于统计容器中满足小于 0 的元素个数。其中 bind2nd()函数的作用是绑定二元函数对象 less<int>()的第 2 个参数为定值 0。这里 less<int>()为函数对象，bind2nd 为函数对象适配器。

2. 函数对象

函数对象(Function Object)又称仿函数，是指重载了函数调用运算符(operator())的类对象。例如，Multiply 类中定义了函数调用运算符重载函数，则该类的对象即为函数对象：

```
class Multiply {
public:
    double operator()(double x, double y) {
        return x * y;
    }
};
```

函数对象调用 operator()重载函数有两种方式：对象名(实参表)或类名()(实参表)。在程序中可以用下列方式使用 Multiply 函数对象：

```
Multiply multiplyFunObj;
cout << multiplyFunObj(2.8, 6.3) << endl;
cout << Multiply()(3.7, 5.5) << endl;  // Multiply()将生成临时函数对象
```

STL 中的算法通过函数对象使算法变得更加通用、更加灵活。算法中的子操作能通过函数对象实现参数化，例如 sort 算法通过传递函数对象来指定排序过程中元素间大小的比较规则。

在 C++中，普通函数、函数指针都可以作为函数对象使用。与函数指针相比，函数对象是用类模板实现，可以对重载的 operator()函数进行内联以提高性能，此外，由于对象可以拥有自己的数据成员而具有更强的数据处理能力。

在 STL 中定义的标准函数对象，其一元函数都继承自 unary_function，二元函数则继承自 binary_function。unary_function 和 binary_function 均被定义为结构体模板，用它们可以派生出新的类或结构体。在 unary_function 和 binary_function 模板中，仅有函数形参类型和返回类型的声明。从联机帮助中可见 binary_function 的声明如下：

```
template <class Arg1, class Arg2, class Result>
struct binary_function {
    typedef Arg1 first_argument_type;
    typedef Arg2 second_argument_type;
    typedef Result result_type;
};
```

查阅联机帮助，less 结构体模板的声明为：

```
template <class Type>
```

```
struct less : public binary_function <Type, Type, bool> {
    bool operator()(const Type &_Left, const Type &_Right) const;
};
```

STL 已预先定义了一些常用的函数对象，供程序员直接使用。主要包括算术、逻辑和关系函数对象。

- 算术：plus、minus、multiplies、divides、modulus、negate。
- 逻辑：logical_and、logical_or、logical_not。
- 关系：equal_to、not_equal_to、greater、great_equal、less、less_equal。

在例 8-12 中，less<int>()即是用 less 结构模板声明的函数对象。

与容器类似，函数对象也可以由函数适配器来特例化一元或二元函数对象。函数对象适配器自身其实也是函数对象。

函数对象适配器分为两类：绑定器(Binder)和取反器(Negator)。标准库预定义的绑定器是 bind1st 和 bind2nd，取反器为 not1 和 not2。

- bind1st：通过绑定第 1 个参数，使二元的函数对象转化为一元的函数对象。
- bind2nd：通过绑定第 2 个参数，使二元的函数对象转化为一元的函数对象。
- not1：对一元的函数对象取反。
- not2：对二元的函数对象取反。

在例 8-12 中，count_if 函数中的 bind2nd(less<int>(), 0)是让 less 函数对象的第 2 个参数绑定数值 0，即 count_if 算法只统计值小于 0 的元素个数。

函数对象如同算法的助手，能大大增强算法的应用能力，使 STL 成为一个功能强大的泛型库。下面的示例演示了用户自定义函数对象的方法。

【例 8-13】用 accumulate 函数求前 n 项自然数的和、平方和、立方和。

程序代码：

```
#include <iostream>
#include <vector>
#include <algorithm>
#include <numeric>
using namespace std;
void output(int x) {          //用于输出，普通函数充当函数对象
    cout << x << ",";
}
int square(int x, int y) { //用于求平方和
    return x + y*y;
}
template <typename T>
//类模板派生于binary_function
class cube : public std::binary_function<T, T, T> {
public:
    T operator()(const T &x, const T &y) { //重载函数调用运算符，用于求立方和
        return x + y*y*y;
    }
};
int main() {
    int num;
    vector<int> naturalNumVec;
    cout << "请输入正整数: ";
    cin >> num;
```

```
    for(int i=1; i<=num; i++)
        naturalNumVec.push_back(i);
    cout << "naturalNumVec 容器中的内容为: ";
    for_each(naturalNumVec.begin(), naturalNumVec.end(), output);
    cout << "\n 自然数前" << num << "项之和为: "
        << accumulate(naturalNumVec.begin(),naturalNumVec.end(),0)<<endl;
    cout << "自然数前" << num << "项的平方和为: "
        << accumulate(naturalNumVec.begin(), naturalNumVec.end(),
          0, square) << endl;
    cout << "自然数前" << num << "项的立方和为: "
        << accumulate(naturalNumVec.begin(), naturalNumVec.end(),
          0, cube<int>()) << endl;
    return 0;
}
```

运行结果：

```
请输入正整数：10↙
naturalNumVec 容器中的内容为：1,2,3,4,5,6,7,8,9,10,
自然数前 10 项之和为：55
自然数前 10 项的平方和为：385
自然数前 10 项的立方和为：3025
```

程序说明：

(1) 标准模板库中的 for_each 函数声明如下：

```
template <class InputIterator, class Function>
Function for_each(InputIterator _First, InputIterator _Last,
  Function _Func);
```

其功能是将容器中自_First 至_Last 之间的元素依次传递给用户自定义的函数_Func。本例中是输出了 vector 容器中的所有元素。

(2) accumulate(naturalNumVec.begin(), naturalNumVec.end(), 0, cube<int>())语句用于计算前 num 项自然数的立方和，其中，前两个实参分别说明函数所应用的容器和所操作的元素范围，0 为累加的初始值，cube<int>()为函数对象。

程序中定义的 cube 类模板重载了 operator()函数，该函数的函数体不是返回 y*y*y，而是返回 x+y*y*y，原因是 x 中保存前面元素累加后的结果，该值被赋予初始值 0。如果把 0 修改为 10，则例程中该语句的运行结果将为 3035。

类似地，求平方和的 square 函数返回 x+y*y。

8.4.5 string 类

字符串在程序设计中是最常用的数据类型之一。C 语言用字符数组存储和处理字符串，并以'\0'为结束标志。C++依然可以用 C 语言的字符数组和函数处理字符串，但这种数据与操作分离的方式不符合面向对象程序设计的风格。为此，标准 C++提供了 string 类，专门用于处理字符串。

在标准库中，string 类是 basic_string 容器类模板的一个实例，其声明为：

```
typedef  basic_string<char, char_traits<char>, allocator<char>> string;
```

使用 string 类需要引用头文件：#include <string>。string 类是 4 个近容器之一，string

类串支持用迭代器访问其中的字符，并且支持泛型算法。所支持的迭代器有 iterator、const_iterator、reverse_iterator、const_reverse_iterator 等。

string 类中封装了对字符串进行插入、删除、替换等操作的成员函数，以及+、+=、==、[]、<<等运算符重载等功能函数。常用的成员函数和运算符重载函数见表 8-4。

表 8-4 string 类的常用函数

类 别	名 称	功 能
成员函数	append	将字符串附加到当前字符串的尾部
	assign	将字符串的全部或部分赋给当前字符串
	replace	用字符串替换当前串中的部分子串
	insert	将字符串插入到当前字符串的某一位置
	erase	删除字符串中的部分或全部字符
	find	从某一位置开始向后查找某个字符(串)在当前字符串中的位置
	rfind	从某一位置开始向前查找某个字符(串)在当前字符串中的位置
	length	返回当前字符串的长度
	size	返回当前字符串的大小
	empty	当前字符串是否为空
	substr	返回当前字符串中的一个子串
	compare	比较当前字符串和另一字符串的大小
	swap	交换当前字符串与另一字符串中的内容
运算符重载函数	operator[]	存取字符串中的某个字符
	operator>>	重载流输入运算符，用于输入操作
	operator<<	重载流输出运算符，用于输出操作
	operator+	将两个字符串连成一个新的字符串
	operator+=	把字符串连接到当前字符串的尾部
	operator=	把字符串赋给当前字符串
	operator>	当前字符串是否大于另一字符串。此外还有==、!=、<、<=、>=等

注：string 类中同名成员函数有多个重载版本，表中没有详细列出，可查阅联机帮助。

【例 8-14】string 类的应用示例。

程序代码：

```
#include <iostream>
#include <string>
#include <algorithm>
#include <functional>
using namespace std;
int main() {
    string Str1="abcdefghi", Str2="123456789", Str3;
    Str3 = Str1 + Str2;                       //调用运算符+和=重载函数
    cout << "排序前，Str3=" << Str3 << endl;
    std::sort(Str3.begin(), Str3.end(), greater<char>());//调用 STL 算法排序
    cout << "排序后，Str3=" << Str3 << endl;
    Str3 = "淮阴师范学院计算机科学与技术学院";
    cout << "Str3=" << Str3 << endl;
    Str3.replace(Str3.begin(),Str3.begin()+12,"HuaiyinNormalUniversity");
    string::size_type idx = Str3.find("计算机");
    if(idx != string::npos)
       Str3.erase(idx, 20);
    Str3.insert(0, "School of Computer Science and Technology,");
```

```
    cout << "Str3=" << Str3 << endl;
}
```

运行结果：

```
排序前，Str3=abcdefghi123456789
排序后，Str3=ihgfedcba987654321
Str3=淮阴师范学院计算机科学与技术学院
Str3=School of Computer Science and Technology,Huaiyin Normal University
```

程序说明：

- 主程序中定义了 3 个 string 类对象，其中 Str3=Str1+Str2。在对 Str3 进行排序前，Str3 输出的信息为 Str1 与 Stri2 连接的结果，对 Str3 执行 STL 中的 sort 算法后，则输出的内容是按字符的 ASCII 码码值的大小排列。
- find 函数的返回类型是 string::size_type 类型。当 find 函数找不到所要查找的字符串时，其返回的值为 string::npos，用它可判定查找是否成功。string::size_type 本质上是一个整型，这里不直接用整型的原因是消除不同平台上的差异。

8.5 案例实训

1. 案例说明

用二维数组存储杨辉三角形中的数，再按行输出数组中的元素是较自然的算法，但该算法存在内存空间占用大的缺陷。一种更为高效的方法是使用队列。队列是具有“先进先出”特征的数据结构。

2. 编程思想

用队列输出杨辉三角形的思想方法是在输出当前行的同时生成下一行。由于杨辉三角形的下一行数是上一行相邻两个数的和，因此可以利用该性质在输出当前元素前将当前元素和前一个元素相加后入队，产生下一行元素。为了能正确处理三角形二边上的 1，可采用在每一行的两端增加 0 的技巧，如下所示：

```
            0     1     0
         0     1     1     0
      0     1     2     1     0
   0     1     3     3     1     0
0     1     4     6     4     1     0
```

最初先将 0、1、0 这 3 个数入队，之后按行进行处理。在处理行中第一个元素时，将 0 入队。对于行中的其他元素，则将其与前一个元素相加并入队。对于出队的非零元素，直接输出，零则放弃。

3. 程序代码

程序代码如下：

```
#include <iostream>
#include <iomanip>
#include <queue>                                    //包含标准模板库中的队列
using namespace std;
```

```
class YangHui {
    friend ostream& operator<<(ostream &os, YangHui &yh);
public:
    YangHui(int s=6): row(s) {}
private:
    int row;                                //记录行
};
ostream& operator<<(ostream &os, YangHui &yh) {
    queue<int> myQueue;                     //定义队列对象
    myQueue.push(0);                        //把 0、1、0 入队
    myQueue.push(1);
    myQueue.push(0);
    int prior;                              //保存出队元素
    for(int i=1; i<=yh.row; i++) {          //行控制
        for(int j=10; j>i; j--)             //增加缩进
            os << setw(yh.row/2) << "";
        for(int c=0; c<i+2; c++) {          //输出行中的非零值，并生成下一行元素
            prior = myQueue.front();        //获取队头元素
            myQueue.pop();                  //队头元素出队
            if(c == 0)                      //处理行中第一个元素先将 0 入队
                myQueue.push(0);
            if(prior != 0)                  //prior 非零则输出
                os << setw(yh.row) << prior;
            //将当前队头元素与前一个元素相加后入队，产生下一行元素
            myQueue.push(prior + myQueue.front());
        }
        os << endl;
    }
    return os;
}
int main() {
    YangHui yhObj(8);
    cout << yhObj << endl;
    return 0;
}
```

4. 运行结果

运行结果如下：

```
                              1
                          1       1
                      1       2       1
                  1       3       3       1
              1       4       6       4       1
          1       5      10      10       5       1
      1       6      15      20      15       6       1
  1       7      21      35      35      21       7       1
```

本 章 小 结

模板包括函数模板和类模板。模板使用参数化的类型，使得所设计的函数或类能适合多种数据类型，提高代码的通用性和可重用性。

模板不能直接被编译生成可执行代码。模板在实例化之后，生成模板函数或模板类，

它们具有常规函数或类完全相同的性质。

类模板与普通类相同，既可以有基类，也可以有派生类。类模板中可以包含友元，函数、函数模板、模板函数、类、类模板、模板类均可被声明为类模板的友元。

模板是设计具有良好通用性的数据结构的重要工具，常用的数据结构有线性表、栈、队列、图、树等。

标准模板库是ANSI/ISO C++标准库的一个子集。它提供了大量可扩展的类模板，主要由容器、迭代器、算法、适配器、函数对象和分配器几个部分组成。

容器是存储各种数据项的基础组件。容器分为顺序容器和关联容器。顺序容器包括向量、双端队列、列表。关联容器包含集合、多重集合、映射和多重映射。

迭代器称为“泛型指针”，程序使用迭代器访问容器中的元素。迭代器分为前向迭代器、双向迭代器、输入迭代器、输出迭代器和随机访问迭代器5大类。

算法被称为“泛型算法”，它实现了一些常用的数据处理方法。算法通过迭代器处理容器中的数据元素，故不依赖于具体的容器。

选配器是对标准组件的限制或改装，它通过修改其他组件的接口使适配器满足特定的需求。

习 题 8

1. 填空题

(1) 有如下函数模板：

```
template<typename T> T sequare(T x) { return x*x; }
```

其中T是_______。

A. 函数形参　　B. 函数实参　　C. 模板形参　　D. 模板实参

(2) 下列有关函数模板的叙述中，正确的是_______。

A. 函数模板不能含有常规形参
B. 函数模板的一个实例就是一个函数定义
C. 类模板的成员函数不能是模板函数
D. 用类模板定义对象时，绝对不能省略模板实参

(3) 下列关于模板的叙述中，错误的是_______。

A. 模板声明中的第一个符号总是关键字template
B. 在模板声明中用“<”和“>”括起来的部分是模板的形参表
C. 类模板不能有数据成员
D. 在一定条件下，函数模板的实参可以省略

(4) 模板对类型的参数化提供了很好的支持，因此_______。

A. 类模板的主要作用是生成抽象类
B. 类模板实例化时，编译器将根据给出的模板实参生成一个类
C. 在类模板中的数据成员都具有同样类型
D. 类模板中的成员函数都没有返回值

(5) 有如下函数模板：

```
template <typename T, typename U>
T cast(U u) { return u; }
```

其功能是将 U 类型数据转换为 T 类型数据。已知 i 为 int 型变量，下列对模板函数 cast 的调用中正确的是_______。

A. cast(i)　　　　B. cast<>(i)

C. cast<char*, int>(i)　　　　D. cast<double, int>(i)

(6) 已知一个函数模板定义为：

```
template <typename T1, typename T2>
T1 FUN(T2, n) { return n*5.0; }
```

若要求以 int 型数据 7 为函数实参调用该模板函数，并返回一个 double 型数据，则该调用应表示为_______。

(7) 关于关键字 class 和 typename，下列表述中正确的是_______。

A. 程序中的 typename 都可以替换为 class

B. 程序中的 class 都可以替换为 typename

C. 在模板形参表中只能用 typename 来声明参数的类型

D. 在模板形参表中只能用 class 或 typename 来声明参数的类型

(8) STL 大量使用继承和虚函数，是否正确？_______

(9) STL 有两种容器____和____。5 种主要的迭代器类型是______、______、______、______和______。3 种容器适配器是______、______和______。

(10) STL 中包含了_____多个通用的算法，分为 4 大类：_____、_____、_____和_____。

2. 简答题

(1) 什么是模板？模板分为几种类型？什么是模板的实例化？怎样进行实例化？

(2) 什么是函数模板？怎样定义函数模板？函数模板只允许使用类型参数吗？

(3) 什么是类模板？怎样定义类模板？类模板的成员函数在类外定义时需要注意些什么？

(4) 可以使用哪些不同的方式派生类模板？举例说明。

(5) 什么是类模板的友元？

(6) 简述 STL 中迭代子与 C++指针的关系与异同点。

(7) 什么是函数对象？它通常用在什么地方？

3. 编程题

(1) 编写求一维数组中前 n 个元素平均值的函数模板。

(2) 编写一个函数模板，实现将任意数组中的元素倒置。

(3) 队列是一种先进先出的数据结构，参照例 8-6，用类模板实现队列。

(4) 编程测试 vector、deque 和 stack 的主要功能和用法。

(5) 用 multimap 关联容器存储班级和学生姓名，设计一个按班级输出学生姓名的程序。

第9章 异常处理

程序在运行过程中，由于用户输入错误、越界访问和系统环境资源不足等原因，会导致程序运行不正常或崩溃。程序在设计时必须考虑软件的容错能力，即应对运行时可能出现错误的位置和错误处理方法。在大型应用软件中，相当一部分代码是用于处理程序异常状况的，异常处理是程序的重要组成部分。C++语言的异常处理机制能有效地进行异常检测、异常抛出、异常捕获和异常处理，成为提高程序稳键性的重要手段之一。

本章主要学习异常的抛出和捕获方法、堆栈展开、重新抛出异常、异常与继承以及标准库中的异常类等知识。

9.1 异常概述

程序在设计和运行过程中均可能出现各式各样的错误，依据错误产生的原因，主要分为3类：语法错误、逻辑错误和运行错误。

语法错误是程序在编译、连接时，编译器报告的错误。此类错误产生的原因主要是程序结构不合规则、变量没有定义、拼写错误或缺少相关文件等。编译器基本上能正确指出这类错误的位置，修改也比较简单。

逻辑错误是程序能正常编译、连接并运行，但结果错误或偶尔报错。此类错误是由算法设计有误或考虑问题不周全等因素引起，通过调试或测试，通常能查找出错误的原因。

运行错误是程序在执行过程中错误的输入或运行环境没有满足等因素，导致程序非正常终止。运行错误虽然是由于软件在使用过程中用户使用不当或环境资源不足等外在因素引起的，但通常可以事先预料。为确保用户对软件有良好的体验，提升软件的健壮性，在程序设计阶段必须对运行错误予以充分考虑并做相应的处理。

异常处理(Exception Handling)就是在运行时刻对运行错误进行检测、捕获和提示等过程。传统的C语言处理运行时错误的方法是用if-else语句检测处理可能发生的异常，其特征是测试程序是否被正确地执行。如果不是，则执行错误处理代码，否则继续运行。虽然这种方式的异常处理也能满足设计要求，但是程序的正常处理流程和错误处理逻辑混合在一起，正常的程序流程被“淹没”在异常判断与处理之中，增加了阅读、修改和维护程序的难度，在多人合作开发的大型软件中该问题更加突出。

C++语言的异常处理机制是把错误处理和正常流程分开描述，异常的引发和处理不在同一个函数中，使得程序的逻辑清晰易读，代码更容易修改，并且易于以集中方式处理各种异常。程序员可以决定如何选择并处理异常，具有较强的灵活性，能使程序更为稳健。

9.2 异常处理机制

异常处理作为C++语言的一部分，引入了关键字try(检测异常)、throw(抛出异常)和

catch(捕获异常)。在函数中检测到某种错误发生后，函数自己并不处理异常，而是由 throw 语句引发并抛出异常，仅告知调用函数发生了什么异常。在调用函数中用 try-catch 语句检测异常并处理。如果抛出的异常没有被调用函数捕获处理，异常就被传递到更高一层的函数调用，最后到达主函数。

9.2.1 异常的抛出

抛出异常的语法格式为：

```
throw 表达式
```

如果在某段程序中检测到可能发生的异常，则用 throw 语句抛出表达式的值作为发生的异常，异常的数据类型是异常捕获的依据。若函数执行了 throw 语句，则其后的语句将不再执行，程序流程将返回到调用函数，其功能与 return 语句相似。

抛出的异常在调用函数中捕获并处理，调用函数中需要用 try-catch 结构语句来捕获异常并处理。

【例 9-1】零为除数的异常处理。

程序代码：

```
#include <iostream>
using namespace std;
int divide(int x, int y) {
    if(y == 0)
        throw y;
    return x/y;
}
int main() {
    try {
        cout << "260/5=" << divide(260, 5) << endl;
        cout << "34/0=" << divide(34, 0) << endl;
        cout << "88/11=" << divide(88, 11) << endl;
        cout << "10/0=" << divide(10, 0) << endl;
    }
    catch(char exp) {
        cout << "错误：" << exp << endl;
    }
    catch(int exp) {
        cout << "错误：分母不能为" << exp << endl;
    }
    return 0;
}
```

运行结果：

```
260/5=52
错误：分母不能为 0
```

程序说明：

(1) 从运行结果可知，程序运行到 divide(34, 0)时，函数抛出了异常，并被第 2 个 catch 块捕获，输出错误提示信息。try 块中的后面两个语句均没有被执行，程序正常结束。

try 块后面的 catch 块有两个。由于 divide 函数抛出的值是 int 类型，故与第 2 个 catch 块相匹配。异常捕获的匹配原则是抛出的表达式的数据类型与 catch 块声明的类型是否

一致。

(2) 如果通过注释符消除 divide 函数中 throw 语句的作用，则运行程序时将出现如图 9-1 所示的对话框。

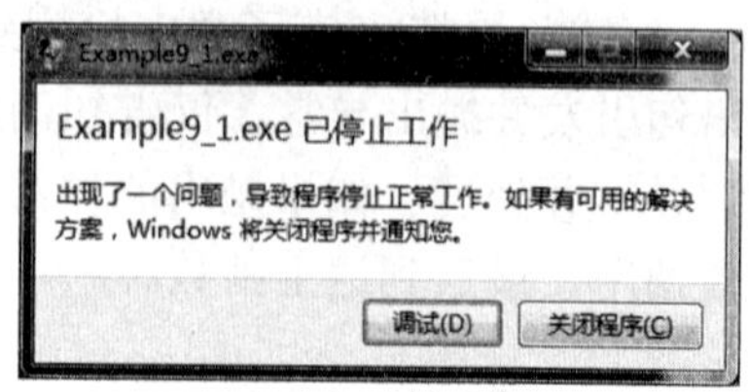

图 9-1 程序非正常终止对话框

如果在主函数中去除 try 和 catch 语句，则程序因没有捕获和处理异常语句，在运行时将弹出调试对话框。

C++语言通过 throw 和 try-catch 将异常抛出与异常捕获和处理任务分离，实现了由被调用函数抛出异常，调用函数捕获并处理异常的灵活机制。

【例 9-2】允许错误输入的计算三角形面积程序。

程序代码：

```
#include <iostream>
#include <string>
using namespace std;
double triangleArea(double a, double b, double c) {
    double p;
    if(a+b<=c || a+c<=b || b+c<=a)
        throw string("错误：三角形两边之和不能小于第三边。");
    p = (a+b+c) / 2;
    return sqrt(p*(p-a)*(p-b)*(p-c));
}
int main() {
    double x, y, z;
    while(true) {
        cout << "请输入三角形三边的值：";
        cin >> x >> y >> z;
        if(x==0 && y==0 && z==0)
            break;
        try {
            cout << "面积为：" << triangleArea(x, y, z) << endl;
        }
        catch(string str) {
            cout << str << endl;
        }
    }
    return 0;
}
```

运行结果：

```
请输入三角形三边的值：2  6  9↙
错误：三角形两边之和不能小于第三边。
请输入三角形三边的值：3  4  5↙
面积为：6
请输入三角形三边的值：0  0  0↙
```

程序说明：

(1) 运行时输入的第一行数据 2、6、9 为不能构成三角形的错误数据，程序能给出错误提示并继续运行。异常处理机制使得程序具有容错能力。

(2) throw string("错误：三角形两边之和不能小于第三边。")语句中的 string 不能少，否则程序会因异常类型不匹配而终止。

9.2.2　异常的捕获与处理

try-catch 语句是专门用于捕获处理异常的语句，其格式如下：

```
try {
    <受保护的代码块>
} catch(<异常类型 1> <异常变量 1>) {
    <处理代码 1>
} [catch(<异常类型 2> <异常变量 2>) {
    <处理代码 2>
} catch(...) {
    <处理代码>
}
```

说明：

(1) try 子句中的程序段称为受保护代码块(又称 try 代码块)，该代码块中包含可能引发异常的代码。异常可能是由 try 代码块中的代码直接产生的，也可能是由于调用其他函数产生的，或者是由于代码块中的代码启动的深层嵌套函数调用产生的。try 代码块中直接或间接地存在可能抛出异常的 throw 语句。

(2) 紧随 try 子句之后是 catch 子句，一个 try 子句可以有多个 catch 子句。通常每个 catch 子句仅能捕获一类异常，catch 子句的括号中只能有一种异常类型和一个异常变量，用于指明该子句所捕获的异常类型和接受所捕获对象或值。catch(...)是能匹配任何异常类型的 catch 子句，不过它不能判别所捕获的异常类型和具体的异常变量值，故不能提供准确的错误信息，在多个 catch 子句中通常它排在最后。

如果用两个及以上不同的 catch 子句捕获同一种类型的异常，则会产生编译时错误。

(3) catch 子句捕获异常后，对应异常处理代码将被执行。通常处理代码所完成的操作有：给出错误提示、资源回收、消除出错影响、重新抛出异常等。

(4) try-catch 语句仅适合处理异常，并不对程序的正常流程产生作用。此外，catch 子句只能捕获由其自身所在异常处理块引发的异常。

(5) 如果抛出的异常没有找到相匹配的 catch 子句，则该异常将被传递到外层作用域，即调用该异常处理模块的主调函数。

【例 9-3】求一元二次方程的根，用异常进行容错处理。

程序代码：

```
#include <iostream>
using namespace std;
struct root {
    double x1, x2;
    friend ostream& operator<<(ostream &os, const root &r);
};
ostream& operator<<(ostream &os, const root &r) {
    os << "x1=" << r.x1 << "\tx2=" << r.x2;
    return os;
}
root realRoot(double a, double b, double c) {
    double delta = b*b - 4*a*c;
    root r;
    if(delta < 0)
        throw "delta=b^2-4ac<0";
```

```
        r.x1 = (-b+sqrt(delta)) / 2*a;
        r.x2 = (-b-sqrt(delta)) / 2*a;
        return r;
    }
    int main() {
        double a=1, b, c;
        cout << "请输入一元二次方程的系数 a,b,c(按^Z 结束): "; // ^Z 就是 Ctrl+Z
        while(cin >> a >> b >> c) {
            try {
                if(a == 0)
                    throw a;
                cout << realRoot(a, b, c) << endl;
            }
            catch(double) {
                cout << "a=0,不是一元二次方程! " << endl;
            }
            catch(char *s) {
                cout << s << endl;
            }
            catch(...) {
                cout << "捕获到未知异常! " << endl;
            }
            cout << "请输入一元二次方程的系数 a,b,c(按^Z 结束): ";
        }
        return 0;
    }
```

运行结果:

```
请输入一元二次方程的系数 a,b,c(按^Z 结束): 1  -2  -15↙
x1=5        x2=-3
请输入一元二次方程的系数 a,b,c(按^Z 结束): 1  2  3↙
delta=b^2-4ac<0
请输入一元二次方程的系数 a,b,c(按^Z 结束): 0  2  2↙
a=0,不是一元二次方程!
请输入一元二次方程的系数 a,b,c(按^Z 结束): ^Z↙
```

程序说明:

(1) C++语言中，对结构体类型进行了扩充。与类类型相似，既可以定义数据成员，也可以定义成员函数。它们的差别仅仅是结构体默认的访问控制为public，而类为private。例程中root结构体用于记录方程的根，并重载了流输出运算符。

(2) while(cin >> a >> b >> c)循环语句中用数据输入语句cin >> a >> b >> c为判别条件。^Z是流结束标志，当cin从输入缓冲中检测到^Z，则返回0，于是程序结束循环。事实上，如果输入任何一个非数值字母，由于字母不是实型数，cin也返回0，循环同样结束。

9.2.3 重新抛出异常与堆栈展开

catch子句捕获异常后，有可能不能完全处理该异常，此时catch子句在完成一些自己的处理后，可以将该异常重新抛出(Rethrow)，把异常传递给函数调用链中上一级的try-catch代码块进行捕获处理。如果上一级调用函数没有捕获从被调函数传递的异常或者就没有try-catch语句，则该异常被传递到更上一级的catch子句，这种传递终止于主函数。如果主函数也没有处理该异常，则调用在C++标准库中定义的函数terminate()函数终止程序。

重新抛出异常语句为空 throw 语句，即 throw;语句。

抛出的异常沿着逆函数调用链向上传递，终止于捕获并处理异常的函数。

在函数调用与被调用的过程中，程序形成了一个函数调用链。在程序的堆栈区，调用函数的活动记录和自动变量依照函数调用链的顺序压入堆栈。如果被抛出的异常在当前函数中没有捕获处理或重新抛出该异常，则函数调用堆栈便被“展开”，当前函数将终止执行，自动变量被销毁，活动记录被弹出，流程返回到上一级调用函数。从本质上说，堆栈展开(Stack Unwinding)是异常处理的核心技术。

堆栈在展开期间，函数将结束执行，编译器能保证释放异常发生之前所创建的局部对象。如果局部对象是类类型的，则自动调用该对象的析构函数。

异常使用不当可能导致动态内存空间“泄漏”。如果函数执行过程中，已用 new 创建一个对象，但在用 delete 撤消该对象之前引发了异常，程序控制流程离开了当前函数，指向动态对象的指针随着堆栈展开被清除，而动态内存中的对象却不能自动回收，就会造成内存泄漏。

下面的程序将导致动态内存空间释放语句没有执行：

```
#include <iostream>
using namespace std;
double divide(double *m, double *n) {
    if((*n) == 0)
        throw n;
    return *m/(*n);
}
int main() {
    try {
        double *pm = new double(100);
        double *pn = new double(0);
        cout << *pm << "/" << *pn << "=" << divide(pm,pn) << endl;
        delete pm;
        delete pn;
    }
    catch(double *exp) {
        cout << "分母不能为" << *exp << endl;
    }
    return 0;
}
```

当异常处理模块在接收到一个异常时，可能无法或只能部分处理该异常，此时异常处理代码模块可以抛出该异常。下面的例子演示了异常重新抛出和 terminate()终止函数的用法。

【例 9-4】重新抛出异常。

程序代码：

```
#include <iostream>
using namespace std;
void functionC() {
    cout << "函数 functionC()被执行！" << endl;
    try {
        throw "该异常是由 functionC 函数引发！！！！";
    }
    catch(char *str) {
        cout << "functionC 函数不处理的异常，抛给调用函数处理！" << endl;
```

```
            throw;
        }
    }
    void functionB() {
        cout << "函数 functionB()被执行! " << endl;
        try {
            functionC();
            cout << "函数 B 调用了函数 C!" << endl;
        }
        catch(int x) {
            cout << "functionB 函数不处理的异常，抛给调用函数处理! " << endl;
        }
    }
    void functionA() {
        cout << "函数 functionA()被执行! " << endl;
        try {
            functionB();
        }
        catch(char *str) {
            cout << "functionA 函数不处理的异常，抛给调用函数处理! " << endl;
            throw str;
            cout << "函数 A 调用了函数 B!" << endl;
        }
    }
    //void ending() {
    //    cout << "程序异常结束! " << endl;
    //    exit(-1);
    //}
    int main() {
        //set_terminate(ending);
        try {
            functionA();
        } catch(char *str) {
            cout << str << endl;
            throw;
        }
        return 0;
    }
```

运行结果：

```
函数 functionA()被执行!
函数 functionB()被执行!
函数 functionC()被执行!
functionC 函数不处理的异常，抛给调用函数处理!
functionA 函数不处理的异常，抛给调用函数处理!
该异常是由 functionC 函数引发! ! ! !
```

程序说明：

(1) 程序中，主函数调用 functionA()，functionA()调用了 functionB()，functionB()又调用 functionC()。函数 functionC()产生的异常被重新抛出，该异常沿逆函数调用链一直传递到主函数。

函数 functionB()没有捕获函数 functionC 重新抛出的异常，异常直接传递到函数 functionA。函数 functionA 的处理代码仅输出了字符串，又重新抛出异常。在主函数中输出传递的异常内容后，也同样抛出该异常。

(2) 主函数调用 terminate 函数处理异常，该函数默认是调用系统的 abort()函数。如图 9-2 所示为 terminate 函数调用 abort()函数出现的错误提示对话框。

去除程序中的注释符，即让函数 ending()和 set_terminate()生效，再执行程序，运行结果在最后一行显示“程序异常结束！”信息，不再弹出如图 9-2 所示的对话框。

(3) 函数 functionA()中的 cout<<“函数 A 调用了函数 B!”<<endl;语句没有被执行，其实它是永远执行不到的语句，这是因为异常的重新抛出导致堆栈展开，函数 functionA()被终止。

图 9-2　主函数未捕获异常提示对话框

9.3　构造函数、析构函数和异常

构造函数和析构函数在执行过程中也可能引发异常。如果构造函数在执行过程中引发了异常，此时由于对象还没有完全构造，故不会调用类的析构函数来撤消对象。对于构造函数在引发异常前已经构造完成的子对象(包含基类子对象或成员子对象)，系统将调用相应的析构函数撤消子对象。但是，对在构造函数引发异常之前用 new 分配的动态内存空间，由于释放存储空间的 delete 语句通常在析构函数中而没有执行，因此构造函数中引发异常可能导致内存泄漏。

构造函数引发异常有可能阻止释放资源的代码被执行，解决这个问题的一种方法是用局部对象来管理资源。当异常发生时，局部对象的析构函数被调用，相应地其管理的资源将释放。

C++标准库中定义了一个类模板 auto_ptr，用其定义的对象能维护一个指向动态内存的指针。当 auto_ptr 类对象的析构函数被调用时，它将使用 delete 语句释放由其维护的指针所指向的动态内存。auto_ptr 类模板重载了运算符*和->，使用户可以像使用普通指针一样使用 auto_ptr 对象。

auto_ptr 对象被称为智能指针，它解决了异常可能导致内存泄漏的问题。但是，它并不是完美无缺的，一般不能用它指向数组，更不要将 auto_ptr 对象作为 STL 容器的元素。在新的 C++标准中，shared_ptr 将作为更好的方案，用于替代 auto_ptr。

程序运行时，系统分配给程序的动态内存空间是有限的。当 new 运算符执行失败时，C++标准规定将抛出一个 bad_alloc 异常。Visual C++ 2010 支持该标准，但早期的 Visual C++ 6.0 在 new 失败时只是返回 0。

【例 9-5】在构造函数中引发异常和 auto_ptr 应用。

程序代码：

```
#include <iostream>
#include <string>
#include <memory>
using namespace std;
class Picture {
public:
    Picture() {
        picturePtr = new char[100000000];
        cout << "call Picture Constructor." << endl;
    }
    ~Picture() {
        delete picturePtr;
        cout << "call Picture Destructor." << endl;
    }
    void fillPicture() {
        cout << "打开图片文件，填充至picturePtr所指内存中。" << endl;
    }
private:
    char *picturePtr;
};
class Sound {
public:
    Sound() {
        soundPtr = new char[500000000];
        cout << "call Sound Constructor." << endl;
    }
    ~Sound() {
        delete soundPtr;
        cout << "call Sound Destructor." << endl;
    }
    void fillSound() {
        cout << "打开声音文件，填充至soundPtr所指内存中。" << endl;
    }
private:
    char *soundPtr;
};
class Video {
public:
    Video() {
        videoPtr = new char[500000000];
        cout << "call Video Constructor." << endl;
    }
    ~Video() {
        delete videoPtr;
        cout << "call Video Destructor." << endl;
    }
    void fillVideo() {
        cout << "打开视频文件，填充至videoPtr所指内存中。" << endl;
    }
private:
    char *videoPtr;
};
class AnimalInfo {
public:
    AnimalInfo(string n="") {
        name = n;
        cout << name << "对象调用AnimalInfo构造函数。" << endl;
        picture = new Picture;
        sound = new Sound;
```

```
        video = new Video;
    }
    ~AnimalInfo() {
        cout << name << "对象调用 AnimalInfo 析构函数。" << endl;
        delete picture;
        delete sound;
        delete video;
    }
private:
    string name;
    Picture *picture;
    Sound *sound;
    Video *video;
};
/*用 auto_ptr 对象实现 AnimalInfo 类
class AnimalInfo {
public:
    AnimalInfo(string n="")
      : picture(new Picture), sound(new Sound), video(new Video) {
        name = n;
        cout << name << "对象调用 AnimalInfo 构造函数。" << endl;
    }
    ~AnimalInfo() {
        cout << name << "对象调用 AnimalInfo 析构函数。" << endl;
    }
private:
    string name;
    auto_ptr<Picture> picture;
    auto_ptr<Sound> sound;
    auto_ptr<Video> video;
}; */
int main() {
    try {
        AnimalInfo elephant("大象");
        AnimalInfo lion("狮子");
        AnimalInfo monkey("猴子");
        AnimalInfo tiger("老虎");
        AnimalInfo panda("熊猫");
    } catch(bad_alloc &exp) {
        cout << exp.what() << endl;
    }
    return 0;
}
```

运行结果：

```
大象对象调用 AnimalInfo 构造函数。
call Picture Constructor.
call Sound Constructor.
call Video Constructor.
狮子对象调用 AnimalInfo 构造函数。
call Picture Constructor.
call Sound Constructor.
大象对象调用 AnimalInfo 析构函数。
call Picture Destructor.
call Sound Destructor.
call Video Destructor.
bad allocation
```

程序说明：

(1) 程序中定义了一个用于描述动物信息的类 AnimalInfo，分别用于存储动物图片、叫声和视频的 3 个类(Picture、Sound、Video)均使用了动态存储空间，并且为能引发异常申请了较大的内存空间。

所有的类均遵循：在构造函数中，用 new 运算符申请分配内存空间。在析构函数中，用 delete 运算符释放内存空间。

从程序运行结果可知，程序在创建“狮子”对象时，执行到 video = new Video;语句抛出了 bad_alloc 异常。此时狮子对象 Picture 和 Sound 子对象已被创建，但它们的析构函数因异常的抛出而没有执行，引发内存泄漏。

“大象”对象因已完全构造，其析构函数正常运行，不受异常影响，故不存在内存泄漏。

(2) 运行结果的最后一行内容 bad allocation 为 bad_alloc 异常返回的信息。

(3) 程序中给出了 AnimalInfo 类的另一种实现。去除注释/*和*/，为前面的 AnimalInfo 类实现加上注释。运行程序，得到下面的结果：

```
call Picture Constructor.
call Sound Constructor.
call Video Constructor.
大象对象调用 AnimalInfo 构造函数。
call Picture Constructor.
call Sound Constructor.
call Sound Destructor.
call Picture Destructor.
大象对象调用 AnimalInfo 析构函数。
call Video Destructor.
call Sound Destructor.
call Picture Destructor.
bad allocation
```

从该结果可见，程序也是在为“狮子”对象分配 Video 空间时发生 bad_alloc 异常，但没有产生内存泄漏，因为 Sound 和 Picture 类的析构函数均被执行，释放了已分配的内存。

析构函数的作用是释放对象构造时所占用的资源，那么析构函数中抛出异常将会发生什么呢？当程序在为某个异常进行堆栈展开时，析构函数如果再抛出异常，将会导致调用标准库中的 terminate 函数，通常再引发调用 abort 函数，使程序非正常终止。

从析构函数中抛出异常是一种错误的程序设计行为。

9.4 标准库的异常类层次结构

C++的异常类型既可以是 int、double 等基本数据类型，也可以是结构体、类等用户自定义的构造数据类型。程序中如果用基本数据类型表示异常，存在异常含义难以区分的问题。例如，程序中不能多处抛出含有不同语义的 int 类型异常，否则将难以区分这些异常的含义。

良好的编程规范是利用类的继承性构建一个异常类型的架构，对错误进行归类和描述。在 C++的标准库中定义了一个异常类层次，其结构如图 9-3 所示。

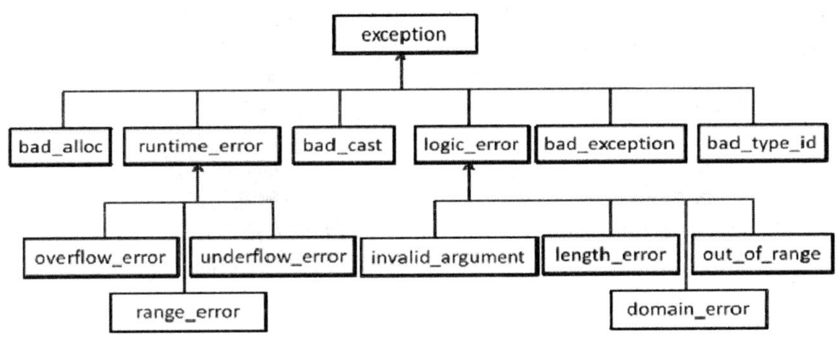

图 9-3　标准库的异常类层次结构

C++标准库的异常类分别定义在 4 个头文件中：<exception>头文件中定义了异常类 exception；<stdexcept>头文件中定义了 runtime_error 和 logic_error 异常类及其子类；<new>头文件中定义了 bad-alloc 异常类；<type_info>头文件中定义了 bad_cast 异常类。

exception 异常类包含了虚函数 what()，在派生类中可以对其重新定义，生成相应的错误消息。基类 exception 只通知异常的产生，不提供更多的信息。

runtime_error 异常类用于描述在运行时才能检测到的错误，它派生了以下 3 个子类：

- range_error：该异常类用于描述结果超出了有意义的值域范围。
- overflow_error：该异常类用于表示计算上溢。
- underflow_error：该异常类用于描述计算下溢。

logic_error 异常类表示逻辑错误，用来描述在程序运行前检测到的错误。logic_error 的派生类 domain_error 异常类表示参数的结果值不存在；invalid_argument 异常类表示不合适的参数；length_error 异常类用于描述试图生成一个超出该类型最大长度的对象；out_of_range 异常类表示使用了一个超出有效范围的值。

bad_alloc 异常类用于描述因无法分配内存而由 new 抛出的异常。

bad_cast 异常类是在 dynamic_cast 失败时抛出该异常类对象，dynamic_cast 运算符的作用是进行类型转换，dynamic_cast 主要用于类层次间的上行转换和下行转换，还可以用于类之间的交叉转换。

标准异常类可以直接应用于程序中，也可以在已定义的异常类之上派生出自定义的异常类型。

顺序表是一种重要的数据结构，它使用一块连续的内存空间保存数据元素，并用元素所存储的物理位置来表示元素之间的先后关系。顺序表在创建和使用时可能因自由存储空间不足出现异常，可能由于访问、插入或删除操作所指定的位置错误出现访问错误，也可能因存储空间已满，不能再插入新元素，需要引发异常。

【例 9-6】标准异常类应用。设计具有异常处理功能的顺序表类。

程序代码：

```
//file name list.h
#ifndef LIST_H
#define LIST
template <typename T>
class List {                                    //线性表，抽象类
public:
```

```
    virtual void InitList()=0;                    //表初始化
    virtual void DestoryList()=0;                 //销毁表
    virtual int Length()=0;                       //求表长度
    virtual T Get(int i)=0;                       //取表中元素
    virtual int Locate(T &x)=0;                   //元素查找
    virtual void Insert(int i, T &x)=0;           //插入新元素
    virtual T Delete(int i)=0;                    //删除元素
    virtual bool Empty()=0;                   //判断表是否为空
    virtual bool Full()=0;                    //判断表是否满
};
#endif
//file name SeqList.h
#ifndef SEQLIST_H
#define SEQLIST_H
#include "List.h"
#include <iostream>
#include <stdexcept>
using namespace std;
//set_new_handler(new_handler pnew)
template <typename T>
class SeqList : public List<T> {                  //顺序表类
    template <typename T>
    friend ostream& operator<<(ostream &os, const SeqList<T> &sl);
public:
    SeqList(int m=20);                        //构造函数
    SeqList(T ary[], int n, int max);             //用 ary 中元素构造顺序表
    ~SeqList() {                              //析构函数
        DestroyList();
    }
    virtual void InitList() { curLen = 0; } //初始化为空表
    virtual void DestroyList() {
        curLen = -1;
        maxSize = 0;
        delete []ptr;
    }
    virtual int Length() {
        return curLen;
    }
    virtual T Get(int i);                             //取表中的元素
    virtual int Locate(T &x);                         //元素查找
    virtual void Insert(int i, T &x);                 //插入新元素
    virtual T Delete(int i);                          //删除元素
    virtual bool Empty() { return curLen == 0; }   //判断表是否为空
    virtual bool Full() { return curLen == maxSize; } //判断表是否满
private:
    T *ptr;
    int curLen;
    int maxSize;
};
template <typename T>
SeqList<T>::SeqList(int m) {
    maxSize = m;
    curLen = 0;
    try {
        ptr = new T[maxSize];
    } catch(bad_alloc &exp) {
        ptr = NULL;
```

```
        cout << exp.what() << "\n 顺序表构造失败，程序将结束！" << endl;
        exit(-1);
    }
}
template <typename T>
SeqList<T>::SeqList(T ary[], int n, int max) {
    this->maxSize = max;
    curLen = 0;
    try {
        ptr = new T[maxSize];
    } catch(bad_alloc &exp) {
        ptr = NULL;
        cout << exp.what() << "\n 顺序表构造失败，程序将结束！" << endl;
        exit(-1);
    }
    while(curLen < n) {
        ptr[curLen] = ary[curLen];
        curLen++;
    }
}
template <typename T>
T SeqList<T>::Get(int i) {
    if (i>=1 && i<=curLen)
        return ptr[i-1];
    else
        throw out_of_range("访问位置参数错误！");
}
template <typename T>
int SeqList<T>::Locate(T &x) {
    for (int i=0; i<curLen; i++)
        if (ptr[i] == x)
            return i+1;
    return 0;
}
template <typename T>
void SeqList<T>::Insert(int i, T &x) {
    if(Full())
        throw overflow_error("顺序表已满！");
    if(i<1 || i>=curLen+1)
        throw invalid_argument("元素的插入位置参数错误！");
    for(int j=curLen; j>=i; j--)
        ptr[j] = ptr[j-1];
    ptr[i-1] = x;
    curLen++;
}
template <typename T>
T SeqList<T>::Delete(int i) {
    T tmp;
    if(Empty())
        throw underflow_error("顺序表已空，不能删除元素！");
    if(i<1 || i>=curLen)
        throw invalid_argument("删除元素的位置参数错误");
    tmp = ptr[i-1];
    for(int j=i-1; j<curLen-1; j++)
        ptr[j] = ptr[j+1];
    curLen--;
    return tmp;
}
template <typename T>
```

```
ostream& operator<<(ostream &os, const SeqList<T> &sl) {
    for(int i=0; i<sl.curLen; i++)
        os << sl.ptr[i] << ", ";
    return os;
}
#endif
//file name mainFun.cpp
#include <iostream>
#include "SeqList.h"
using namespace std;
int main() {
    int ary[]={4, 7, 2, 9, 10, 43, 6}, x=100, l;
    SeqList<int> myList(ary, 7, 100000);
    cout << myList << endl;
    try {
        myList.Insert(7, x);
        cout << myList << endl;
    } catch(overflow_error &exp) {
        cout << exp.what() << endl;
    } catch(invalid_argument &exp) {
        cout << exp.what() << endl;
    }
    try {
        myList.Delete(40);
        cout << myList << endl;
    } catch(underflow_error &exp) {
        cout << exp.what() << endl;
    } catch(invalid_argument &exp) {
        cout << exp.what() << endl;
    }
    while(1) {
        try {
            cout << "请依次输入插入元素的位置和值：";
            cin >> l >> x;
            myList.Insert(l, x);
            cout << myList << endl;
        } catch(overflow_error &exp) {
            cout << exp.what() << endl;
            break;
        } catch(invalid_argument &exp) {
            cout << exp.what() << endl;
            break;
        }
    }
    cout << myList << endl;
}
```

运行结果：

```
4, 7, 2, 9, 10, 43, 6,
4, 7, 2, 9, 10, 43, 100, 6,
删除元素的位置参数错误
请依次输入插入元素的位置和值：3  33↙
4, 7, 33, 2, 9, 10, 43, 100, 6,
请依次输入插入元素的位置和值：20  234↙
元素的插入位置参数错误！
4, 7, 33, 2, 9, 10, 43, 100, 6,
```

程序说明：

(1) 在 SeqList 类的 Insert 和 Delete 成员函数中，通过抛出标准异常类中的 overflow_error、invalid_argument 和 underflow_error 类对象处理可能出现的异常行为。

例如 throw invalid_argument("删除元素的位置参数错误");语句表示抛出无效参数异常类对象，该对象中含有"删除元素的位置参数错误"字符串。

标准异常对象被捕获后，可通过 what()函数读取异常对象定义时赋予的错误信息。主函数中的 myList.Delete(40);语句由于 SeqList 顺序表中 40 位置上无元素，引发 invalid_argument 异常，运行结果的第 3 行内容即为 what()函数反馈的错误信息。

(2) 系统分配给应用程序的自由存储空间是有限的，如果主函数中的 myList 对象的创建语句改为 SeqList<int> myList(ary, 7, 1000000000);，则程序将报告错误如下：

```
bad allocation
顺序表构造失败，程序将结束！
```

9.5 案 例 实 训

1. 案例说明

设计一个实用的小工具软件——批量创建文件夹。手动创建少量的文件夹不是一件难事，但建立上百个文件夹，则会成为一个负担。本例演示的小程序能根据文本文件中的信息批量地创建文件夹。

2. 编程思想

VC++中用于创建文件夹的函数是_mkdir，程序通过读取文本文件中的一行文本，以该文本为名称在指定位置创建文件夹。_mkdir 包含在 direct.h 中，如果创建成功，返回 0，否则返回-1。对于指定文件、文件夹不存在等异常情况，用 try-catch 进行处理。

3. 程序代码

程序代码如下：

```
#include <iostream>
#include <fstream>
#include <string>
#include <direct.h>          //包含文件夹控制头文件
using namespace std;

int main() {
    string fileName;
    char dirName[100];
    char s[50];
    int i = 0;
    ifstream infile;
    cout << "请输入用于批量创建文件夹的文件名：";
    cin >> fileName;
    infile.open(fileName);
    try {
        if(infile.fail())    //文件读取失败
            throw fileName;
```

```
    }
    catch(string exp) {
        cout << "打开文件\"" << exp << "\"出现错误！\n";
        return -1;
    }
    cout << "请输入批量创建文件夹所在的磁盘与路径：";
    cin >> dirName;
    try {
        if(_chdir(dirName)) //改变当前默认文件夹
            throw dirName;
    }
    catch(char *exp) {
        cout << "所选路径\"" << exp << "\"不存在！\n";
        return -1;
    }

    //根据文件中的内容用一行信息创建一个文件夹
    while(infile.getline(dirName, 100)) {
        strcpy(s, ".\\");
        strcat(s, dirName);      //连接字符串
        try {
            if(_mkdir(s) == -1) //创建文件夹失败
                throw dirName;
            i++;
        }
        catch(char *exp) {
            cout << "创建的文件夹\"" << exp << "\"名称错误或重名！\n";
        }
    }

    infile.close();              //关闭文件
    cout << "你已成功创建文件夹" << i << "个！" << endl;

    return 0;
}
```

4. 运行结果

运行结果如下：

```
请输入用于批量创建文件夹的文件名：e:\a.txt↙
请输入批量创建文件夹所在的磁盘与路径：e:\direxample↙
已成功创建文件夹 3 个！
```

图 9-4 显示了所创建的文件夹。

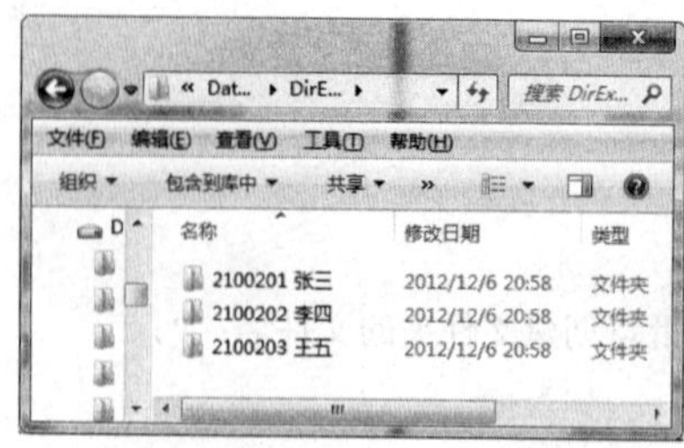

图 9-4 批量创建的文件夹

本 章 小 结

本章主要学习了 C++语言在程序运行时出现错误的处理方法。C++的异常处理机制允许把错误处理代码和程序正常流程分离，使程序的逻辑更加清晰并且易于维护。

异常的抛出使用 throw 关键字和一个操作数，操作数可以是任何数据类型。try 代码块封装了可能出现异常的代码，在它的后面至少要有一个 catch 代码块。每个 catch 代码块均指定一个异常参数，表示这个 catch 块所能处理的异常类型。如果异常参数包含了可选的参数名，则在 catch 块中可以使用该参数名获取被捕获的异常对象。catch 代码块可以不对异常进行处理，而是重新抛出异常，将异常传递给函数调用链的上层 catch 代码块处理。

常见的异常有数组越界访问、算术溢出、非法的函数参数、动态内存分配失败、文件不存在和除数为零等。

堆栈展开是实现异常处理的关键技术。展开函数调用堆栈意味着抛出异常且没有对异常进行处理的函数将被终止，它的所有局部变量被撤消，程序的控制流程返回到函数调用处。

构造函数中抛出异常有可能导致内存泄漏，析构函数中抛出自己不处理异常的结果是导致程序非正常终止。

C++标准库中定义了一个以 exception 为基类的异常类层次结构，其中包含了虚函数 what，在派生类可以对它进行重写，产生适当的错误信息。标准异常类层次结构是创建异常的良好起点。程序员在程序中可以抛出标准异常或者派生于标准异常的自定义异常，使用标准异常类处理异常是一种良好的编程风格。

异常处理的关键在于从最适当的地方捕获和处理异常。异常的滥用将给程序带来复杂的流程，进而导致程序难于理解。

习 题 9

1. 填空题

(1) 下面叙述错误的是_______。

A. 异常处理机制通过 3 个关键字 try、catch、throw 来实现

B. 任何需要检测的语句必须放在 try 语句中，并用 throw 语句抛出异常

C. throw 语句抛出异常后，catch 语句利用数据类型匹配进行异常捕获

D. 一旦 catch 捕获异常后，不能将异常用 throw 语句再次抛出

(2) 下面叙述错误的是_______。

A. catch(...)语句可捕获所有类型的异常

B. 一个 try 语句可以有多个 catch 语句

C. catch(...)语句可以放在 catch 语句组的中间

D. 程序中 try 语句与 catch 语句是一个整体，缺一不可

(3) 常见的异常有________、________、________、________、________和________等。

(4) 异常处理机制允许把________和________分离，使程序的逻辑更加清晰并且易于维护。

(5) 实现异常处理的关键技术是________。

(6) C++标准库的异常类分别定义在________、________、________、________这 4 个头文件中。

(7) 有如下程序：

```
#include <iostream>
using namespace std;
int function(int n) {
    if(n <= 0) throw n;
    int result = 1;
    for(int i=1; i<=n; i++)
        result *= i;
    return result;
}
int main() {
    try {
        int x = 3;
        int y = -3;
        int z = 0;
        cout << x << "!=" << function(x) << endl;
        cout << y << "!=" << function(y) << endl;
        cout << z << "!=" << function(z) << endl;
    } catch(int n) {
        cout << n << "的阶乘不存在！" << endl;
    }
    return 0;
}
```

执行后的结果是________。

(8) 有如下程序：

```
#include <iostream>
#include <string>
using namespace std;
class Exception {
public:
    Exception() {}
    string ErrorMsg;
    string ErrorCode;
};
class Exception1 : public Exception {
public:
    Exception1() {
        this->ErrorMsg = "Msg1";
        this->ErrorCode = 1;
    }
};
class Exception2 : public Exception {
public:
    Exception2() {
        this->ErrorMsg = "Msg2";
        this->ErrorCode = 2;
    }
```

```
};
void test_exception(int i) {
    if(i)
        throw Exception1();
    else
        throw Exception2();
    return;
}
int main() {
    try {
        test_exception(0);
        test_exception(1);
    }
    catch(Exception ex) {
        cout << ex.ErrorMsg << endl;
    }
    return 0;
}
```

执行后的结果是________。

2. 简答题

(1) 什么叫异常？什么叫异常处理？C++提供了怎样的异常机制？有何优点？

(2) 什么是堆栈展开？它与异常处理有何联系？

(3) 什么是异常的重新抛出？在析构函数中重新抛出异常，为什么是一种错误的设计行为？

(4) 简述 C++标准库的异常类层次结构。

3. 编程题

(1) 编写一个将 24 小时制的时间转换为 12 小时制的程序，用异常处理错误的输入(如 12:78、1q.3e 等)。

(2) 定义一个名为 CheckedArray 的类。该类的对象与普通数组相似，但具有范围检查能力。要求在类中重载运算符[]，并用异常对越界访问进行处理。

(3) 用 C++标准库的异常类处理例 8-6 中的异常：栈空不能弹出或访问栈顶元素，栈满不能压入元素。

第 10 章　输入输出流与文件

在 C++标准库中包含了一个输入/输出(Input/Output，I/O)流类库，提供了数百种与输入输出相关的功能函数，支持各种格式的数据输入和输出。

流(Stream)是一种抽象的概念，C++中用它来描述信息序列的连续传输。流在数据源(生产者)和数据宿(消费者)之间建立关联，并管理和维护数据的传输。流是建立在面向对象基础上的一种抽象的处理数据的工具。

文件是存储在外存储器(硬盘、光盘、U 盘等)中数据的集合。根据文件的存储格式划分，C++中文件分为文本文件(Text File)和二进制文件(Binary File)两种。文件的输入和输出操作是以流为基础的。

本章主要介绍标准库中的输入输出流、流的格式控制、文件的输入和输出以及字符串流等重要的数据传输技术。

10.1　流　概　述

程序的主要工作是接收输入数据、对数据进行加工、输出执行结果。不同的高级语言采用不同的数据输入与输出方法，例如，Basic 语言有专门的输入输出语句，C 语言提供专门的输入输出函数。C++语言则是通过流类库提供了面向对象的灵活的输入输出机制。

“流”是物质从一处向另一处移动的过程。在 C++语言中，流是指信息(字节序列)从外部输入设备(键盘、磁盘和网络连接等)向计算机内存输入和从内存向外部输出设备(显示器、打印机、磁盘和网络连接等)输出的过程，这种输入输出过程被形象地比喻为“流”。

流是一种面向对象的抽象的数据处理工具。在流中已封装了数据的读取、写入等基本操作。用户在程序中只需对流进行相关的操作，而不必关心流的另一端数据的处理过程。流不但可以处理文件，还可以处理动态内存、网络数据等多种形式的数据。在程序中利用流进行数据输入与输出，将大大地提高程序设计效率。

C++系统定义了输入/输出流类库，其中的每一个类都称作相应的流或流类，用以完成某一特定的功能。I/O 流类库采用功能强大的类层次结构来实现，提供了几百种输入输出功能。流类库中各个类模板之间的层次关系如图 10-1 所示。

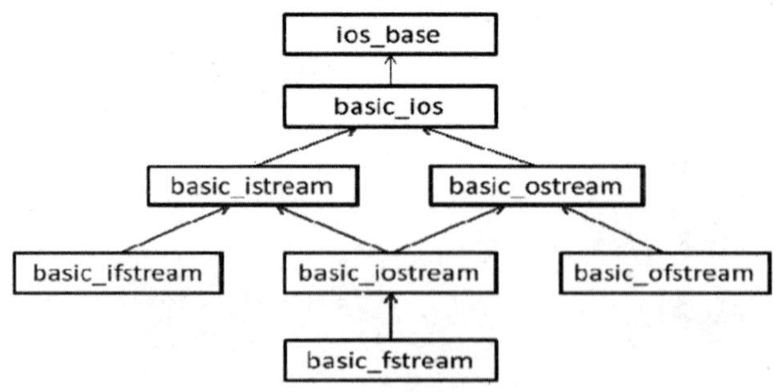

图 10-1　主要的 I/O 流类模板层次结构

在 C++标准库中，I/O 流类模板是流类库的基础，类模板名称是以“basic_”为前缀，它们均从 ios_base 类派生。basic_ios 类模板派生于类 ios_base，类 ios_base 中定义了不依赖于模板参数的支持流输入与流输出的流状态数据和设置函数，模板 basic_ios 中定义了依赖于模板参数的流状态数据和成员函数，basic_ios 类模板声明格式如下：

```
template <class Elem, class Traits> class basic_ios : public ios_base
```

在 I/O 流类模板层次结构中，类模板 basic_istream 支持输入流操作，类模板 basic_ofstream 支持文件输出操作，类模板 basic_iostream 同时支持输入流和输出流操作。类模板 basic_ifstream 支持文件输入操作，类模板 basic_ostream 支持输出流操作，类模板 basic_fstream 同时支持文件输入和文件输出操作。

在 C++流类库中，针对单字节字符(char 类型)和双字节字符(wchar_t 类型)分别基于流类模板实例化了两组流类库：经典流类库和标准流类库。经典流类库中的模板类命名方法是去掉对应类模板名的前缀 basic_，标准流类库中的模板类名是用 w 替换对应类模板名前缀 basic_。

经典流类库支持 ASCII 字符的输入输出，标准流类库可以处理双字节的 Unicode 字符集。本章重点介绍 char 类型的输入输出流类库。

在<iosfwd>头文件中，基于 I/O 流类模板定义了相应的模板类，例如，用 basic_istream 类模板定义了模板类 istream，格式如下：

```
typedef basic_istream<char, char_traits<char>> istream;
```

此外，还定义有：

```
typedef basic_ostream<char, char_traits<char>> ostream;
typedef basic_iostream<char, char_traits<char>> iostream;
typedef basic_ifstream<char, char_traits<char>> ifstream;
typedef basic_ofstream<char, char_traits<char>> ofstream;
typedef basic_fstream<char, char_traits<char>> fstream;
```

前面章节的大多数程序都包含了<iostream>头文件，在<iostream>头文件中定义有 cin、cout、cerr 和 clog 对象，它们分别对应于标准输入流、标准输出流、未缓冲的标准错误流和缓冲的标准错误流。

cin 是 istream 类的对象，它被指定为标准输入设备，通常是键盘，用于处理标准输入。

cout 是 ostream 类的对象，它对应标准输出设备，通常是显示器，用于处理标准输出。

cerr 是 ostream 类的对象，它被指定为标准输出设备(显示器)，用于处理标准错误信息。cerr 的输出是非缓冲的，即插入到 cerr 中的输出会被立即显示。

clog 也是 ostream 类的对象，与 cerr 一样也是输出错误信息到标准输出设备(显示器)，但 clog 的输出是带缓冲的，即插入到 clog 中的输出要等刷新缓冲区后才能显示。

C++的流输入与流输出分为格式化和非格式化两种。格式化的输入输出采用流格式控制符或 ios 类的成员函数控制输入/输出的格式，非格式化输入输出是指按系统预先定义的格式进行输入/输出。用户在程序中进行格式化输入输出时，应包含<iomanip>头文件，该头文件中定义了带参的流操纵器(Manipulator)。

在 istream 类中，对左移位运算符(<<)进行重载，用于流输出，并称其为流插入运算符(Stream Insertion Operator)。在 ostream 类中，对右移位运算符(>>)进行重载，用于流输入，

并称其为流提取运算符(Stream Extraction Operator)。“插入”的含义是向流中插入一个字符序列，“提取”的含义是从流中提取一个字符序列。

在流类库中，“>>”和“<<”针对不同的数据类型进行了重载。程序员在类设计中，为使类类型能与基本数据类型一样也能通过流提取和流插入运算符进行输入与输出，通常在类中以友元函数的方式重载提取和插入运算符。在先前章节的部分例程中，已使用重载流提取与流插入运算符进行对象的输入与输出。

在C++中，对文件的输入输出操作是通过stream的派生类fstream、ifstream或ofstream实现的，因而文件的读/写操作与标准设备的输入/输出操作方式几乎相同。

对于C++的标准流类库，数据的输入既可以是来自键盘，也可以是磁盘文件或网络数据，它们一律视为是输入流的“源头”。同样地，显示屏、打印机和磁盘文件等设备或文件对于输出流而言均被看成是流的“归宿”。

10.2 流的格式控制

流的格式化输入输出是通过设置流的格式状态字中的标志位来影响输入输出的格式，设置标志位的方法有两种：一种是用流格式操纵符，另一种是用流格式控制成员函数。

10.2.1 流格式状态字

在程序设计中，程序员需要对数据的输入与输出格式加以控制，以满足用户的需求。在I/O流中，通过维护一个格式状态字，记录流对象当前的格式状态并控制流输入与输出的方式。流格式状态字是一个unsigned int型变量，其中的每一位用于标志一种状态。用双字节变量标志流的十几个状态，不仅节省内存，而且便于操作。

查阅VC++ 2010的xiosbase文件可知，在标准库中，系统用十六进制数定义了若干符号常量，用于向格式状态字中的位赋值，其中第一个定义语句为：

```
#define _IOSskipws 0x0001
```

再用这些符号常量，在_Iosb类中定义了公有静态常量，skipws常量的定义如下：

```
static const _Fmtflags skipws = (_Fmtflags)_IOSskipws;
```

这里skipws常量的值为0x0001，即双字节中的0号位的值为1，其余位均为0。

类ios_base继承于_Iosb类，在编程时可以通过ios类引用这些常量，如iso::skipws。在ios_base类中，定义了unsigned int型数据成员_Mystate作为流格式状态字。用位运算对格式状态字中的位进行设置或清除。ios类中定义的I/O流格式标志符及含义参见表10-1。

表10-1 I/O流格式标志符及含义

标 志 符	含 义
ios::skipws	忽略输入流中的空白字符(空格、制表、换行和回车等)，为默认设置
ios:: unitbuf	插入后刷新流
ios:: uppercase	十六进制中字母大写显示，科学记数法中e显示成大写E
ios:: showbase	显示进制基数，八进制为0，十六进制为0x或0X

续表

标 志 符	含　义
ios:: showpoint	显示浮点数时，必定带小数点
ios:: showpos	显示正数时带“+”号
ios:: left	在域中左对齐，填充字符加到右边
ios::right	在域中右对齐，填充字符加到左边，为默认设置
ios::internal	数字的符号在域中左对齐，数字在域中右对齐，填充字符加到两者之间
ios::dec	在输入/输出时将数据按十进制处理，为默认设置
ios::oct	在输入/输出时将数据按八进制处理
ios::hex	在输入/输出时将数据按十六进制处理
ios::scientific	以科学记数法格式显示浮点数
ios::fixed	以小数形式显示浮点数，默认小数部分为 6 位
ios::boolalpha	以 true 和 false 显示布尔值真与假
ios::adjustfield	指示对齐标志位：ios::left| ios::right| ios::internal
ios::basefield	指示进制标志位：ios::dec| ios::oct| ios::hex
ios::floatfield	指示浮点数标志位：ios::fixed| ios::scientific

在流格式状态标志中，如果格式标志位设置为 1，表示标志开启(使用此格式)，否则表示标志关闭(不使用此格式)。

表 10-1 中的前 15 个流格式标志符常量所对应的二进制数值都是某一位的值为 1 其余位均为 0，用它们可以对格式状态字中的各个位进行设置。下面的例子显示了流格式标志符常量的值和流格式状态字中各个位的含义。

【例 10-1】输出流格式标志符枚举常量的值。

程序代码：

```
#include <iostream>
#include <iomanip>
using namespace std;
int main() {
    long defaultState, currentState;
    defaultState = cout.flags();
    cout.flags(ios::hex|ios::showbase|ios::internal);
    cout.fill('0');
    cout << "ios::skipws\t" << setw(6) << ios::skipws << endl;
    cout << "ios::unitbuf\t" << setw(6) << ios::unitbuf << endl;
    cout << "ios::uppercase\t" << setw(6) << ios::uppercase << endl;
    cout << "ios::showbase\t" << setw(6) << ios::showbase << endl;
    cout << "ios::showpoint\t" << setw(6) << ios::showpoint << endl;
    cout << "ios::showpos\t" << setw(6) << ios::showpos << endl;
    cout << "ios::left\t" << setw(6) << ios::left << endl;
    cout << "ios::right\t" << setw(6) << ios::right << endl;
    cout << "ios::internal\t" << setw(6) << ios::internal << endl;
    cout << "ios::dec\t" << setw(6) << ios::dec << endl;
    cout << "ios::oct\t" << setw(6) << ios::oct << endl;
    cout << "ios::hex\t" << setw(6) << ios::hex << endl;
    cout << "ios::scientific\t" << setw(6) << ios::scientific << endl;
    cout << "ios::fixed\t" << setw(6) << ios::fixed << endl;
    cout << "ios::boolalpha\t" << setw(6) << ios::boolalpha << endl;
    cout << "ios::adjustfield\t" << setw(6) << ios::adjustfield << endl;
    cout << "ios::basefield\t" << setw(6) << ios::basefield << endl;
```

```
    cout << "ios::floatfield\t" << setw(6) << ios::floatfield << endl;
    currentState = cout.flags();
    cout << "显示输出流默认和当前的格式状态字的值：" << endl;
    cout << "defaultState:\t" << setw(6) << defaultState << endl;
    cout << "currentState:\t" << setw(6) << currentState << endl;
    return 0;
}
```

运行结果：

```
ios::skipws         0x0001
ios::unitbuf        0x0002
ios::uppercase      0x0004
ios::showbase       0x0008
ios::showpoint      0x0010
ios::showpos        0x0020
ios::left           0x0040
ios::right          0x0080
ios::internal       0x0100
ios::dec            0x0200
ios::oct            0x0400
ios::hex            0x0800
ios::scientific     0x1000
ios::fixed          0x2000
ios::boolalpha      0x4000
ios::adjustfield    0x01c0
ios::basefield      0x0e00
ios::floatfield     0x3000
显示输出流默认和当前的格式状态字的值：
defaultState:       0x0201
currentState:       0x0908
```

程序说明：

(1) 从程序运行结果可知，流格式状态字中，各个位对应的格式标志如图 10-2 所示。

位	状态字
0	skipws
1	unitbuf
2	uppercase
3	showbase
4	showpoint
5	showpos
6	left
7	right
8	internal
9	dec
10	oct
11	hex
12	scientific
13	fixed
14	boolalpha
15	

图 10-2　流格式状态字的格式标志

(2) 为使整数值能以十六进制格式输出，程序中用格式状态字设置函数 flags 并设置 fill 如下：

```
cout.flags(ios::hex|ios::showbase
  |ios::internal);
cout.fill('0');
```

程序中用两个整型变量分别保存了输出流在设置前和设置后格式状态字的值。设置前，格式状态字被保存到 defaultState，值为 0x0201，对应的二进制值为 0000 0010 0000 0001，即 skipws 位和 dec 位的值是 1。设置后，currentState 中保存的值为 0x0908，对应的二进制值为 0000 1001 0000 1000，即 showbase 位、internal 位和 hex 位的值为 1。

对字节中的位进行 0 或 1 的设置是基于 C++中的位运算，下面的位运算示例说明了字节中位的设置方法。

假设字节 A=0100 0010，B=0001 0010，C=0100 0000，则表达式 A=A|B;的结果为 0101 0010，即用 B 将 A 的第 1 位和第 5 位设置为 1，无论位中的原值是 0 还是 1，均设为 1。

表达式 A=A&(~C);的计算过程为：A&(1011 1111) = 0000 0010，其结果是将 A 的第 6 位值设置为 0。无论该位原值是什么，结果均为 0。

10.2.2　流格式操纵符

C++在流类库中还提供了许多流格式操纵符，它们可以直接用于流中实现格式化输入输出，详见表 10-2。在使用以函数形式出现的操纵符时，程序中需要包含头文件 iomanip。

表 10-2　流格式操纵符

类　别	操 纵 符	功　能	适　用
空白字符	skipws*	输入操作时跳过空白字符	I
	noskipws	输入操作时不跳过空白字符，空白字符将结束缓冲	I
流刷新	unitbuf	输出操作后刷新流	O
	nounitbuf*	输出操作后不刷新流	O
字符大写	uppercase	十六进制显示用 A~F，科学计数法用 E	O
	noupercase*	十六进制显示用 a~f，科学计数法用 e	O
进制基数	showbase	显示进制基数，八进制为 0，十六进制为 0x 或 0X	O
	noshowbase*	不显示进制基数	O
小数点	showpoint	用小数点显示浮点数	O
	noshowpoint*	不显示浮点数小数部分为 0 的数的小数点	O
正号	showpos	在正数前显示“+”号	O
	noshowpos*	在正数前不显示“+”号	O
对齐	left	在域中左对齐，填充字符加到右边	O
	right*	在域中右对齐，填充字符加到左边	O
	Internal	在数的基数符号和数值之间填充字符	O
进制	dec*	整数以十进制显示	I/O
	oct	整数以八进制显示	I/O
	hex	整数以十六进制显示	I/O
	setbase(n)	将基数设置为 n 进制，n 为 8、10、16	I/O
浮点数	scientific	用科学计数法显示浮点数	O
	fixed*	用十进制格式显示浮点数	O
布尔值	boolalpha	用字符串 true 或 false 显示逻辑值	I/O
	noboolalpha*	用 1 或 0 显示逻辑值	I/O
换行	endl	输出一个换行符并刷新流	O
串结束	ends	输出空字符('\0')并刷新流	O
空白	ws	跳过前面输入的空白符	I
域宽	setw(w)	设置当前域宽为 w	O
域填充	setfill(chr)	设置填充字符为 chr	O
精度	setprecision(n)	设置浮点数小数部分位数(含小数点)，默认值为 6	O
设标志	setiosflags(f)	按 f 设置指定的标志位为 1	I/O
清标志	resetiosflags(f)	按 f 设置指定的标志位为 0	I/O

注：表格中“*”表示该项是默认值，I 表示仅适用于输入，O 表示适用于输出，I/O 表示既可用于输入，也可用于输出。

【例 10-2】流格式操纵符的用法。

程序代码：

```
#include <iostream>
#include <iomanip>
using namespace std;
int main() {
    int x=12345, y=54321;
    double PI = 3.1415926535898;
    cout << "以十进制方式输出x:\t" << x << endl;
    cout << "以八进制方式输出x:\t" << oct << x << endl;
    cout << "以十六进制方式输出x:\t" << hex << setfill('0') << internal
        << setw(8) << showbase << x << endl;
    cout << "输出整数y:\t" << y << endl;
    cout << "以科学计数法输出浮点数PI:\t" << scientific
        << setprecision(10) << PI << endl;
    cout << "以字符串格式输出布尔值：\t" << boolalpha
        << true << "\t" << false << endl;
    cout << "当前输出流的格式状态字：\t" << cout.flags() << endl;
    return 0;
}
```

运行结果：

```
以十进制方式输出x:        12345
以八进制方式输出x:        30071
以十六进制方式输出x:      0x003039
输出整数y:    0xd431
以科学计数法输出浮点数PI: 3.1415926536e+000
以字符串格式输出布尔值:   true        false
当前输出流的格式状态字:   0x5909
```

程序说明：

(1) 运行结果的第 4 行输出的 y 值为十六进制数 0xd431，说明上一条输出语句中用流格式操纵符所做的设置除 setw(8)没有起作用外，其余设置均有效，直接影响后面的输出。最后一条输出语句的结果也是十六进制格式。

(2) cout.flags()返回当前输出流格式状态字的值，其二进制值是 0101 1001 0000 1001。查阅并比对表 10-2 可知，skipws、showbase、internal、hex、scientific、boolalpha 标志位的值均为 1，其余位为 0。

10.2.3 流格式控制成员函数

前面介绍了用格式操纵符在流中直接对状态字的标志位进行设置的方法，另一种读写状态字中标志位的方法是调用流对象中的成员函数。

常用的流格式控制成员函数见表 10-3。

表 10-3 流格式控制成员函数

成员函数	功 能
long flags()	返回流的当前格式状态字
long flags(long _Flags)	用_Flags 设置流的格式状态字，返回以前的格式状态字

续表

成员函数	功　能
long setf(long _Flags)	用_Flags 设置流的格式状态字，返回以前的格式状态字
long setf(long _Flags, long _Mask)	先用_Mask 清除标志位，再以_Flags 设置并返回旧状态字
long unsetf(long _Mask)	用_Mask 清除标志位
int width(int w)	设置当前域宽
char fill(char ch)	设置域中空白处的填充字符，默认为空格
int precision(int n)	设置浮点小数部分的位数

【例 10-3】用流格式控制成员函数设置格式状态字。

程序代码：

```
#include <iostream>
#include <iomanip>
using namespace std;
int main() {
    int x = 1024;
    long state;
    cout.setf(ios::hex); //设置以十六进制输出
    cout.fill('0');
    cout.width(8);
    cout << "x=" << x << endl;
    state = cout.flags();
    cout << hex << showbase << internal << "先前的流格式状态字：" 
        << uppercase << setw(6) << state << endl;
    cout.setf(ios::oct, ios::basefield); //设置以八进制输出
    cout << "x=" << x << endl;
    cout << "当前的流格式状态字：" << cout.flags() << endl;
    return 0;
}
```

运行结果：

```
000000x=1024
先前的流格式状态字：0X0A01
x=02000
当前的流格式状态字：02415
```

程序说明：

(1) 主函数的第 3、4、5 行语句分别对整数的输出进制、填充字符和域宽进行了设置，运行结果的第 1 行显示的整数 x 是以十进制格式输出，并且在 x 前填充了 6 个 0，而在数 1024 前没有填充 0。

用 cout.setf(ios::hex);语句进行设置的结果是将标志位 hex 的值改为 1。由于格式状态字中默认的进制输出格式十进制标志位 dec(值为 1)并没有清除，所以 x 变量依然是以十进制格式输出。

保存于 state 的格式状态字值为 0X0A01(二进制 0000 1010 0000 0001)。从中可知：虽然 dec 和 hex 位的值都为 1，但是起作用的是 dec 位。

(2) 语句 cout.setf(ios::oct, ios::basefield);是设置输出格式为八进制，程序运行结果的后两行证明了设置有效，此时格式状态字的八进制值为 02415(二进制 010 100 001 101)。标志

位为 1 的位是 skipws、uppercase、showbase、internal 和 oct，dec 和 hex 位标志均为 0，故输入结果为八进制数。

从例 10-1 的运行结果可知，标志符 ios::basefield 的值是 0x0e00(0000 0111 000 000)，等价于 3 个进制标志符或运算(ios::dec | ios::oct | ios::hex)的值。setf(ios::oct, ios::basefield)函数在对 oct 位进行设置前，先用 ios::basefield 清除 dec、oct 和 hex，即设每个位的值为 0。该函数的设置方法如下。

① 将 ios::basefield 取反，其值为 1111 1000 1111 1111。

② 用~ios::basefield 与原格式状态字进行位与(&)运算，使 dec、oct 和 hex 位的值为 0。即 state = state&(~ios::basefield)，其中 state 表示格式状态字。

③ 用 ios::oct 与格式状态字进行位或(|)运算，即 state = state | ios::oct，设置 oct 位为 1。

(3) 流格式操纵符和流格式控制成员函数都能实现格式状态字的设置，功能相同。两者在使用方法上有所不同，操纵符直接用于流中，成员函数通过对象调用。在程序中，二者可以混合使用。

10.3 输入流与输出流

用流提取(>>)和插入(<<)运算符能方便地实现数据的输入和输出，然而对于一些应用则需要使用流的成员函数进行输入与输出。

10.3.1 输入流

istream 类提供格式化和非格式化的输入功能。提取运算符从标准输入流 cin 中提取数据，复制给相应的对象，提取运算符一般将跳过输入流中的空白符。

在每个输入之后，流提取运算符都将返回接收读入消息的流对象的引用，例如，语句 cin>>x;将返回表达式中 cin 的引用。如果输入语句作为一个条件表达式使用，返回的引用就会隐式地调用这个流的重载 void*转换运算符函数，该函数根据最后一次输入操作成功与否，把这个引用转换为一个非空指针或空指针。如果用 cin 的返回值作为判别条件，则非空指针转换为布尔值 true，表示成功；空指针转换为布尔值 false，表示失败。

在输入流中，提供了一组成员函数，用于非格式化输入。提取运算符输入数据时默认状态是忽略空白，当输入含有空格的字符串时，只能输入第一个空格前的字符串。例如，以下程序段在输入字符串“Visual C++ 2010”时，只输出 Visual：

```
char str[100];
cin >> str;
cout << str << endl;
```

如果将语句 cin>>str;改为 cin>>noskipws>>str;，其输出结果依然为 Visual，原因是在接受一个字符串时，遇到“空格”、“Tab”、“回车”都将结束。

通过键盘输入包含空格字符串的方法是使用流的成员函数 getline，表 10-4 列出了输入流中常用的成员函数。

表 10-4 中的 EOF(End Of File)是系统定义的符号常量，用于标识文件结束，其值为-1。在 Windows 系统中，从键盘输入组合键 Ctrl+Z(^Z)，即表示文件输入结束。

表 10-4　输入流中常用的成员函数

成员函数	功　能
int get()	提取一个字符(含空白符)，返回该字符的码值。若读到文件尾，则返回 EOF
istream& get(char &ch)	提取一个字符(含空白符)给 ch，返回 istream 对象的引用。若读到文件尾，则返回 EOF
istream& get(char *str, int count, char delim='\n')	提取最多 count-1 个字符给 str 数组，当读到第 count 个字符或定界符 delim 或文件尾时，停止提取。存入 str 数组中的字符串是以 null 结尾，定界符不保存
istream& getline(char *str, int count)	提取最多 count-1 个字符给 str 数组，当读到第 count 个字符或文件尾时，停止提取。存入 str 数组中的字符串以 null 结尾，定界符不保存
istream& getline(char *str, int count, char delim='\n')	与本表中第 3 行的 get 函数相似
int gcount() const	返回最后一个 get 或 geline 函数提取的字符数，包括回车
istream& ignore(int count=1, char delim=EOF)	忽略流中 delim 分隔符之前至多 count 个字符，含定界符。提取的字符不保存，作用是空读
int peek()	返回流的下一个字符，如遇到流结束或错误，返回 EOF
istream& pukback(char ch)	将上一次通过 get 获取的字符放回到流中
istream& read(char *str, int count)	从输入流中提取字节，放入 str 指向的内存中，直至遇到第 count 个字节或文件尾，返回当前 istream 类对象

【例 10-4】用输入流成员函数 get 和 getline 输入含空格的字符串。

程序代码：

```
#include <iostream>
using namespace std;
int main() {
    const int SIZE = 10;
    char ch;
    char buffer[SIZE];
    cout << "输入^Z 前，cin.eof()返回的值是：" << cin.eof() << endl;
    cout << "输入一字符串，以^Z 结束：";
    while((ch=cin.get()) != EOF)
        cout.put(ch);
    cout << "输入^Z 后，cin.eof()返回的值是：" << cin.eof() << endl;
    cin.clear();          //恢复流状态
    cout << "输入一字符串：";
    cin.getline(buffer, SIZE);
    cout << buffer << endl;
    return 0;
}
```

运行结果：

```
输入^Z 前，cin.eof()返回的值是：0
输入一字符串，以^Z 结束：Visual C++ 2010↙
Visual C++ 2010
^Z↙
输入^Z 后，cin.eof()返回的值是：1
```

```
输入一字符串：Visual C++ 2010↙
Visual C+
```

程序说明：

(1) 循环语句 while((ch=cin.get()) != EOF) cout.put(ch);的功能是从 cin 缓冲区中逐个读取输入的字符(含空白符)，由 cout 的 put 函数显示每个字符(包括空格和回车)。该循环语句允许多行输入，并且输入一行后紧接着输出该行。在一行开始输入 Ctrl+Z 后，结束循环。

(2) 程序在接收 Ctrl+Z 输入前和后，分别调用 cin.eof()输出了返回值。在输入 Ctrl+Z 之前，返回值为 0(假)，而之后，返回值为 1(真)。

语句 cin.clear();的作用是恢复 cin 为正常状态。如果程序中去除该语句，则之后的 cin.getline(...)语句将不被执行。当 cin 的 eof 状态位标志为 1 时，表示数据输入已结束，不能再从键盘输入任何数据。

(3) 语句 cin.getline(buffer, SIZE);至多只能输入 SIZE-1 个字符到 buffer，故当输入 Visual C++ 2010↙后，输出结果为 Visual C+。

10.3.2 输出流

与 istream 类似，ostream 类提供了格式化和非格式化的输出功能。输出功能包括通过流插入运算符(<<)进行标准数据类型的输出，以及通过成员函数进行的非格式化输出。输出流中常用的成员函数见表 10-5。

表 10-5 输出流常用的成员函数

成员函数	功 能
ostream& put(char ch)	插入单个字符到输出流，返回调用的 ostream 对象
ostream& write(const char &str, int count)	读取 str 中 count 个字符(含空白符)到输出流，返回调用的 ostream 对象

【例 10-5】显示大写英文字母的 ASCII 码值。

程序代码：

```
#include <iostream>
using namespace std;
int main() {
    cout.write("输出 26 个大写英文字母的 ASCII 码值：", 33).put('\n');
    for(int i=65; i<65+26; i++) {
        cout.put(i).put('=');
        cout << hex << showbase << i << (i%4==0?'\n':'\t');
    }
    cout << endl;
    cout.put(176).put(162).put('\n');
    return 0;
}
```

运行结果：

```
输出 26 个大写英文字母的 ASCII 码值：
A=0x41  B=0x42  C=0x43  D=0x44
E=0x45  F=0x46  G=0x47  H=0x48
I=0x49  J=0x4a  K=0x4b  L=0x4c
```

```
M=0x4d  N=0x4e  O=0x4f  P=0x50
Q=0x51  R=0x52  S=0x53  T=0x54
U=0x55  V=0x56  W=0x57  X=0x58
Y=0x59  Z=0x5a
啊
```

程序说明：

(1) put 函数支持输入单字符的码值，语句 cout.put(176).put(161).put('\n');的输出结果为汉字“啊”，它在国标码中是第一个汉字。因为汉字的机内码是两个字节，并且每个字节的最高位为 1，所以连续输出一个汉字的机内码会在屏幕上显示相应的汉字。

(2) put 和 write 函数均返回流对象，因而在程序中可以采用“瀑布方式”调用函数，如 cout.write(...).put(...);。

用流成员函数输入和输出字符从使用上不如用插入运算符方便，它们主要是用于二进制文件的非格式化输入输出。

10.3.3　流与对象的输入输出

封装是面向对象程序设计的重要特征，对象是程序的基本单元，在概念上对象是数据与操作数据的函数的组合体，那么能否用流的方法对对象进行输入输出呢？答案是肯定的。

事实上，本书自 4.7.4 节之后的部分例程中已开始使用流输入和输出技术实现对象的输入与输出。实现类对象用流进行输入与输出的方法，是在类中定义插入(<<)和提取(>>)运算符重载函数。

流的插入与提取运算符是对位左移和位右移运算符的重载。对于内置数据类型，C++编译器已提供了相应的插入与提取重载函数，用户在程序中可以直接使用。但是，对于用户自定义的类类型，不能直接用流插入与提取运算符进行数据的输入与输出，需要程序员自定义相应的运算符重载函数，并且这些函数必须是类的友元函数。

下面的例子演示了重载插入与提取运算符实现类中数据 I/O 的方法。

【例 10-6】在类中定义插入与提取运算符重载函数，实现对象的输入/输出。

程序代码：

```
#include <iostream>
using namespace std;
class Point {
    friend istream& operator>>(istream&, Point&);
    friend ostream& operator<<(ostream&, const Point&);
public:
    Point(double=0.0, double=0.0);
    Point(Point&);
private:
    double x, y;
};
Point::Point(double a, double b) {
    x=a; y=b;
}
Point::Point(Point &p) {
    x=p.x; y=p.y;
}
istream& operator>>(istream &is, Point &p) {
    char lbracket, rbracket, comma;
```

```
    while(true) {
        is >> lbracket >> p.x >> comma >> p.y >> rbracket;
        if(!is.good() || lbracket!='(' || comma!=','
         || rbracket!=')') {
            is.clear();     //恢复流状态为正常态
            is.sync();      //清除输入流缓冲区
            cout << "输入错误！请重新输入：";
        }
        else
            break;
    }
    return is;
}
ostream& operator<<(ostream &os, const Point &p) {
    os << "(" << p.x << "," << p.y << ")";
    return os;
}
int main() {
    Point P1, P2;
    cout << "请输入平面上点P1的坐标，输入格式为(x,y)：";
    cin >> P1;
    cout << "请输入平面上点P2的坐标，输入格式为(x,y)：";
    cin >> P2;
    cout << "P1=" << P1 << "\tP2=" << P2 << endl;
    return 0;
}
```

运行结果：

```
请输入平面上点P1的坐标，输入格式为(x,y)：(o.8,3.5) ↙
输入错误！请重新输入：(0.8,3.5) ↙
请输入平面上点P2的坐标，输入格式为(x,y)：(-2.4,-9.7) ↙
P1=(0.8,3.5)    P2=(-2.4,-9.7)
```

程序说明：

(1) 程序运行时，第一次输入的坐标将0.8错误地输入为o.8，导致输入流错误。此时，operator<<重载函数中的is.good()返回0，if语句的条件为真。

is.clear();语句的作用是恢复流的错误状态字为正常态，is.sync();的功能清除前一次输入还保留在流缓冲区中的数据。

(2) 语句cout<<"P1="<<P1<<"\tP2="<<P2<<endl;能正常输出。如果将operator<<函数的返回类型改为非引用类型ostream，程序在编译时出错。

10.4 流的错误状态

在开发软件时，设计者需要考虑到用户在使用时可能输入或提供错误的数据，软件应当有一定的容错能力，以提高其稳健性。通常程序在运行过程中，数据输入或输出的许多环节都可能出现错误，为此C++提供了专门的流错误状态标识与测试方法。与流的格式状态控制方法相似，流类库中定义了多个错误状态位标志流的错误状态并控制流的输入与输出。VC++ 2010在ios类中定义了一组枚举常量，用于表示流错误，表10-6列出了流中定义的错误标志符和含义。

表 10-6 I/O 流错误状态标志符及含义

错误标志	含 义
ios::goodbit	数据流无错误，eofbit、failbit、badbit 均没有设置时，goodbit 被设置
ios::eofbit	数据流已遇到文件尾(end-of-file)
ios::failbit	数据流发生格式错误，属于可恢复错误，数据不丢失
ios::badbit	数据流发生不可恢复错误，数据丢失

流的错误状态可以通过 ios 类提供的成员函数进行测试或设置，常见的流错误状态检测和修改函数见表 10-7。

表 10-7 流错误状态操作函数

函数原型	功 能
int rdstate() const	返回流的当前错误状态位
void clear(int s=0)	设置流的错误状态为指定值，默认为 ios::goodbit
int good() const	返回流的错误状态值，值为 1 表示正常，为 0 表示流错误
int eof() const	若遇到文件尾(eofbit 位为 1)，返回值 1(true)，否则返回 0(false)
int fail() const	若流格式非法或流失败(failbit 或 badbit 位为 1)，返回值 1，否则为 0
int bad() const	如果流操作失败(badbit 位为 1)，返回值 1，否则为 0

【例 10-7】流错误状态标志符和操作函数应用示例。

程序代码：

```
#include <iostream>
#include <iomanip>
using namespace std;
int main() {
    cout << hex << internal << showbase << setfill('0')
        << "以下为错误状态标志符的值：" << endl;
    cout << "ios::goodbit=" << setw(4) << ios::goodbit << endl;
    cout << " ios::eofbit=" << setw(4) << ios::eofbit << endl;
    cout << "ios::failbit=" << setw(4) << ios::failbit << endl;
    cout << " ios::badbit=" << setw(4) << ios::badbit << endl;
    cout << "以下为 cin 返回的状态值：" << endl
        << "cin.rdstate():" << cin.rdstate() << endl
        << "   cin.good():" << cin.good() << endl
        << "    cin.eof():" << cin.eof() << endl
        << "   cin.fail():" << cin.fail() << endl
        << "    cin.bad():" << cin.bad() << endl;
    int x;
    cout << "请输入一个整数："; cin >> x;
    cout << "以下为 cin 应当输入整数而输入字符后返回的状态值：" << endl
        << "cin.rdstate():" << cin.rdstate() << endl
        << "   cin.good():" << cin.good() << endl
        << "    cin.eof():" << cin.eof() << endl
        << "   cin.fail():" << cin.fail() << endl
        << "    cin.bad():" << cin.bad() << endl;
    return 0;
}
```

运行结果：

```
以下为错误状态标志符的值:
ios::goodbit=0000
  ios::eofbit=0x01
  ios::failbit=0x02
  ios::badbit=0x04
以下为 cin 返回的状态值:
cin.rdstate():0
  cin.good():0x1
  cin.eof():0
  cin.fail():0
  cin.bad():0
请输入一个整数: q↙
以下为 cin 应当输入整数而输入字符后返回的状态值:
cin.rdstate():0x2
  cin.good():0
  cin.eof():0
  cin.fail():0x1
  cin.bad():0
```

程序说明:

(1) 从运行结果可知，ios::eofbit 的值为 0x01，ios::failbit 的值为 0x02，ios::badbit 的值为 0x04，ios::goodbit 的值为 0。表明流错误状态字的 0 号位为 eof 标志位，1 号位为 fail 标志位，2 号位为 bad 标志位。当这些标志位均为清空状态时(值为 0)，流的状态为 good。

(2) 在程序运行结果中，还显示了 cin 在没有任何操作时和输入错误数据后，错误状态位的情况。流状态测试函数 rdstate()读出状态字的设置情况。当 eof()、fail()和 bad()这 3 个函数均返回 0 时，good()返回 1，否则 good()返回 0。rdstate()返回的状态在程序中可对其进行测试，在例程的 return 语句之前插入下列程序段，则显示“fail 错误！”：

```
switch(cin.rdstate()) {
case ios::goodbit:
    cout << "正常！" << endl;
    break;
case ios::eofbit:
    cout << "eof 错误！" << endl;
    break;
case ios::failbit:
    cout << "fail 错误！" << endl;
    break;
case ios::badbit:
    cout << "bad 错误！" << endl;
}
```

用 clear()函数可清除 cin 流的错误状态，方法为 cin.clear();或 cin.clear(ios::goodbit);。

10.5 文件的输入和输出

计算机中的程序、数据、图像、视频等都是以文件的形式存储于外部存储设备中的，目前常见的辅助存储设备有硬盘、U 盘、光盘、固态硬盘和 CF 卡等。计算机操作系统本身也是以文件的方法存储于外部存储设备的。文件管理是操作系统最基本、最重要的功能，C++的标准 I/O 流类库中设计了专门用于文件处理的类 ifstream、ofstream 和 fstream，它们

为程序员提供了安全、高效、灵活的文件 I/O，屏蔽了文件操作的复杂过程。

10.5.1　文件的基本操作

在 Windows 操作系统中，当我们打开一个 Word 文档、播放一段音乐或者编写程序时，都需要通过操作系统去打开一个或多个文件，应用软件再从打开的文件中读入数据，整个过程是由操作系统和应用软件相互配合完成的。文件打开后，在操作系统内部通过一个文件句柄登记了相关信息，应用软件对文件的读和写操作最终都是由操作系统去实现的。

需要指出的是，任何操作系统打开文件的数量都是有限的。当应用软件不再使用已打开的文件时，需要关闭文件，将文件句柄返回给操作系统，释放句柄资源的目的是供其他程序继续使用。

类似于流格式控制标志设置方法，C++中定义了一组枚举常量，用于控制文件的打开和定位等相关操作，通过它们可以设置文件流中用于控制文件操作方式的标志位，表 10-8 列出了 ios 中定义的枚举常量及其含义。

表 10-8　文件流中控制文件操作的标志符枚举常量及含义

操作标志	含　义
ios::in	打开文件用于输入
ios::out	打开文件用于输出
ios::ate	打开文件用于输出，文件指针移到文件尾，数据可以写入到文件的任何位置
ios::app	打开文件用于输出，新数据添加到文件尾
ios::trunk	打开文件并清空，文件不存在则建立新文件
ios::binary	打开文件，用于二进制输入或输出
ios::beg	文件开头
ios::cur	文件指针的当前位置
ios::end	文件结尾

C++把文件视为有序的字节流。当打开一个文件时，程序需要创建一个文件流对象与之关联。流对象为程序提供了便捷地操作文件或设备的渠道。实事上，标准输入流对象 cin 允许程序从键盘或其他设备输入数据，标准输出流对象 cout 允许程序把数据输出到屏幕或其他设备。与标准输入/输出设备相似，文件流对象可视为是程序与文件之间进行数据交换的桥梁。

文件流在进行输入/输出操作时，受到一个文件位置指针(File Position Pointer)的控制。输入流中的指针简称为读指针，每一次提取操作均始于读指针当前所指位置，并且读指针自动向后(文件尾)移动。

输出流中的指针简称为写指针，每一次插入操作也是始于写指针的当前位置，并且指针也是自动向后移动的。

文件位置指针是一个整数值，它是用相对于文件起始位置的字节数表示的，是文件起始位置的偏移量。

在程序代码中，完成文件输入/输出的代码段通常有 3 个主要部分，即文件“打开”、“使用”和“关闭”。下面分别给出各阶段的主要任务和实现方法。

1. 打开文件

打开文件的第一步，是先用文件流定义一个对象，然后再使用该文件流对象的成员函数打开一个外存上的文件，建立流对象与文件的关联。

标准流类库中用于文件操作的流主要有如下 3 种。

- ifstream：该类仅用于文件输入。
- ofstream：该类仅用于输出。
- fstream：该类既可输入又可输出。

用流对象打开文件的方法有两种：一种是用流提供的 open()成员函数，另一种是用流的构造函数，在定义对象时同时打开文件。

open()函数的原型如下：

```
void open(const char *_Filename, int _Mode, int _Prot);
```

其中：_Filename 为文件名，_Mode 为打开模式，_Prot 为打开文件的保护方式，通常取默认值。

下面给出几个文件打开示例：

```
//默认以 ios::in 方式打开文件，文件不存在时操作失败
ifstream infile("d:\\stu.txt");
//默认以 ios::out 的方式打开文件
ofstream outfile;
outfile.open("d:\\result.txt");
//以读写方式打开二进制文件
fstream myfile("d:\\sj.dat", ios::in|ios::out|ios::binary);
//以读写方式打开文本文件
fstream mf;
mf.open("e:\\example\\test.cpp", ios::in|ios::out);
```

文件在打开过程中可能出现错误。例如指定的文件不存在，或没有读写权限，或磁盘空间不足。处理文件打开异常的常用方法是对流对象进行测试，用 ios 的运算符重载成员函数 operator!可判定与流对象关联的文件是否被正确地打开。如果在流对象的打开操作后 failbit 位或 badbit 位被设置，则 operator!函数返回 true。测试代码的框架如下：

```
if(!myfile) {
    cout << "源文件存在，程序运行结束！" << endl;
    return -1;
}
```

2. 使用文件

文件正常打开后，在程序中就可以通过插入和提取运算符，或流类的成员函数进行读写操作。前面章节介绍的从键盘输入和向屏幕输出的方法，在文件的输入与输出操作中几乎都能应用。

3. 关闭文件

文件在完成读/写操作后，应显式地关闭文件。关闭文件的方法十分简单，只要通过流对象显式地调用 close()成员函数即可。

及时关闭文件是一个良好的编程习惯。文件关闭后，系统将与该文件相关联的缓冲区数据回写到文件，以保证文件的完整性，回收所占用的系统资源，供其他文件操作使用。关闭文件并没有释放文件流对象，程序还可以利用该对象打开其他文件，建立新的关联。

【例 10-8】将文本文件的内容在显示屏上输出。

程序代码：

```
#include <iostream>
#include <fstream>
using namespace std;
int main() {
    const int maxSize = 200;
    ifstream infile;
    char buffer[maxSize];
    infile.open("e:\\test.cpp", ios::in); //ios::in 可省略
    if(!infile) {
        cout << "打开文件错误，程序结束运行！" << endl;
        return -1;
    }
    while(!infile.eof()) {
        infile.getline(buffer, maxSize); //读取一行到 buffer 缓冲区
        cout << buffer << endl; //少了 endl，输出将不换行
    }
    infile.close(); //关闭
    return 0;
}
```

运行结果(略)。

程序说明：

(1) 文件读取是否已结束是通过 infile.eof()进行测试的。当 eofbit 位被设置时，eof()函数返回 true。例程中数据的读入是每次一行，效率较高，但一个明显的缺点是要求文件中的一行不能超过 200 个字符。如果文件中的某行字符超过了 200，则程序运行进入了死循环。跟踪程序可以发现：当读了字符超过 200 的行后，infile.fail()返回真，程序不能继续读取后继数据，eof()一直返回假，程序进入死循环。

解决上述问题的方法之一是采取逐个字符读取，其缺陷是效率较低。在例程的 while 循环语句之后插入下列代码，该代码段能正常处理过长的行：

```
infile.clear();                 //先恢复为正常状态
infile.seekg(ios::beg);         //再将指针调用为 beg
char ch;
infile.unsetf(ios::skipws);     //保证能读取空白符
while(infile >> ch)
    cout << ch;
```

上面代码段的前两行是将文件读指针的位置调整到开头。第 4 行的作用是通过清空 infile 流的 skipws 位，确保程序能读取空格等空白字符。

(2) 将程序的可执行文件 Example10_8.exe 复制到 e:\，打开 Windows 系统的“命令提示符”程序，输入 e:↙，再在 E:\>状态下，输入 Example10_8↙，窗口中显示 test.cpp 中的内容。

利用操作系统的重定向功能，可以将程序的运行结果输出至文件。在 E:\>提示符下输

入 Example10_8 > result.cpp↙，则窗口不显示 test.cpp，而在 e:\下多出一个 result.cpp 文件，该文件内容与 test.cpp 相同。

10.5.2 文本文件的输入和输出

文本文件是 C++文件输入/输出的默认模式。文本文件的存储方法比较简单，它是以字节为单位依次存储字符的编码。例如，在文本文件中，英文字母 A 存储的是其 ASCII 编码值 0x41，汉字“啊”是用两个字节存储了其机内码 0xB0A1，而浮点数 123.4 则是用 5 个字节存储了每个字符的 ASCII 编码。下面通过一个简单的实验，来验证文本文件的存储方式。

用系统的记事本程序建立一个文本文件 tmp.txt，向其中输入“A 啊 123.4”再按 Enter 键。启动命令提示符程序，输入 debug tmp.txt，如图 10-3 所示。在减号后输入 d 并回车，第一行 13CB:0100 41 B0 A1 31 32 33 2E 34-0D 0A 00 00 00 00 00 00 内容显示了 tmp.txt 文件中保存的信息。

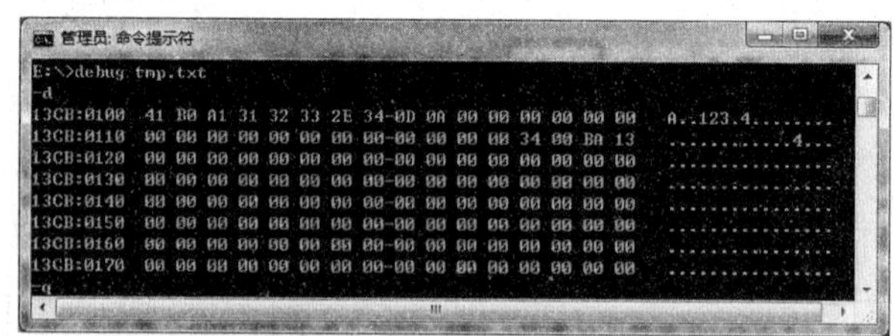

图 10-3 观察文本文件中的存储内容

13CB:0100 为打开的 tmp.txt 文件所占内存的首地址，41 为“A”的编码，B0 A1 为“啊”的机内码，31 为字符“1”的编码，0D 0A 分别为回车和换行符的 ASCII 编码。

用 ifstream 类对象打开输入文件后，从文件中读取数据的方法与 cin 相同。用 ofstream 类对象打开输出文件后，向文件写入数据的方法与 cout 用法基本一样。

对于用户自定义的类，如果在类中重载了插入与提取运算符，则该类的对象即可方便地进行格式化或非格式化的输入或输出。

【例 10-9】设计一个商品信息管理程序，用文本文件保存基本信息。

程序代码：

```
//file name Commodity.h
#ifndef COMMODITY_H
#define COMMODITY_H
#include <iostream>
using namespace std;
class Commodity {
    friend istream& operator>>(istream&, Commodity&);
    friend ostream& operator<<(ostream&, Commodity&);
public:
    Commodity(char *id="", char *name="", double pr=0, int am=0);
    Commodity(Commodity &cm);
private:
    char proID[20];
    char proName[200];
    double price;
    int amount;
};
Commodity::Commodity(char *id, char *name, double pr, int am)
```

```
    : price(pr), amount(am) {
    strcpy(proID, id);
    strcpy(proName, name);
}
Commodity::Commodity(Commodity &cm) {
    strcpy(proID, cm.proID);
    strcpy(proName, cm.proName);
    price = cm.price;
    amount = cm.amount;
}
istream& operator>>(istream &is, Commodity &cm) {
    if(is == cin) {
        cout << "商品编号: "; is >> cm.proID;
        cout << "商品名称: "; is >> cm.proName;
        cout << "价格: "; is >> cm.price;
        cout << "存量: "; is >> cm.amount;
    }
    else {
        is >> cm.proID >> cm.proName >> cm.price >> cm.amount;
    }
    return is;
}
ostream& operator<<(ostream &os, Commodity &cm) {
    if(os == cout){
        os << "商品编号: " << cm.proID << "\t 商品名称: " << cm.proName
            << "\t 价格: " << cm.price << "\t 存量: " << cm.amount << endl;
    }
    else {
        os << cm.proID << "\t" << cm.proName << "\t" << cm.price
            << "\t" << cm.amount << endl;
    }
    return os;
}
#endif
//file name mainFun.cpp
#include <iostream>
#include <fstream>
#include <string>
#include "Commodity.h"
using namespace std;
int main() {
    int number;
    Commodity *commPtr;
    fstream commFile;
    char fileName[100];
    //从键盘输入几条商品信息
    cout << "有多少商品信息需要输入? ";
    cin >> number;
    commPtr = new Commodity[number];
    for(int i=0; i<number; i++) {
        cout << "下面将输入第" << i+1 << "条(共"
          << number << "条)商品信息: " << endl;
        cin >> commPtr[i];
    }
    //将输入的商品信息以添加方式保存到指定文件
    cout << "输入数据存储路径和文件名: ";
    cin >> fileName;
    commFile.open(fileName, ios::out | ios::app);
```

```
    while(!commFile) {
        cout << "输入错误！请重新输入路径和文件名："; cin >> fileName;
        commFile.clear();   //清状态字，还原为正常态
        commFile.open(fileName, ios::out | ios::app);
    }
    for(int i=0; i<number; i++)
        commFile << commPtr[i];     //输出到文本文件
    delete []commPtr;
    commFile.close();
    //再次用 commFile 对象打开文件，逐行读入文件中的数据并输出到屏幕
    commFile.open(fileName, ios::in); //以只读方式打开文件
    cout << "当前文本文件中的内容如下：\n";
    char buffer[400];
    while(commFile.getline(buffer, 400))
        cout << buffer << endl;
    commFile.close();
    return 0;
}
```

运行结果：

```
有多少商品信息需要输入？2↙
下面将输入第 1 条(共 2 条)商品信息：
商品编号：sh001↙
商品名称：电饭煲↙
价格：234.89↙
存量：21↙
下面将输入第 2 条(共 2 条)商品信息：
商品编号：sh002↙
商品名称：微波炉↙
价格：359.8↙
存量：10↙
输入数据存储路径和文件名：e:\xx\result.txt↙
输入错误！请重新输入路径和文件名：e:\result.txt↙
当前文本文件中的内容如下：
jd001   电视机   4573.9  11
jd002   手机 2310    30
sh001   电饭煲   234.89  21
sh002   微波炉   359.8   10
```

程序说明：

(1) 由于在 Commodity 类中重载了插入和提取运算符，使得主函数中可以用>>和<<运算符进行数据的输入和输出。

(2) 输入 e:\xx\result.txt 后，程序报错，原因是系统中不存在 e:\xx 文件夹。运行结果的最后所显示的文件中内容比输入的多两项，这是由于程序在本次运行之前已执行过一次并输入了两项商品信息。在文件打开时，程序设置了以 ios::app 模式打开，故所有新添加的数据均位于文件尾，不会影响文件中已有的信息。

10.5.3 二进制文件的输入和输出

文本文件又称 ASCII 文件，它的每个字节存放的是一个字符的编码。事实上，计算机系统中大量的文件是二进制格式，如 Word 文档、图片文件、可执行程序等，这些文件基

本上都根据需要设计了复杂的格式。在 C++中，二进制文件通常是把内存中的数据，依据其在内存中的存储格式原样写入文件中。

例如，下面的代码段的功能是将字符串和整型变量的值保存到二进制文件中：

```
char str[20] = "abcd";
int x = 10;
...
outfile.write(str, sizeof(str));
outfile.write((char*)&x, sizeof(x));
```

在 Windows 的文件系统中可以观察到该文件大小为 24 字节，用 debug 工具打开，可观察到其内容为：

```
61 62 63 64 00 00 00 00 00 00 00 00 00 00 00 00 00 00 00 00 0A 00 00 00
```

我们知道，int 型变量在 VC++中占 4 个字节，整数 10 用 4 字节十六进制表示为 0x0000000A。在 x86 机器中，采用低字节数据存放在内存低地址的规则，二进制文件中保存的整数 10 为 0A000000，与内存中的存储方式一致。类似地，str 字符数组存储的字符串“abcd”只使用了数组中的 5 个字节，但二进制方式存储时文件中依然也使用 20 个字节，与内存保持一致。

二进制文件这种以变量或对象所占内存的大小和内容一致的方式存储数据，使得数据在文件中的存储格式十分整齐，便于数据的读写和文件位置指针的定位。

在标准流类库中，istream 类的 get()成员函数是以字节方式读入数据，read()成员函数是以数据块的方式读取数据(参见表 10-4)。ostream 类的 put()和 write()成员函数则分别是以字节和块的方式写入数据(参见表 10-5)。这些函数既能操作二进制文件也能读写文本文件，然而由于文本文件是以字节为单位，以块方式读/写的数据存在因信息大小不一致难以定位的问题，因此，read()函数和 write()函数主要用于二进制文件的输入/输出。

除 read、write 等用于读/写成员函数外，istream 和 ostream 类中还提供了几个用于操作文件位置指针的成员函数，详见表 10-9。

表 10-9　文件位置指针操控成员函数

类	成员函数	功　能
istream	long tellg()	返回输入文件读指针的当前位置
	istream& seekg(pos)	将输入文件中读指针移到 pos 位置
	istream& seekg(off, ios::seek_dir)	以 seek_dir 位置为基准移动 off 字节，off 为整数，seek_dir 为 ios::beg、ios::cur、ios::end 之一
ostream	long tellp()	返回输出文件写指针的当前位置
	istream& seekp(pos)	将输出文件中的写指针移到 pos 位置
	istream& seekp(off, ios::seek_dir)	以 seek_dir 位置为基准移动 off 字节，off 为整数，seek_dir 为 ios::beg、ios::cur、ios::end 之一

注：tellg 中的 g 为 get 的第一个字母，tellp 中的 p 为 put 的第一个字母。

在类的插入与提取运算符重载函数中，用 read()和 write()函数进行二进制文件的读与写，可实现内存对象与二进制文件的数据交换。

【例 10-10】用二进制文件存储学生成绩，在学生类中重载插入与提取运算符函数，

支持数据的格式化输入与输出。

程序代码：

```
//file name student.h
#ifndef STUDENT_H
#define STUDENT_H
#include <iostream>
using namespace std;
class Student {
    friend istream& operator>>(istream&, Student&);
    friend ostream& operator<<(ostream&, const Student&);
public:
    Student(char[]="", char[]="", double=0.0);
    friend bool operator>(const Student&, const Student&);//供 greater 调用
private:
    char stuNo[11];
    char stuName[9];
    double score;
};
Student::Student(char sNo[], char sName[], double sc): score(sc) {
    strcpy(stuNo, sNo);
    strcpy(stuName, sName);
}
bool operator>(const Student &stu1, const Student &stu2) {
    return stu1.score > stu2.score;
}
istream& operator>>(istream &is, Student &stu) {
    if(is == cin) {
        cout << "学号: "; is >> stu.stuNo;
        cout << "姓名: "; is >> stu.stuName;
        cout << "成绩: "; is >> stu.score;
    }
    else {  //用 read 函数读取文件
        is.read(stu.stuNo, 11);
        is.read(stu.stuName, 9);
        is.read((char*)&stu.score, sizeof(double));
    }
    return is;
}
ostream& operator<<(ostream &os, const Student &stu) {
    if(os == cout) {
        os << "学号: " << stu.stuNo << "\t 姓名: " << stu.stuName
            << "\t 成绩: " << stu.score;
    }
    else { //用 write 函数写入文件
        os.write(stu.stuNo, 11);
        os.write(stu.stuName, 9);
        os.write((char*)&stu.score, sizeof(double));
    }
    return os;
}
#endif
//file name mainFun.cpp
#include <iostream>
#include <fstream>
#include <vector>
#include <algorithm>
#include <iterator>
```

```
#include "student.h"
using namespace std;
int main() {
    fstream ioFile("e:\\stuScroe.dat", ios::in|ios::out|ios::binary);
    if(!ioFile) {
        cout << "文件 e:\\stuScroe.dat 不存在，请检查！" << endl;
        return -1;
    }
    Student stuArray[100], tmp;
    int n = 0;
    char ch;
    while(true) {
        cout << "是否输入学生成绩信息(Y/N)?";
        cin >> ch;
        if(toupper(ch) == 'Y') {
            cin >> tmp;
            ioFile.seekp(0, ios::end);
            ioFile << tmp;        //在文件的尾部写入
        }
        if(toupper(ch) == 'N')
            break;
    }
    cout << "stuScore.dat 二进制文件中的内容为：\n";
    ioFile.seekg(0, ios::beg);
    while(!ioFile.eof())
        ioFile >> stuArray[n++];     //文件中的记录读出至 Student 对象数组
    for(int i=0; i<n-1; i++)
        cout << stuArray[i] << endl;
    //按成绩从高到低排序输出，用 vector 容器处理
    cout << "按成绩从高到低输出：\n";
    vector<Student> myVector;
    std::ostream_iterator<Student> output(cout, "\n");
    for(int i=0; i<n-1; i++)
        myVector.push_back(stuArray[i]);
    sort(myVector.begin(), myVector.end(), greater<Student>());
    copy(myVector.begin(), myVector.end(), output);
    ioFile.close();
    return 0;
}
```

运行结果：

```
是否输入学生成绩信息(Y/N)?y↙
学号：s12003↙
姓名：王五↙
成绩：436↙
是否输入学生成绩信息(Y/N)?y↙
学号：s12004↙
姓名：赵六↙
成绩：354↙
是否输入学生成绩信息(Y/N)?n↙
stuScore.dat 二进制文件中的内容为：
学号：s12001 姓名：张三    成绩：410
学号：s12002 姓名：李四    成绩：398
学号：s12003 姓名：王五    成绩：436
学号：s12004 姓名：赵六    成绩：354
按成绩从高到低输出：
```

```
学号：s12003 姓名：王五    成绩：436
学号：s12001 姓名：张三    成绩：410
学号：s12002 姓名：李四    成绩：398
学号：s12004 姓名：赵六    成绩：354
```

程序说明：

(1) Student 类中重载的 operator>>函数中，is.read(stu.stuNo, 11);语句从文件读入数据到 stuNo。在重载的 operator<<函数中，os.write((char*)&stu.score, sizeof(double));语句是将 stu.score 写到文件中，其中由于 score 为 double 型，需要用(char*)&进行类型转换。

(2) Student 类中以友元函数的方式重载了大于号(>)，该函数是为对象在容器 vector 中进行排序提供支持。主函数的 sort(myVector.begin(), myVector.end(), greater<Student>()); 语句中的 greater<Student>()函数需要调用 operator>函数。

(3) 主函数中的 ioFile<<tmp;语句利用 Student 中的插入运算符重载函数将 Student 对象 tmp 中的信息写入文件，ioFile>>stuArray[n++];语句则是利用提取运算符重载函数从文件中读取信息输入到 Student 对象数组中。

(4) 主函数 fstream ioFile(...)语句中的 ios::in | ios::out | ios::binary 表示以输入和输出方式打开二进制文件。打开的文件必须存在，系统不能自动创建，否则条件!ioFile 为真，程序结束运行。

(5) toupper(ch)函数的作用是将小写英文字母字符转换为大写字符，如果 ch 已是大写字符则保持不变。

10.6 字符串流

标准流类库中，除支持标准设备和文件输入/输出的流外，C++的流 I/O 还包括把字符串输入/输出至内存的功能。由于字符串 I/O 与内存相关，故字符串流也称为内存流。

C++中的字符串有两种处理方式，一种是源于 C 语言的字符数组方式，另一种是基于面向对象技术的 string 类方式。相应地，C++标准库中有两种字符串流，分别支持不同类型字符串的输入/输出。基于 std::string 编写的流在 sstream 文件中定义，基于 C 类型字符串 char*编写的流包含于 strstream 文件中。虽然两种字符串流处理的字符串类型不同，但它们所实现的功能基本一样。例如，str()函数在 ostrstream 类中返回的是 char*类型的字符串，而在 ostringstream 类中返回的是 std::string 类型的字符串。

与文件流类似，strstream 中用于输入/输出的类有 istrstream、ostrstream 和 strstream，sstream 中包含 istringstream、ostringstream 和 stringstream 类。由于 string 字符串的性能更好，因而一般情况下推荐使用 std::string 类型的字符串。如果为了保持与 C 语言的兼容，使用 strstream 也是不错的选择。事实上，C++中 std::string 和 char*两种字符串之间的转换并不困难。

字符串流为程序员提供了在内存中进行数据类型转换和数据验证的手段，主要应用于数值与字符串间的互相转换、验证或修改读入的数据，以及模仿键盘输入等。

【例 10-11】用字符串流在内存中完成字符串与数值间的转换，模仿键盘输入。

程序代码：

```
#include <iostream>
#include <sstream>
using namespace std;
int main() {
    string myStr;
    double x=0, y=0;
    stringstream iostrStream;
    cout << "利用内存流进行字符串与浮点数的相互转换！" << endl;
    iostrStream << "3243.8a9";
    iostrStream >> x;              //字符串转换为数值
    cout << "x=" << x << endl;
    iostrStream.ignore(100);              //忽略上次输入留在缓冲区中的数据
    iostrStream.clear();                  //清除流错误标志
    iostrStream << "12.32";
    iostrStream >> y;
    cout << "y=" << y << endl;
    iostrStream.clear();
    iostrStream << "y+10=" << y+10;
    iostrStream >> myStr;
    cout << "myStr=" << myStr << endl;
    cout << "利用内存流模仿键盘输入！" << endl;
    iostrStream.clear();
    char sno[10];
    char sname[9];
    int score;
    iostrStream << "jk2012001\n 张三\n 387\n";
    cout << "请输入学号:"; iostrStream >> sno; cout << sno << endl;
    cout << "请输入姓名:"; iostrStream >> sname; cout << sname << endl;
    cout << "请输入成绩:"; iostrStream >> score; cout << score << endl;
    cout << "输入的信息为：" << endl;
    cout << "学号：" << sno << "\t 姓名：" << sname
        << "\t 成绩：" << score << endl;
    return 0;
}
```

运行结果：

```
利用内存流进行字符串与浮点数的相互转换！
x=3243.8
y=12.32
myStr=y+10=22.32
利用内存流模仿键盘输入！
请输入学号:jk2012001
请输入姓名:张三
请输入成绩:387
输入的信息为：
学号：jk2012001  姓名：张三     成绩：387
```

程序说明：

(1) iostrStream<<"3243.8a9";语句执行结束后，iostrStream 对象的缓冲区中内容为 3243.8a9。iostrStream>>x;语句向 x 输入浮点数 3243.8，字符 a 不是数值型字符，读取到 a 处结束，字符串"a9"没有输入至 x 中。

为不影响之后的数据输入，程序中用 iostrStream.ignore(100);语句清空缓冲区中的字符，再用 iostrStream.clear();清除流错误标志，否则其后的输入输出不能正常执行，y 的值为 0。

程序段 iostrStream<<"y+10="<<y+10; iostrStream>>myStr;演示了数值转换为字符串的方法，代码与用 cout 和 cin 进行标准输入输出十分相似。本书 4.9 节中已使用该方法输入日期。

(2) iostrStream<<"jk2012001\n 张三\n 387\n";的功能是输入字符串至 iostrStream 内存流中，之后的一行代码 cout<<"请输入学号:"; iostrStream>>sno; cout<<sno<<endl;模仿了从键盘输入的过程。

建议读者修改程序，利用文件流从文本文件中读取输入信息，模仿键盘输入。

10.7 案例实训

1. 案例说明

设计一个能替换文本文件中字符串的小程序。功能：打开并显示文本文件，输入被替换的字符串和用于替换的字符串，替换文本中所有匹配的字符串，输出并保存替换结果。

2. 编程思想

逐行读取文本文件中的信息到 string 类的对象中，利用 string 类的 replace 成员函数对文本进行替换，最后再将替换后的对象保存至源文件中。

3. 程序代码

程序代码如下：

```
#include <iostream>
#include <fstream>
#include <string>
using namespace std;
class Document {
public:
    Document();
    ~Document();
    void input(string fname);
    void display();
    void replace(string oldStr, string newStr);
private:
    fstream ioFile;
    string fileName;
};
Document::Document() {
    fileName = "";
}
Document::~Document() {
    if(ioFile.is_open())
        ioFile.close();
}
void Document::input(string fname) {
    fileName = fname;
    ioFile.open(fileName, ios::in);
    if(!ioFile)
        throw fname;
}
```

```
void Document::display() {
    char buf[256];
    ioFile.seekg(0, ios::beg);
    while(!ioFile.eof()) {
        ioFile.getline(buf, 256);
        cout << buf << endl;
    }
    ioFile.clear();
}
void Document::replace(string oldStr, string newStr) {
    string replaceFile;
    int index = 0;
    char buffer[256];
    //读取文件中的内容至 replaceFile 对象中
    ioFile.seekg(0, ios::beg);
    while(!ioFile.eof()) {
        ioFile.getline(buffer, 256);          //读入打开文件的每一行
        replaceFile.append(buffer);           //将读取文件的文件内容存到字符串中
        if(ioFile.rdstate() == 0)             //流的状态正常
            replaceFile.append("\n");         //追加换行符
    }
    //在 replaceFile 中，用 newStr 替换 oldStr
    while(true) {
        index = replaceFile.find(oldStr, index); //定位要替换的字符串的位置
        if(index == string::npos)             //替换完毕，结束
            break;
        else
            //调用替换函数
            replaceFile.replace(index, oldStr.length(), newStr);
        }
    }
    ioFile.close();
    ioFile.open(fileName, ios::out);          //以输出方式打开
    ioFile << replaceFile;                    //把替换后的字符串写入文件
    ioFile.close();
    ioFile.open(fileName, ios::in);           //以输入方式打开
}
int main() {
    Document myDoc;
    string fileName, oldStr, newStr;
    int i = 0;
    while(i <= 3) {
        cout << "请输入文件名：";
        cin >> fileName;
        try {
            i++;
            myDoc.input(fileName);
            break;
        }
        catch(string exp) {
            if(i < 3)
                cout << "文件：" + exp + "名称不正确或不存在！" << endl;
            else {
                cout << "3 次输入错误，程序强行关闭！" << endl;
                return -1;
            }
        }
    }
```

```
    cout << fileName + "文件中的内容为：" << endl;
    myDoc.display();
    cout << "请输入被替换的字符串："; cin >> oldStr;
    cout << "请输入用于替换的字符串："; cin >> newStr;
    myDoc.replace(oldStr, newStr);
    cout << "替换后文件中的内容为：" << endl;
    myDoc.display();

    return 0;
}
```

4. 运行结果

运行结果如下：

```
请输入文件名：e:\test.txt↙
文件中的内容为：
Buying those shares was a good move, we are making a good profit out of them.
I suggest you raise a glass and drink to good friends and good times.
A good outdoor antenna will provide good reception.
Good retention doesn't mean a good score.
请输入被替换的字符串：good↙
请输入用于替换的字符串：bad↙
替换后文件中的内容为：
Buying those shares was a bad move, we are making a bad profit out of them.
I suggest you raise a glass and drink to bad friends and bad times.
A bad outdoor antenna will provide bad reception.
Good retention doesn't mean a bad score.
```

本章小结

本章系统地介绍了C++标准库中的I/O流类库。流是面向对象的数据输入/输出工具，它为程序员提供了高级、灵活且高效的数据I/O技术，数据输入与输出可视为是数据从"源头"流向"归宿"的过程。

流提供了格式化和非格式化两种I/O方式。在格式化方式中，用流格式操纵符可以直接设置流格式状态字，用法较为简便灵活，而用流格式控制成员函数设置流格式则相对复杂，但功能较为强大。非格式化的输入与输出通过流中提供的一组成员函数来完成。除用流格式状态字控制流格式化I/O方式外，流中还定义了错误状态字，检测和控制I/O过程中出现的错误。

计算机中的文件分为文本文件和二进制文件两种。文件在与用文件流定义的对象建立关联之后，即可用流I/O的方法进行数据的读和写。

在程序设计中，文件I/O的代码有打开、使用和关闭3个部分。及时关闭不再使用的文件是一种良好的编程风格。

字符串流为程序员提供了在内存中用I/O流技术操作数据的方法，与文件流I/O和标准流I/O结合使用能简化程序设计。

习　题　10

1. 填空题

(1) 要利用 C++流进行文件操作，必须在程序中包含的头文件是_______。

A. iostream　　B. fstream　　C. strstream　　D. iomanip

(2) 语句 ofstream f("SALARY.DAT", ios_base::app);的功能是建立流对象 f，并试图打开文件 SALARY.DAT 与 f 关联，而且_______。

A. 若文件存在，将其置为空文件；若文件不存在，打开失败

B. 若文件存在，将文件指针定位于文件尾；若文件不存在，建立一个新文件

C. 若文件存在，将文件指针定位于文件首；若文件不存在，打开失败

D. 若文件存在，打开失败；若文件不存在，建立一个新文件

(3) 下列有关 C++流的叙述中，错误的是_______。

A. C++操作符 setw 设置的输出宽度永久有效

B. C++操作符 endl 可以实现输出的回车换行

C. 处理文件 I/O 时，要包含头文件 fstream

D. 进行输入操作时，eof()函数用于检测是否到达文件尾

(4) 当使用 ofstream 流类定义一个流对象并打开一个磁盘文件时，文件的默认打开方式为_______。

A. ios base::in　　B. ios_base::binary

C. ios_base::in | ios_base::out　　D. ios_base::out

(5) 以下程序段执行的结果是_______。

```
cout.fill('#');
cout.width(10);
cout << setiosflags(ios::left) << 123.456;
```

A. 123.456####　　B. 123.4560000

C. ####123.456　　D. 123.456

(6) 下列关于 C++流的说明中，正确的是_______。

A. 与键盘、屏幕、打印机和通信端口的交互都可以通过流来实现

B. 从流中获取数据的操作称为插入操作，向流中添加数据的操作称为提取操作

C. cin 是一个预定义的输入流类

D. 输出流有一个名为 open 的成员函数，其作用是生成一个新的流对象

2. 简答题

(1) 什么是流？流的概念与文件的概念有何异同？

(2) C++的流中定义了哪些类？它们之间的关系如何？C++为用户定义了哪几个标准流？简述各自的用途。

(3) 什么是流格式状态字？什么是流格式控制成员函数？举例说明用流格式操作符和

控制成员进行流格式控制的方法。

(4) 什么是流格式操纵符？简述使用流格式操纵符与流格式控制成员函数设置流格式的异同，并举例说明。

(5) 简述文件打开和关闭的过程与步骤。

(6) 文件读写时按照文本方式和二进制方式有何区别？怎样在打开文件时进行读写方式的设置？简述文本文件和二进制文件在数据存储上的优点与不足。

(7) 简述使用文件位置指针和成员函数对文件进行非顺序访问(读或写)的方法。

(8) 举例说明利用字符串流简化程序设计的方法。

3. 编程题

(1) 编写一个程序，具有合并两个文本文件的功能。

(2) 编写一个程序，统计一个文本文件中的行数和字符数。

(3) 设计一个简单的商品库存管理程序。要求有简单的菜单，其中包含添加、修改、删除、保存等功能，商品信息以二进制文件保存。

(4) 编写一个简易的名片管理程序，要求名片信息保存在二进制文件中，并用通过重载运算符<<和>>实现数据的输入和输出。

第 11 章　C++/CLI 程序设计基础

Visual C++ 2010 不仅能用 ISO 标准 C++开发直接运行于 Windows 操作系统之上的应用程序，也能设计基于.NET 平台的应用程序。微软公司对标准 C++进行了扩展，专门为.NET 平台设计了 C++/CLI，目的是使广大 Visual C++程序员可以用 C++语言方便地创建运行于.NET 框架之上的应用程序。

本章重点介绍 C++/CLI 为.NET 平台上的程序设计对标准 C++所做的扩展，主要内容有值类型、引用类型、装箱与拆箱、托管数组、句柄、托管类、接口与多态、枚举、异常、模板与泛型、委托与事件等 C++/CLI 基础知识和.NET 托管代码编程技术。

11.1　概　　述

.NET 平台是微软公司为简化在第三代互联网的分布式环境下应用程序的开发，基于开放互联网标准和协议之上，实现异质语言和平台高度交互性而创建的新一代计算和通信平台。.NET 平台主要由 5 个部分构成：Windows .NET、.NET 企业级服务器、.NET Web 服务构件、.NET 框架和 Visual Studio .NET。

(1) Windows .NET 是可以运行.NET 程序的操作系统的统称，主要包括 Windows XP、Windows Server 2003、Windows 7 等操作系统和各种应用服务软件。

(2) .NET 企业级服务器是微软公司推出的进行企业集成和管理的所有基于 Web 的各种服务器应用的系列产品，包括 Application Center 2000、SQL Server 2008、BizTalk Server 2000 等。

(3) .NET Web 服务构件是保证.NET 正常运行的公用性 Web 服务组件。

(4) .NET 框架是.NET 的核心部分，是支持生成和运行下一代应用程序和 Web 服务的内部 Windows 组件。.NET 框架的关键组件为公共语言运行时(Common Language Runtime，CLR)和.NET 基础类库(Basic Class Library，BCL)，BCL 中包括了大量用于支持 ADO.NET、ASP.NET、Windows 窗体和 Windows Presentation Foundation 应用开发的类。

(5) Visual Studio .NET 是用于建立.NET 框架应用程序而推出的应用软件开发工具，其中包含 C# .NET、C++ .NET、VB .NET 和 J#等开发环境，支持多种程序设计语言的单独和混合方式的软件开发。

.NET 平台的整体环境结构如图 11-1 所示。

C#	VB	C++	J#	其他语言
公共语言规范(CLS)		通用类型系统(CTS)		
ASP.NET	Windows Forms	Web Services		
基础类库(BCL)				
公共语言运行(CLR)				
Windows操作系统(OS)				

图 11-1　.NET 平台的结构

.NET 框架提供了托管执行环境、简化的开发和部署以及与各种编程语言的集成。公共语言运行时是.NET 框架的基础，可以将其看作是一个在执行时管理代码的代理，它提供内存管理、线程管理和远程处理等核心服务，并且还强制实施严格的类型安全以及可提高安全性和可靠性的其他形式的代码准确性。事实上，代码管理的概念是运行时的基本原则。以

CLR 为目标的代码称为托管代码，而不以 CLR 为目标的代码称为非托管代码。.NET 框架的另一个主要组件是类库，它是一个综合性的面向对象的可重用类型集合，可以使用它开发多种应用程序，这些应用程序包括传统的命令行或图形用户界面(Graphical User Interface)应用程序，也包括基于 ASP.NET 的网络服务应用程序，如 Web 窗体和 XML Web 服务。

.NET 框架可由非托管组件承载，这些组件将公共语言运行时加载到它们的进程中并启动托管代码的执行，从而创建一个可以同时利用托管和非托管功能的软件环境。

公共语言运行时为多种高级语言提供了标准化的运行环境，在 Visual Studio .NET 中能用于开发的语言就有 Visual Basic、C#、C++和 J#。

CRL 的规范由公共语言基础结构(Common Language Infrastructure，CLI)描述，其中包括了数据类型、对象存储等与程序设计语言相关的设计规范。CLI 的标准化工作由欧洲计算机制造商协会(European Computer Manufacturers Association，ECMA)完成并成为 ISO 标准，它们分别是 EMCA-335 和 ISO/IEC 23271。

本质上，CLI 提供了一套可执行代码和它运行所需要的虚拟执行环境的规范，虚拟机运行环境能使各种高级语言设计的应用软件不修改源代码即能在不同的操作系统上运行。CLR 是微软对 CLI 的一个实现，也是目前最好的实现，另一个实例是 Novell 公司的一个开放源代码的项目 Mono。

CLI 主要包括通用类型系统(Common Type System，CTS)、元数据(Metadata)、公共语言规范(Common Language Specification，CLS)、通用中间语言(Common Intermediate Language，CIL)和虚拟执行系统(Virtual Execution System，VES)几个部分。

通用类型系统是 CLI 的基础，它是一个类型规范，定义了所有 CLI 平台上可以定义的类型的集合，所有基于 CLI 的语言类型都是 CTS 的一个子集，目前 C++/CLI 是对 CTS 描述支持最好的高级语言。

元数据是描述其他数据的数据(Data About Other Data)，或者说是用于提供某种资源的有关信息的结构数据(Structured Data)。在 CLI 中，用元数据描述和引用 CTS 定义的类型，元数据以一种独立于任何语言的形式存储，正是元数据赋予了组件自描述的能力。

公共语言规范是用以确保所有 CLI 语言能够互操作的一组规则，它定义了所有 CLI 语言都必须支持的一个最小功能子集。各 CLI 语言可以选择自己对 CTS 的一部分的映射，但是为了确保不同语言的交互，至少应该支持 CLS 所定义的最小功能集。

通用中间语言是一种中性语言，更准确地说，是一套与处理器无关的指令集合。任何.NET 编程语言所编写的程序均被编译成通用中间语言指令集，程序运行时再通过 JIT(Just-In-Time)实时编译器映射为机器码。

虚拟执行系统为 CLI 程序提供了一个在各种可能的平台上加载和执行托管代码的虚拟机环境。它只是一个规范，.NET 框架和 Mono 各有自己的实现。

Visual C++ 2010 开发平台支持 Windows 下多种应用程序的设计，如控制台应用程序、MFC 本地窗体应用程序、.NET 窗体应用程序、ActiveX 控件等。在 Visual C++ 2010 中，程序员既可以用 ISO 标准 C++开发能在 Windows 系统上直接运行的应用程序，也支持用 C++/CLI 设计的运行于.NET 框架之上的托管应用程序。事实上，VC++的真正威力在于托管代码和非托管代码之间的互操作性。VC++并不强迫开发人员丢弃现有的代码，而是允许程序员在项目中的不同程序之间混合使用托管和非托管代码，甚至是在同一个文件中。

在 VC++ 6.0 中，开发 Widows 窗体应用程序通常采用微软开发的 MFC(Microsoft Foundation Classes)类库，生成的是本地代码，能在 Windows 系统中直接运行。在 Visual C++ 2010 中，MFC 升级为 10.0 版，新库中的增强功能可利用 Windows 7 的 API(Application Programming Interface)编写 Windows 7 应用程序。

微软在 C++/CLI 中组合了本地 C++和 CLI，并且实现了 ISO 标准 C++和.NET 平台的无缝连接。C++/CLI 允许程序员访问.NET 框架所提供的新的数据类型，ISO 标准 C++的类型被映射到.NET 框架类型之上，C++/CLI 支持对本地 C++编程和.NET 托管编程的无缝集成。

11.2　C++/CLI 的基本数据类型

ISO 标准 C++中的基本数据类型(如 int、double、char 和 bool)在 C++/CLI 程序中可以继续使用，但是它们已被编译器映射到在 System 命名空间中定义的 CLI 值类类型(Value Class Type)。

ISO 标准 C++基本类型名称是 CLI 中相对应的值类类型的简略形式。

表 11-1 给出了基本数据类型和对应的值类型，以及为它们分配的内存大小。

表 11-1　基本数据类型与对应的 CLI 中的值类型

基本数据类型	CLI 值类型	大小(字节)
bool	System::Boolean	1
char、singed char	System::SByte	1
unsigned char	System::Byte	1
short	System::Int16	2
unsigned short	System::UInt16	2
int、long	System::Int32	4
unsigned int、unsigned long	System::UInt32	4
long long	System::Int64	8
unsigned long long	System::UInt64	8
float	System::Single	4
double、long double	System::Double	8
wchar_t	System::Char	2

在 C++/CLI 程序中，用基本数据类型定义变量与 CLI 的简单值类型定义变量等价。例如：

```
double value = 2.5;  //等价于 System::Double value = 2.5;
```

在 Visual C++ 2010 中，创建 CLR 控制台应用程序的方法与 Win32 控制台应用程序创建的过程基本类似，主要不同点是在新建项目时选择“CLR 控制台应用程序”模板。

在项目创建过程中，系统自动为新建项目添加了主函数，并且其中含有输出“Hello World”字符串的输出语句。

【例 11-1】设计 CLR 控制台应用程序，输出变量的类型信息。

程序代码：

```
#include "stdafx.h"
using namespace System;
int main(array<System::String^> ^args) {
    int x = 100;
    Int32 y = 200;
    double PI = 3.14159;
    bool flag = true;
    unsigned long long bigValue = 18446744073709551 61LL;
    char ch = 'A';
    Console::WriteLine(L"输出变量的数据类型和值：");
    Console::WriteLine(L"int x=100; 类型：{0}\t 值：{1}", x.GetType(), x);
    Console::WriteLine(L"Int32 y=200; 类型：{0}\t 值：{1}", y.GetType(), y);
    Console::WriteLine(L"double PI=3.14159; 类型：{0}\t 值：{1}",
      PI.GetType(), PI);
    Console::WriteLine(L"x*PI 类型：{0}\t 值：{1}", (x*PI).GetType(), x*PI);
    Console::WriteLine(L"bool flag=true; 类型：{0}\t 值：{1}",
      flag.GetType(), flag);
   Console::WriteLine(L"unsigned long long bigValue=18446744073709551 61LL;
     \n 类型：{0}\t 值：{1}", bigValue.GetType(), bigValue);
    Console::WriteLine(L"char ch='A'; 类型：{0}\t 值：{1}", ch.GetType(), ch);
    Console::Read();
    return 0;
}
```

运行结果：

```
输出变量的数据类型和值：
int x=100; 类型：System.Int32    值：100
Int32 y=200; 类型：System.Int32 值：200
double PI=3.14159; 类型：System.Double  值：3.14159
x*PI 类型：System.Double值：314.159
bool flag=true; 类型：System.Boolean    值：True
unsigned long long bigValue=18446744073709551 61LL;
类型：System.UInt64 值：18446744073709551 61
char ch='A'; 类型：System.SByte 值：65
```

程序说明：

(1) 在 CLR 控制台应用程序中，本地 C++的标准控制台输出和输入方法(cout 和 cin)已不能使用，取而代之的是用 Console 类进行标准输入和输出。Console 类定义在 System 命名空间，其中标准输出函数为 WriteLine()和 Write()，标准输入函数为 ReadLine()、Read()和 ReadKey()。

WriteLine(L"int x=100; 类型：{0}\t 值：{1}", x.GetType(), x)函数的花括号{0}表示输出 0 号参数 x.GetType()的值，花括号{1}表示输出 1 号参数 x 的值。在花括号中还可以指定参数的格式化方式，格式化参数的设置方法可查阅联机帮助。

(2) 在程序的最后，插入了一条语句 Console::Read();，该语句的作用是等待用户输入回车。如果没有该语句，在编程环境中运行程序，程序运行后窗口被立即关闭，用户不能观察输出结果，添加该语句后问题得到解决。

11.3　C++/CLI 的句柄、装箱与拆箱

ISO 标准 C++使用关键字 new 和 delete 进行动态内存(堆)的分配和释放，动态内存的管理由程序员负责。虽然手工管理内存的灵活性和功能都非常好，但它是导致程序错误的主要原因之一。

与本地 C++不同，CLR 的托管内存堆受到垃圾回收器(Garbage Collector)的管理。垃圾回收器使得程序员不必担心对象是否释放。CLR 的垃圾回收器会定期运行，观察托管堆中的对象，并判断它们是否仍然为程序所需。如果不再需要，该对象便被标记为垃圾，最终由垃圾回收器回收所占据的内存。垃圾回收器不仅用于收回已不再使用的内存空间，还负责内存“碎片”的整理，提高内存的使用效率。

由于垃圾回收器的执行，通常 CLR 程序的执行速度要稍慢于人工管理内存的程序。但是，这仅仅在实时性要求高的应用程序中才是问题，对于大多数对速度不是十分挑剔的程序，自动内存管理所带来的优势是十分明显的。

1. 句柄(Handle)

本地 C++用 new 关键字为对象在本地堆上分配内存，并且返回一个新分配内存的指针。类似地，托管 C++/CLI 用 gcnew 关键字为托管对象在托管堆上分配内存，并且返回一个指向这块新内存的句柄。如同 new 返回的地址需要一个指针变量保存它一样，gcnew 返回的句柄也需要有相应的变量进行存储。CLR 上的托管堆称为垃圾回收堆(Garbage-collected Heap)，在其上分配空间的关键字 gcnew 中的“gc”前缀的含义是指垃圾回收堆。

句柄类似于本地 C++指针，但也有很大区别。句柄确实存储着托管堆上某个对象的地址，但由于 CLR 的垃圾回收器会对托管堆进行压缩整理，可能移动存储在托管堆中的对象，所以垃圾回收器会自动更新句柄所包含的地址。与本地指针不同的是句柄不能像本地指针那样执行地址的算术运算，也不允许对其进行强制类型转换。句柄的声明使用符号^(发音 hat)，也不同于指针的声明使用符号*。

与指针变量的定义类似，句柄变量的定义格式如下：

```
<数据类型> ^<句柄变量名>;
```

例如：Date ^myHandle = gcnew Date(2010, 4, 19);表示用 Date 类在托管堆上创建对象，并由句柄变量 myHandle 保存返回的句柄值。

在本地 C++中，&运算符返回一个指针。类似地，在 C++/CLI 中，%运算符把一个托管对象的内存地址返回给一个句柄。这里需要注意的是：只有当对象位于托管内存中时，才能使用%运算符。下面的代码在编译时报告错误：

```
int ^handle = nullptr;
int x = 100;
handle = &x;    //错误
```

nullptr 是 C++/CLI 的一个关键字，表示向句柄赋空值。这里不能使用本地 C++为指针赋空值的 0 或 NULL。

C++/CLI 中，对句柄也可以使用运算符*和->进行间接访问。%与*运算符是互逆操作，以任意顺序将它们连续应用于同一个句柄，所产生的作用将相互抵消。

2. 值类型(Value Type)与引用类型(Reference Type)

在本地 C++中，所有的类型都是值类型，在默认情况下它们都是在函数调用堆栈(Stack)中分配内存的。堆栈内存在运行时是自动管理的，不需要删除其上所创建的对象、变量或数组。在堆栈中分配内存的另一个优点是速度比在堆上快，但是，堆栈通常空间较小，且不允许在运行时分配内存。而堆(Heap)内存的优势在于空间可根据运行时的需求进行动态分配。

区别于本地 C++的数据类型，C++/CLI 的数据类型称为托管类型。托管类型分值类型和引用类型两类。.NET 框架结构本可以将所有类型设为引用类型，支持值类型的目的是避免处理整型和其他基本数据类型时产生不必要的开销。

值类型定义的变量默认情况下是在堆栈上分配空间，但也可以用 gcnew 操作符将其存储在托管堆上。引用类型的对象都在托管堆中分配内存空间，然而为引用这些对象所创建的变量都必须是句柄，这些句柄是存储在堆栈上的。例如，String 类型是引用类型，引用 String 对象的变量必须是句柄。

在托管堆上分配的对象都不能在全局作用域内声明，也就是说，全局或静态变量的类型不能是托管类型。例如：

```
int x = 100;                       //int 为简单值类型，默认在堆栈上分配空间
int ^ihandle = gcnew int(123);     //ihandle 句柄，本身在堆栈上，引用堆上的值类型对象
String  str;//错误!String 为引用类型，只能在堆上分配空间，正确格式：String ^str="";
```

3. 装箱(Boxing)与拆箱(Unboxing)

在 C++/CLI 中，每种内置数据类型都对应一种简单值类型，如 int 对应 System::Int32。所有的值类型都继承于 System::ValueType 类，它是一种轻量级的 C++/CLI 类机制，非常适合于小型的数据结构，且从语义的角度来看，与数值类似。

由于 System::ValueType 类派生于 System::Object 类，而 System::Object 类是 C++/CLI 中所有类的基类，因此所有简单类型的值都可以赋值给一个 Object 类型的对象。

本质上，值类型无法转换成引用类型，但可以通过所谓的装箱操作在托管堆中创建值类型的引用类型副本。

装箱是将值类型的值赋给托管堆上新创建的对象，使该值类型的值可以按照 Object 类型的对象进行操作。装箱操作实现了值类型向引用类型的转换，这种转换有时是需要的。例如，当将堆栈上的实参变量传递给类类型的函数形参时，编译器在托管堆上生成含有实参值的对象供函数调用。装箱转换既可以显式地进行，也可以隐式地自动完成。

下面例子给出了隐式和显式装箱转换的方法：

```
int x = 15;                  //在堆栈上生成变量 x，其中值为 15
int ^ihandle = x;            //隐式装箱，ihandle 引用托管堆中的一个对象
Object ^xhandle = static_cast<Object^>(x); //显式装箱
```

拆箱转换是装箱的逆操作，拆箱转换可以把一个 Object 引用转换为一个简单值。拆箱

操作就是在堆栈中复制引用类型。通用中间语言 CIL 包含装箱与拆箱的指令。例如：

```
int y = static_cast<int>(ihandle); //显式地拆箱
int z = *ihandle;              //隐式地拆箱，ihandle 是与 z 相同类型的句柄
```

如果一个 Object 句柄实际上并没有引用一个简单值类型的值，试图对其进行拆箱转换将会导致一个 InvalidCastException 异常。

值得注意的是，装箱转换可能会对性能产生明显的影响，尤其是当它出现在循环或反复调用的函数中时。另一方面，装箱有时还是很有用的，它允许在某些情况下把值类型作为对象来处理。在使用接口和多态时，这个功能显得特别重要。

【例 11-2】 C++/CLI 的句柄、值类型与引用类型、装箱与拆箱等基本概念解析。

程序代码：

```
#include "stdafx.h"
using namespace System;
int main() {
    int xStack = 210;
    int ^intHandle = xStack;
    long long ^number = gcnew long long(123456789);
    long long n = static_cast<long long>(number);
    Console::WriteLine(L"xStack={0}\tintHandle={1}", xStack, intHandle);
    Console::WriteLine(L"number={0}\tn={1}", *number, n);
    Console::Read();
    return 0;
}
```

运行结果：

```
xStack=210  intHandle=210
number=123456789   n=123456789
```

跟踪与观察：

(1) 从图 11-2(a)的监视 1 窗口可见，与本地 C++类似，简单值类型变量与句柄的地址前 4 位相同，表示存储在内存的同一块区域中。句柄 intHandle 和 number 中保存的是地址，并且它们在相同的另一块内存空间中，与本地 C++中的指针十分相似，另外这两个句柄的类型均为 System::ValueType^。

(2) 从图 11-2(b)的监视 2 窗口可见，句柄 intHandle 所引用的托管堆中对象的值为 210，类型为 System::Int32，System::Object^是其基类。对象中含有 MaxValue 和 MinValue 值，分别表示 Int32 能表示的最大值和最小值。

MaxValue 的值可使用 Console::WriteLine(System::Int32::MaxValue);语句输出。

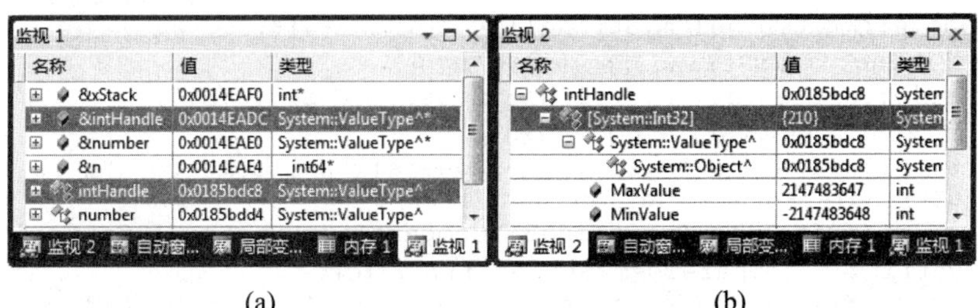

(a)　　　　(b)

图 11-2　例 11-2 的内存跟踪窗口

11.4 C++/CLI 的字符串和数组

在 C++/CLI 中，字符串和数组均属于引用类型，它们都在托管堆上分配内存。字符串是 System::String 类的对象，所有的数组对象都是隐式地继承于 System::Array 类。

11.4.1 C++/CLI 中的 String 类

C++/CLI 中用 String 类类型来说明字符串，所定义的字符串是 Unicode 字符的有序集合，用于表示文本。每个 Unicode 字符占用内存中的两个字节，String 对象是 System::Char 对象的有序集合。String 对象的值是不可变的，一旦创建了该对象，就不能修改该对象的值。看似修改了 String 对象的方法实际上是返回一个包含修改内容的新 String 对象。如果需要修改字符串对象的实际内容，应使用 System::Text::StringBuilder 类。

与本地 C++一样，C++/CLI 中的 String 对象是以 null 字符结尾，这使得 String 对象和本地 C++字符串与字符数组具有极强的互操作性。

与其他引用类型对象的声明相同，String 对象的定义方式如下：

```
String ^msg = "Wellcome to C++/CLI programming!";
String ^errorStr = gcnew String('输入错误！');
```

String 类可以使用类似于本地字符数组的方法索引字符串中的元素。此外，还提供了许多成员函数和运行符重载函数实现字符串的复制、合并、比较、查找和替换等操作。下面通过示例演示 String 类的基本用法，更详尽的用法可参考联机帮助。

【例 11-3】String 类的基本用法。

程序代码：

```
#include "stdafx.h"
using namespace System;
int main(array<System::String^> ^args) {
    String ^myString1 = "Wellcome to ";
    String ^myString2, ^ myString3;
    myString2 = "C++/CLI programming!";
    myString3 = gcnew String("Huaiyin Normal University!");
    Console::WriteLine("myString1={0}\nmyString2={1}\nmyString3={2}",
      myString1, myString2, myString3);
    Console::WriteLine("Length of myString1 is{0}",
      myString1->Length); //求串长度
    Console::WriteLine("myString2[5]={0}", myString2[5]); //索引
    Console::WriteLine("myString1+myString2={0}",
      myString1 + myString2); //合并为新串
    Console::WriteLine("myString1==myString2 is {0:B}",
      myString1 == myString2); //相等
    Console::WriteLine("myString1->Equals(\"Wellcome to \") is {0:B}",
      myString1->Equals("Wellcome to "));
    Console::WriteLine("myString3->CompareTo(myString2) is {0}",
      myString2->CompareTo(myString3)); //比较
    Console::WriteLine("myString2->IndexOf('/') return {0}",
      myString2->IndexOf('/'));
    Console::WriteLine("myString3->IndexOf(\"Normal\") is return {0}",
      myString3->IndexOf("Normal"));
```

```
    Console::WriteLine("myString2->Substring(9) is {0}",
      myString2->Substring(9)); //求子串
    Console::WriteLine("myString3->Replace('i','I') return \"{0}\"",
     myString3->Replace('i', 'I')); //替换
    Console::WriteLine("myString3->ToLower() return \"{0}\"",
     myString3->ToLower()); //转换为小写字母
    Console::WriteLine("the myString3 is \"{0}\"", myString3);
    Console::ReadLine();
    return 0;
}
```

运行结果：

```
myString1=Wellcome to
myString2=C++/CLI programming!
myString3=Huaiyin Normal University!
Length of myString1 is 12
myString2[5]=L
myString1+myString2=Wellcome to C++/CLI programming!
myString1==myString2 is False
myString1->Equals("Wellcome to ") is True
myString3->CompareTo(myString2) is -1
myString2->IndexOf('/') return 3
myString3->IndexOf("Normal") is return 8
myString2->Substring(9) is rogramming!
myString3->Replace('i','I') return "HuaIyIn Normal UnIversIty!"
myString3->ToLower() return "huaiyin normal university!"
the myString3 is "Huaiyin Normal University!"
```

程序说明：

(1) 程序的 Console::WriteLine("… is {0:B}", …);语句中，{0:B}表示输出格式为布尔值。此处使用了.NET 框架的复合格式设置功能，将对象的值转换为其文本表示形式，并将该表示形式嵌入字符串中。

格式项的语法是{索引[, 对齐方式][: 格式字符串]}，它指定了一个强制索引、格式化文本的可选长度和对齐方式，以及格式说明符字符的可选字符串，其中格式说明符字符用于控制如何设置相应对象的值的格式。例如：

```
double value = 123.456;
Console::WriteLine("value={0:C2}", value); //货币格式输出
Console::WriteLine("value={0:E}", value);  //科学记数法格式输出
```

输出内容为：

```
value=￥123.46
value=1.234560E+002
```

(2) 在程序的最后几个输出语句中，用 String 类的 Replace 和 ToLower 成员函数对字符串的内容进行替换或变换，但这种修改是不改变原有字符串中的信息的，运行结果的最后一行验证了 myString3 的内容没有改变。

11.4.2 C++/CLI 中的数组

C++/CLI 数组与 String 一样是引用类型，在托管堆上程序可以定义一维数组、多维数组和不规则数组。与其他引用类型相同，托管堆中的数组也需要通过句柄来访问。

C++/CLI 中使用 array 关键字定义托管数组，一维数组的定义方式如下：

```
//定义有 10 个单元的整型数组，每个单元的值为 0
array<int> ^int1DArray = gcnew array<int>(10);
//定义有 5 个单元的整型数组，单元值依次为 1、3、5、7、9
array<int> ^values = {1, 3, 5, 7, 9};
//定义 20 个单元的实型数组，每个单元值为 0.0
array<double> ^doubleArray(gcnew array<double>(20));
```

多维数组的定义方法与一维数组类似。一维数组实际上是维数为 1 的多维数组，缺省情况下，托管数组定义语句中的维数值即为 1。多维数组的最大维数值为 32。

下列语句演示了多维托管数组的定义方法：

```
//定义 4 行 5 列，共 20 个单元的二维整型数组
array<int,2> ^int2DArray = gcnew array<int,2>(4,5);
//定义 48 个单元的三维整型数组
array<int,3> ^int3DArray = gcnew array<int,3>(2,4,6);
```

一维数组存储单元的访问方式与本地 C++数组一样，方括号中加索引值的方式引用存储单元，并且索引的初值也是 0。例如 int1DArray[0]和 int1DArray[3]表示访问数组的第 1 和第 4 个存储单元。

多维数组存储单元的访问方式与本地 C++数组不同，采用在一个方括号内用逗号分隔索引值的方法。例如 int2DArray[0,0]和 int3DArray[1,3,4]。

不规则数组有时又称为数组的数组、变长数组或正交数组。相对地，上面所讲的多维数组又称为矩形数组。不规则数组与本地 C++在堆上创建动态数组的方法相似，它是通过句柄、句柄数组和一维数组构建长度不等的托管数组。

下面的语句是在托管堆中建立了一个行长度不等的二维数组，其中第 0 行有两个元素，第 1 行有一个元素，第 2 行有三个元素：

```
array<array<int>^> ^jagged = {
    gcnew array<int>{1,2},
    gcnew array<int>{3},
    gcnew array<int>{4,5,6}
};
```

jagged 是保存在堆栈中的句柄，它引用了托管堆上有 3 个元素的 array<int>类型句柄数组，该数组的每个单元存储了一个 array<int>类型的句柄，每个句柄所引用的一维数组的长度互不相同，分别为 2、1 和 3，故称为不规则数组。

所有数组若访问越界，则会引发异常。

例如，由于 int3DArray 数组中没有 int3DArray[2,3,4]单元，语句 int3DArray[2,3,4]=10;将导致 CLR 抛出 IndexOutOfRangeException 类型的异常。类似地，语句 jagged[1][1]=10;也引发相同的异常。

for each 语句是 C++/CLI 新引入的一种循环语句，这种语句可用于对整个数组或集合进行遍历。语法格式如下：

```
for each(<迭代变量数据类型> <迭代变量> in <数组或容器>)
    <循环体>
```

下面的程序段演示了用 for each 遍历数组元素的方法：

```
array<int> ^values = {1, 3, 5, 7, 9};
```

```
int total = 0;
for each(int number in values)
    total += number;
```

for each 语句也可以对本地 C++数组或标准库的顺序容器进行迭代。

在 CLR 中，System::Array 类是所有数组的基类，并且其中定义了对数组进行排序和查找的方法，用户在程序中能非常方便地对托管数组进行排序或查找等操作。

【例 11-4】托管数组的应用示例。

程序代码：

```
#include "stdafx.h"
using namespace System;
int main(array<System::String^> ^args) {    //一维托管数组的应用
    array<double> ^values = gcnew array<double>(10);
    Random ^randGenerator = gcnew Random;
    for(int i=0; i<values->Length; i++)
        values[i] = 100.0 * randGenerator->NextDouble();
    Console::WriteLine("数组 values 中的值为: ");
    for each(double index in values)
        Console::Write(L"{0,5:F1},", index);
    Array::Sort(values);
    Console::WriteLine(
      "\n 执行 Array::Sort(values);后，数组 values 中的值为: ");
    for each(double index in values)
        Console::Write(L"{0,5:F1},", index);
    //多维托管数组的应用
    array<int,2> ^matrix = gcnew array<int,2>(4,5); //4 行 5 列矩阵
    for(int i=0; i<4; i++)
        for(int j=0; j<5; j++)
            matrix[i,j] = (i+1)*(j+1);
    Console::WriteLine("\n 二维托管数组 matrix 中的值为: ");
    for(int i=0; i<4; i++){
        for(int j=0; j<5; j++)
            Console::Write(L"{0,8}", matrix[i,j]);
        Console::WriteLine();
    }
    //不规则数组的应用
    array<array<String^>^> ^grades = gcnew array<array<String^>^> {
        gcnew array<String^> {"张三", "王五"},
        gcnew array<String^> {"李四", "马七", "孙九"},
        gcnew array<String^> {"赵大", "孙八"},
        gcnew array<String^> {"刘十", "丁一"},
        gcnew array<String^> {"李十八"},
        };
    array<String^> ^gradeLetter = {"优", "良", "中", "及格", "不及格"};
    Console::WriteLine("《C++程序设计》课程考查成绩单: ");
    int i = 0;
    for each(array<String^> ^grade in grades) {
        Console::WriteLine(L"成绩为{0}者:", gradeLetter[i++]);
        for each(String ^student in grade)
            Console::Write(L"{0,6}、", student);
        Console::WriteLine();
    }
    Console::ReadLine();
    return 0;
}
```

运行结果：

```
数组 values 中的值为:
 31.8, 45.9,  6.1, 37.5, 32.9, 46.6, 52.3,  2.7, 36.5, 38.3,
执行 Array::Sort(values);后，数组 values 中的值为:
  2.7,  6.1, 31.8, 32.9, 36.5, 37.5, 38.3, 45.9, 46.6, 52.3,
二维托管数组 matrix 中的值为:
        1        2        3        4        5
        2        4        6        8       10
        3        6        9       12       15
        4        8       12       16       20
《C++程序设计》课程考查成绩单:
成绩为优者:
     张三、     王五、
成绩为良者:
     李四、     马七、     孙九、
成绩为中者:
     赵大、     孙八、
成绩为及格者:
     刘十、     丁一、
成绩为不及格者:
     李十八、
```

程序说明：

(1) 用 Array::Sort 函数可对数组进行排序。Array 中的 Sort 函数有个重载版本，具有对两个数组进行同步排序的功能。Array 中另一个有用的函数是 BinarySearch，其功能是在一维数组中搜索指定元素，并返回元素的索引位置。

(2) 二维数组 matrix 元素索引采用[i, j]方式，与本地 C++的[i][j]方式不同，托管多维数组的数据是依次连续地存储在一个段中，访问元素的速度可能要快于不规则数组。

11.5 C++/CLI 中的类和属性

C++/CLI 中可以定义两种结构或类类型，一种为数值类类型(Value Class Type)和数值结构类型(Value Struct Type)；另一种是引用类类型(Ref Class Type)和引用结构类型(Ref Struct Type)。与本地 C++一样，结构类型与类类型的区别在于 struct 类型的缺省访问控制是公有的，而 class 类型的缺省访问控制是私有的。本节主要讨论数值类和引用类。

双字关键字 value class 用于声明数值类类型，ref class 用于声明引用类类型。数值类类型定义的对象可以分配在堆栈、本地堆或托管堆中，引用类声明的对象只能在托管堆中分配空间。引用类的定义方式与本地 C++类基本相同，例如：

```
ref class Box {
public:
    Box();
    ...
private:
    double length;
    double width;
    double height;
};
```

C++/CLI 的类比本地 C++中的类增加了属性成员，语法上用 property 关键字声明类的属性。例如 property double value。

属性的引入省略了本地 C++类中为存取私有数据成员编写类似 set 或 get 的成员函数。属性提供了更方便、更清晰的语法来访问或修改类的数据成员。

在用法上，类中的属性与成员变量比较相似，其实它们有质的区别，主要区别在于：变量名引用了某个存储单元，而属性名则是调用某个函数。

属性拥有访问属性的 set()和 get()函数，并且函数名必须是 get 或 set。当使用属性名进行读取或赋值时，实际上在调用该函数的 get()或 set()函数。如果一个属性仅提供了 get()函数，则它是只读属性；如果一个属性仅提供 set()函数，则它是只写属性。

C++/CLI 的类可以有两种不同的属性：标量属性(Scalar Properties)和索引属性(Index Properties)。标量属性是指通过属性名来访问的单值；索引属性是利用属性名加方括号来访问的一组值。例如 String 类，其 Length 属性为标量属性，用 object->Length 来访问其长度，且 Length 是个只读属性。String 还包含了索引属性，可以用 object[idx]来访问字符串中第 idx 个字符。

属性可以与类的实例(类对象)相关，此时属性被称为实例属性(Instance Properties)，如 String 类的 Length 属性；如果用 static 修饰符指定属性，则属性为类属性，类的所有对象在该属性项上都具有相同的属性值。

【例 11-5】设计人民币数值类和商品引用类，在类中应用属性访问私有数据成员。

程序代码：

```
#include "stdafx.h"
using namespace System;
value class RMB {
public:
    RMB(int y, int j, int f): yuan(y), jiao(j), fen(f) {}
    RMB(double rmb) {
        yuan = int(rmb);
        jiao = int(rmb*10 - yuan*10);
        fen = int(rmb*100 - yuan*100 - jiao*10);
    }
    virtual String^ ToString()
    override { //重载 System::Object 中的 ToString 函数
        return L"￥" + yuan + L"元" + jiao + L"角" + fen + L"分";
    }
    property double value { //属性
        double get() {
            return yuan + jiao*0.1 + fen*0.01;
        }
        void set(double rmb) {
            yuan = int(rmb);
            jiao = int(rmb*10 - yuan*10);
            fen = int(rmb*100 - yuan*100 - jiao*10);
        }
    }
private:
    int yuan;
    int jiao;
    int fen;
};
ref class Goods {
```

```
public:
    property String ^Name;
    Goods(String ^name, RMB p): price(p) {
        Name = name;
    }
    property RMB Price {
        RMB get() { return price; }
    }
private:
    RMB price;
};
int main(array<System::String^> ^args) {
    RMB myRMB(200.999);
    RMB *rmbPtr = new RMB(100, 3, 4);
    RMB ^rmbHandle = gcnew RMB(1999.78);
    myRMB.value = 2345.56;
    Console::WriteLine(L"堆栈中对象 myRMB.value={0}", myRMB.value);
    Console::WriteLine(L"本地堆中对象*rmbPtr={0}", *rmbPtr);
    Console::WriteLine(L"托管堆中对象*rmbHandle={0}", *rmbHandle);
    Goods computer("联想 V470G-ISE", RMB(5148)); //定义商品对象
    Console::WriteLine(L"商品名称：{0}计算机,售价：{1}",
     computer.Name,computer.Price);
    delete rmbPtr;
    Console::ReadLine();
    return 0;
}
```

运行结果：

```
堆栈中对象 myRMB.value=2345.56
本地堆中对象*rmbPtr=￥100 元 3 角 4 分
托管堆中对象*rmbHandle=￥1999 元 7 角 8 分
商品名称：联想 V470G-ISE 计算机,售价：￥5148 元 0 角 0 分
```

程序说明：

(1) 数值类 RMB 对象可以存储在堆栈、本地堆和托管堆上，而引用类 Goods 的对象只能存储在托管堆上。RMB myRMB 定义的对象保存在堆栈上，Goods computer(...)所定义的对象保存在托管堆中，computer 仅保存了它的引用地址。语句 Goods ^gHandle = gcnew Goods(...)能正确运行，而语句 Goods *goodsPtr = new Goods(...)将导致编译错误。

value class 类是 System::ValueType 的派生类，ref class 类是继承于 System::Object 的。

(2) C++/CLI 中的函数不能有默认参数。若为 RMB 类的构造函数指定默认参数，例如语句 RMB(int y, int j, int f=0)，在程序编译时报告错误信息如下：无法为托管类型或泛型函数的成员函数声明默认参数。

(3) 语句 myRMB.value = 2345.56;是通过属性设置类中私有数据，computer.Name 是读取属性 Name 中的值，computer.Price 是读取 Goods 类对象中私有数据 price 的值。

Goods 类中定义了属性 Name 和 Price。Name 属性没有定义 set 和 get，也没有与之对应的私有数据成员 name。Price 属性只定义 get 函数，没有定义 set 函数，为只读属性。

下面为属性赋值的语句第一条能正常运行，第二条在编译时报错：

```
computer.Name = "Dell vostro 3700";      //正确
computer.Price = 8908.90;                //错误！因为 Goods::Price 没有定义 set
```

以跟踪方式运行程序，观察 computer 对象，可见该对象中多了一个由系统为其添加的成员变量<backing_store>Name，其中保存了 Name 属性值："联想 V470G-ISE"。

11.6　C++/CLI 中的多态与接口

C++/CLI 中的多态采用了与本地 C++相同的实现方式。在语法上，C++/CLI 要求显式地声明虚函数和抽象类。

C++/CLI 中的虚函数要求在派生类中用 virtual 关键字显式地声明，并用 override 关键字声明为重载函数。下面的代码段说明了虚函数的声明方法。Shape 类为基类，Circle 类为派生类，其中虚函数 draw 为重载函数：

```
ref class Shape {
public:
    virtual void draw();
};

ref class Circle : Shape {
public:
    virtual void draw() override;
}
```

派生类的函数还可以用 new 关键字指明没有重写这个函数的基类版本，它隐藏了基类的相同函数。例如，Circle 类中的 draw 函数声明为 new：

```
virtual void draw() new;
```

此时，下面的语句所调用的 draw 函数将来自不同的类：

```
Shape ^shandle = gcnew Circle();
shandle->draw();        //调用 Shape 的 draw 函数
Circle circleObj;
circleObj.draw();       //调用 Circle 的 draw 函数
```

这里的 new 关键字是上下文敏感的，只在托管类型的函数声明中才充当该角色。

关键字 sealed 用于指明类或函数不能被重写。Shape 中的 draw 函数如果声明为 void draw() sealed;，则任何派生类都不允许重写 draw 函数。如果以 ref class Shape sealed{};方式声明 Shape 类，则 Shape 类不能作为基类，其所有成员函数都被隐式地声明为 sealed 函数。

抽象类在本地 C++中是指含有纯虚函数的类，纯虚函数的声明是在后面添加"=0"。

在 C++/CLI 中依然使用这种风格的声明，同时又添加了一个关键字 abstract 作为替代方案。下面的纯虚函数声明在 C++/CLI 中是等价的：

```
virtual void draw() abstract;
virtual void draw()=0;
```

程序员可以用 abstract 关键字声明类的抽象类，例如 ref class Shape abstract {...};。声明为 abstract 的托管类并不会隐式地将类中的任何函数声明为 abstract。与本地 C++不同，托管的抽象类并不一定要包含纯虚函数，可以为抽象类中的每个函数定义一个实现，供所有派生类使用。抽象类中的纯虚函数必须用 abstract 或"=0"进行声明。

C++/CLI 还支持名字重写。该技巧允许派生类重写它继承的虚函数，并为这个函数提

供一个新的名称。例如，在 Circle 类中可以用一个新的函数 display 对 draw 函数进行重写：

```
ref class Circle : Shape {
public:
    virtual void display() = Shape::draw;
};
```

使用名字重写技巧对类层次结构高层的多个函数进行重写，在复杂的类层次结构中有时使用这个技巧会带来方便。

接口(interface)是 C++/CLI 新引入的概念。虽然接口的定义方式与托管类的定义比较相似，但两者完全不同。接口本质上是一种类，其中声明了一组由其他类来实现的函数，数值类和引用类都能实现接口中的函数。接口不实现它的函数成员，而是在继承于该接口的派生类中定义它们。关键字 interface class 用于声明接口，无需声明，接口中的函数均是纯虚函数。接口声明方式如下，通常接口名用大写字母 I 开头：

```
interface class IMyInterface {
    void Test();
    void Show();
};
```

C++/CLI 不同于本地 C++，类的继承只支持单继承，并不支持类的多重继承，而接口支持多重继承，因此一个类可通过继承多个接口，实现与多重继承相似的功能。

接口中含有函数、事件和属性的声明，并且它们的访问权限均为公有的。接口中还可以有静态成员(数据成员、函数、事件和属性)，这些静态成员必须在接口中定义。

【例 11-6】接口及其实现示例。

程序代码：

```
#include "stdafx.h"
using namespace System;
const double PI = 3.1415926;
interface class IShape {          //接口
    void ShowMSG();               //显示对象基本信息
    property double Area {        //属性成员，面积或表面积
        double get();
    }
};
public interface class IContainer {     //接口
    virtual double Volume();            //计算体积
};
ref class Circle : IShape {             //实现接口
public:
    Circle(double r): radius(r) {}
    property double Area {
        virtual double get() {
            return PI*radius*radius;
        }
    }
    virtual void ShowMSG() {
        Console::WriteLine(L"圆的半径为：{0}，面积为：{1}", radius, Area);
    }
private:
    double radius;
};
```

```
ref class Rectangle : IShape {
public:
    Rectangle(double l, double w): length(l), width(w) {}
    property double Area {
        virtual double get() {
            return length*width;
        }
    }
    virtual void ShowMSG() {
        Console::WriteLine(L"矩形的长为: {0}, 宽为: {1},面积为: {2}",
          length, width, Area);
    }
private:
    double length;
    double width;
};
ref class Cuboid : IShape, IContainer {          //多重继承
public:
    Cuboid(double a, double b, double c): x(a), y(b), z(c) {}
    property double Area {
        virtual double get() {
            return (x*y+y*z+z*x)*2;
        }
    }
    virtual void ShowMSG() {
        Console::WriteLine(
          L"长方体的三边分别为: {0}、{1}、{2}, 表面积为: {3}, 体积为: {4}",
          x, y, z, Area, Volume());
    }
    virtual double Volume() {
        return x*y*z;
    }
private:
    double x, y, z;
};
int main(array<System::String^> ^args) {
    Circle myCircle(15);
    Rectangle myRectangle(34.5, 54.5);
    Cuboid myCuboid(4, 5, 8);
    myCircle.ShowMSG();
    myRectangle.ShowMSG();
    myCuboid.ShowMSG();
    Console::ReadLine();
    return 0;
}
```

运行结果：

```
圆的半径为: 15, 面积为: 706.858335
矩形的长为: 34.5, 宽为: 54.5,面积为: 1880.25
长方体的三边分别为: 4、5、8, 表面积为: 184, 体积为: 160
```

程序说明：

(1) 接口中的函数默认为纯虚函数，IShape 和 IContainer 中的函数均没有显式地声明为 virtual，但在实现接口函数的 Circle、Rectangle 和 Cuboid 类中需要显式地声明为虚函数。IShape 中声明了 Area 属性，接口中还可以声明事件。

(2) Cuboid 类实现了 IShape 和 IContainer 接口。引用类可以在继承另一个类的同时实

现多个接口。例如，在本例程中可添加圆柱类如下：

```
ref class Cylinder : public Circle, IShape, IContainer {
public:
    Cylinder(double h, double r): hight(h), Circle(r) {}
    property double Area {
        virtual double get() new {
            return 2*Circle::Area + hight*2*PI*Radius;
        }
    }
    virtual void ShowMSG() override {
        Console::WriteLine(
          L"圆柱体的底面半径为：{0}，高为{1}，表面积为：{2}，体积为：{3}",
          Radius, hight, Area, Volume());
    }
    virtual double Volume() {
        return Circle::Area*hight;
    }
private:
    double hight;
};
```

11.7　C++/CLI 中的模板和泛型

在 C++/CLI 中，可以如同本地 C++一样创建并使用托管类模板和函数模板。例如，栈类在托管代码中可如下声明：

```
template <typename T>
ref class ManagedStack {
    ...
};
```

托管类模板完全支持本地类模板的所有特性，如非模板参数和显式实例化。与托管类一样，托管类模板也不能声明其他类或函数作为自己的友元，但可以被声明为本地类的友元。

在 C++/CLI 中，提供了一种与本地 C++模板非常相似的代码复用技术，称为泛型(Generic)。C++/CLI 中不仅能定义泛型数值类、泛型引用类和泛型函数，还能声明泛型接口类和泛型委托。声明泛型类的语法类似于托管类模板，关键字 template 用关键字 generic 替换。例如：

```
generic <typename T> ref class Stack {...};
```

泛型是由公共语言运行时(CLR)定义的，具有跨程序集的能力，泛型类和泛型函数可被其他.NET 语言(如 C#)所编写的代码使用。

泛型与模板有许多相似之处，但它们实际上存在质的区别。主要区别如下：

- 泛型是在运行时实例化，而模板是在编译时实例化。
- 泛型类型无法作为模板类型参数，而模板类型可以作为泛型类型参数。
- 泛型使用类型约束限制在泛型代码中可以使用的类型。
- 泛型类型参数必须是引用类型的句柄、接口类型句柄或值类型，不支持非类型参数或默认值。

泛型类型约束是 C++/CLI 中用于说明并限制泛型类或泛型函数可以使用的类型。由于泛型类和泛型函数都是在运行时进行实例化，编译器并不知道什么类型将作为类型实参，指定类型约束的作用是帮助编译器检查泛型的类型实参是否满足约束要求。模板是在编译时实例化，编译器在无法匹配到相关操作函数时会报告编译错误，由程序员负责传递类型实参的正确性。指定泛型类型约束的目的是让编译器检查类型实参是否达到要求，确保泛型在运行时的实例化不会出现错误。

C++/CLI 提供了几种类型约束。类约束表示类型实参必须是一个特定基类或其子类的对象。接口约束表示类型实参必须已实现某特定的接口。

下面的代码声明了一个含有约束限制的泛型函数：

```
generic <typename T> where T : IComparable
T MaxElement(array <T> ^x) {
    T max(x[0]);
    for(int i=1; i<x->Length; i++)
        if(max->CompareTo(x[i]) < 0)
            max = x[i];
    return max;
}
```

generic <typename T>后面的 where T : IComparable 是类型约束，指明 T 必须实现接口 IComparable。实现了 IComparable 接口的类型必须定义一个 CompareTo 成员函数，对同种类型的对象进行比较。泛型函数 MaxElement 中使用该函数来判定数组中第 i 个单元的元素是否大于 max。

如果在泛型声明时没有指定类型约束，默认的约束是 Object。泛型的一个类型参数可以应用多个约束，方法是在 where 分句中用逗号分隔多个约束形成约束列表。

【例 11-7】使用泛型技术设计链栈，并测试。

程序代码：

```
#include "stdafx.h"
using namespace System;
generic <typename T>
ref class Stack {
public:
    void Push(T %data) {    //引用传递
        Top = gcnew Node(data, Top);
    }
    T Pop() {
        if(isEmpty())
            return T();
        T tmp = Top->Data;
        Top = Top->Next;
        return tmp;
    }
    bool isEmpty() {
        return Top ? false : true;
    }
private:
    ref struct Node {
        T Data;
        Node ^Next;
        Node(T data, Node ^next): Data(data), Next(next) {}
    };
```

```
    Node ^Top;
};
int main(array<System::String^> ^args) {
    array <double> ^myData = {91.1, 13.4, 78.9, 22.3, 67.5};
    Stack <double> myStack;
    for each(double x in myData)
        myStack.Push(x);
    Console::WriteLine(L"以下为从栈中依次弹出的元素：");
    while(!myStack.isEmpty())
        Console::WriteLine(L"{0}", myStack.Pop());
    Console::ReadLine();
    return 0;
}
```

运行结果：

```
以下为从栈中依次弹出的元素：
67.5
22.3
78.9
13.4
91.1
```

程序说明：

Node 是嵌套于 Stack 类的结构类型，其可见性仅在 Stack 类中。在引用类(或结构)中，声明的引用类(或结构)称为嵌套(Nested)的类(或结构)。类的继承反映的是类与类之间存在"is a"的关系，而类的嵌套所显示的是类与类之间的"contains a"关系。在本例中，可以将 Node 结构体在 Stack 类外声明，两者之间的主要差别在于可见性。

11.8 C++/CLI 中的异常

C++/CLI 中的异常与本地 C++异常处理十分相似。在托管代码中，System::Exception 类是所有异常类的基类，系统只捕获并处理由 Exception 类及其子类抛出的异常。

基类 Exception 派生了两个重要的异常类：SystemException 类和 ApplicationException 类。SystemException 的派生类预定义了公共语言运行时异常类，例如：数组越界访问 CLR 抛出 IndexOutOfRangeException 类，引用不存在的对象时 CLR 抛出 NullReferenceException 异常类。ApplicationException 类是程序发生非致命应用程序错误时引发的异常类，系统用它区分应用程序定义的异常与系统定义的异常。

用户应用程序可定义并引发从 ApplicationException 类派生的自定义异常类。

Exception 异常类包含很多属性，可以帮助标识异常的代码位置、类型、帮助文件和原因。Exception 中的属性有 StackTrace、InnerException、Message、HelpLink、HResult、Source、TargetSite 和 Data 等。Message 属性存储了当前异常的错误消息。StackTrace 属性返回源于异常引发位置的调用堆栈的框架。当两个或多个异常之间存在因果关系时，InnerException 属性会维护此信息。关于异常的补充信息可以存储在 Data 属性中。

try-catch 格式语句在 C++/CLI 中依然有效，此外，C++/CLI 还引入了新关键字 finally，支持 try-finally 和 try-catch-finally 两种格式的语句。

try-catch-finally 语句是在 try-catch 语句后加上 finally 代码段，其中 catch 语句同样可以有多个，但 finally 语句只能有一个并且在所有 catch 语句之后。try 语句抛出的异常依然由

不同的 catch 语句捕获并处理。无论异常是否发生，finally 语句中的代码段总是被执行。finally 代码段中通常是程序必须执行的任务，如资源释放、关闭文件等。

finally 语句的优先级较高，即使之前的 try 或 catch 语句的代码段中使用了 break、continue 等跳转语句，finally 代码段都要被执行。此外，finally 代码段中不能使用 return 语句，break 和 continue 语句也只能在代码段中跳转，否则编译器将报告错误。

C++/CLI 的异常机制也是使用 throw 抛出异常。与本地 C++不同，C++/CLI 的 throw 语句只能抛出 Exception 及其派生类对象的引用。除此限制之外，用法与本地 C++抛出异常的方法相似。下面的语句给出了一个典型的异常抛出方法：

```
throw gcnew Exception("error!");
```

【例 11-8】try-catch-finally 语句应用示例。

程序代码：

```
#include "stdafx.h"
using namespace System;
int main(array<System::String^> ^args) {
    int sum=0, x;
    String ^str = "";
    bool isContinue = true;
    Console::WriteLine(L"**欢迎使用累加程序**");
    while(isContinue) {
        try {
            Console::Write(L"请输入一整数：");
            x = int::Parse(Console::ReadLine());
            sum += x;
            str += (str==""? "" : "+") + x.ToString();
        }
        catch(ArgumentNullException ^exp) {
            Console::WriteLine(L"错误信息：{0}", exp->Message);
        }
        catch(FormatException ^exp) {
            Console::WriteLine(L"错误信息：{0}", exp->Message);
        }
        catch(OverflowException ^exp) {
            Console::WriteLine(L"错误信息：{0}", exp->Message);
        }
        finally {
            Console::Write("是否继续累加(Y/N)？");
            char key = Console::Read();
            if(key=='N' || key=='n')
                isContinue = false;
            Console::ReadLine();
        }
    }
    Console::WriteLine(str + "={0}", sum);
    Console::ReadLine();
    return 0;
}
```

运行结果：

```
**欢迎使用累加程序**
请输入一整数：324↙
是否继续累加(Y/N)？y↙
```

```
请输入一整数：544↙
是否继续累加(Y/N)? y↙
请输入一整数：12y↙
错误信息：输入字符串的格式不正确。
是否继续累加(Y/N)? y↙
请输入一整数：768↙
是否继续累加(Y/N)? n↙
324+544+768=1636
```

程序说明：

(1) 语句 x=int::Parse(Console::ReadLine());中的 int::Parse 函数是将从键盘输入的数值内容的字符串转换为 int 类型整数。如果字符串内容为空，则抛出 ArgumentNullException 异常。如果字符串内容不是数值，则抛出 FormatException 异常。如果字符串内容超出 int 类型所能表示的值区间，则抛出 OverflowException 异常。

(2) 异常处理在提高程序容错能力的同时，也会造成程序的性能、可读性和可维护性的下降。通常在程序的高层次处理异常，在编写底层方法、模块或组件时，尽量少用或者不用异常处理，而是在调用它们的代码中执行异常处理。

11.9 C++/CLI 中的枚举

C++/CLI 的托管枚举类型与本地 C++在声明和访问方式上有一些不同。用关键字 enum class 声明托管枚举类型。例如：

```
enum class Week { Mon=1, Tues, Wed, Thurs, Fri, Sat, Sun }
```

枚举类型中的枚举常量是对象，不再是本地 C++中使用的整数值。虽然在默认情况下，枚举常量是 Int32 值类型的对象，但 C++/CLI 不允许直接将枚举常量与整数或其他简单类型进行算术运算，除非用 safe_cast 显式地转换为整数。

在声明枚举类型时，允许修改枚举常量所封装的数据类型。下面语句用 char 类型替换了默认的 Int32 类型，方法是在枚举类型名的后面加注“:char”：

```
enum class Suit:char { Clubs='C', Diamonds='D', Hearts='H', Spades='S' };
```

不同于本地 C++，托管枚举变量的赋值需要在枚举常量的前面加上枚举名和作用域解析运算符。例如：

```
Week today = Week::Fri;     // Week today = Fri;为错误!
```

可以用“++”和“--”运算符对枚举变量进行增加或减小：

```
toady++;                    //today 中内容为 Week::Sat
```

用关系运算符(==、!=、<、<=、>、>=)可以对枚举变量进行逻辑运算：

```
today == Week::Mon       //若 today 中值为 Week::Mon 表达式值为真，否则为假
```

枚举的一个重要用途是设置标志位，称为标志枚举。托管枚举变量同样能用于程序运行时状态的标志。与本地 C++相同，用&、| 和 ~ 运算符也可以对标志位进行设置或清除。

下面的代码段给出了标志枚举类型的定义、位设置、位清除及标志位判别的方法：

```
enum class WindowStyle {    //窗口状态枚举类型
    MINIMUM_BUTTON = 1,     //十六进制表示为 0x0001
    MAXIMUM_BUTTON = 2,
    CLOSE_BUTTON = 4
}
//ws 变量记录窗口状态，窗口既有 MINIMUM_BUTTON 又有 CLOSE_BUTTON 按钮
WindowStyle ws = WindowStyle::MINIMUM_BUTTON | WindowStyle::CLOSE_BUTTON;
//窗口关闭 MINIMUM_BUTTON 按钮，清除 MINIMUM_BUTTON 标志位
ws = ws & ~WindowStyle::MINIMUM_BUTTON
//判别窗口是否有 CLOSE_BUTTON 按钮
(ws & WindowStyle::CLOSE_BUTTON) == WindowStyle::CLOSE_BUTTON
```

【例 11-9】枚举类型变量应用示例。

程序代码：

```
#include "stdafx.h"
using namespace System;
enum class Suit : char {Clubs='C', Diamonds='D', Hearts='H', Spades='S'};
[Flags] enum class FlagBits {
    Ready=1, ReadMode=2, WriteMode=4, EOF=8, Disabled=16 };
int main(array<System::String^> ^args) {
    Suit suit = Suit::Clubs;
    FlagBits flags = FlagBits::Ready | FlagBits::WriteMode;
    Console::WriteLine(L"枚举变量 suit 的值：{0},转换为 int 类型的值：{1}",
      suit, safe_cast<int>(suit));
    Console::WriteLine(L"枚举变量 flags 的值：{0},转换为 int 类型的值：{1}",
      flags, safe_cast<int>(flags));
    Console::WriteLine(L"FlagBits::Ready 位为{0}",
      ((flags & FlagBits::Ready)==FlagBits::Ready) ? 1 : 0);
    Console::WriteLine(L"FlagBits::ReadMode 位为{0}",
      ((flags & FlagBits::ReadMode)==FlagBits::ReadMode) ? 1 : 0);
    Console::WriteLine(L"FlagBits::WriteMode 位为{0}",
      ((flags & FlagBits::WriteMode)==FlagBits::WriteMode) ? 1 : 0);
    Console::WriteLine(L"FlagBits::Disabled 位为{0}",
      ((flags & FlagBits::Disabled)==FlagBits::Disabled) ? 1 : 0);
    Console::ReadLine();
    return 0;
}
```

运行结果：

```
枚举变量 suit 的值：Clubs,转换为 int 类型的值：67
枚举变量 flags 的值：Ready, WriteMode,转换为 int 类型的值：5
FlagBits::Ready 位为 1
FlagBits::ReadMode 位为 0
FlagBits::WriteMode 位为 1
FlagBits::Disabled 位为 0
```

程序说明：

(1) 枚举类型 Suit 在声明时为每个枚举常量指定了一个字符值。程序运行结果的第一行输出的整型值为 67，它是字母 C 的 ASCII 码值。

(2) 枚举类型 FlagBits 声明语句前的[Flags]是用于告知编译器枚举常量是简单的位值。去除该项，程序运行结果的第 2 行将输出：

```
枚举变量 flags 的值：5,转换为 int 类型的值：5
```

11.10 .NET 中的委托与事件

11.10.1 委托

委托(delegate)是一种托管对象，其中封装了对一个或多个函数的类型安全的引用。委托是基于面向对象的封装思想，将一个或多个指向函数的指针封装在对象中。委托的功能在某些方面类似于本地 C++的函数指针，但委托是面向对象的，并且是类型安全的。

委托的声明使用关键字 delegate 外加函数原型的方式，例如：

```
public delegate void FunDelegate(int);      //FunDelegate 为委托类型
```

每个委托实际上都是一个独立的类，它们派生于 System::MultiCastDelegate 类，而后者又是派生于 System::Delegate 类。所有委托最终都继承了 System::Delegate 类的成员函数，这些成员函数中有一个 Invoke 函数，该函数的返回类型和参数与委托所声明的函数相同。

与引用类相似，委托的使用也需要定义一个委托对象，并且也是用 gcnew 生成一个托管对象。委托对象定义方式如下：

```
FunDelegate ^funHandler =
  gcnew FunDelegate(myClass::staticMbeFun); //定义委托
```

这里，funHandler 为委托句柄，引用了托管堆中的一个委托对象。委托封装了 myClass 类的静态成员函数 staticMbeFun，并且该函数的形参和返回类型与委托声明中的函数原型相一致。对于类的非静态成员函数，在定义委托时需要调用委托的双参构造函数，并传递预先已定义的类对象和类的成员函数。方法如下：

```
myClass ^Obj = gcnew myClass;        //定义托管对象
FunDelegate ^funHandler = gcnew FunDelegate(Obj, &myClass::mbFun);
```

其中，mbFun 为 myClass 类的成员函数，并且与委托声明中的函数原型匹配。

本地 C++的函数指针一次只能指向一个函数，而委托不受这种限制。MultiCastDelegate 类通过存储一个委托实例的链表(称为委托的调用列表)，允许一个委托同时封装多个函数。向调用列表添加委托实例的方法是使用已经重载的+=运算符，从调用列表删除委托实例的方法是使用重载的-=运算符。例如：

```
funHandler += gcnew FunDelegate(othObj, &OtherClass::fun);//添加委托实例
funHandler -= gcnew FunDelegate(Obj, &myClass::mbFun);     //删除委托实例
```

通过委托对象可以方便地调用封装于委托调用列表中的函数，调用方法有两种：一种是直接通过委托句柄调用，另一种是调用 Invoke 函数。例如：

```
funHandler(100);                    //通过委托句柄调用
funHandler->Invoke(200);            //通过 Invoke 函数调用
```

在一次委托调用过程中，委托调用列表中所指向的函数均被调用执行。从功能上，委托似乎只是一种间接地调用函数的方法。实事上，委托在许多场合是十分有用的，委托既可以作为参数传递给函数，也可以用于将函数从一个类传递给另一个类。

委托是一个定义了方法的类类型，利用它可以将方法当作另一个方法的参数来进行传递，这种将方法动态地赋给参数的做法，可以避免在程序中大量使用分支语句，同时使得程序具有更好的可扩展性。

【例 11-10】委托声明、定义与调用方法示例。

程序代码：

```
#include "stdafx.h"
using namespace System;
delegate double sumDelegate();
ref class Circle {
public:
    Circle(double r): radius(r) {}
    double sum() {
        double tmp = 3.1415926 * radius * radius;
        Console::WriteLine(L"调用了 Circle 的 sum,返回值为{0}", tmp);
        return tmp;
    }
private:
    double radius;
};
ref class Rectangle {
public:
    Rectangle(double l, double w): length(l), width(w) {}
    double area() {
        double tmp = length * width;
        Console::WriteLine(L"调用了 Rectangle 的 area,返回值为{0}", tmp);
        return tmp;
    }
private:
    double length, width;
};
double sum() { //计算三角形的面积
    double x=3.4, y=4.5, z=5.1;
    double p = (x+y+z) / 2;
    double tmp = Math::Sqrt(p*(p-x)*(p-y)*(p-z));
    Console::WriteLine(L"调用了非成员函数 sum, 返回值为{0}", tmp);
    return tmp;
}
int main(array<System::String^> ^args) {
    Circle ^myCircle = gcnew Circle(5.6);
    Rectangle ^myRectangle = gcnew Rectangle(4, 9);
    sumDelegate ^sumFun = gcnew sumDelegate(sum);
    sumFun += gcnew sumDelegate(myCircle, &Circle::sum);
    sumFun += gcnew sumDelegate(myRectangle, &Rectangle::area);
    sumFun();
    sumFun -= gcnew sumDelegate(myCircle, &Circle::sum);
    Console::WriteLine(L"从调用列表中除去 Circle::sum 后, 再调用 sumFun()");
    sumFun->Invoke();
    Console::ReadLine();
    return 0;
}
```

运行结果：

```
调用了非成员函数 sum,返回值为 7.51132478328557
调用了 Circle 的 sum,返回值为 98.520343936
调用了 Rectangle 的 area,返回值为 36
```

```
从调用列表中除去Circle::sum后，再调用sumFun->Invoke()
调用了非成员函数sum,返回值为7.51132478328557
调用了Rectangle的area,返回值为36
```

程序说明：

(1) 程序中定义了一个sumDelegate委托类型，用其定义了托管委托对象并由sumFun句柄引用。程序先后向sumFun对象添加了普通函数sum、Circle类的sum和Rectangle类的area成员函数。运行结果显示，先添加到调用列表中的函数先运行。

(2) 运行结果的后两行显示了从委托中删除指向Circle::sum的委托实例后，用Invoke函数调用委托的结果。

11.10.2 事件

事件(Event)是托管类的一种特殊成员，用于对外界发生的特定操作或信号做出响应。在图形用户界面的应用程序中，单击按钮、菜单、移动鼠标等交互操作，均引发了相应的事件，软件通过事件调用相应的功能函数。程序对事件进行响应的整个过程称为事件处理，根据事件执行任务的函数被称为事件处理函数。事件不仅用于GUI应用程序的交互设计中，还适用于当对象执行了某操作时希望触发一些函数的场合。

事件在类中的定义格式是：

```
public event <委托类型> ^<事件类型名>
```

例如：

```
public delegate void PhoneHandler(String^);     //声明委托类
ref class Cellphone {                           //声明引用类
public:
    event PhoneHandler ^onCalling;           //定义事件onCalling
    ...
};
```

从语法上，如果去掉event关键字，onCalling是委托PhoneHandler的实例。事件成员本质上是一个委托类型的成员。那么系统又为什么不直接在类中声明委托成员呢？这与.NET的事件处理模型和面向对象的封装性有关。

在事件模型中，参与事件处理的成员分为事件发布者(publisher)和订阅者(subscriber)。事件是由发布者在内部状态发生了某些变化或者执行某些操作时，向外界发出的消息。发布者并不处理事件，事件处理操作由订阅者完成。订阅者需要事先“订阅”事件，建立事件与事件处理的关联。事件由发布者引发，订阅者在收到事件后执行事件处理函数。同一事件允许有多个订阅者订阅，因此一个事件的引发可能导致多个处理程序的执行。

事件只能由声明该事件的类的成员函数引发，类外不能直接引发事件。如果使用公有的委托成员处理事件，虽然订阅者也能订阅，但是由于委托能在类外被调用，导致事件的发布可以不是发布者对象。采用event而不直接采用委托，是为了封装性和易用性。

在事件处理对象订阅和取消事件的方法，与向委托添加和删除委托实例的方法相同，也是采用重载的+=和-=运算符。

C++/CLI不仅能在类中定义事件，而且在接口类中也可以定义事件。

【例 11-11】事件处理机制演示程序。

程序代码：

```
#include "stdafx.h"
using namespace System;
public delegate void PhoneHandler(String^);
ref class Cellphone {
public:
    event PhoneHandler ^onCalling;
    void Call(String ^name) {
        onCalling(name);
    }
};
ref class Person {
public:
    Person(String ^n): name(n) {}
    void Answer(String ^callname) {
        Console::WriteLine(L"{0},您好！这里是{1},请问有何事？",
          callname, name);
    }
    void Refuse(String ^callname) {
        Console::WriteLine(L"{0},您好！这里是{1},我正在开车不能接你的电话！",
          callname, name);
    }
private:
    String ^name;
};
int main(array<System::String^> ^args)
{
    Cellphone ^cellphone_lisi = gcnew Cellphone;
    Cellphone ^cellphone_wangwu = gcnew Cellphone;
    Person ^person1 = gcnew Person("李四");
    Person ^person2 = gcnew Person("王五");
    cellphone_lisi->onCalling += gcnew PhoneHandler(
     person1, &Person::Answer);
    cellphone_wangwu->onCalling += gcnew PhoneHandler(
     person2, &Person::Refuse);
    cellphone_lisi->Call("张三");
    cellphone_wangwu->Call("赵六");
    //cellphone_lisi->onCalling("Alice");  //onCalling 为委托时，能正常运行
    Console::ReadLine();
    return 0;
}
```

运行结果：

```
张三,您好！这里是李四,请问有何事？
赵六,您好！这里是王五,我正在开车不能接你的电话！
```

程序说明：

(1) 利用委托 PhoneHandler 在 Cellphone 类中定义了事件 onCalling，它是 PhoneHandler 委托的实例。Cellphone 类的 Call 成员函数触发事件 onCalling，由于事件是委托的实例，Call 函数中的 onCalling(name);语句将被转换为对委托 onCalling 中封装函数的调用。

Person 类中的 Answer 和 Refuse 函数分别模拟了电话呼入时“接听”和“拒接”两种操作。事件 onCalling 的处理函数在 Cellphone 类设计中没有直接指定，而是由程序员在应

用时根据需要指定处理函数。

主函数中 cellphone_lisi->onCalling += gcnew PhoneHandler(person1, &Person::Answer);语句为对象 cellphone_lisi 指定了事件 onCalling 的处理函数。当执行 cellphone_lisi->Call("张三");语句时，输出了运行结果中的第 1 行信息。而语句 cellphone_wangwu->Call("赵六");由于 cellphone_wangwu 对象向事件添加的是 Refuse 函数，则输出了拒接电话的信息。

(2) 例程中被注释的 cellphone_lisi->onCalling("Alice");语句，在 onCalling 被声明为委托时，能够正常运行。如果 onCalling 为事件，程序在编译时报告候选函数不可访问的错误提示。

委托的动态函数调用机制为事件提供了灵活的指派事件处理函数的方法。

11.11 案例实训

1. 案例说明

设计一个能对任何文档进行加密和解密的应用程序。程序运行后，提示功能选择。若选择加密功能，要求输入需要加密的文件名、加密后生成的文件名、密钥。若选择解密功能，要求输入需要解密的文件名、解密后生成的文件名、密钥。使用对称的 DES 算法加密和解密文件。

2. 编程思想

在.NET 中，系统已经集成了常用的密码算法，包括 DES、AES、RSA 等。应用程序需要对文档进行保护，可直接选用，极大地方便了应用程序开发人员。系统提供的对称加密类通常与 CryptoStream 类配合使用，可以用从 Stream 类派生的任何类初始化 CryptoStream 类，从而实现对各种流对象进行对称的加密和解密操作。

3. 程序代码

程序代码如下：

```
include "stdafx.h"
using namespace System;
using namespace System::Security::Cryptography;
using namespace System::IO;
void EnCryption(String ^inFile, String ^outFile,
  array<Byte> ^Key, array<Byte> ^IV) {
    //用 DES 算法对 inFile 文件加密，输出至文件 outFile
    try {
        FileStream ^ifStream =
           File::Open(inFile, FileMode::Open, FileAccess::Read);
        FileStream ^ofStream =
           File::Open(outFile, FileMode::OpenOrCreate, FileAccess::Write);
        ofStream->SetLength(0);
        array<Byte> ^myBytes = gcnew array<Byte>(100);
        int myifLength = 0;
        int myLength = ifStream->Length;
        //定义访问 DES 算法的加密服务提供程序版本的包装对象 myProvider
        DESCryptoServiceProvider ^myProvider =
```

```
            gcnew DESCryptoServiceProvider();
        //定义将数据流链接到加密转换的流
        CryptoStream^ myCryptoStream = gcnew CryptoStream(ofStream,
            myProvider->CreateEncryptor(Key,IV), CryptoStreamMode::Write);
        while(myifLength < myLength) {
            int myLen = ifStream->Read(myBytes, 0, 100);
            myCryptoStream->Write(myBytes, 0, myLen);
            myifLength += myLen;
        }
        myCryptoStream->Close();
        ifStream->Close();
        ofStream->Close();
        Console::WriteLine(L"已生成加密文件！文件位置与名称：{0}。", outFile);
    }
    catch (CryptographicException ^e) {
        Console::WriteLine("发生加密错误：{0}", e->Message);
    }
    catch (UnauthorizedAccessException ^e) {
        Console::WriteLine("发生文件错误：{0}", e->Message);
    }
}
void DeCryption(String ^inFile, String ^outFile,
  array<Byte> ^Key, array<Byte> ^IV) {
    //用 DES 算法对 inFile 文件解密，输出至文件 outFile
    try {
        FileStream ^ifStream =
            File::Open(inFile, FileMode::Open, FileAccess::Read);
        FileStream ^ofStream =
            File::Open(outFile, FileMode::OpenOrCreate, FileAccess::Write);
        ofStream->SetLength(0);
        array<Byte> ^myBytes = gcnew array<Byte>(100);
        int myifLength = 0;
        int myLength = ifStream->Length;
        DESCryptoServiceProvider ^myProvider =
            gcnew DESCryptoServiceProvider();
        CryptoStream ^myCryptoStream = gcnew CryptoStream(ofStream,
            myProvider->CreateDecryptor(Key,IV), CryptoStreamMode::Write);
        while(myifLength < myLength) {
            int myLen = ifStream->Read(myBytes, 0, 100);
            myCryptoStream->Write(myBytes, 0, myLen);
            myifLength += myLen;
        }
        myCryptoStream->Close();
        ifStream->Close();
        ofStream->Close();
        Console::WriteLine(L"已生成解密文件！文件位置与名称：{0}。", outFile);
    }
    catch (CryptographicException ^e) {
        Console::WriteLine("发生解密错误：{0}", e->Message);
    }
    catch (UnauthorizedAccessException ^e) {
        Console::WriteLine("发生文件错误：{0}", e->Message);
    }
}
int main(array<System::String^> ^args) {
    array<Byte> ^pwd = gcnew array<Byte>(8); //保存密钥
    String ^inFile, ^outFile; //输入与输出文件名
    //定义 64 位 DES 加解密算法使用的初始化向量 IV
```

```
    array<Byte> ^IV = {0x12, 0x23, 0x34, 0x45, 0x56, 0x67, 0x78, 0x89};
    int x, i=0;
    Console::Write(L"功能选择：1-加密，2-解密,请选择：");
    x = int::Parse(Console::ReadLine());
    if(x == 1) {
        Console::Write(L"你选择了加密功能，请输入源文件名：");
        inFile = Console::ReadLine();
        Console::Write(L"请输入加密后生成的文件名：");
        outFile = Console::ReadLine();
        Console::Write(L"请输入 8 位密钥：");
        while(i < 8)
            pwd[i++] = Console::Read();
        EnCryption(inFile, outFile, pwd, IV); //调用 DES 加密函数
    }
    if(x == 2) {
        Console::Write(L"你选择了解密功能，请输入源文件名：");
        inFile = Console::ReadLine();
        Console::Write(L"请输入解密后生成的文件名：");
        outFile = Console::ReadLine();
        Console::Write(L"请输入 8 位密钥：");
        while(i < 8)
            pwd[i++] = Console::Read();
        DeCryption(inFile, outFile, pwd, IV); //调用 DES 解密函数
    }
    Console::Read();
    return 0;
}
```

4. 运行结果

运行结果如下：

```
功能选择：1-加密，2-解密,请选择：1↙
你选择了加密功能，请输入源文件名：e:\a.txt↙
请输入加密后生成的文件名：e:\x.txt↙
请输入 8 位密钥：12345678↙
已生成加密文件！文件位置与名称：e:\x.txt。
```

文档 a.txt 与 x.txt 内容参见图 11-3。

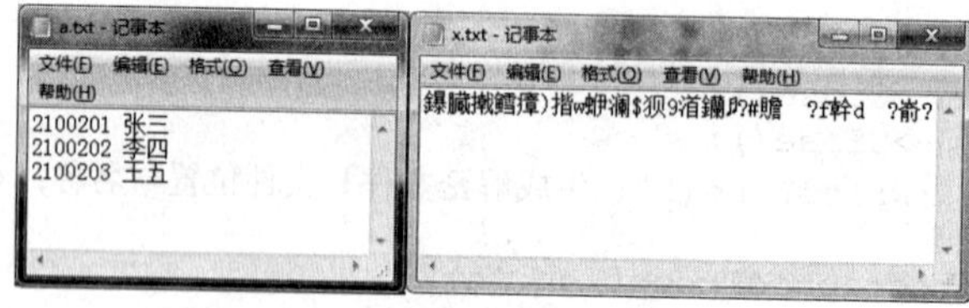

图 11-3　a.txt 与 x.txt 文档的对比

本 章 小 结

本章重点介绍了 C++/CLI 进行程序设计的基本概念和技术，其中许多新的概念也出现在流行的现代高级语言(如 Java、C#)中，学好本章内容有利于学习和掌握 C#和 Java。

C++/CLI 语言编译产生的可执行代码是运行在 CLR 之上的，不能在 Windows 操作系统上直接运行。托管 C++代码与本地 C++代码有本质的区别，前者生成的是通用中间语言，而后者产生的是机器指令集。事实上，中间语言最终由 JIT 实时编译器映射为机器指令。

C++/CLI 的数据类型分为值类型和引用类型两大类，其中值类型又分为简单类型、枚举类型、结构类型和可空类型，引用类型进一步划分为类类型、接口类型、数组类型和委托类型。值类型和 Object 类型之间可以进行转换，装箱和拆箱是实现转换的基本方法。

在 C++/CLI 中，字符串和数组均是引用类型，字符串是 String 类的对象，数组是 Array 类的对象。托管数组分为一维数组、多维数组和不规则数组。

C++/CLI 的类用 property 关键字声明类的属性。属性的引入省略了本地 C++类中为存取私有数据成员编写类似 set 或 get 的成员函数。如果一个属性仅提供 get()函数，则它是只读属性；如果一个属性仅提供 set()函数，则它是只写属性。

C++/CLI 中的所有类都派生于 Object 基类，并且不支持多重继承，多重继承是通过接口实现的。接口类中通常声明了一组由派生类实现的函数，接口自身并不实现它。接口支持多重继承。

虚函数在 C++/CLI 中依然是实现动态多态性的基础，C++/CLI 中的抽象类可以用关键字 abstract 来声明。抽象类中的纯虚函数必须用 abstract 或“=0”进行声明。与本地 C++不同的是托管的抽象类可以不包含纯虚函数，可以为抽象类中的每个函数定义一个实现，供所有派生类使用。

泛型是一种与模板十分相似的代码复用技术，但它具有跨程序集的能力，泛型类和泛型函数可被其他.NET 语言所编写的代码使用。

C++/CLI 的异常处理机制与本地 C++基本上相同。C++/CLI 的异常处理引入了新关键字 finally。finally 语句中的代码段，无论异常是否发生都被执行。

枚举类型中的枚举常量不再是整数值而是对象。枚举的一个重要用途是设置标志位，与本地 C++相同，可以用&、| 和 ~ 位运算设置或清除标志位。

委托类型是一种继承于 System::Delegate 类的引用类型。委托对象中可以封装一个或几个函数的类型安全的引用，调用列表中添加和删除函数引用的方法是使用重载的+=和-=运算符。委托类似于本地 C++的函数指针，但委托是面向对象和类型安全的。

事件是托管类的一种特殊成员，用于对外界发生的特定操作或信号做出响应。事件实质上是委托的一个实例，类的其他函数成员可以通过调用委托的方法引发事件。事件响应函数通过订阅实现与事件的绑定。委托的调用列表为事件的多方响应提供了技术支持。

习 题 11

1. 填空题

(1) CLI 提供了一套可执行代码和它运行所需要的虚拟执行环境的规范，主要包括______、______、______、______和______几个部分。

(2) 标准 C++中的基本数据类型在 C++/CLI 程序中可以继续使用，但是它们已被编译器映射到在 System 命名空间中定义的______。区别于本地 C++的数据类型，C++/CLI 的数

据类型称为______类型，分为______和______两类。

(3) 在 CLR 的托管堆上分配空间的关键字是______，用______运算符可以获取一个托管对象的内存地址。

(4) 装箱是将______类型的值赋给托管堆上新创建的对象，装箱操作实现了______类型向______引用类型的转换。拆箱转换是______的逆操作，拆箱转换可以把一个 Object 引用转换为一个______。

(5) 在 C++/CLI 中，字符串和数组均属于引用类型，它们都在托管堆上分配内存。字符串是__________类的对象，所有的数组对象都是隐式地继承于___________类。数组分为_______、_______和_______。

(6) C++/CLI 中，关键字_______用于声明数值类类型，_______用于声明引用类类型。C++/CLI 类增加了属性成员，语法上用关键字_______声明类的属性。用户可以在类中定义两种不同的属性：_________和__________，其中_________属性是指通过属性名来访问的单值，_______属性是利用属性名加方框号来访问的一组值。

(7) 接口是 C++/CLI 新引入的概念，接口通常声明了一组不_______的函数，而这些函数的定义是在继承于该接口的_______中。与 C++/CLI 中的类不同，接口支持_______。

(8) 泛型是由公共语言运行时定义的，具有_______的能力，泛型类和泛型函数可被其他.NET 语言所编写的代码使用。

(9) C++/CLI 的 throw 语句只能抛出_______类及其派生类对象的引用。

(10) 委托是一种托管对象，其中封装了对一个或多个函数的类型安全的_______。每个委托实际上都是一个独立的类，它们派生于_______类，而后者又是派生于 System::Delegate 类。MultiCastDelegate 类通过存储一个委托的调用列表，允许一个委托同时封装多个函数。向调用列表添加委托实例的方法是使用已经重载的_______运算符，从调用列表删除委托实例的方法是使用重载的_______运算符。

(11) 在事件模型中，参与事件处理的成员分为事件___________和___________。事件是由_______________在内部状态发生了某些变化或者执行某些操作时，向外界发出的消息。___________并不处理事件，事件处理操作由__________来完成。

2. 编程题

(1) 设计一个有理数类，用整数分别保存其分子和分母，并为其设计进行有理数四则运算和大小比较的成员函数。

(2) 设计一个简易的电梯运行仿真程序。假设模拟的电梯系统共有 6 层，由下至上依次称为地下层、第一层、第二层、第三层、第四层和第五层，其中第一层是大楼的进出层，电梯“空闲”时，将来到该层候命。

乘客可随机地进出于任何层，并可以在任意楼层呼叫电梯。仿真开始时，电梯停在第一层楼，且为空电梯。电梯运行时，用指示灯提示当前电梯运行状况。仿真不考虑电梯能容纳的最大人数。

第 12 章　WinForm 应用程序设计

Visual C++ 2010 不仅能开发基于本地 C++的 Windows 窗体应用程序，而且可以用其设计基于 C++/CLI 的运行于.NET 平台的窗体应用程序。在 CLR 窗体应用程序开发上，Visual C++ 2010 支持快速应用设计(RAD)，大大地提高了开发效率。

本章通过几个简单的窗体应用程序的设计，学习基于 C++/CLI 和本地 C++开发 WinForm 应用程序的基本方法，为后继课程的学习奠定基础。

12.1　鼠标单击位置坐标的显示

窗体应用程序有别于控制台应用程序，不是字符界面，而是图形界面的应用程序。Windows 窗体应用程序是基于事件驱动的应用软件，事件驱动的程序相对于过程驱动程序具有明显的优势。

在传统的过程驱动的应用程序中，应用程序自身控制了执行哪一部分代码和按何种顺序执行代码。

在事件驱动的应用程序中，代码不是按照预定的路径执行，而是在响应不同的事件时执行不同的代码片段。事件可以由用户操作触发，也可以由来自操作系统或其他应用程序的消息触发，甚至由应用程序本身的消息触发。这些事件的顺序决定了代码执行的顺序，因此应用程序每次运行时所经过的代码的路径都是不同的。

在事件驱动程序设计中，鼠标的单击是一个极为常见的事件。下面的简单例子介绍了用 C++/CLI 设计.NET 平台上窗体应用程序的基本方法。

【例 12-1】鼠标单击的捕获与坐标位置的显示。

设计要求：

在窗体上单击鼠标左键，鼠标单击位置显示坐标值，如图 12-1 所示。

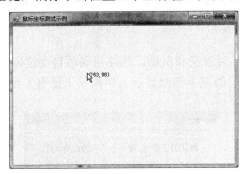

图 12-1　例 12-1 的运行时窗口截图

设计步骤如下。

(1)　在 Visual C++ 2010 开发工具中，选择“新建项目”，从弹出的窗口中，展开 Visual C++模板项，选择 CLR，再从窗口中间选择“Windows 窗体应用程序”项。输入新建项目

名称，单击确定按钮。

(2) 单击“Form1.h [设计]”窗口中的窗体。在属性窗口中，修改 Text 项内容为“鼠标坐标测试示例”。单击属性窗口中图标为闪电形状的“事件”按钮，双击 MouseClick 项右边的空白区域，系统自动在 Form1.h 窗口中生成鼠标单击事件处理函数 Form1_MouseClick。

(3) 从工具箱窗口中拖拽 Label 控件于设计窗体，在 Form1_MouseClick 函数体中添加两行语句如下：

```
System::Void Form1_MouseClick(System::Object ^sender,
  …::MouseEventArgs ^e) {
    label1->Text = "(" + e->X + "," + e->Y + ")";
    label1->Location = Point(e->X, e->Y);
}
```

(4) 按 F5 或 Ctrl+F5 键，即可运行程序。

程序说明：

(1) 因系统产生的 Form1_MouseClick 函数形参声明较长，这里为缩减篇幅，用“...”表示省略了部分内容。

(2) 窗口坐标系的设置是以左上角为原点坐标(0,0)。以原点为基准，自左向右为 x 轴，自上向下为 y 轴。每一点的坐标值均为大于等于零的整数。

(3) Point 是 C++/CLI 中定义的值类型，程序中利用 MouseEventArgs 对象 e 中的 X 和 Y 构造 Point 对象并赋值给 label1 的 Location 属性项。程序运行时，鼠标单击窗体后，label1 的位置被设置，产生坐标值跟随鼠标移动的效果。

12.2 倒计时器

在 Visual C++ 2010 开发平台的工具箱中，Label 控件用于显示字符信息，Timer 控件能根据用户定义的时间间隔自动引发事件。DateTime 是专门用于处理日期和时间的类，本节介绍利用 Label、Timer 控件和 DateTime 类设计倒计时器的方法。

【例 12-2】设计一个含有日历和时钟的倒计时小软件。

设计要求：

在文本文件中设置倒计时含义和日期，程序启动后自动读取设置信息。倒计时器的界面设计如图 12-2 所示，窗口的左半部分显示为距离某天还有多少天的信息，右半部分为系统当前的日期和时间。

图 12-2 例 12-2 运行时窗口截图

设计步骤如下。

(1) 创建 CLR 窗体应用程序项目。设置窗体的 Text 属性值为倒计时器，选择 MaximizeBox 属性的值为 False，FormBorderStyle 属性的值为 FixedSingle。用此法设置的窗体，在运行时窗口的最大化按钮和通过边框缩放窗体的功能均被禁用。

(2) 从工具箱拖拽 2 个 Panel 控件于窗体，并设置 BorderStyle 属性为 FixedSingle。从工具箱拖拽 7 个 Label 控件于 Panel 之上，其中 label1 用于显示倒计时的内容，label2 显示倒计时的日期，label3 用红色显示还有多少天，label4 显示当前年信息，label5 显示今天是星期几，label6 显示系统当前日期，label7 显示系统的时间。设置所有 Label 控件的 AutoSize 属性为 False，根据需要设置 Font 属性，选择合适的字体和大小。

(3) 从工具箱拖拽一个 Timer 控件于窗体，在 Form1.h 设计窗口的下方出现控件对象 timer1，设置 Interval 属性值为 1000。在项目文件夹下创建一个 Data.txt 文本文件，输入倒计时内容字符串和日期。日期的书写可以用以下几种格式：2012 年 6 月 7 日、2012/06/07 或 2012-6-7。

(4) 编写代码。为支持文本文件的读取，选中 Form1.h 代码窗口，在系统生成的 using namespace 之后插入 using namespace System::IO;。在 ref class Form1 类中添加 private: DateTime ^someday;代码，someday 用于存储倒计时的日期。

(5) 为 Form1 窗体的 Load 事件添加代码如下：

```
Void Form1_Load(System::Object ^sender, System::EventArgs ^e) {
    String ^path = ".\\Data.txt";
    if(!File::Exists(path)) { //文件不存在，报错
        MessageBox::Show("不存在 Data.txt 文件！", "错误提示",
           MessageBoxButtons::OK, MessageBoxIcon::Warning);
        return ;
    }
    StreamReader ^reader =
      gcnew StreamReader(path, System::Text::Encoding::Default);
    //读取 Data.txt 文件的第一行内容
    label1->Text = reader->ReadLine();
    //读取日期字符串，设置 someday
    someday = DateTime::Parse(reader->ReadLine());
    label2->Text = someday->ToString("(yyyy 年 M 月 d 日)");
    showSpan();                              //自定义私有函数，显示还有多少天
    showNow();                               //自定义私有函数，显示日期
    timer1->Enabled = true;                  //让定时器开始工作
}
```

(6) 定义私有函数 showSpan 和 showNow：

```
Void showSpan() {
TimeSpan ts = DateTime::Now - someday->Date;
    label3->Text = Convert::ToString(-ts.Days);
}
Void showNow() {
    DateTime ^dt = DateTime::Now;
    String ^weekday;
    switch(dt->DayOfWeek) { //根据枚举值产生中文星期字符串
    case 1:
        weekday = "星期一";
        break;
```

```
        case 2:
            weekday = "星期二";
            break;
        case 3:
            weekday = "星期三";
            break;
        case 4:
            weekday = "星期四";
            break;
        case 5:
            weekday = "星期五";
            break;
        case 6:
            weekday = "星期六";
            break;
        case 0:
            weekday = "星期日";
            break;
        }
        label4->Text = dt->ToString("yyyy年M月");
        label5->Text = weekday;
        label6->Text = dt->ToString("dd");
        label7->Text = "00:00:00";
}
```

(7) 为 timer1 控件的 Tick 事件添加代码：

```
Void timer1_Tick(System::Object ^sender, System::EventArgs ^e) {
DateTime ^dt = DateTime::Now;
    if(dt->Hour==0 && dt->Second==0) { //零点时刷新倒计时和日历信息
        showSpan();
        showNow();
    }
    label7->Text = dt->Hour.ToString("00") + ":" + dt->Minute.ToString("00")
            + ":" + dt->Second.ToString("00");
}
```

程序说明：

(1) Timer 是一个非常有用的控件，它能根据设定的时间间隔执行 Tick 事件所对应的代码，因而可以用其实现动画、自动演示等功能。

(2) 在 showSpan 函数定义中，使用了 TimeSpan 对象，用该对象可计算时间间隔或持续时间，度量方法是按正负天数、小时数、分钟数、秒数以及秒的小数部分。度量持续时间的最大时间单位是天。例程中语句 TimeSpan ts = DateTime::Now - someday->Date;是用当前系统日期减去设定倒计时日，所得结果为负数。

12.3 简易计算器

本节设计的简易计算器模仿了 Windows 7 操作系统中提供的计算器。计算器的输出界面上不仅有计算结果，还有计算公式。虽然用计算机实现算术运算是比较简单的任务，但由于简易计算器要求模仿真实计算器的操作方法，并且还应支持键盘操作，使得数据的显示与输入操作功能部分的设计相对复杂，有一定的难度。

【例 12-3】设计一个简易计算器。

设计要求：如图 12-3 所示，窗体上有 4 行 5 列功能按钮，使用方法为单击按钮或键盘上对应的按键。按钮“C”的功能是清空，还原到初始状态。按钮“←”的功能是删除输入的字符，等同于键盘上的退格键。按钮“±”的功能是改变输入数的正负号。按钮“=”的功能是计算结果并清空显示窗口的表达式。

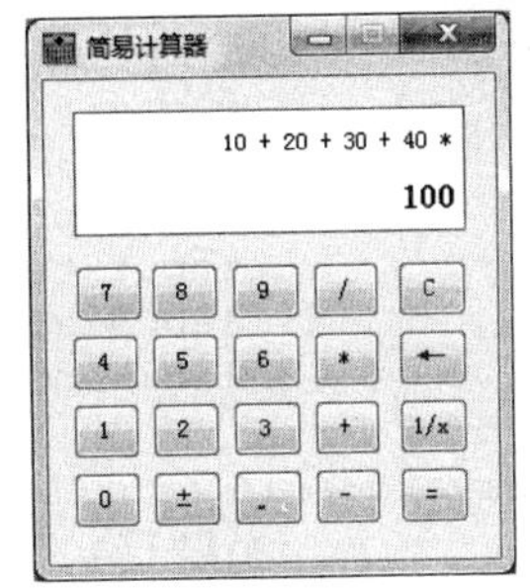

图 12-3　例 12-3 运行时窗口截图

设计步骤如下。

(1) 从工具箱拖拽 20 个 Button 按键于窗体，或者先拖拽 1 个并设置属性，而其余按钮采用复制粘贴的方法产生。每个按钮的详细设置见表 12-1。

表 12-1　简易计算器的控件与属性设置

控　件	名　称	属性设置	响应事件	备　注
Form	Form1	Text=简明计算器; KeyPreview=True	KeyPress	
Button	buttonX	TabStop=False; Text=X	Click	X 为 0~9，分别表示 10 个数字按钮
	btnSign	TabStop=False; Text=±		
	btnDot	TabStop=False; Text=.		
	btnDiv	TabStop=False; Text=/		
	btnMul	TabStop=False; Text=*		
	btnPlus	TabStop=False; Text=+		
	btnSub	TabStop=False; Text=-		
	btnClr	TabStop=False; Text=C		
	btnBS	TabStop=False; Text=←		
	btnRecip	TabStop=False; Text=1/x		
	btnEqu	TabStop=False; Text==		
Panel	panel1	BackColor=White; BorderStyle=FixedSingle		
Label	labCalc	TextAlign=MiddleRight; Location=0,28		
	labExpre	TextAlign=MiddleRight; Location=-30,9	TextChanged	

表 12-1 中的属性设置栏仅列出了主要属性的设置值。两个 Label 控件均拖拽于 panel1 控件之中，其中 labCalc 控件用于显示计算结果和数值输入，labExpre 控件用于显示计算表达式。

(2) 在 Form1 类中添加 5 个私有数据成员，分别定义为 private:double x;、private:double y;、private:char op;、private:bool OpOnTop;和 private:int inputState;。变量 x 为参加运行的左操作数并保存了先前计算结果，变量 y 为双目运行的右操作数，op 用于保存将进行的运算的运算符，布尔型变量 OpOnTop 用于记录当前的输入是否为运算符，若为真，表示运算符还可以修改。

算术运算式的表达式为 x op y。为能记录当前输入的状态，程序中用整型变量 inputState 记录当前的输入状态。inputState 的值为 0 表示 x 的值还没有输入完毕；为 1 表示 x 已输入，正等待输入运算符；为 2 表示 y 已输入结束，已可以实施算术运算。

(3) 成员函数的设计。为响应键盘或按钮的输入操作，在程序中添加下列成员函数：

```
private:Void Clear() { //清空所有内容，回到初始状态
            x = y = 0.0;
            op = 0;
            OpOnTop = false;
            inputState = 0;
            labCalc->Text = "0";
            labExpre->Text = " ";
        }
private:Void BackSpace() { //响应退格键
             if(labCalc->Text->Length > 0)
                 labCalc->Text =
                   labCalc->Text->Remove(labCalc->Text->Length-1);
             if(labCalc->Text->Length == 0)
                 labCalc->Text = "0";
        }
private:Void InputNum(char ch) { //处理数字键和按钮
             if(inputState == 1) {
                 labCalc->Text = "0";
                 inputState = 2;
             }
             if(labCalc->Text == "0")
                labCalc->Text = Char::ToString(ch);
             else
                if(labCalc->Text->Length < 20) {
                    labCalc->Text += Char::ToString(ch);
                }
        }
private:Void InputDot() { //处理小数点键和按钮
             if(inputState == 1) {
                 labCalc->Text = "0";
                 inputState = 2;
             }
             if(labCalc->Text->IndexOf(".", 0) < 0) {
                 if(labCalc->Text == "0")
                     labCalc->Text = "0.";
                 else
                    if(labCalc->Text->Length < 20)
                        labCalc->Text += ".";
             }
             else
                 System::Media::SystemSounds::Beep->Play();
        }
private:Void InputOperator(char newOp) { //处理四则运算
             char oldOp = op;
             op = newOp;
             switch(inputState) {
             case 0:
                 x = Convert::ToDouble(labCalc->Text);
                 labExpre->Text = Convert::ToString(x);
                 labExpre->Text += " " + Char::ToString(op);
                 OpOnTop = true;
                 inputState = 1;
                 break;
             case 1:
                 if(labExpre->Text == " ") //处理等号和回车后字符串为空的情况
                     labExpre->Text =
                        Convert::ToString(x) + " " + Char::ToString(op);
```

```
                else {
                    if(!OpOnTop) {
                        labExpre->Text += " " + Char::ToString(op);
                        OpOnTop = true;
                    }
                    if(op!=oldOp && OpOnTop)
                        labExpre->Text = labExpre->Text->Remove(
                          labExpre->Text->Length-1) + Char::ToString(op);
                }
                break;
            case 2:
                y = Convert::ToDouble(labCalc->Text);
                labExpre->Text += " " + Convert::ToString(y)
                  + " " + Char::ToString(op);
                switch(oldOp) {
                    case '/':
                        x /= y;
                        break;
                    case '*':
                        x *= y;
                        break;
                    case '+':
                        x += y;
                        break;
                    case '-':
                        x -= y;
                        break;
                }
                labCalc->Text = Convert::ToString(x);
                inputState = 1;
                break;
            }
        }
private:Void InputRecip() { //处理按钮1/x
            if(inputState==0 || inputState==2)
                x = Convert::ToDouble(labCalc->Text);
            inputState = 1;
            labExpre->Text = Convert::ToString(x) + " 的倒数";
            OpOnTop = false;
            x = 1 / x;
            labCalc->Text = Convert::ToString(x);
        }
private:Void InputEqual() { //处理回车和等号键
             if(inputState == 2) {
                y = Convert::ToDouble(labCalc->Text);
                switch(op) {
                case '/':
                    x /= y;
                    break;
                case '*':
                    x *= y;
                    break;
                case '+':
                    x += y;
                    break;
                case '-':
                    x -= y;
                    break;
                }
```

```
                inputState = 1;
                labExpre->Text = " ";
                labCalc->Text = Convert::ToString(x);
                OpOnTop = true;
            }
        }
```

(4) 为控件的响应事件添加功能代码如下：

```
private:System::Void button0_Click(System::Object ^sender,
            System::EventArgs ^e) {
              InputNum('0');
              labCalc->Focus();
        }
private:System::Void button1_Click(System::Object ^sender,
            System::EventArgs ^e) {
              InputNum('1');
              labCalc->Focus();
        }
private:System::Void button2_Click(System::Object ^sender,
            System::EventArgs ^e) {
              InputNum('2');
              labCalc->Focus();
        }
private:System::Void button3_Click(System::Object ^sender,
            System::EventArgs ^e) {
              InputNum('3');
              labCalc->Focus();
        }
private:System::Void button4_Click(System::Object ^sender,
            System::EventArgs ^e) {
              InputNum('4');
              labCalc->Focus();
        }
private:System::Void button5_Click(System::Object ^sender,
            System::EventArgs ^e) {
              InputNum('5');
              labCalc->Focus();
        }
private:System::Void button6_Click(System::Object ^sender,
            System::EventArgs ^e) {
              InputNum('6');
              labCalc->Focus();
        }
private:System::Void button7_Click(System::Object ^sender,
            System::EventArgs ^ e) {
              InputNum('7');
              labCalc->Focus();
        }
private:System::Void button8_Click(System::Object ^sender,
            System::EventArgs ^e) {
              InputNum('8');
              labCalc->Focus();
        }
private:System::Void button9_Click(System::Object ^sender,
            System::EventArgs ^e) {
              InputNum('9');
              labCalc->Focus();
        }
private:System::Void btnSign_Click(System::Object ^sender,
```

```
        System::EventArgs ^e) {
          if(labCalc->Text->IndexOf("-")<0 && labCalc->Text!="0"
            && labCalc->Text->Length<20)
              labCalc->Text = "-" + labCalc->Text;
          else
              labCalc->Text = labCalc->Text->Replace("-", "");
          inputState = 2;
          OpOnTop = true;
          if(labExpre->Text == " ") {
              x = Convert::ToDouble(labCalc->Text);
              inputState = 1;
              OpOnTop = false;
          }
          labCalc->Focus();
      }
private:System::Void btnDot_Click(System::Object ^sender,
        System::EventArgs ^e) {
          InputDot();
          labCalc->Focus();
      }
private:System::Void btnDiv_Click(System::Object ^sender,
        System::EventArgs ^e) {
          InputOperator('/');
          labCalc->Focus();
      }
private:System::Void btnMul_Click(System::Object ^sender,
        System::EventArgs ^e) {
          InputOperator('*');
          labCalc->Focus();
      }
private:System::Void btnPlus_Click(System::Object ^sender,
        System::EventArgs ^e) {
          InputOperator('+');
          labCalc->Focus();
      }
private:System::Void btnSub_Click(System::Object ^sender,
        System::EventArgs ^ e) {
          InputOperator('-');
          labCalc->Focus();
      }
private:System::Void btnClr_Click(System::Object ^sender,
        System::EventArgs ^e) {
          Clear();
          labCalc->Focus();
      }
private:System::Void btnRecip_Click(System::Object ^sender,
        System::EventArgs ^e) {
          InputRecip();
          labCalc->Focus();
      }
private:System::Void btnEqu_Click(System::Object ^sender,
        System::EventArgs ^e) {
          InputEqual();
          labCalc->Focus();
      }
private:System::Void btnBS_Click(System::Object ^sender,
        System::EventArgs ^e) {
          BackSpace();
          if(inputState==1 && OpOnTop)
              inputState = 2;
```

```
                labCalc->Focus();
            }
    private:System::Void Form1_KeyPress(System::Object ^sender,
             System::Windows::Forms::KeyPressEventArgs ^e) {
                char ch = (char)e->KeyChar;
                switch(ch) {
                case '0':
                    if(labCalc->Text != "0")
                        InputNum('0');
                    break;
                case '1': case '2': case '3': case '4':
                   case '5': case '6': case '7': case '8': case '9':
                    InputNum(ch);
                    break;
                case '.':
                    InputDot();
                    break;
                case '/': case '*': case '+': case '-':
                    InputOperator(ch);
                    break;
                case '\r': case '=': //按Enter或等号键
                    InputEqual();
                    break;
                case 'c': case 'C':
                    Clear();
                    break;
                case '\b':      //按退格键
                    BackSpace();
                    break;
                default:
                    System::Media::SystemSounds::Beep->Play();
                    break;
                };
            }
    private:System::Void labExpre_TextChanged(System::Object ^sender,
             System::EventArgs ^e) {
                if(labExpre->Text->Length > 35)
                    labExpre->Text =
                     labExpre->Text->Substring(labExpre->Text->Length - 30);
            }
```

(5) 在Form1的构造函数中调用Clear成员函数。

12.4 循环队列原理演示

队列是一种操作受限的线性表，也是一种常用的数据结构。它只允许在线性表的一端进行插入(入队)操作，而在另一端进行删除(出队)操作。与现实世界中的队列类似，允许插入的一端称为队尾(rear)，而队头(front)是指允许删除的一端。队列的特性是“先进先出”(first in first out)，与栈的“先进后出”正好相反。

队列可采用数组存储其中的元素，数组的前(下标为0)端为队头，另一端为队尾。元素从前端出队，从后面插入。队头元素出队后，队列中其余元素需要依次向前移动，元素的移动会带来额外的开销。为避免队列中元素的移动，常采用循环队列。

循环队列是从逻辑上将数组的首尾相连接，形成一个环形结构，并用两个整型变量记录队列头和尾的位置。用于记录队头和队尾位置的变量分别称为队头指针和队尾指针。

队列为空时，队头和队尾指针指向数组的同一个单元，最初它们均为 0。

元素入队时，先将元素存入队尾指向的存储单元，队尾指针再向后移动一个单元。元素出队时，先取出队头指针所指向的元素，再将队头指针向后移动一位。由于循环队列是环形结构，队头和队尾指针变量的后移与钟表指针的移动类似，从数组中最后一个单元后移的结果是指向数组的第一个单元，所以指针后移表达式是：

```
rear = (rear+1) % maxSize; //或
front = (front+1) % maxSize;
```

其中：rear 和 front 为 int 型的队头和队尾指针变量，maxSize 为数组的大小。

如果将数组的每个单元都存放元素，则存在队列空和队列满的条件都是 front==rear 的问题。为能区分循环队列的空与满两种不同的状态，通常采用浪费一个存储单元的方法，即少存储一个元素。如此，判别队列是否为空的关系表达式为 front==rear，判定队列是否满的关系表达式为(rear+1)%maxSize==front。

【例 12-4】循环队列原理演示程序。

设计要求：

如图 12-4 所示，用直观的图形演示循环队列的工作原理。单击“入队”按钮，入队元素文本框中的第一个元素被插入队列。当队列满时，再单击入队按钮，则弹出错误提示窗口。单击“出队”按钮，队列中的头元素被移到出队元素文本框中。当队列空时，再单击出队按钮将弹出错误提示窗口。

循环队列图形中的小圆点表示队头指针指向的位置，小方块表示队尾指针中记录的位置。单击“退出”按钮(或者窗口右上方的红色关闭按钮)，弹出是否关闭应用程序对话框。

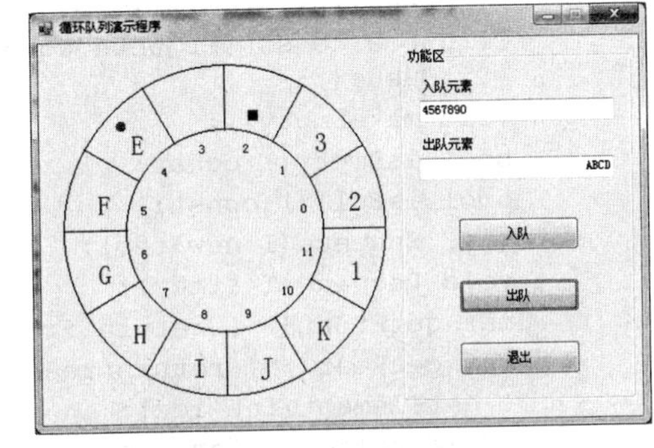

图 12-4 例 12-4 的运行时窗口截图

例程中的循环队列用本地 C++的类模板设计，窗口界面用 C++/CLI 语言开发。

设计步骤如下。

(1) 主窗体界面的设计如表 12-2 所示。

表 12-2 循环队列原理演示程序的控件与属性设置

控件类型	名 称	属性设置	响应事件
Form	Form1	Text=循环队列原理演示; MaxisizeBox=false	FormClosing
Button	button1	Text=入队	Click
	button2	Text=出队	
	button3	Text=退出	
PictureBox	pictureBox1	Size=330,330	Paint
TextBox	textBox1		
	textBox2	TextAlign=Right	

续表

控件类型	名 称	属性设置	响应事件
Label	label1	Text=入队元素	
	label2	Text=出队元素	

(2) 循环队列类模板的设计。在开发平台的解决方案资源管理器中，右击“头文件”项，从弹出的快捷菜单中添加新建项，创建文件名为 CirQueue.h 的头文件如下：

```
#ifndef CIRQUEUE_H
#define CIRQUEUE_H
#include <iostream>
using namespace std;
class FullQueue {
};
class EmptyQueue {
};
template <typename T>
class CirQueue {
    template <typename T>
    friend ostream& operator<<(ostream &os, CirQueue<T> &queue);
public:
    CirQueue(int max=10);
    CirQueue(const CirQueue &queue);
    ~CirQueue();
    void makeEmpty();            //置空
    bool isEmpty() const;        //判别是否为空
    bool isFull() const;         //判别是否为满
    void Enqueue(T newItem);     //入队
    void Dequeue(T &item);       //出队
    int getFront() { return front; }    //返回队头指针的值
    int getRear() { return rear; }      //返回队尾指针的值
    T getElement(int idx);       //返回数组下标为 idx 单元的值
    bool isElement(int loc);     //判断 loc 单元内容是否为队列中的元素
private:
    T *ptr;                      //堆上数组指针
    int front;                   //队头指针
    int rear;                    //队尾指针
    int maxSize;                 //数组大小
};
template <typename T>
CirQueue<T>::CirQueue(int max) {
    maxSize = max;
    ptr = new T[maxSize];
    front = 0;
    rear = 0;
}
template <typename T>
CirQueue<T>::CirQueue(const CirQueue &queue) {
    maxSize = queue.maxSize;
    ptr = new T[maxSize];
    front = queue.front;
    rear = queue.rear;
}
template <typename T>
CirQueue<T>::~CirQueue() {
    delete []ptr;
```

```
}
template <typename T>
void CirQueue<T>::makeEmpty() {
    front = rear = 0;
}
template <typename T>
bool CirQueue<T>::isEmpty() const {
    return (rear==front);
}
template <typename T>
bool CirQueue<T>::isFull() const {
    return ((rear+1)%maxSize==front);
}
template <typename T>
void CirQueue<T>::Enqueue(T newItem) {
    if(isFull())
        throw FullQueue();
    else {
        ptr[rear] = newItem;
        rear = (rear+1) % maxSize;
    }
}
template <typename T>
void CirQueue<T>::Dequeue(T &item) {
    if(isEmpty())
        throw EmptyQueue();
    else {
        item = ptr[front];
        front = (front+1) % maxSize;
    }
}
template <typename T>
T CirQueue<T>::getElement(int idx) {
    idx %= maxSize;
    return ptr[idx];
}
template <typename T>
bool CirQueue<T>::isElement(int loc) {
    if(front <= rear)
        return (loc>=front && loc<rear);
    else
        return (loc>=front || loc<rear);
}
template <typename T>
ostream& operator<<(ostream &os, CirQueue<T> &queue) {
    int p = queue.front;
    while(p != queue.rear) {
        os << queue.ptr[p++] << "<-";
        p = p % queue.maxSize;
    }
    return os;
}
#endif
```

(3) CirQueue 模板的使用。首先选择 Form1.h 的代码窗口，在文件的开始处添加包含语句#include “CirQueue.h”，然后，在 ref class Form1 之前，插入语句 CirQueue<char> myQueue(12);。

经添加包含文件和对象定义之后，在 CLR 窗体程序中即可像本地控制台程序一样使用

模板类 CirQueue<char>的对象 myQueue。

(4) 窗体控件事件响应程序的设计：

```
private:System::Void pictureBox1_Paint(System::Object ^sender,
         System::Windows::Forms::PaintEventArgs ^e) {
          double x, y;
          String ^str;
          char ch;
          //在 pictureBox1 中绘环形
          e->Graphics->DrawEllipse(gcnew Pen(Color::Black),
            10, 10, 310, 310);
          for(int i=0; i<360; i+=30)
          {
              x = (Math::Cos(i*Math::PI/180)*155+165);
              y = (165-Math::Sin(i*Math::PI/180)*155);
              e->Graphics->DrawLine(gcnew Pen(Color::Black),
                x, y, 165, 165);
          }
          e->Graphics->DrawEllipse(gcnew Pen(Color::Black),
            70, 70, 190, 190);
          e->Graphics->FillEllipse(
            gcnew SolidBrush(pictureBox1->BackColor),
            71, 71, 188, 188);
          SolidBrush ^myBrush =
            gcnew SolidBrush(pictureBox1->BackColor);
          int j = 0;
          for(int i=0; i<360; i+=30)
          {
              str = Convert::ToString(j) + "\n";
              x = (Math::Cos((i+15)*Math::PI/180)*80+160);
              y = (160-Math::Sin((i+15)*Math::PI/180)*80);
              myBrush->Color = Color::Blue;
              e->Graphics->DrawString(str, this->pictureBox1->Font,
                myBrush, x, y);

              if(myQueue.getFront() == j) { //绘小圆点
                  x = (Math::Cos((i+15)*Math::PI/180)*140+160);
                  y = (160-Math::Sin((i+15)*Math::PI/180)*140);
                  myBrush->Color = Color::Green;
                  e->Graphics->FillPie(myBrush, x, y, 10, 10, 0, 360);
              }
              if(myQueue.getRear() == j) { //绘小方块
                  x = (Math::Cos((i+15)*Math::PI/180)*110+160);
                  y = (160-Math::Sin((i+15)*Math::PI/180)*110);
                  myBrush->Color = Color::Red;
                  e->Graphics->FillRectangle(myBrush, x, y, 10, 10);
              }
              if(myQueue.isElement(j)) { //写队列中字符
                  x = (Math::Cos((i+15)*Math::PI/180)*125 +160);
                  y = (160-Math::Sin((i+15)*Math::PI/180)*125);
                  myBrush->Color = Color::Red;
                  ch = myQueue.getElement(j);
                  str = Convert::ToChar(ch) + "\n";
                  e->Graphics->DrawString(str,
                    gcnew System::Drawing::Font(label1->Font->Name,
                     label1->Font->Size+10, label1->Font->Style),
                     myBrush,x,y);
              }
              j++;
```

```
            }
        }
    private:System::Void button1_Click(System::Object ^sender,
             System::EventArgs ^e) {
               if(textBox1->Text == "") {
                   MessageBox::Show("请在入队元素文本框中输入字符！", "出错！",
                     MessageBoxButtons::OK, MessageBoxIcon::Error);
                   textBox1->Focus();
                   return;
               }
               if(myQueue.isFull())
                   MessageBox::Show("循环队列已满！", "出错！",
                     MessageBoxButtons::OK, MessageBoxIcon::Error);
               else {
                   char ch = (char)textBox1->Text->ToCharArray()[0];
                   textBox1->Text = textBox1->Text->Substring(1);
                   myQueue.Enqueue(ch);
                   pictureBox1->Refresh();
               }
           }
    private:System::Void button2_Click(System::Object ^sender,
             System::EventArgs ^e) {
               char ch;
               if(myQueue.isEmpty())
                   MessageBox::Show("循环队列空！", "错误信息",
                     MessageBoxButtons::OK, MessageBoxIcon::Error);
               else {
                   myQueue.Dequeue(ch);
                   textBox2->Text += Convert::ToChar(ch) + "\n";
                   pictureBox1->Refresh();
               }
           }
    private:System::Void button3_Click(System::Object ^sender,
             System::EventArgs ^e) {
               this->Close();
           }
    private:System::Void Form1_FormClosing(System::Object ^sender,
             System::Windows::Forms::FormClosingEventArgs ^e) {
               System::Windows::Forms::DialogResult result;
               result = MessageBox::Show("真要关闭应用程序吗？", "提示",
                  MessageBoxButtons::YesNo, MessageBoxIcon::Question,
                  MessageBoxDefaultButton::Button1);
               if (result == System::Windows::Forms::DialogResult::No)
                  e->Cancel = true;
           }
```

12.5　随机运动的小球

本节通过设计一个多个小球在窗体中自行运动的程序，学习简易动画的设计方法。

动画设计的主要思想是：触发 Timer 控件的 Tick 事件，不断地在窗体上绘制小球，并且每次绘制的位置不同，从而形成小球自行运行的效果。

【例 12-5】 简易动画的制作——自行运动的小球。

设计要求：

如图 12-5 所示，在窗口中有多个彩色小球做不规则的运动。当小球遇到窗口边界后，以光反射规律改变运动方向。

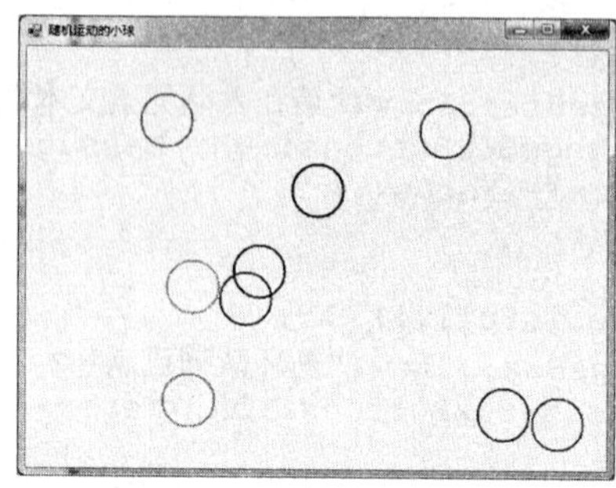

图 12-5　例 12-5 运行时的效果

在窗体上单击鼠标右键，弹出菜单。菜单上有 4 个选项，分别是“启动”、“停止”、“加速”和“减速”。

设计步骤如下。

(1) 添加控件与属性设置。从工具箱中拖拽 Timer 和 ContextMenuStrip 控件，设置属性并添加响应事件，如表 12-3 所示。

表 12-3　随机运动的小球程序的控件与属性设置

控件类型	名　称	属性设置	响应事件
Form	Form1	Text=随机运动的小球; ContextMenuStrip=contextMenuStrip1	Load Paint
Timer	timer1	Enabled=True	Tick
ContextMenuStrip	contextMenuStrip1		
ToolStripMenuItem	toolStripMenuItem1	Text=启动	Click
	toolStripMenuItem2	Text=停止	
	toolStripMenuItem3	Text=加速	
	toolStripMenuItem4	Text=减速	

注：表中的 ToolStripMenuItem 控件是在设计模式下为 ContextMenuStrip 添加菜单项时，由系统自动添加的控件。

(2) 在 Form1 类中添加数据成员如下：

```
private: array<int,2> ^ballArray;
private: array<Color> ^ballColor;
```

在构造函数中添加对数据成员进行初始化的代码如下：

```
Form1(void)
{
    InitializeComponent();
    ballArray = gcnew array<int,2>(10,4);
    ballColor = gcnew array<Color>(10);
    ballColor[0] = Color::AliceBlue;
    ballColor[1] = Color::Black;
    ballColor[2] = Color::Blue;
    ballColor[3] = Color::Brown;
```

```
    ballColor[4] = Color::DarkGray;
    ballColor[5] = Color::DarkOrange;
    ballColor[6] = Color::DeepPink;
    ballColor[7] = Color::ForestGreen;
    ballColor[8] = Color::Green;
    ballColor[9] = Color::Red;
}
```

(3) 为控件的响应事件添加代码：

```
System::Void timer1_Tick(System::Object ^sender, System::EventArgs ^e) {
        for (int i=0; i<10; i++) {
            ballArray[i, 0] = ballArray[i, 0] + ballArray[i, 2];
            ballArray[i, 1] += ballArray[i, 3];
            if (ballArray[i, 0] + 50 >= ClientSize.Width) {
                ballArray[i, 0] = ballArray[i, 0] - ballArray[i, 2];
                ballArray[i, 2] = -ballArray[i, 2];
            }
            if (ballArray[i, 0] <= 1) {
                ballArray[i, 0] = ballArray[i, 0] - ballArray[i, 2];
                ballArray[i, 2] = -ballArray[i, 2];
            }
            if (ballArray[i, 1] + 50 >= ClientSize.Height) {
                ballArray[i, 1] = ballArray[i, 1] - ballArray[i, 3];
                ballArray[i, 3] = -ballArray[i, 3];
            }
            if (ballArray[i, 1] <= 1) {
                ballArray[i, 1] = ballArray[i, 1] - ballArray[i, 3];
                ballArray[i, 3] = -ballArray[i, 3];
            }
        }
        this->Refresh();
    }

System::Void Form1_Paint(System::Object ^sender, System::Windows::Forms::
     PaintEventArgs^  e) {
        for (int i=0; i<10; i++) {
            e->Graphics->DrawEllipse(gcnew Pen(ballColor[i], 2),
                    ballArray[i, 0], ballArray[i, 1], 50, 50);
        }
    }
System::Void Form1_Load(System::Object ^sender, System::EventArgs ^e) {
        Random ^r = gcnew Random();
        for (int i=0; i<10; i++) {
            ballArray[i, 0] = r->Next(100) + 1;
            ballArray[i, 1] = r->Next(100) + 1;
            ballArray[i, 2] = r->Next(10) + 1;
            ballArray[i, 3] = r->Next(10) + 1;
        }
    }
System::Void toolStripMenuItem1_Click(System::Object ^sender,
     System::EventArgs ^e) {
         timer1->Start();
    }
System::Void toolStripMenuItem2_Click(System::Object ^sender,
     System::EventArgs ^e) {
         timer1->Stop();
    }
System::Void toolStripMenuItem3_Click(System::Object ^sender,
     System::EventArgs ^e) {
         if(timer1->Interval > 20)
```

```
            timer1->Interval -= 20;
    }
System::Void toolStripMenuItem4_Click(System::Object ^sender,
     System::EventArgs ^e) {
        if(timer1->Interval < 180)
            timer1->Interval += 20;
    }
```

程序说明：

(1) ballColor 一维数组中保存了 10 个球的颜色信息。

(2) ballArray 二维数组的结构为 10 行 4 列，每一行记录一个小球的绘图位置。ballArray[i, 0]为绘制小球时水平方向的坐标，ballArray[i, 1]为绘制小球时的垂直方向的坐标，小球的大小为 50。

timer1 控件的 Tick 事件响应函数运行时会修改 ballArray[i, 0]和 ballArray[i, 1]的值，其中 ballArray[i, 0]是在原值上加 ballArray[i, 2]的值，ballArray[i, 1]是在原值上加 ballArray[i, 2]的值。ballArray[i, 2]和 ballArray[i, 3]分别保存了小球每次移动在水平和垂直方向上的增加量，它们的值在程序加载时被赋小于 10 的正整数，运行过程中它们将根据运行状态被设置为正数或负数，但大小不变。

ClientSize.Width 和 ClientSize.Height 分别保存了程序运行时窗体的宽度和高度。

12.6 案例实训

1. 案例说明

设计一个简易的文本阅读器。窗口中显示文本文件的内容，单击阅读菜单项，程序依次选中文本并阅读。文本选择的规则是以句号为结束符，每次选中一句文本。单击暂停项，暂停阅读。单击继续项，接暂停处继续阅读。

2. 编程思想

语音识别和语音合成技术在软件开发中具有广泛的应用。语音识别用于告诉计算机我们想做什么，而语音合成用于计算机告诉我们它想让我们知道什么。利用这两项技术即可完成人机交互。

为支持语音开发，微软公司推出了一组新的应用程序编程接口 SAPI(The Microsoft Speech API)，希望能成为业界标准，让软件设计者利用此 API 编写语音软件。SAPI 只提供了一系列接口，它本身不做任何事情，利用 SAPI 编写的程序需要语音引擎的支持才能运行。Speech SDK 是微软推出的语音开发工具，它能帮助软件开发人员使自己的程序既能说又能听。

文本到语音(Text To Speech)是语音合成应用的一种，它能将文本转换成自然语音输出。VC++ 2010 中开发语音应用软件需要下载并安装微软的 Speech SDK 工具包和语言包，对于 Widows 7 操作系统，不需要安装语言包。由于工具包是以 COM 组件的形式提供给开发人员的，因此在开发时必须引入 Interop.SpeechLib.dll 文件。

开发包中的 SpVoice 类是支持语音合成的核心类。应用软件可通过 SpVoice 对象调用

TTS 引擎，实现文本朗读功能。

(1) SpVoice 类中的主要属性如下。

- Voice：表示发音类型。
- Rate：为语音朗读速度。
- Volume：表示音量。
- Status：存储了当前语音阅读状态。

(2) SpVoice 中常用的功能函数如下。

- Speak：该函数将文本信息转换为语音并按照指定的参数进行朗读，该函数有 Text 和 Flags 两个形参，用于传递朗读的文本和指定朗读方式(同步或异步等)。
- Pause：该函数暂停使用对象的所有朗读进程。
- Resume：该函数恢复对象所对应的被暂停的朗读进程。

Speech SDK 开发工具包安装之后，在安装文件夹下包含一个 sapi.chm 帮助文件和一些设计例程。许多技术问题能在开发包的帮助文件中找到解决方法。

3. 程序代码

设计步骤如下。

(1) 简易文本阅读器需要用到工具箱中的多个控件，它们的属性设置和响应事件项见表 12-4。

表 12-4 简易文本阅读器中用到的控件

控件类型	名 称	属性设置	响应事件
Form	Form1	Text=简易文本阅读器; MainMenuStrip=menuStrip1	Load
Timer	timer1	Interval=1000	Tick
RichTextBox	richTextBox1	Dock=Fill	
OpenFileDialog	openFileDialog1	Filter=文本文件|*.txt|所有文件|*.*	
MenuStrip	menuStrip1		
ToolStripMenuItem	toolStripMenuItem1	Text=文件	Click
	toolStripMenuItem2	Text=阅读	
	toolStripMenuItem3	Text=暂停	
	toolStripMenuItem4	Text=继续	
	toolStripMenuItem5	Text=退出	

(2) Interop.SpeechLib.dll 文件的导入。VC++ 2010 中导入 dll 文件的方法十分简便，只需在 Form1.h 文件的开头添加#using "Interop.SpeechLib.dll"语句，再在 using namespace 部分加上 using namespace SpeechLib;语句即可。

(3) 成员变量的设置。SpVoice 对象 voice 用于文本到语音的阅读，startRead 和 endRead 保存了当前朗读文本串的开始和结束位置，isEndOfText 标记全文朗读是否结束：

```
SpVoice ^voice;                 //定义 SpVoice 对象
int startRead, endRead;         //被朗读文本的开始和结束位置
bool isEndOfText;               //标记是否已朗读完毕
```

(4) 文本朗读模块的设计：

```
void SetChineseVoice() {//设置文本到语音的选择，Item(0)表示选择系统默认的语音
    voice->Voice =
     voice->GetVoices(String::Empty, String::Empty)->Item(0);
}
void SpeakChinese(String ^text) { //异步朗读字符串 text
    SetChineseVoice();
    //SVSFlagsAsync 表示异步方式
    voice->Speak(text, SpeechLib::SpeechVoiceSpeakFlags::SVSFlagsAsync);
}
void ReadASentence() { //在 richTextBox1 中选择一句文本并朗读
     startRead = endRead;
     endRead =
       richTextBox1->Find("。", startRead, RichTextBoxFinds::MatchCase)+1;
     richTextBox1->Select(startRead,endRead-startRead);
     String ^seleStr = richTextBox1->SelectedText;
     if (Math::Abs(richTextBox1->TextLength-endRead) < 2) {
         isEndOfText = true;
     }
     SpeakChinese(seleStr);
}
```

(5) 事件响应函数的设计：

```
System::Void Form1_Load(System::Object ^sender, System::EventArgs ^e) {
     voice = gcnew SpVoice();
     startRead = 0;
     endRead = 0;
     isEndOfText = false;
}
System::Void toolStripMenuItem1_Click(System::Object ^sender,
  System::EventArgs ^e) {
     if(this->openFileDialog1->ShowDialog()
       == System::Windows::Forms::DialogResult::OK) {
        this->richTextBox1->LoadFile(openFileDialog1->FileName,
          System::Windows::Forms::RichTextBoxStreamType::PlainText);
     }
}
System::Void toolStripMenuItem2_Click(System::Object ^sender,
  System::EventArgs ^e) {
     timer1->Start();
 }
System::Void toolStripMenuItem3_Click(System::Object ^sender,
  System::EventArgs ^e) {
     timer1->Stop();
     voice->Pause();
}
System::Void toolStripMenuItem4_Click(System::Object ^sender,
  System::EventArgs ^e) {
     voice->Resume();
     timer1->Start();
}
System::Void toolStripMenuItem5_Click(System::Object ^sender,
  System::EventArgs ^e) {
     this->Close();
}
System::Void timer1_Tick(System::Object ^sender, System::EventArgs ^e) {
    //朗读状态测试
```

```
    if(voice->Status->RunningState == SpeechRunState::SRSEDone)
        ReadASentence();
    if(isEndOfText) {
         isEndOfText = false;
         startRead = endRead = 0;
         timer1->Stop();
    }
}
```

4. 运行结果

运行结果如图 12-6 所示。

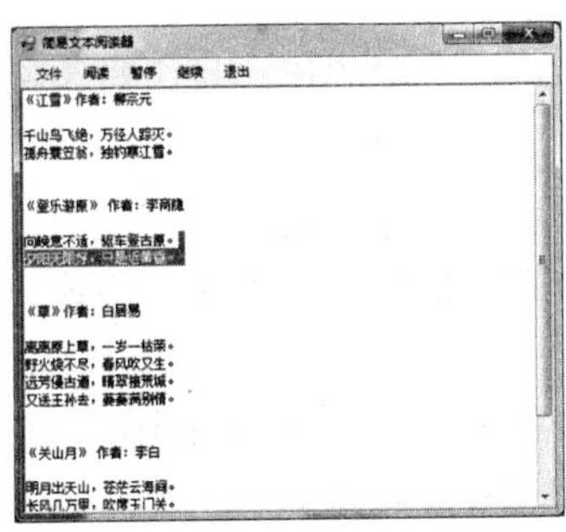

图 12-6　简易文本阅读器的程序界面

本 章 小 结

本章通过几个编程实例，介绍了 Windows 窗体程序设计的基础知识和方法。因篇幅所限，内容不是十分全面和翔实，本章的主要目标是让学习者在完成 C++语言学习后能设计一些简单的窗体应用程序，这是许多初学者的愿望。本章的另一个作用是为计算机专业后继课程(如数据结构、操作系统等)的学习奠定较好的基础，使学习者能设计界面友好的 WinForm 窗体程序。

本章的例 12-1 非常简单，主要是学习事件响应函数的设计方法。例 12-2 介绍了系统时间获取、Timer 组件和 Label 控件的用法。例 12-3 的功能相对复杂些，主要学习了按钮和键盘操作的响应方法。例 12-4 主要介绍了在窗体中绘图的基本方法和本地 C++与托管 C++混合开发应用程序的基本方法。例 12-5 通过一个简单的动画学习了动画设计的基本方法，同时也介绍了弹出式菜单的设计方法。本章 12.6 节案例实训通过 Interop.SpeechLib.dll 文件的导入学习了 Visual C++ 2010 中使用 COM 组件的方法，同时还学习了 RichTextBox、MenuStrip 和 OpenFileDialog 的用法。

习　题　12

编程题

(1) 编写一个 WinForm 程序。通过 TextBox 控件输入三角形的三边，单击计算按钮，显示面积的计算结果在 Label 控件上。

(2) 设计一个在窗体上绘制简单几何图形的程序。

(3) 模仿例 12-4，编写一个演示栈工作原理的应用程序。

(4) 设计一个数字式时钟，时间与系统的时间同步。

(5) 设计一个 18 位身份证号码正误验证程序。18 位身份证标准在国家质量技术监督局于 1999 年 7 月 1 日实施的 GB11643-1999《公民身份号码》中做了明确的规定。公民身份号码是特征组合码，由十七位数字本体码和一位校验码组成。排列顺序从左至右依次为：六位数字地址码，八位数字出生日期码，三位数字顺序码和一位校验码。其含义如下。

- 地址码：表示编码对象常住户口所在县(市、旗、区)的行政区划代码，按 GB/T2260 的规定执行。
- 出生日期码：表示编码对象出生的年、月、日，按 GB/T7408 的规定执行，年、月、日分别用 4 位、2 位、2 位数字表示，之间不用分隔符。
- 顺序码：表示在同一地址码所标识的区域范围内，对同年、同月、同日出生的人编定的顺序号，顺序码的奇数分配给男性，偶数分配给女性。
- 校验码：校验的计算方式是对前 17 位数字本体码加权求和，公式为：S = Sum(Ai * Wi), i = 0, ..., 16，其中 Ai 表示第 i 位置上的身份证号码数字值(从左到右)，Wi 表示第 i 位置上的加权因子，其各位对应的值依次为 7 9 10 5 8 4 2 1 6 3 7 9 10 5 8 4 2。再以 11 对计算结果 S 取模 y = S mod 11。根据模的值得到对应的校验码，对应关系为：

```
Y 值：    0 1 2 3 4 5 6 7 8 9 10
校验码：  1 0 X 9 8 7 6 5 4 3 2
```

(6) 编写一个学生成绩管理程序，要求用二进制文件保存数据。

(7) 编写一个洗牌程序。共有东、南、西、北四家，将 52 张牌分发给四家，结果以图片方式显示在窗口中。

(8) 编写一个老鼠走迷宫的小游戏程序。有一个迷宫，在迷宫的某个出口放着一块奶酪。将一只老鼠由某个入口处放进去，它必须穿过迷宫，找到奶酪。要求老鼠能从入口自行走到出口。

第13章　项 目 实 践

本章通过模拟手机中的联系人程序演示如何综合运用前面所学的知识，设计并实现一个简易的通信录管理控制台应用程序。

本章项目所运用的面向对象程序设计思想和方法，可供读者在 C++课程设计和应用程序开发中参考。

13.1　系 统 概 述

通信录管理系统是以管理联系人个人资料为目的的信息管理系统，其应用范围十分广泛。通常一个通信录管理系统需要管理的主要信息有：联系人姓名、所在单位、固定电话、移动手机、群组、E-mail、QQ、通信地址、邮政编码等。

一个通信录系统所具有的主要功能如下：

- 维护功能。包括联系人和群组信息的输入、修改、删除等通信录信息的更新。
- 显示功能。联系人信息的多种方式显示，如分组显示、分屏显示等。
- 查找功能。提供按姓名、手机号、拼音等多种方式的查找。
- 输出功能。打印输出、复制备份等。

13.2　功 能 设 计

限于篇幅，本项目所设计的通信录管理系统演示性地实现了下列主要功能：

- 输入新联系人。用户可以新增联系人，并输入基本信息。
- 删除已有联系人。从文件中删除指定联系人的基本信息，及其在群组中的信息。
- 创建新群组。允许用户创建新的群组。
- 删除已有群组。不仅要删除群组名称，还要删除联系人与该群组所关联的信息。
- 群组添加成员。为已有的群组添加联系人。
- 按姓名查找。输入姓名，如果是管理系统中的联系人，则显示联系的基本信息。
- 按群组查找。输入群组名，输出群组的成员信息。
- 分屏显示。以一屏 5 行的方式输出联系人信息。

信息管理系统还应具有的功能，如联系人信息修改、删除组中成员、打印输出等，这些留给读者练习。

13.3　系 统 设 计

通信录管理系统的设计主要包括数据表设计和界面设计。

13.3.1 数据表设计

数据表的设计在信息管理系统的开发中占有重要的地位，关系数据库理论是设计数据表的理论依据。本项目中，需要处理的实体数据有联系人信息、群组信息，以及它们之间的联系信息。用实体-关系图表示，如图 13-1 所示。

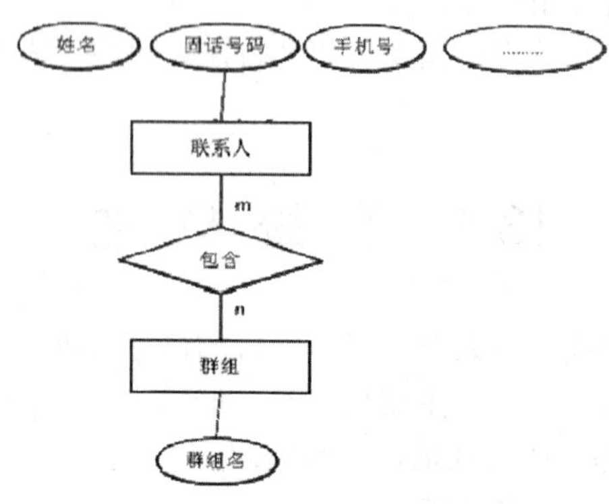

图 13-1 联系人和群组之间的实体-关系图

联系人实体包含的数据项有：姓名、固话号码、手机号码、邮箱地址、QQ 号、地址、邮政编码、公司名称等，其中姓名为关键字，用于区分不同的记录。

注意：为简化设计，这里假设系统中不存在同姓名的联系人。

群组实体包含的数据项只有群组名称，同时也是关键字。

包含关系包含的数据项有：联系人姓名和群组名。

联系人和群组之间的关系是多对多关系，即：一个联系人可以是多个群组的成员，一个群组可以包含多个联系人。

联系人、群组以及它们之间的联系的数据被分别保存到 person.dat、group.dat 和 relation.dat 这 3 个文件中，并采用二进制文件格式存储。

程序运行时，先从文件中读入数据，并存储到顺序容器 vector 和关联容器 multimap 定义的对象中，运行结束时，再将容器中的数据回写到文件中。C++开发工具所包含的工业级的标准模板库是 C++的特色之一，利用它能加快软件的开发速度，提升稳健度。

13.3.2 界面设计

受控制台应用程序运行平台的限制，通信录管理系统的界面采用文本方式。用户根据程序界面的按键提示，选择相应的功能。

程序的主界面如图 13-2 所示。

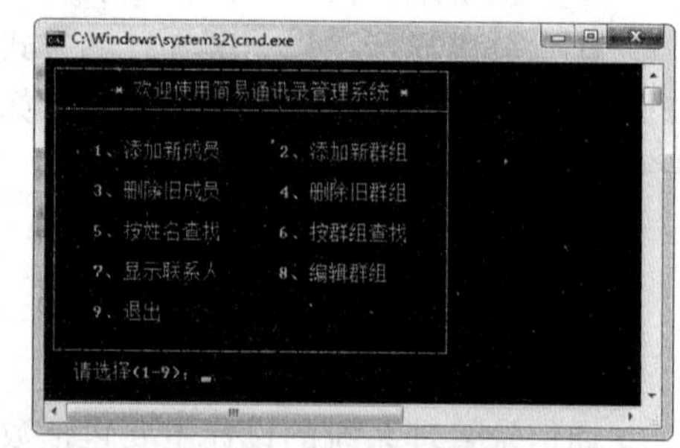

图 13-2 程序运行时的主界面

界面中的表格线为制表符，可以利用 Word 中的插入符号功能，在 Word 文档中插入后，再复制到编程环境中。

控制台的清屏可通过调用 system(“cls”)函数实现，让屏幕显示暂停可利用 system(“pause”)完成。

13.4　模块设计与代码实现

通信录管理系统的模块有：描述联系人、群组和关系的实体类；支持文件中数据加载与回写、信息插入和删除操作的数据类；支持交互操作与显示的菜单类；支持主程序运行的应用程序类。

13.4.1　实体类的实现代码

通信录中需要存储和处理的信息有联系人、群组以及它们之间的关系。在程序中，分别设计了 Person 类、Group 类和 Relation 类，详细代码见例 13-1。

【例 13-1】 Person 类、Group 类和 Relation 类的实现代码：

```
//文件名 person.h，声明 Person 类
#ifndef PERSON_H
#define PERSON_H
#include <iostream>
#include <string>
using namespace std;
class Person { //联系人类
    friend istream& operator>>(istream&, Person&);
    friend ostream& operator<<(ostream&, const Person&);
public:
    Person(char n[]="", char tp[]="", char cp[]="", char em[]="",
        char q[]="", char ads[]="", char zpcd[]="", char f[]="");
    bool operator==(const Person&); //判定两个 Person 对象是否相等
    char* getName() {   //返回联系人姓名
        return name;
    }
private:
    char name[9];        //联系人姓名
    char telephone[14];//固话号码
    char cellphone[12]; //手机号码
    char email[25];      //邮箱地址
    char qq[12];         //QQ 号
    char address[41];   //地址
    char zipcode[9];     //邮政编码
    char firm[31];       //公司名称
};
#endif
//文件名 person.cpp
#include <iostream>
#include "person.h"
using namespace std;
istream& operator>>(istream &is, Person &p) {
    if(is == cin) {
        cout<<"姓名: "; is>>p.name;
        cout<<"固话: "; is>>p.telephone;
        cout<<"手机: "; is>>p.cellphone;
        cout<<"邮箱: "; is>>p.email;
        cout<<"QQ: "; is>>p.qq;
```

```
        cout<<"公司: "; is>>p.firm;
        cout<<"地址: "; is>>p.address;
        cout<<"邮政编码: "; is>>p.zipcode;
    }
    else {
        is.read(p.name, 9);
        is.read(p.telephone, 14);
        is.read(p.cellphone, 12);
        is.read(p.email, 25);
        is.read(p.qq, 12);
        is.read(p.firm, 31);
        is.read(p.address, 41);
        is.read(p.zipcode, 9);
    }
    return is;
}
ostream& operator<<(ostream &os, const Person &p) {
    if(os == cout) {
        os << "+--------------------------------------------+" << endl;
        os << "姓名: " << p.name << "\t 固话: " << p.telephone
            << "\t 手机: " << p.cellphone
            << "\t 邮箱: " << p.email << "\tQQ: " << p.qq << endl;
        os << "公司: " << p.firm << "\t 地址: " << p.address
            << "\t 邮码: " << p.zipcode << endl;
    }
    else {
        os.write(p.name, 9);
        os.write(p.telephone, 14);
        os.write(p.cellphone, 12);
        os.write(p.email, 25);
        os.write(p.qq, 12);
        os.write(p.firm, 31);
        os.write(p.address, 41);
        os.write(p.zipcode, 9);
    }
    return os;
}
Person::Person(char n[], char tp[], char cp[], char em[], char q[],
  char ads[], char zpcd[], char f[]) {
    strcpy(name, n);
    strcpy(telephone, tp);
    strcpy(cellphone, cp);
    strcpy(email, em);
    strcpy(qq, q);
    strcpy(address, ads);
    strcpy(zipcode, zpcd);
    strcpy(firm, f);
}
bool Person::operator==(const Person &p) {
    if(strcmp(this->name,p.name) == 0)
        return true;
    else
        return false;
}
//文件名 group.h, 声明 Group 类
#ifndef GROUP_H
#define GROUP_H
#include <iostream>
```

```
using namespace std;
class Group {
    friend istream& operator>>(istream&, Group&);
    friend ostream& operator<<(ostream&, const Group&);
public:
    Group(char []="");
    friend bool operator<(Group &g1, Group &g2) {
        return strcmp(g1.name, g2.name)<0 ? true : false;
    }
    friend bool operator==(Group &g1, Group &g2) {
        return strcmp(g1.name, g2.name)==0 ? true : false;
    }
    char* getName() {
        return name;
    }
private:
    char name[21];
};
#endif
//文件名 group.cpp
#include <iostream>
#include "group.h"
using namespace std;
istream& operator>>(istream &is, Group &g) {
    if(is == cin) {
        cout << "群组名: "; is >> g.name;
    }
    else
        is.read(g.name, 21);
    return is;
}
ostream& operator<<(ostream &os, const Group &g) {
    if(os == cout) {
        os << "+******************************************+" << endl;
        os << "群组名称: " << g.name << endl;
    }
    else
        os.write(g.name, 21);
    return os;
}
Group::Group(char n[]) {
    strcpy(name, n);
}
//文件名 relation.h, 声明 Relation 类
#ifndef RELATION_H
#define RELATION_H
#include <iostream>
using namespace std;
class Relation { //群组与联系人间关系类
    friend istream& operator>>(istream&, Relation&);
    friend ostream& operator<<(ostream&, const Relation&);
public:
    Relation(char p[11]="", char g[21]="");
    string getPerName();        //返回联系人姓名
    string getGroName();        //返回群组名
private:
    char personName[11];        //联系人姓名
    char groupName[21];         //群组名
```

```
};
#endif
//文件名 relation.cpp
#include "relation.h"
#include <iostream>
using namespace std;
istream& operator>>(istream &is, Relation &r) {
    if(is == cin) {
        cout<<"群组名: "; is>>r.groupName;
        cout<<"用户名: "; is>>r.personName;
    }
    else {
        is.read(r.groupName, 21);
        is.read(r.personName, 11);
    }
    return is;
}
ostream& operator<<(ostream &os, const Relation &r) {
    if(os == cout) {
        os << "+~~~~~~~~~~~~~~~~~~~~~~~~~~~~~~~~~~~~~~~~~~~+" << endl;
        os << "群组名称: "<<r.groupName<<"\t 用户名: "<<r.personName<<endl;
    }
    else {
        os.write(r.groupName, 21);
        os.write(r.personName, 11);
    }
    return os;
}
Relation::Relation(char p[11], char g[21]) {
    strcpy(groupName, g);
    strcpy(personName, p);
}

string Relation::getPerName() {
    return string(personName);
}
string Relation::getGroName() {
    return string(groupName);
}
```

13.4.2 数据类的实现代码

数据类是对联系人、群组等数据进行处理的重要模块。它负责磁盘文件的读与写，通过成员函数提供插入、删除等基本的操作。数据类中用标准模板库中的容器对数据进行管理和维护。数据类通过成员函数屏蔽了对数据进行各种操作的实现细节，有利于数据的管理、维护和功能扩展。详细代码见例 13-2。

【例 13-2】Data 类的实现代码：

```
//文件名 data.h，声明 Data 类
#ifndef DATA_H
#define DATA_H
#include <iostream>
#include <vector>                  //引用标准模板库中的 vector
#include <map>                     //引用标准模板库中的 multimap
#include <string>
```

```
using namespace std;
#include "person.h"
#include "group.h"
#include "relation.h"
//类型定义
typedef multimap<string,string> MultiMapRelation;
typedef vector<Person> VectorPerson;
typedef vector<Group> VectorGroup;
class Data {    //数据类
public:
    Data();                           //构造函数，调用 readInData()函数
    ~Data();                          //析构函数，调用 writeBackData()函数
    //查找数据
    int findPerson(Person&);          //根据姓名查找联系人，没找到返回-1
    int findGroup(Group&);            //查找群组，没找到返回-1
    int findRelation(Relation&);      //查找群组与联系人间的关系，没找到返回-1
    //添加新数据
    void insertPerson(Person&);       //添加联系人，如果已存在返回错误提示
    void insertGroup(Group &);        //添加群组，如果已存在返回错误提示
    void insertRelation(Relation&);//添加群组与联系人的关系，若存在返回错误提示
    //删除数据
    void deletePerson(Person&);       //删除联系人
    void deleteGroup(Group&);         //删除群组
    void deleteRelation(Relation&);//删除群组与联系人的关系
    //显示信息
    void displayPerson();             //显示所在联系人信息，每屏显示 5 个人的信息
    void displayPerson(string &pname); //显示某个人的信息
    void displayGroup();              //显示所有群组信息
    void displayGroupPerson(string&);  //显示某个群组成员的信息
private:
    void readInData();                //从文件中读取数据到数据成员中
    void writeBackData();             //将数据成员中信息回写到文件中
private:
    VectorPerson personData;          //用 vector 顺序容器存储联系人信息
    VectorGroup groupData;            //用 vector 顺序容器存储群组信息
    MultiMapRelation relationData;  //用 multimap 关联容器存储联系人信息
};
#endif
//文件名 data.cpp
#include "data.h"
#include <iostream>
#include <fstream>
using namespace std;
Data::Data() {
    readInData();
}
Data::~Data(){
    writeBackData();
}
void Data::readInData(){
    fstream piFile, giFile, riFile;
    Person perObj;
    Group groObj;
    Relation relObj;
    piFile.open(".\\person.dat", ios::in|ios::binary);
    while(piFile.peek() != EOF) {
```

```
        piFile >> perObj;
        personData.push_back(perObj);
    }
    giFile.open(".\\group.dat", ios::in|ios::binary);
    while(giFile.peek() != EOF) {
        giFile >> groObj;
        groupData.push_back(groObj);
    }
    riFile.open(".\\relation.dat", ios::in | ios::binary);
    while(riFile.peek() != EOF) {
        riFile >> relObj;
        relationData.insert(MultiMapRelation::value_type(
         relObj.getGroName(), relObj.getPerName()));
    }
    piFile.close();
    giFile.close();
    riFile.close();
}
void Data::writeBackData() {
    fstream poFile, goFile, roFile;
    Person perObj;
    Group groObj;
    Relation relObj;
    VectorPerson::iterator pIter;
    VectorGroup::iterator gIter;
    MultiMapRelation::iterator rIter;
    poFile.open(".\\person.dat", ios::out | ios::binary);
    for(pIter=personData.begin(); pIter!=personData.end(); pIter++)
        poFile << *pIter;
    goFile.open(".\\group.dat", ios::out | ios::binary);
    for(gIter=groupData.begin(); gIter!=groupData.end(); gIter++)
        goFile << *gIter;
    roFile.open(".\\relation.dat", ios::out | ios::binary);
    for(rIter=relationData.begin(); rIter!=relationData.end(); rIter++)
        roFile << Relation((char*)rIter->second.c_str(),
           (char*)rIter->first.c_str());
    poFile.close();
    goFile.close();
    roFile.close();
}
int Data::findPerson(Person &p) {
    unsigned int i;
    for(i=0; i<personData.size(); i++)
        if(personData[i] == p)
            return i;
    return -1;
}
int Data::findGroup(Group &g) {
    unsigned int i;
    for(i=0; i<groupData.size(); i++)
        if(groupData[i] == g)
            return i;
    return -1;
}
int Data::findRelation(Relation &r) {
    MultiMapRelation::iterator myIter = relationData.begin();
    for(int i=0; myIter!=relationData.end(); i++,myIter++)
        if(myIter->first==r.getGroName()
          && myIter->second==r.getPerName())
            return i;
```

```
    return -1;
}
void Data::insertPerson(Person &p) {
    if(findPerson(p) == -1)
        personData.push_back(p);
    else
        cout << "添加联系人错误：该联系人已存在！";
}
void Data::insertGroup(Group &g) {
    if(findGroup(g) == -1)
        groupData.push_back(g);
    else
        cout << "添加群组错误：该群组已存在！";
}
void Data::insertRelation(Relation &r) {
    if(findRelation(r) == -1)
        relationData.insert(MultiMapRelation::value_type(
          r.getGroName(), r.getPerName()));
    else
        cout << "添加关联错误：群组中已存在该联系人！";
}
void Data::deletePerson(Person &p) {
    int i = findPerson(p);
    if(i == -1) {
        cout << "删除联系人错误：没有该联系人！" << endl;
        return;
    }
    //先删除关联中该联系人的群组关联
    for(unsigned int i=0; i<groupData.size(); i++) {
        if(findRelation(Relation(p.getName(),
          groupData[i].getName())) != -1)
            deleteRelation(Relation(p.getName(),
              groupData[i].getName()));
    }
    //删除联系人信息
    VectorPerson::iterator pIter = personData.begin();
    int j = 0;
    while(j++ < i)
        pIter++;
    personData.erase(pIter);
}
void Data::deleteGroup(Group &g) {
    int i = findGroup(g);
    if(i == -1) {
        cout << "删除群组错误：没有该群组！" << endl;
        return;
    }
    //先删除关联中该群组的联系人
    relationData.erase(g.getName());
    //删除群组信息
    VectorGroup::iterator gIter = groupData.begin();
    int j = 0;
    while(j++ < i)
        gIter++;
    groupData.erase(gIter);
}
void Data::deleteRelation(Relation &r) {
    int i = findRelation(r);
```

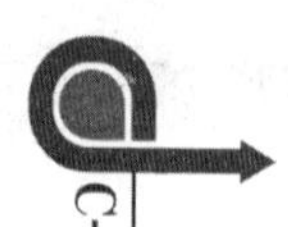


```
    MultiMapRelation::iterator myIter = relationData.begin();
    if(i != -1) {
        int j = 0;
        while(j++ < i)
            myIter++;
        relationData.erase(myIter);
    }
    else
        cout << "相关群组中没有该联系人" << endl;
}
void Data::displayPerson() {
    for(unsigned i=0; i<personData.size(); i++) {
        cout << personData[i];
        if((i+1)%5 == 0)
            system("pause");
    }
}
void Data::displayPerson(string &pname) {
    for(unsigned i=0; i<personData.size(); i++) {
        if(string(personData[i].getName()) == pname) {
            cout << personData[i];
            return;
        }
    }
    cout << "无联系人: " + pname << endl;;
}
void Data::displayGroup() {
    for(unsigned i=0; i<groupData.size(); i++)
        cout << groupData[i];
}
void Data::displayGroupPerson(string &gn) {
    MultiMapRelation::iterator myIter;
    myIter = relationData.find(gn);
    cout << "群组名称: " + gn + "\n";
    for(unsigned int i=1; i<=relationData.count(gn); i++,myIter++) {
        displayPerson(myIter->second);
    }
}
```

13.4.3 菜单类的实现代码

控制台应用程序的界面远不及窗体应用程序美观，通常是通过选择数字键调用相应的功能函数。由于项目没有使用二级菜单，菜单类仅封装了实现主菜单界面的函数，读者不难在此基础上实现二级菜单。详细代码见例 13-3(运行效果见前面的图 13-2)。

【例 13-3】Menu 类的实现代码：

```
//文件名 menu.h，声明 Menu 类
#ifndef MENU_H
#define MENU_H
class Menu {
public:
    int showMainMenu();
private:
};
#endif
//文件名 menu.cpp
```

```
#include "menu.h"
#include <iostream>
using namespace std;
int Menu::showMainMenu() {
    system("cls");
    cout << " ┌──────────────────────────────────┐ " << endl;
    cout << " │     * 欢迎使用简易通信录管理系统 *     │ " << endl;
    cout << " ├──────────────────────────────────┤ " << endl;
    cout << " │                                  │ " << endl;
    cout << " │   1、添加新成员       2、添加新群组   │ " << endl;
    cout << " │                                  │ " << endl;
    cout << " │   3、删除旧成员       4、删除旧群组   │ " << endl;
    cout << " │                                  │ " << endl;
    cout << " │   5、按姓名查找       6、按群组查找   │ " << endl;
    cout << " │                                  │ " << endl;
    cout << " │   7、显示联系人       8、编辑群组     │ " << endl;
    cout << " │                                  │ " << endl;
    cout << " │   9、退出                          │ " << endl;
    cout << " │                                  │ " << endl;
    cout << " └──────────────────────────────────┘ " << endl;
    cout << "   请选择(1-9): ";
    int select;
    cin >> select;
    while(select<1 || select>9) {
        cout << "选择错误！请重新选择(1-9): ";
        cin.clear();     //当输入字符，清空流错误状态
        cin.sync();      //清空数据流
        cin>>select;
    }
    return select;
}
```

13.4.4 应用程序类的实现代码

应用程序类是在封装数据类和菜单类对象的基础上，设计了一组成员函数，分别实现菜单项中的各种功能。详细代码见例 13-4。

【例 13-4】应用程序类和主函数的实现代码：

```
//文件名 application.h，声明 Application 类
#ifndef APPLICATION_H
#define APPLICATION_H
#include "data.h"
#include "menu.h"

class Application { //应用程序类
public:
    Application();           //构造函数
    void run();              //主界面处理函数
    void addPerson();        //菜单项 1. 添加新成员功能的函数
    void addGroup();         //菜单项 2. 添加新群组功能的函数
    void delPerson();        //菜单项 3. 删除旧成员功能的函数
    void delGroup();         //菜单项 4. 删除旧群组功能的函数
    void findByPerson();     //菜单项 5. 按姓名查找功能的函数
```

```
    void findByGroup();      //菜单项 6. 按群组查找功能的函数
    void displayPsnMsg();    //菜单项 7. 显示联系人功能的函数
    void setGroupPerson();   //菜单项 8. 编辑群组功能的函数
private:
    Data myDB;               //数据类对象
    Menu myMenu;             //菜单类对象
};
#endif

//文件名 application.cpp
#include "Application.h"

Application::Application(){
}
void Application::run() {
    bool userExited = false;
    while(!userExited) {
        int userSelection = myMenu.showMainMenu();
        switch(userSelection) {
        case 1:
            addPerson();
            break;
        case 2:
            addGroup();
            break;
        case 3:
            delPerson();
            break;
        case 4:
            delGroup();
            break;
        case 5:
            findByPerson();
            break;
        case 6:
            findByGroup();
            break;
        case 7:
            displayPsnMsg();
            break;
        case 8:
            setGroupPerson();
            break;
        case 9:
            userExited = true;
        }
        if(userSelection != 9) {
            cout << "流程将返回主界面，";
            system("pause");
        }
        else
            cout << "你选择了退出功能，程序将结束运行！";
    }
}
void Application::addPerson() {
    cout << "请输入新的联系人信息：" << endl;
    Person inPerson;
    cin >> inPerson;
```

```
    myDB.insertPerson(inPerson);
}
void Application::addGroup() {
    cout << "请输入新的群组信息：" << endl;
    Group inGroup;
    cin >> inGroup;
    myDB.insertGroup(inGroup);
}
void Application::delPerson() {
    string pn;
    cout<<"请输入被删除的联系人姓名："; cin>>pn;
    Person tmp((char*)pn.c_str()); //用 pn 创建 Person 对象
    if(myDB.findPerson(tmp) != -1)
        myDB.deletePerson(tmp);
}
void Application::delGroup() {
    string gn;
    cout<<"请输入被删除的群组名："; cin>>gn;
    Group tmp((char*)gn.c_str()); //用 gn 创建 Group 对象
    if(myDB.findGroup(tmp) != -1)
        myDB.deleteGroup(tmp);
}
void Application::findByPerson() {
    string pn;
    cout<<"请输入要查的联系人姓名："; cin>>pn;
    myDB.displayPerson(pn);
}
void Application::findByGroup() {
    string gn;
    cout<<"请输入要查的群组："; cin>>gn;
    myDB.displayGroupPerson(gn);
}
void Application::displayPsnMsg() {
    cout << "通信录中联系人：\n";
    myDB.displayPerson();
}
void Application::setGroupPerson() {
    string gName, pName;
    cout << "请依次输入群组名和联系人名：";
    cin >> gName >> pName;
    Relation tmp((char*)pName.c_str(), (char*)gName.c_str());
    if(myDB.findRelation(tmp)==-1
      && myDB.findPerson(Person((char*)pName.c_str()))!=-1)
        myDB.insertRelation(tmp);
    else
        cout << "编辑联系人错误：联系人：" << pName << "，已经在群组"
             << gName << "中或者无此联系人！" << endl;
}

//文件名 appMain.cpp，主程序入口
#include "Application.h"

int main() {
    Application myApp;
    myApp.run();
    return 0;
}
```

本章小结

本章以一个小型的应用项目“通信录管理系统”为背景，重点介绍了综合运用前面第2章～第10章所学的C++程序设计知识开发应用程序的方法。

项目设计过程中，充分利用了面向对象的设计思想和技术，使程序的结构清晰、层次分明，便于维护和扩充。

习　题　13

编程题

(1) 在Data类中添加两个replace函数，分别实现对联系人和群组信息的修改。在Application类中增加实现修改功能的函数，并将修改功能加入到主界面中。

(2) 编写一个将已有联系人数据文件导入至通信录中的功能函数，并添加该功能到主界面中。

(3) 设计一个基于窗体的通信录管理程序，数据处理层依然使用本章项目中的Data类、Person类、Group类、Relation类。

附录 A　ASCII 码字符表

表 A-1　ASCII 码表

ASCII 码	字符	ASCII 码	字符	ASCII 码	字符	ASCII 码	字符
0	NUL	32	(空格)	64	@	96	`
1	SOH	33	!	65	A	97	a
2	STX	34	“	66	B	98	b
3	ETX	35	#	67	C	99	c
4	EOT	36	$	68	D	100	d
5	ENQ	37	%	69	E	101	e
6	ACK	38	&	70	F	102	f
7	BEL	39	‘	71	G	103	g
8	BS	40	(	72	H	104	h
9	HT	41	)	73	I	105	i
10	LF	42	*	74	J	106	J
11	VT	43	+	75	K	107	k
12	FF	44	,	76	L	108	l
13	CR	45	-	77	M	109	m
14	SO	46	.	78	N	110	n
15	SI	47	/	79	O	111	o
16	DLE	48	0	80	P	112	p
17	DC1	49	1	81	Q	113	q
18	DC2	50	2	82	R	114	r
19	DC3	51	3	83	S	115	s
20	DC4	52	4	84	T	116	t
21	NAK	53	5	85	U	117	u
22	SYN	54	6	86	V	118	v
23	ETB	55	7	87	W	119	w
24	CAN	56	8	88	X	120	x
25	EM	57	9	89	Y	121	y
26	SUB	58	:	90	Z	122	z
27	ESC	59	;	91	[	123	{
28	FS	60	<	92	\	124	|
29	GS	61	=	93	]	125	}
30	RS	62	>	94	^	126	~
31	US	63	?	95	_	127	DEL

表 A-2　ASCII 控制符

ASCII 码	字　符	全　称	含　义	转义符	输入法
0	NUL	Null Char	空字符	\0	
1	SOH	Start of Header	标题起始		Ctrl+A
2	STX	Start of Text	文本起始		Ctrl+B
3	ETX	End of Text	文本结束		Ctrl+C
4	EOT	End of Transmission	传输结束		Ctrl+D
5	ENQ	Enquiry	询问		Ctrl+E
6	ACK	Acknowledgement	应答		Ctrl+F
7	BEL	Bell	响铃	\a	Ctrl+G
8	BS	Backspace	退格	\b	Ctrl+H
9	HT	Horizontal Tab	水平制表	\t	Ctrl+I
10	LF	Line Feed	换行	\n	Ctrl+J
11	VT	Vertical Tab	垂直制表	\v	Ctrl+K
12	FF	Form Feed	换页	\f	Ctrl+L
13	CR	Carriage Return	回车	\r	Ctrl+M
14	SO	Shift Out	移出		Ctrl+N
15	SI	Shift In	移入		Ctrl+O
16	DLE	Data Link Escape	数据链丢失		Ctrl+P
17	DC1	Device Control 1	设备控制 1		Ctrl+Q
18	DC2	Device Control 2	设备控制 2		Ctrl+R
19	DC3	Device Control 3	设备控制 3		Ctrl+S
20	DC4	Device Control 4	设备控制 4		Ctrl+T
21	NAK	Negative Acknowledgement	否定应答		Ctrl+U
22	SYN	Synchronous Idle	同步闲置符		Ctrl+V
23	ETB	End of Trans. Block	传输块结束		Ctrl+W
24	CAN	Cancel	取消		Ctrl+X
25	EM	End of Medium	媒介结束		Ctrl+Y
26	SUB	Substitute	替换		Ctrl+Z
27	ESC	Escape	退出，Esc 键		
28	FS	File Separator	文件分隔符		
29	GS	Group Separator	组分隔符		
30	RS	Record Separator	记录分隔符		
31	US	Unit Separator	单元分隔符		

附录 B　IEEE 浮点数表示

Microsoft Visual C++的浮点数采用 IEEE 754 标准，是一种使用最为广泛的浮点数运算标准。IEEE 754 规定了三种浮点数格式：单精度(4 字节)、双精度(8 字节)和扩展精度(10 字节)。在表示浮点数时，从高位到低位由三个部分组成：符号位 S，指数部分 E 和尾数部分 M。表 B-1 列出了三种不同精度浮点数的各部分的大小。

表 B-1　不同浮点数各部分所占位元

精　度	符号位 S	指数部分 E	尾数部分 M
单精度	1	8	23
双精度	1	11	52
扩展精度	1	15	64

在单精度和双精度格式中，尾数部分有一个假定的前导 1，并且不对该值进行存储，因此，23 位或 52 位的尾数实际上是 24 位或 53 位。在扩展精度格式中，则在尾数部分实际存储了前导，值为 1。

在 Visual C++中，单精度用关键字 float 声明，双精度用关键字 double 声明。在 Windows 32 位编程中，long double 数据类型映射为 double 类型。下面以单精度格式(4 字节)为例说明浮点数的表示：

字 节 1	字 节 2	字 节 3	字 节 4
SEEEEEEE	EMMMMMMM	MMMMMMMM	MMMMMMMM

其中，S 是符号位，占用第 31 位，用 0 表示正数，1 表示是负数。E 是指数位，占 31~23 位，共 8 位。M 是尾数位，占 22~0 位，共 23 位。

由于尾数有 1 位前导 1，因而它是 1.MMM...形式的二进制小数，是一个大于等于 1 且小于 2 的值。这里，二进制的实数总是采用整数部分为 1 的规范格式，即，如果实数值小于 1，尾数左移，使得小数点左边的位为 1。

指数的计算方法是用存储的指数值减去偏离量 127，因而，若存储的指数值小于 127，则它实际上是负指数。偏离量对于双精度格式其值是 1023，对于扩展精度格式其值是 16383。

例如十进制数-0.75 表示成单精度格式的方法如下：

十进制数-0.75 的二进制值为-0.11，规范化表示为-1.1×2^{-1}。用单精度格式存储时，其符号位 S=1，尾数 M=10000000000000000000000，指数是在-1 上加 127，为 126，即 E=01111110。-0.75 的单精度浮点数表示为 1 01111110 10000000000000000000000。

对于单精度的浮点数 0100 0010 1110 0100 1000 0000 0000 0000，其符号位 S=0，指数 E=10000101，尾数 M=11001001。不难算出，E 的十进制数值为 133，133-127=6，浮点数的二进制值为 1.11001001×2^6=1110010.01，等于十进制数 114.25。

双精度与扩展精度浮点数的表示与换算方法类似。

参 考 文 献

1. P.J.Deitel，H.M. Deitel，D.T. Quirk. 徐波等译. Visual C++ 2008 大学教程(第二版). 北京：电子工业出版社，2009
2. Walter Savitch. 周靖译. C++面向对象程序设计(第 6 版). 北京：清华大学出版社，2007
3. 严悍，李千目，张琨. C++程序设计. 北京：清华大学出版社，2010
4. 吴乃陵，况迎辉. C++程序设计(第 2 版). 北京：高等教育出版社，2006
5. 刘璟，周玉龙. 高级语言 C++程序设计(第 2 版). 北京：高等教育出版社，2004
6. 沈显君，杨进才，张勇. C++语言程序设计教程(第 2 版). 北京：清华大学出版社，2010
7. Microsoft MSDN Library Visual Studio 2010. http://msdn.microsoft.com/zh-cn/library/dd831853(v=vs.100).aspx